普通高等教育"十二五"规划教材

电气控制及PLC原理与应用

主　编　吴红霞　刘　洋
副主编　周　明

北　京
冶 金 工 业 出 版 社
2023

内容提要

本书从实际工程应用和便于教学需要的角度出发，详细介绍了传统电气控制系统和可编程控制系统的工作原理、设计方法和实际应用等。全书共分为8章，第1章为传统电气控制部分，对常用低压电器的工作原理、使用方法进行了介绍，同时对典型电气控制线路进行了详细分析。第2～7章为可编程控制部分，以OMRON公司生产的CP1H为例，从工程案例出发，介绍了PLC的硬件和软件组成、工作原理、指令系统、使用方法和编程软件的使用等知识。第8章对人机界面——工业触摸屏进行了介绍，以OMRON公司NS系列触摸屏为例，通过实际案例讲述了工业触摸屏的应用。

本书以基于工作过程的编写模式，突出实用性，以典型案例为主线，将相关概念和知识贯穿其中，读者可以循序渐进地将理论与实践相结合。

本书可作为高等院校自动化、电气工程、电子信息、机电一体化等相关专业的教材，也可作为高职高专以及"可编程控制系统设计师"职业资格的培训教材或自学用书，还可供有关工程技术人员参考。

图书在版编目（CIP）数据

电气控制及PLC原理与应用/吴红霞，刘洋主编．—北京：冶金工业出版社，2011.9（2023.6重印）
普通高等教育"十二五"规划教材
ISBN 978-7-5024-5623-8

Ⅰ.①电…　Ⅱ.①吴…　②刘…　Ⅲ.①电气控制—高等学校—教材②可编程序控制器—高等学校—教材　Ⅳ.①TM921.5　②TP332.3

中国版本图书馆CIP数据核字（2011）第170639号

电气控制及PLC原理与应用

出版发行　冶金工业出版社　　**电　话**　（010）64027926
地　址　北京市东城区嵩祝院北巷39号　　**邮　编**　100009
网　址　www.mip1953.com　　**电子信箱**　service@mip1953.com

责任编辑　李培禄　美术编辑　彭子赫　版式设计　孙跃红
责任校对　李　娜　责任印制　窦　唯
北京富资园科技发展有限公司印刷
2011年9月第1版，2023年6月第8次印刷
787mm×1092mm　1/16；16.75印张；403千字；253页
定价32.00元

投稿电话　（010）64027932　投稿信箱　tougao@cnmip.com.cn
营销中心电话　（010）64044283
冶金工业出版社天猫旗舰店　yjgycbs.tmall.com
（本书如有印装质量问题，本社营销中心负责退换）

前　言

“电气控制与可编程控制器”是各类高等院校电类专业的专业基础课程之一，它包含“传统电气控制”和“可编程控制器原理与应用”两部分内容。随着科学技术的发展，电气控制技术已发展到了一个相当的高度，传统电气控制技术的内容已经发生了很大的变化，有些已经被淘汰，但传统电气控制系统至今仍在许多简单的生产机械设备中广泛使用，也是学习更先进电气控制的基础。可编程序控制器（PLC）是一种专为工业环境而设计开发的，以微处理器为核心、高度集成化的新型工业控制装置。它融合了计算机、自动控制以及通信等先进技术，具有可靠性高、功能完善、组合灵活、功耗低以及编程简单易学等优点，已被广泛应用于工业生产的各个控制领域。

目前国内普遍使用的 PLC 产品有很多，比如三菱、西门子、施耐德、OMRON 等公司的产品，它们的工作原理和硬件组成大致相同，只是编程语言、内部元件和指令系统等方面有区别，本书以 OMRON 公司 CP1H 为例，介绍 PLC 的工作原理、组成、指令系统、PLC 系统相关设计、使用方法及编程软件使用方法。本书在编写时电气控制系统的图形符号和文字符号全部采用国家最新标准，为了适应新的发展需要，本书的最后一章还以 OMRON 公司 NS 系列触摸屏为例，介绍了工业触摸屏的应用方法。

本书编写时打破了传统的从结构、原理到应用的纵向编写模式，力图从学习者的认知角度，采用横纵结合的编写方法，以典型案例为主线，将每个案例分解成若干个任务进行驱动，将相关概念和原理等知识贯穿其中，并对相关知识进行拓展，再配合思考题和适当的习题，读者可以循序渐进地将理论与实践相结合。

本书由武汉东湖学院（原武汉大学东湖分校）吴红霞和武汉电力职业技术学院刘洋主编。参加编写的有中船重工第 709 研究所周明（第 8 章）、北京工业大学耿丹学院赵彦威（第 7 章 7.1 节）、武汉东湖学院吴红霞（绪论、第 1 章、第 2 章、第 4 章、第 7 章 7.2 和 7.3 节）、武汉电力职业技术学院刘洋（第 3 章、第 5 章、第 6 章），全书由吴红霞统稿，武汉大学潘笑教授主审。

本书在编写过程中得到了武汉东湖学院、武汉电力职业技术学院等同仁的大力支持，同时，冶金工业出版社的工作人员也给予了大量帮助，在此向他们表示感谢。另外，作者参考了有关书籍和资料，在此也向其作者表示衷心的感谢。

由于时间仓促，加上编者水平有限，书中难免存在不妥之处，敬请广大读者批评指正。

编 者

2011 年 5 月于武汉

目　录

0　绪论 ………………………………………………………… 1

0.1　电气控制技术的发展 ……………………………………… 1

0.2　本课程的性质和任务 ……………………………………… 2

1　传统电气控制系统 ………………………………………… 3

1.1　常用低压电器 …………………………………………… 3

1.1.1　电器基本知识 ……………………………………… 3

1.1.2　接触器 ……………………………………………… 5

1.1.3　继电器 ……………………………………………… 8

1.1.4　开关电器 …………………………………………… 18

1.1.5　熔断器 ……………………………………………… 21

1.1.6　主令电器 …………………………………………… 25

1.2　案例一：三相笼型异步电动机的全压启动控制 ………… 31

1.2.1　电气控制基础 ……………………………………… 31

1.2.2　案例说明 …………………………………………… 34

1.2.3　案例分析 …………………………………………… 34

1.2.4　知识进阶 …………………………………………… 35

1.2.5　应用拓展 …………………………………………… 36

1.3　案例二：三相笼型异步电动机的降压启动控制 ………… 40

1.3.1　定子串电阻（或电抗）降压启动 …………………… 40

1.3.2　星形-三角形降压启动 ……………………………… 41

1.3.3　串自耦变压器降压启动 …………………………… 41

1.3.4　延边三角形降压启动 ……………………………… 42

1.4　案例三：三相笼型异步电动机的制动控制 ……………… 43

1.4.1　反接制动 …………………………………………… 43

1.4.2　能耗制动 …………………………………………… 44

1.4.3　案例说明 …………………………………………… 44

1.4.4　案例分析 …………………………………………… 44

1.4.5　知识进阶 …………………………………………… 46

1.5　案例四：三相笼型异步电动机的调速控制 ……………… 47

1.5.1　调速控制原理 ……………………………………… 47

1.5.2 案例说明 …… 49
1.5.3 案例分析 …… 49
1.6 本章小结 …… 50
习题 …… 51

2 OMRON CP1H 可编程控制器基础知识 …… 53

2.1 可编程控制器概述 …… 53
2.1.1 可编程控制器的产生与定义 …… 53
2.1.2 可编程控制器的特点及应用 …… 54
2.1.3 可编程控制器的主要性能指标与分类 …… 55
2.1.4 可编程控制器与传统电气控制系统的比较 …… 57
2.1.5 可编程控制器的国内外产品概况 …… 58
2.2 可编程控制器的硬件组成 …… 59
2.2.1 中央处理单元（CPU） …… 60
2.2.2 存储器 …… 61
2.2.3 输入/输出单元 …… 61
2.2.4 电源 …… 63
2.2.5 外围设备 …… 63
2.2.6 通信接口 …… 64
2.2.7 其他 …… 64
2.3 可编程控制器的软件组成 …… 64
2.3.1 系统程序 …… 64
2.3.2 用户程序 …… 65
2.4 OMRON CP1H 系列可编程控制器概述 …… 67
2.4.1 CP1H 系列 PLC 简介 …… 67
2.4.2 CP1H 系列 PLC 系统配置 …… 67
2.5 CP1H 系列 PLC 的内部编程元件及其功能 …… 70
2.5.1 概述 …… 70
2.5.2 输入继电器和输出继电器 …… 72
2.5.3 辅助继电器 …… 74
2.5.4 定时器 …… 78
2.5.5 计数器 …… 79
2.5.6 其他编程元件 …… 81
2.6 案例：电动机自动正反转控制电路——可编程控制器工作原理 …… 82
2.6.1 预备知识 …… 82
2.6.2 案例说明 …… 83
2.6.3 解决方案 …… 83
2.6.4 知识进阶 …… 84

2.7　本章小结 …… 85
习题 …… 86

3　CP1H 可编程控制器基本指令及其应用 …… 87

3.1　案例一：三相异步电动机的正反转连锁控制——基本指令（一） …… 87
3.1.1　预备知识 …… 87
3.1.2　控制要求 …… 88
3.1.3　解决方案 …… 88
3.1.4　知识进阶 …… 90
3.1.5　应用拓展 …… 92
3.1.6　思考题 …… 92
3.2　案例二：水塔水位的控制——基本指令（二） …… 93
3.2.1　预备知识 …… 93
3.2.2　水塔水位的控制要求 …… 93
3.2.3　解决方案 …… 94
3.2.4　知识进阶 …… 95
3.2.5　应用拓展 …… 97
3.2.6　思考题 …… 98
3.3　案例三：单按钮单地控制电动机的启动和停止——基本指令（三） …… 98
3.3.1　预备知识 …… 98
3.3.2　单按钮控制要求 …… 99
3.3.3　解决方案 …… 99
3.3.4　知识进阶 …… 101
3.3.5　思考题 …… 103
3.4　案例四：电动机顺序启停控制——基本指令（四） …… 103
3.4.1　预备知识——定时器指令 …… 103
3.4.2　案例说明 …… 104
3.4.3　解决方案 …… 104
3.4.4　知识进阶 …… 105
3.4.5　应用拓展 …… 108
3.4.6　思考题 …… 108
3.5　案例五：仓库停放汽车的数量统计——基本指令（五） …… 109
3.5.1　预备知识——计数器指令 …… 109
3.5.2　案例说明 …… 110
3.5.3　解决方案 …… 110
3.5.4　知识进阶 …… 111
3.5.5　应用拓展 …… 113
3.5.6　思考题 …… 113

3.6 本章小结 …… 113
习题 …… 113

4 可编程控制器程序设计方法 …… 116

4.1 可编程控制器程序设计基础 …… 116
4.1.1 开关量和模拟量 …… 116
4.1.2 梯形图的编程规则 …… 116
4.1.3 典型环节的梯形图程序 …… 118
4.2 案例一：小车自动往返控制（一）——梯形图经验设计法 …… 120
4.2.1 预备知识 …… 120
4.2.2 案例说明 …… 121
4.2.3 解决方案 …… 121
4.2.4 知识进阶 …… 122
4.2.5 应用拓展 …… 122
4.3 案例二：小车自动往返控制（二）——梯形图“翻译”设计法 …… 122
4.3.1 预备知识 …… 122
4.3.2 案例说明 …… 123
4.3.3 解决方案 …… 123
4.3.4 知识进阶 …… 124
4.3.5 思考题 …… 125
4.4 案例三：小车自动往返控制（三）——单序列的顺序控制设计法 …… 125
4.4.1 预备知识 …… 125
4.4.2 案例说明 …… 129
4.4.3 解决方案 …… 130
4.4.4 知识进阶 …… 131
4.4.5 思考题 …… 135
4.5 案例四：自动门控制系统——选择序列的顺序控制设计法 …… 135
4.5.1 预备知识 …… 135
4.5.2 案例说明 …… 136
4.5.3 解决方案 …… 136
4.5.4 知识进阶 …… 136
4.6 案例五：十字路口交通灯控制——并行序列的顺序控制设计法 …… 140
4.6.1 案例说明 …… 140
4.6.2 解决方案 …… 141
4.6.3 知识进阶 …… 143
4.6.4 思考题 …… 145
4.7 案例六：彩灯控制系统——PLC 程序的时序逻辑设计法 …… 146
4.7.1 预备知识 …… 146

4.7.2 案例说明 …… 148
4.7.3 解决方案 …… 148
4.7.4 思考题 …… 149
4.8 本章小结 …… 149
习题 …… 150

5 OMRON CP1H 可编程控制器功能指令及其应用 …… 153

5.1 案例一：喷水池花式喷水的控制——数据类软元件及传送类指令 …… 153
5.1.1 预备知识 …… 153
5.1.2 案例说明 …… 157
5.1.3 喷水池花式喷水控制要求 …… 158
5.1.4 解决方案 …… 158
5.1.5 知识进阶 …… 159
5.1.6 应用拓展 …… 160
5.1.7 思考题 …… 161
5.2 案例二：七彩流水灯控制——比较指令及其应用 …… 161
5.2.1 预备知识 …… 161
5.2.2 七彩流水灯控制要求 …… 162
5.2.3 解决方案 …… 162
5.2.4 知识进阶 …… 164
5.2.5 应用拓展 …… 167
5.2.6 思考题 …… 167
5.3 案例三：PLC 在冰淇淋机控制器中的应用——数据移位指令及其应用 …… 167
5.3.1 预备知识 …… 167
5.3.2 冰淇淋机控制器案例说明 …… 169
5.3.3 解决方案 …… 169
5.3.4 知识进阶 …… 172
5.3.5 应用拓展 …… 173
5.3.6 思考题 …… 173
5.4 案例四：智能型打鼓音乐控制器的设计——字移位控制指令及其应用 …… 174
5.4.1 预备知识 …… 174
5.4.2 智能型打鼓音乐控制器控制要求 …… 174
5.4.3 解决方案 …… 175
5.4.4 知识进阶 …… 176
5.4.5 思考题 …… 177
5.5 案例五：物料供应车控制——逻辑运算指令及其应用 …… 178
5.5.1 预备知识 …… 178
5.5.2 物料供应车控制案例说明 …… 179

5.5.3 解决方案 …… 180
5.5.4 知识进阶 …… 181
5.5.5 思考题 …… 181
5.6 案例六：机械手的控制——程序控制类指令及其应用 …… 182
5.6.1 预备知识 …… 182
5.6.2 机械手控制案例说明 …… 182
5.6.3 控制要求 …… 183
5.6.4 解决方案 …… 183
5.6.5 知识进阶 …… 184
5.6.6 应用拓展 …… 186
5.6.7 思考题 …… 187
5.7 本章小结 …… 187
习题 …… 187

6 编程软件及其使用 …… 189

6.1 编程软件概述 …… 189
6.1.1 CX-Programmer 的功能特点 …… 189
6.1.2 CX-Programmer 的启动 …… 190
6.1.3 CX-Programmer 窗口元素 …… 190
6.2 案例：自动卷闸门控制——编程软件的应用 …… 194
6.2.1 创建新工程与设置 …… 195
6.2.2 硬件组态（设置 IO 表） …… 195
6.2.3 PLC 设置 …… 197
6.2.4 编写程序 …… 199
6.2.5 调试程序 …… 204
6.2.6 在线仿真 …… 207
6.3 本章小结 …… 207
习题 …… 207

7 可编程控制器控制系统设计与应用 …… 208

7.1 概述 …… 208
7.1.1 可编程控制系统设计 …… 208
7.1.2 可编程控制器的选择 …… 210
7.1.3 PLC 与输入/输出设备的连接 …… 214
7.1.4 节省输入/输出点数的方法 …… 215
7.2 案例一：送料车控制——PLC 在开关量控制系统中的应用 …… 218
7.2.1 案例说明 …… 218
7.2.2 解决方案 …… 219

7.3　案例二：试验电炉控制——PLC 在模拟量闭环控制系统中的应用 …… 221
7.3.1　预备知识 …… 221
7.3.2　案例说明 …… 224
7.3.3　解决方案 …… 224
7.4　本章小结 …… 230
习题 …… 230

8　人机界面——工业触摸屏 …… 232

8.1　概述 …… 232
8.1.1　触摸屏的分类与原理 …… 232
8.1.2　OMRON NS 系列触摸屏 …… 234
8.1.3　触摸屏终端 …… 235
8.2　案例：水箱水位自动控制——工业触摸屏的应用 …… 235
8.2.1　水箱水位自动控制案例说明 …… 235
8.2.2　触摸屏选型 …… 236
8.2.3　水位控制触摸屏监控系统实现 …… 236
8.3　本章小结 …… 245
习题 …… 245

附录 …… 246

附录 1　电气控制线路中常用的图形符号、文字符号 …… 246
附录 2　CPM1A 系列 I/O 扩展单元基本情况 …… 252

参考文献 …… 253

0 绪　论

0.1 电气控制技术的发展

电气控制是以各类电动机或其他执行电器为动力的传动装置与系统为对象，以实现生产过程自动化的控制。电气控制技术是随着科学技术的不断发展，对生产工艺不断提出新的要求而迅速发展的。在控制方法上主要从手动控制到自动控制；在控制功能上，从简单的控制设备到复杂的自动控制系统；在操作方式上由笨重到轻巧；在控制原理上，由单一的有触点硬接线继电器控制系统转向为以微处理器为核心的软件控制系统。现代电气控制技术已经综合应用了计算机、自动控制、电子技术、自动检测等先进的科学技术成果，新的控制理论和新型电器以及电子器件的出现，将不断推动电气控制技术的发展。

作为生产机械的电动机拖动，其拖动方式在初期时，常用一台电动机拖动多台设备或一台机床的多个动作由同一台电动机拖动，即集中拖动，相应地电气控制系统比较简单。后发展为一台设备由一台电动机拖动，即单独拖动。随着生产机械功能增多和自动化程度的提高，其机械传动系统也就更加复杂。为了简化传动机构又出现了分散拖动形式，即各个运动机构分别由不同的电动机拖动，使电气控制复杂化。

随着电力拖动方式的演变与发展，电力拖动的控制方式也由最初的手动控制向自动控制方向发展。最初出现的是继电器-接触器控制系统，它是由传统的低压电器元件为基础，以控制电机的启动/停止、换向、调速等为主要内容的控制系统。具有控制简单、方便实用、价格低廉、易于维护、抗干扰能力强等优点，所以当时使用非常广泛，至今仍在许多简单的生产机械设备中广泛使用，也是学习更先进电气控制的基础。但是这种控制系统的缺点也非常明显，它体积庞大，采用固定的硬接线方式来完成各种控制逻辑，实现各种控制功能，所以其灵活性差。此外，由于机械式触点工作频率低，易损坏，所以可靠性差、难以适应频繁操作，也难以适应复杂控制对象的需求。

社会的发展和进步、科学技术的发展使电气控制技术不断向前发展。在实际生产中，工艺和流程是经常变化的，相应的控制系统也需要随着改变，采用固定的硬接线方式的继电器-接触器控制系统就无法满足这种需要了，因为其成本高，设计、施工周期长。后来出现的电子计算机、矩阵式顺序控制器和晶体管逻辑控制系统曾取代过继电器-接触器控制系统，但由于这些控制装置仍是采用硬接线方式，装置体积庞大，功能少，虽然提高了控制系统的通用性和灵活性，但均未得到广泛应用。

随着计算机技术和电子技术的发展，在20世纪60年代出现了一种新型的工业控制装置——可编程控制器（PLC），它以软件手段来实现各种控制功能，以微处理器为核心，具有通用性好、可靠性高、灵活性好、能适应恶劣的工业环境、指令系统简单、编程简单易学、体积小等优点，同时兼备了计算机控制系统功能完备、通用性和灵活性好和继电器-接触器控制系统的操作方便、简单易懂、价格低廉等优点，不仅可以取代传统的继电器-接触器控制系统，还可以进行复杂的生产过程控制和应用工厂自动化网络。现在 PLC、CAD/CAM 和工业机器人被誉为现代工业生产自动化的三大支柱，在工业自动控制领域占有十分重要的地位。

另外，数控技术也是电气自动控制很重要的一个分支，它综合了计算机、自动控制、伺服驱动系统、精密检测与新型机械结构等多方面的最新技术成就。最近 20 多年来，机电一体化，机、电、光、仪一体化等交叉学科的发展，使得数控技术得到了飞速发展。因此，在机械制造、电气控制及自动控制领域相继出现了直接数字系统（DDC）、柔性制造系统（FMS）、计算机集成制造系统（SIMS）、综合运用计算机辅助设计（CAD）、计算机辅助制造（CAM）、集散控制系统（DCS）、智能机器人、智能制造等高新技术。这些高新技术把整个自动控制系统和自动制造技术推到了更高的水平。

综上可知，电气控制技术的发展是伴随着社会生产规模的扩大、生产水平的不断提高而不断发展的，电气控制技术的进步又反过来促进了社会生产力的提高。随着微电子技术、电力电子技术、检测传感技术、机械制造技术的不断发展，电气控制技术也必将会不断发展。

0.2 本课程的性质和任务

本课程是一门实践性较强的专业课。电气控制技术在生产过程、科学研究及其他领域的应用十分广泛。本课程的主要内容是以电动机或其他执行电器为控制对象，介绍和讲解传统继电器-接触器控制系统和现代可编程控制系统的工作原理、设计方法和实际应用。电气控制技术涉及面很广，各种电气控制设备种类繁多，功能各异。其中可编程控制器是近几十年发展起来的新型工业控制器，由于它强大的功能和使用灵活、抗干扰能力强、可靠性高等优点，使得它已成为了现代工业生产自动化的支柱之一。所以本课程的重点在可编程控制器，但这不意味着传统继电器-接触器控制系统就不重要了。这是因为：首先，传统继电器接触器控制系统至今仍在许多简单的生产机械设备中广泛使用，也是学习更先进电气控制的基础；其次，尽管可编程控制器可以取代传统继电器-接触器控制系统，但它所取代的主要是逻辑控制部分，可编程控制系统的外部输入和输出部分仍然需要由传统电气元件和控制电路来完成，所以对传统继电器-接触器控制系统的学习还是有必要的。本课程的目的是让学生掌握一门工业控制技术，并培养和提高学生的实际应用能力和动手能力。

本课程的基本任务是：

（1）熟练掌握常用低压电气元件的用途、结构和工作原理，达到正确使用和选用的目的；

（2）熟练掌握电气控制线路基本环节的原理与用途，具备一般电气控制线路的独立分析和设计能力；

（3）掌握可编程控制器（PLC）的基本构成、工作原理和工作过程；

（4）掌握一种小型 PLC 的构成、工作原理、编程元件、编程语言和指令系统；

（5）掌握可编程控制器控制系统的设计方法，并会加以运用；

（6）掌握和了解可编程控制器的网络与通信原理以及 HMI 的使用；

（7）了解可编程控制系统实际应用的设计步骤和方法。

1　传统电气控制系统

本章要点

- 常用低压电器的用途、结构和工作原理
- 电气控制线路图的图形符号和文字符号、绘制原则
- 三相笼型异步电动机的基本控制线路
- 电气控制原理图的分析

低压电器、传感器和执行器件是工业电气控制系统的基本组成元件。本章将介绍常用低压电器的结构、工作原理和用途以及使用方法等知识，同时通过案例来介绍电气基本控制线路的组成、工作原理和分析方法，为后续章节的学习打下基础。

1.1　常用低压电器

1.1.1　电器基本知识

1.1.1.1　电器的定义

在工业意义上，电器是指能够根据外界施加的信号和要求，自动或手动地接通或断开电路，断续或连续地改变电路参数，实现对电路或非电对象的切换、控制、保护、检测、调节的电气设备。

1.1.1.2　电器的分类

电器的种类繁多、功能多样、结构各异，工作原理也不相同。常用的分类有以下几种。

A　按工作电压等级分类

（1）高压电器。工作电压在 AC1200V、DC1500V 及以上的各种电器，例如高压熔断器、高压断路器、高压隔离开关等。

（2）低压电器。工作电压在 AC1200V、DC1500V 以下的各种电器，例如接触器、继电器、按钮等。

B　按用途分类

（1）控制电器。用于各种控制电路和控制系统的电器，要求具有一定通断能力、操作频率高、电器机械寿命长，如接触器、继电器等。

（2）保护电器。用于对控制线路和电气设备实施保护的电器，要求有一定通断能力、可靠性高、反应灵敏，如熔断器、热继电器等。

（3）主令电器。用于自动控制系统中发送控制指令的电器，要求操作频率高、抗冲击能力强、电器机械寿命长，如按钮、行程开关、万能转换开关等。

（4）配电电器。用于电能的输送和分配的电器，要求分断能力强，限流效果好、动稳定性能及热稳定性能好，如断路器、隔离开关、刀开关等。

（5）执行电器。用于执行某种动作或传送功能的电器，如电磁铁等。

C　按工作原理分类

（1）电磁式电器。根据电磁感应原理来工作的电器，如接触器、电磁式继电器等；电磁式电器在低压电器中占有十分重要的地位，在电气控制系统中的应用最为普遍。

（2）非电量控制电器。靠外力或某种非电物理量的变化而动作的电器，如温度继电器、速度继电器、热继电器、按钮等。

1.1.1.3　常用低压电器的主要种类和用途

常用低压电器的主要种类和用途见表1-1。

表1-1　常用低压电器的主要种类和用途

序号	类别	主要品种	用途
1	接触器	交流接触器	主要用于远距离频繁控制负载，接通或分断大电流回路
		直流接触器	
2	继电器	电压继电器	主要用于控制电路中，把被控量转换成控制电路所需电量或开关信号
		电流继电器	
		中间继电器	
		时间继电器	
		热继电器	
		速度继电器等	
3	断路器	框架式断路器	主要用于电路的过载保护、短路保护、欠电压保护、漏电压保护等，也可用于不频繁接通和断开电路
		塑料外壳式断路器	
		限流式断路器	
		直流快速断路器	
		漏电保护断路器	
4	刀开关	负荷开关	主要用于电路的隔离，有时也能分断负荷
		开关板用刀开关	
		熔断器式刀开关	
5	熔断器	有填料熔断器	主要用于电路的短路保护
		无填料熔断器	
		瓷插式熔断器	
		快速熔断器	
		自复式熔断器	
6	主令电器	按　钮	用来短时接通或分断小电流回路
		转换开关	用于各种配电装置的电源隔离、电路转换、电动机远距离控制等
		行程开关	用于控制生产机械的运动方向、速度、行程大小或位置

续表 1-1

序　号	类　别	主要品种	用　途
6	主令电器	接近开关	可用于一般行程控制和限位保护、高速计数、测速、液面控制、检测金属物体的存在等
		光电开关	可用于物位检测、液位控制、产品计数、速度检测等
7	信号电器	指示灯	用于对某些信号给出指示、报警等信息
		电铃	
		蜂鸣器	
8	执行电器	电磁铁	根据控制系统的逻辑要求执行相应命令
		电磁阀	
		电磁制动器	

1.1.2　接触器

接触器是电力拖动和自动控制系统中使用量大、涉及面广的一种低压自动控制电器，用于中远距离频繁地接通与断开交、直流主电路及大容量控制电路，它具有低压释放保护功能，有控制容量大、过载能力强、寿命长、设备简单经济等特点。

接触器种类很多，按驱动力大小不同可分为电磁式、气动式和液压式。其中电磁式使用最为广泛。按主触点通过电流种类的不同，可分为交流接触器和直流接触器。按主触点的对数可分为单极、双极、三极、四极和五极等。下面就以交流电磁式接触器为例来介绍接触器。

1.1.2.1　接触器的结构

交流接触器的结构示意图如图 1-1 所示。主要由 4 部分组成：

（1）电磁机构。电磁机构是接触器的感测部件，由线圈、动铁心（衔铁）和静铁心组成，动铁心的活动部分与触点系统相连，其作用是将电磁能转换为机械能，产生电磁吸力带动触点系统动作。在线圈中通以励磁信号，静铁心中就会产生磁场，从而吸引衔铁，带动触点系统断开或接通受控电路。断电时就会释放使触点系统复原。

（2）触点系统。触点系统是接触器的执行部件，用于接通或断开被控制的电路。要求其导电、导热性能良好，通常用铜、银、镍及其合金材料制成，有时也在铜触点表面电镀上锡、银或镍。一对触点通常由动、静触头组合而成。

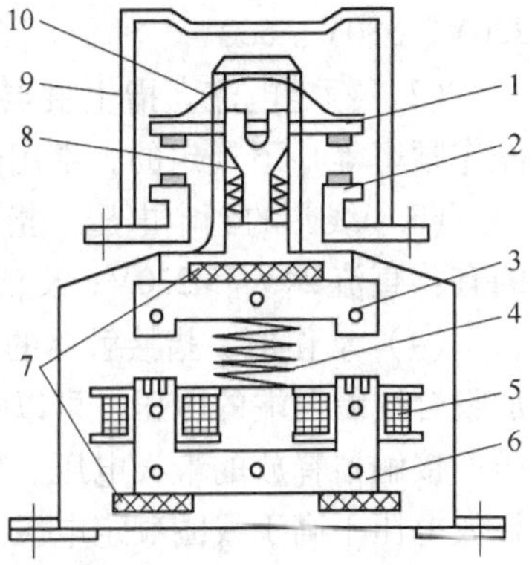

图 1-1　交流接触器结构示意图
1—动触点；2—静触点；3—动铁心；4—缓冲弹簧；5—电磁线圈；6—静铁心；7—垫毡；8—接触弹簧；9—灭弧罩；10—触点压力簧片

触点按照可承担负载电流的大小，分为主触点和辅助触点，主触点一般容量较大，允许通过较大电流，用于接通和分断主电路；辅助触点一般容量较小，只能通过较小电流，无灭弧装置，常用于接通和分断控制电路，还能起互锁和联锁作用，按其初始位置可分为常闭触点和常开触点。自然状态时（吸引线圈未通电时），动、静触头是相互闭合的，线圈通电后断开的触点称为常闭触点，又称动断触点。自然状态时，动、静触头是分开的，线圈通电后闭合的触点称为常开触点，又称动合触点。

接触器既有主触点，也有辅助触点。通常有3对常开主触点，并带有灭弧装置，辅助触点一般有常开也有常闭触点。主触点和辅助触点是同时动作的。

(3) 灭弧装置。容量在10A以上的接触器都有灭弧装置。小容量的接触器常采用电动力灭弧与陶土灭弧罩，大容量接触器常采用窄缝灭弧和栅片灭弧。

(4) 其他部件。包括反作用弹簧、缓冲弹簧、触头压力弹簧、传动机构及外壳等。

直流接触器的结构和工作原理基本上与交流接触器相同，在结构上也是由电磁机构、触点系统和灭弧装置等部分组成。其不同之处在于铁心结构、线圈形状、触点形状和数量、灭弧方式等。直流接触器常用磁吹灭弧装置来灭弧。

对于直流线圈，铁心不发热，只有线圈发热，所以直流电磁式低压电器的线圈一般做成无骨架、高而薄的瘦高形，使线圈与铁心直接接触，易于线圈散热。铁心和衔铁通常由铸钢、铸铁或软钢制成。对于交流线圈，除线圈发热外，由于铁心存在涡流和磁滞损耗，铁心也会发热。为了改善铁心和线圈的散热情况，在线圈中设有骨架，将铁心与线圈隔开，并将线圈制成短而厚的矮胖形，以增加铁心的散热面积。铁心通常由硅钢片叠压而成，以减小交变磁场在铁心中产生的涡流及磁滞损耗。

1.1.2.2　接触器的工作原理

当电磁线圈通电后，线圈电流产生磁场，使静铁心产生电磁吸力，此电磁吸力克服弹簧反力使得衔铁吸合，带动触点机构动作，使常闭触点断开，常开触点闭合，互锁或接通电路。当线圈断电或线圈两端电压显著降低时，电磁吸力小于弹簧反力，使得衔铁释放，触点机构复原，即常开触点断开，常闭触点闭合，断开电路或解除互锁。

1.1.2.3　接触器的技术参数

(1) 额定电压。指主触点的额定电压，常用的有：直流110V、220V、440V；交流220V、380V、660V。

(2) 额定电流。指主触点的额定电流，它是在一定的条件（额定电压、使用类别和操作频率等）下规定的，常用的电流等级有10~800A。

(3) 线圈的额定电压。指接触器电磁线圈长期正常工作所能承受的最大电压值，常用的有：直流24V和220V；交流220V和380V。

(4) 动作值。指接触器的吸合电压与释放电压。吸合电压是指接触器吸合前，缓慢增加吸合线圈两端的电压，可以吸合时的最小电压。释放电压是指吸合后缓慢降低线圈的电压，接触器释放的最大电压。部颁标准规定接触器在额定电压85%以上时，应可靠吸合。释放电压不高于线圈额定电压的70%。

(5) 接通与分断能力。指接触器的主触点在规定的条件下能可靠地接通和分断的电流值，在此电流值下，接通电路时主触点不应该发生熔焊，分断电路时主触点不应发生长时间燃弧。电路中超出此电流值的分断任务，则由熔断器、断路器等保护电器承担。一般通断能力是额定电流的5~10倍。

接触器的使用类别不同对主触点的接通和分断能力的要求也不一样，而不同使用类别的接触器可根据其不同负载的控制方式而定。在电力拖动控制系统中，常见的接触器使用类别及其典型用途如表1-2所示。

表 1-2 常见接触器使用类别及其典型用途表

电流种类	使用类别	典型用途
交流（AC）	AC1	无感或微感负载、电阻炉
	AC2	绕线式电动机的启动与分断
	AC3	笼型感应电动机的启动与分断
	AC4	笼型感应电动机的启动、反接制动、反转和点动
直流（DC）	DC1	无感或微感负载、电阻炉
	DC3	并励电动机的启动、反接制动、反转和点动
	DC5	串励电动机的启动、反接制动、反转和点动

表 1-2 所示接触器要求主触点达到的接通和分断能力为：

1）AC1 和 DC1 类允许接通和分断额定电流；

2）AC2、DC3 和 DC5 类允许接通和分断 4 倍额定电流；

3）AC3 类允许接通 6 倍额定电流和分断额定电流；

4）AC4 类允许接通和分断 6 倍额定电流。

（6）机械寿命和电气寿命。机械寿命是指接触器在需要修理或更换机构零件前所能承受的无载操作次数。电气寿命是在规定的正常工作条件下，接触器不需修理或更换机构零件前所能承受的有载操作次数。接触器是频繁操作电器，应有较长的机械寿命和电气寿命。目前有些接触器的机械寿命已达一千万次以上；电气寿命是机械寿命的 5% ~20%。

（7）额定操作频率。指接触器每小时接通的次数。交流接触器最高为 600 次/h；直流接触器可高达 1200 次/h。操作频率直接影响到接触器的使用寿命，对于交流接触器还影响到线圈温升。

1.1.2.4 接触器的选择

A 接触器的触点数量、类型选择

由主电路电流种类来决定选择直流接触器还是交流接触器，其触点数量和种类应满足主电路和控制线路的要求。各种类型的接触器触点数目不同。交流接触器的主触点有 3 对（常开触点），一般有 4 对辅助触点（2 对常开、2 对常闭），最多可达到 6 对（3 对常开、3 对常闭）。直流接触器主触点一般有 2 对（常开触点）；辅助触点有 4 对（2 对常开、2 对常闭）。

B 根据接触器所控制负载的工作任务来决定接触器的使用类别

如负载是一般任务则选 AC3 类别；负载为重任务则选作 AC4 类别；如果负载为一般任务与重任务混合时，则可根据实际情况选用 AC3 或 AC4 类别，若选用 AC3 类别接触器，则它的容量应降低一级使用，相应地其寿命也有不同程度的降低。

C 主触点额定电流的选择

接触器的额定电流应大于或等于被控回路的额定电流。对于电动机负载可根据下列经验公式计算：

$$I_{NC} \geqslant P_{NM}/(1-1.4)U_{NM} \tag{1-1}$$

式中 I_{NC}——接触器主触头电流，A；

P_{NM}——电动机的额定功率，W；

U_{NM}——电动机的额定电压，V。

若接触器控制的电动机启动、制动或正反转频繁，一般将接触器主触头的额定电流降一级使用。

D　额定电压的选择

接触器主触点的额定电压应大于或等于负载回路的电压。

E　吸引线圈额定电压的选择

线圈额定电压不一定等于主触点的额定电压，当线路简单，使用电器少时，可直接选用380V或220V的电压，若线路复杂，使用电器超过5个，可用24V、48V或110V电压（1964年国标规定为36V、110V或127V）。吸引线圈允许在额定电压的80%～105%范围内使用。

1.1.2.5　接触器的图形符号和文字符号（图1-2）

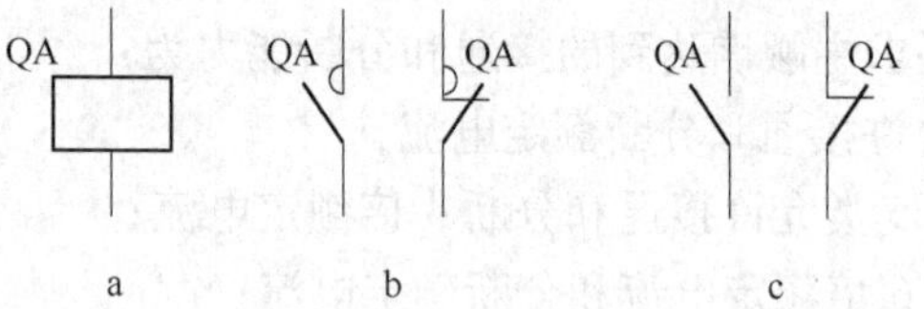

图1-2　接触器图形符号和文字符号

a—线圈；b—主触点；c—辅助触点

1.1.3　继电器

继电器是一种根据某种输入信号（如电流、电压、时间和速度等物理量）的变化来接通或分断小电流控制电路，以实现远距离控制和保护的自动控制电器。它的输入量可以是电流、电压等电量，也可以是温度、时间、速度、压力等非电量，而输出则是触点的动作或者电路参数的变化。

继电器的种类繁多，按输入信号的性质可分为：电压继电器、电流继电器、时间继电器、温度继电器、速度继电器、压力继电器等。按工作原理可分为：电磁式、感应式、电动式、热继电器和电子式等。按输出形式可分为有触点和无触点两类。按用途可分为保护用和控制用两类。

1.1.3.1　电磁式继电器

电磁式继电器由于结构简单、价格低廉、使用维护方便，因而被广泛地应用于控制系统中。

A　电磁式继电器的结构和工作原理

电磁式继电器的结构、工作原理与电磁式接触器类似，主要由电磁机构和触点系统组成。它与电磁式接触器的主要区别在于：电磁式继电器能灵敏地对电压、电流变化作出反应，触点数量很多但容量较小，主要用来切换小电流电路或用作信号的中间转换，而接触器主要用来控制大电流回路，故电磁式继电器没有灭弧装置，也无主副触点之分，它的典型结构如图1-3所示。

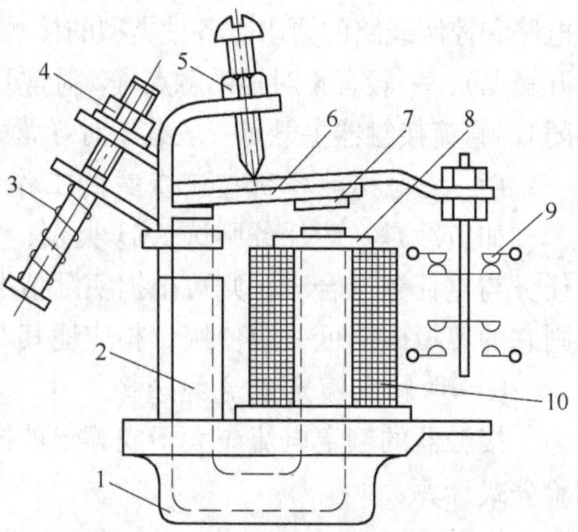

图1-3　电磁式继电器的典型结构

1—底座；2—铁心；3—释放弹簧；4，5—调节螺母；6—衔铁；7—非磁性垫片；8—极靴；9—触点系统；10—线圈

（1）电磁机构。直流继电器的电磁机构形

式为U形拍合式，铁心和衔铁均由电工软铁制成。为了增加闭合后的气隙，在衔铁的内侧面上装有非磁性垫片，铁心铸在铝基座上。交流继电器的电磁机构形式有U形拍合式、E形直动式、空心或装甲螺管式等。U形拍合式和E形直动式的铁心及衔铁均由硅钢片叠成，且在铁心柱端上面装有短路环。

（2）触点系统。电磁式继电器的触点一般都为桥式触点，有常开和常闭两种形式。

（3）其他。另外，为了实现继电器动作参数的改变，继电器一般还设有改变释放弹簧松紧程度的调节装置和改变衔铁释放时初始状态磁路气隙大小的调节装置，例如调节螺母和非磁性垫片等。

电磁式继电器的工作原理为：线圈通电后铁心上产生磁通，在电磁吸力作用下，衔铁带动触点运动，使得常开触点闭合、常闭触点断开，从而接通或断开控制电路，实现动作状态的改变。

B 电磁式继电器的特性

继电器的主要特性是输入-输出特性，又称为继电特性，是指继电器的输出量随输入量变化的关系。当改变继电器输入量的大小时，对于输出量的触点只有“通”与“断”两个状态，如图1-4所示。当继电器输入量x由零增至x_2以前，继电器输出量y为零。当继电器输入量x增至x_2时，继电器吸合，输出量为y_1，如x再增大，y_1值保持不变。当x减小到x_1时，继电器释放，输出量由y_1降到零，x再减小，y值均为零。x_2称为继电器吸合值，欲使继电器吸合，输入量必须等于或大于x_2；x_1为继电器的释放值，欲使继电器释放，输入量必须等于或小于x_1。

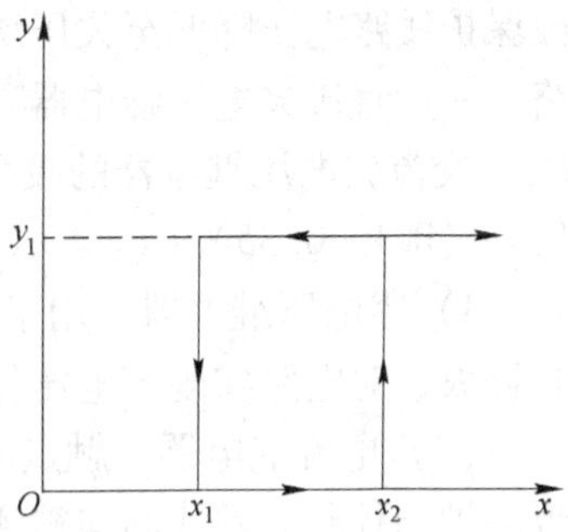

图1-4 继电特性曲线

$K_f = x_1/x_2$称为继电器的返回系数，它是继电器的重要参数之一。

C 电磁式继电器的主要参数

（1）额定参数。继电器的线圈和触点在正常工作时的电压或电流允许值称为继电器额定电压或额定电流。

（2）动作参数。指衔铁产生动作时线圈的电压或电流值。对于电压继电器有吸合电压和释放电压；对于电流继电器有吸合电流和释放电流。

（3）整定值。根据控制电路的要求，对继电器的继电器参数进行调整的数值。

（4）返回系数。指继电器的释放值与吸合值之比，以$K_f = x_1/x_2$表示。对于电压继电器x_1为释放电压，x_2为吸合电压；对于电流继电器x_1为释放电流，x_2为吸合电流。K_f值可以通过调节释放弹簧或调节铁心与衔铁之间非磁性垫片的厚度来达到所要求的值。不同场合要求不同的K_f值，如对一般继电器要求低的返回系数，K_f值应在0.1～0.4之间，这样当继电器吸合后，输入量波动较大时不致引起误动作。

（5）吸合时间和释放时间。吸合时间是指线圈接受电信号到衔铁完全吸合所需的时间；释放时间是指线圈失电到衔铁完全释放所需的时间。一般电磁式继电器的吸合时间与释放时间为0.05～0.2s，它的大小影响到继电器的操作频率。动作时间小于0.05s的为快速动作继电器，大于0.2s的为延时动作继电器。

（6）消耗功率。继电器线圈运行时消耗的功率，与其线圈匝数的二次方成正比。继电器的灵敏度越高，要求继电器的消耗功率越小。

D　电磁式继电器的分类

常用的电磁式继电器有电压继电器、电流继电器和中间继电器。

(1) 电压继电器。触点的动作与加在线圈上的电压大小有关的继电器称为电压继电器，它用于电力拖动系统的电压保护和控制。电压继电器反映的是电压信号，它的线圈并联在被测电路的两端，所以匝数多、导线细、阻抗大。电压继电器按动作电压值的不同，可分为过电压、欠电压和零电压继电器。

1) 过电压继电器。用于线路过压保护，当电压为额定电压的 1.05 ~ 1.2 倍时动作。被保护线路电压正常时，继电器不动作。当被保护线路电压高于过压继电器整定值时，继电器动作，断开被保护电路。由于直流电路一般不会出现过电压，所以产品中没有直流过电压继电器。

2) 欠电压继电器。用于线路欠压保护。当线路电压正常时，继电器可靠吸合，一旦被保护线路电压降低至欠压继电器整定值时，继电器失电，触点系统复位，断开被保护电路。一般直流欠电压继电器吸合电压 $U_0 =$ (0.3 ~ 0.5) U_N，释放电压 $U_r =$ (0.07 ~ 0.2) U_N。交流欠电压继电器的吸合电压与释放电压的调节范围分别为 $U_0 =$ (0.6 ~ 0.85) U_N，$U_r =$ (0.1 ~ 0.35) U_N。

3) 零电压继电器。用于线路失压保护，当电路电压降低为额定电压的 0.05 ~ 0.25 倍时释放，对电路实现零电压保护。

(2) 电流继电器。触点的动作与线圈电流大小有关的继电器称为电流继电器。用于电流保护与控制。其线圈与被测电路串联，其线圈匝数少而导线粗、线圈阻抗小，这样通过电流时的压降很小，不会影响负载电路的电流。触点接于控制电路，用于接通或分断电路。按吸合电流大小可分为欠电流继电器和过电流继电器。

1) 过电流继电器。用于线路过流保护。被保护线路正常时，继电器不动作。当被保护线路电流高于过流继电器整定值时，继电器动作，断开被保护电路。通常，交流过电流继电器的吸合电流 $I_0 =$ (1.1 ~ 3.5) I_N，直流过电流继电器的吸合电流 $I_0 =$ (0.75 ~ 3) I_N。由于过电流继电器在出现过电流时衔铁吸合动作，以其触头来切断电路，故过电流继电器无释放电流值。

2) 欠电流继电器。用于线路欠电流保护。当线路正常时，继电器可靠吸合，一旦被保护线路电流降低至欠流继电器整定值时，继电器失电，断开被保护电路。在直流电路中，由于某种原因而引起负载电流的降低或消失往往导致严重的后果（如直流电动机的励磁回路断线），因此有直流低电流继电器产品，一般无交流低电流继电器产品。直流欠电流继电器的吸合电流调节范围为 $I_0 =$ (0.3 ~ 0.65) I_N；释放电流调节范围为 $I_r =$ (0.1 ~ 0.2) I_N。

(3) 中间继电器。中间继电器实质上是一种电压继电器，但它的触点数量较多，容量较大，在控制电路中起信号传递、放大、切换和逻辑控制等作用，主要用于扩展触点数量和容量，实现逻辑控制。

E　电磁式继电器的选择

选择电磁式继电器时，首先要注意线圈电压的种类和电压等级应与控制电路一致，再根据其在控制电路中所起的作用选择类型（电压、电流或中间继电器），最后，还要根据控制电路的要求选择触点类型和数量。

F 电磁式继电器的图形符号和文字符号

电磁式继电器的图形符号和文字符号见图1-5。

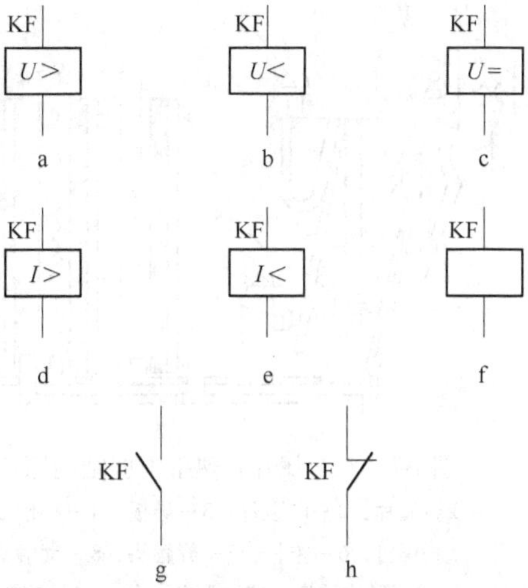

图1-5 电磁式继电器图形符号和文字符号
a—过电压继电器线圈；b—欠电压继电器线圈；c—零电压继电器线圈；d—过电流继电器线圈；e—欠电流继电器线圈；f—中间继电器线圈；g—常开触点；h—常闭触点

1.1.3.2 热继电器

电动机在实际运行的过程中常会遇到过载的情况，但只要过载不严重、时间短，绕组不超过允许的温升，这种过载是允许的。但如果过载情况严重、时间长，则会加速电动机的绝缘老化，缩短电动机的使用年限，甚至烧毁电动机，因此必须对电动机进行过载保护。

热继电器利用电流的热效应原理以及发热元件热膨胀原理来工作，主要用于三相交流电动机的长期过载保护、断相保护、电流不平衡保护等。但是由于热继电器中发热元件有发热惯性，在电路中不能做瞬时过载保护和短路保护。

A 热继电器保护特性

电动机的过载特性具有反时限特性，如图1-6中的曲线 a 所示。热继电器主要用于电动机的长期过载保护，为了适应电动机的过载特性而又起到过载保护作用，要求热继电器也具有如同电动机过载特性那样的反时限特性。热继电器中通过的过载电流与其触点动作时间之间的关系，称为热继电器的保护特性，如图1-6中的曲线 b 所示。考虑到各种误差的影响，电动机的过载特性曲线和热继电器的保护特性都不是一条曲线，而是一条曲带，误差越大，带越宽。

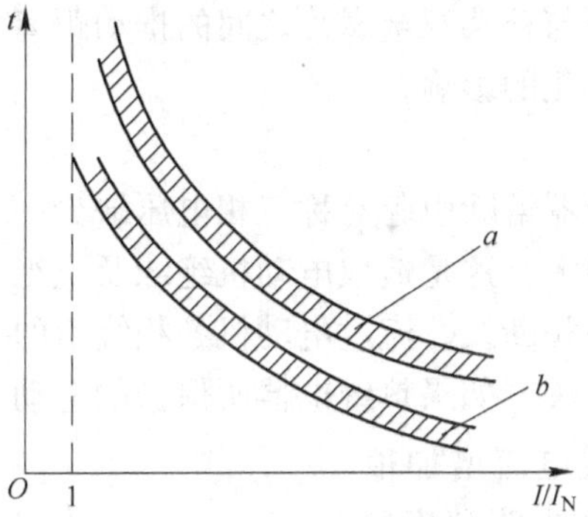

图1-6 热继电器保护特性与电动机过载特性的配合
a—电动机的过载特性；
b—热继电器的保护特性

从图1-6可以看出，当电动机出现过载时，工作在曲线 a 的下方是安全的。因此，热继电器的保护特性应在电动机过载特性的邻近下方。这样，当电动机发生过载时，热继电器就会在电动机未达到其允许的过载极限之前动作，切断电动机电源，实现过载保护。

另外，当环境温度变化时，热继电器检测元件受热弯曲存在误差，为补偿由于温度引起的误差，一般还有温度补偿装置。热电器动作后，可手动或自动复位。

B 热继电器的结构和工作原理

热继电器的形式有多种，其中以双金属片最多。双金属片式热继电器主要由热元件、双金属片、触点系统组成。热元件由发热电阻丝做成，双金属片则由两种热膨胀系数不同的金属碾压而成，当双金属片受热时，会出现弯曲变形，膨胀系数大的称为主动片，膨胀系数小的称为被动片。

使用时，常将热元件串接于电动机的主电路（定子绕组）中，流过电动机定子线电

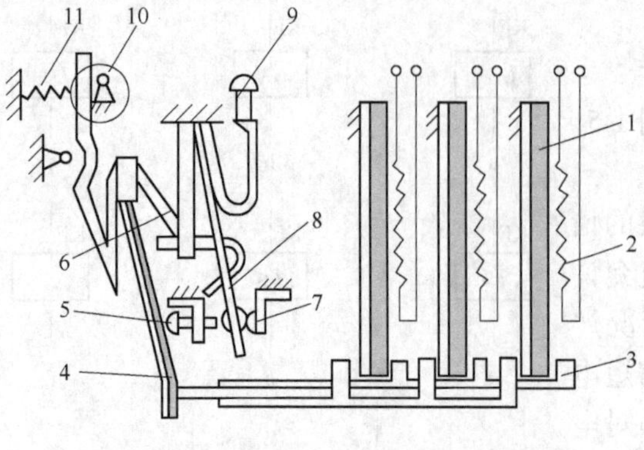

图 1-7 双金属片式热继电器结构原理图
1—主双金属片；2—电阻丝；3—导板；4—补偿双金属片；
5—螺钉；6—推杆；7—静触头；8—动触头；
9—复位按钮；10—调节凸轮；11—弹簧

流，反映电动机过载情况；而常闭触点则串联接于电动机的控制电路中。其结构图如图1-7 所示。工作原理为：当串联在电动机定子绕组中的热元件 2 有电流流过时，热元件产生的热量使主双金属片 1 伸长，由于膨胀系数不同，致使双金属片发生弯曲。电动机正常运行时，双金属片的弯曲程度不足以使热继电器动作。当电动机长期过载时，流过热元件的电流增大，加上时间效应，从而使双金属片的弯曲程度加大，最终使双金属片推动导板 3，并通过补偿双金属片 4 与推杆 6 将触头 7 和 8（即串接在接触器线圈回路的热继电器常闭触点）分开，以切断电路，实现电动机的过载保护。

调节凸轮 10 用来改变补偿双金属片 4 与导板 3 的接触距离，从而达到调节整定动作电流值的目的。此外，靠调节复位螺钉 5 来改变常开静触头的位置，使热继电器能工作在自动复位或手动复位两种状态。调成手动复位时，在排除故障后要按下复位按钮 9 才能使常闭触点复位。

补偿双金属片可在规定范围内补偿环境温度对热继电器的影响，当环境温度变化时，主双金属片与补偿双金属片同时向同一方向弯曲，使导板与补偿双金属片之间的推动距离保持不变。这样，热继电器的动作特性将不受环境温度变化的影响。

C 带断相保护的热继电器

异步电动机在正常运行时，由于电网故障或一相熔断器熔断引起对称三相电压缺少一相，电动机将在两相电源中低速运转或堵转，定子电流很大，这是造成电动机绝缘及绕组烧坏的常见故障之一。三相异步电动机运行时，若发生一相断线，流过电动机各相绕组的电流将发生变化，其变化情况与电动机三相绕组的接法有关。如果热继电器所保护的电动机采用的是 Y 形接法，当发生一相断路时，另外两相线电流增加很多，由于此时线电流等于相电流，而使流过电动机绕组的电流和流过热继电器热元件的电流增加比例相同，因此，采用普通的两相或三相热继电器就可进行保护。

如果所保护的电动机采用的是三角形接法，在正常情况下，线电流是相电流的$\sqrt{3}$倍，串接在电动机电源进线中的热元件按电动机额定电流即线电流来整定。若发生一相（U 相）断线且电动机仅为$\sqrt{3}/3$ 额定负载时，如图 1-8 所示，流过跨接于全电压下的一相绕组的相电流 $\dot{I}_{P3}$ = 1.15 额定相电流，而流过两相绕组串联的电流 $\dot{I}_{P1} = \dot{I}_{P2} = \sqrt{3}/3$ 额定相电流。此时，未断相的那两相线电流正好为额定线电流，接在电动机进线中的热元件因流过额定线电流，热继电器不动作，但流过全压下的一相绕组已流过1.15 倍额定相电流，时间一长便有过热烧毁

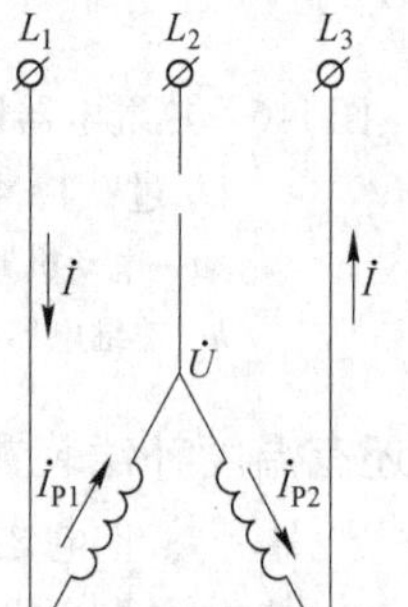

图 1-8 电动机三角形联结时 U 相断线时的电流分析

的危险。所以，三角形接法的电动机必须采用带断相保护的热继电器。

带断相保护的热继电器是将热继电器的导板改成差动结构。图1-9所示是差动式断相保护装置结构原理图。差动机构由上导板1、下导板2及装有顶头4的杠杆3组成，它们之间均用转轴连接。其中，图1-9a为未通电时导板的位置；图1-9b为热元件流过正常工作电流时的位置，此时三相双金属片都受热向左弯曲，但弯曲的挠度不够，所以下导板向左移动一小段距离，顶头4尚未碰到补偿双金属片5，继电器不动作；图1-9c为三相同时过载的情况，三相双金属片同时向左弯曲，推动下导板向左移动，通过杠杆3使顶头4碰到补偿双金属片端部，使继电器动作；图1-9d为W相断线时的情况，这时W相双金属片将冷却，端部向右弯曲，推动上导板向右移，而另外两相双金属片仍受热，端部向左弯曲推动下导板继续向左移动。这样上、下导板的一右一左移动，产生了差动作用，通过杠杆放大作用，迅速推动补偿双金属片，使继电器动作；由于差动作用，使继电器在断相故障时加速动作，保护电动机。带断相保护热继电器的保护特性见表1-3。

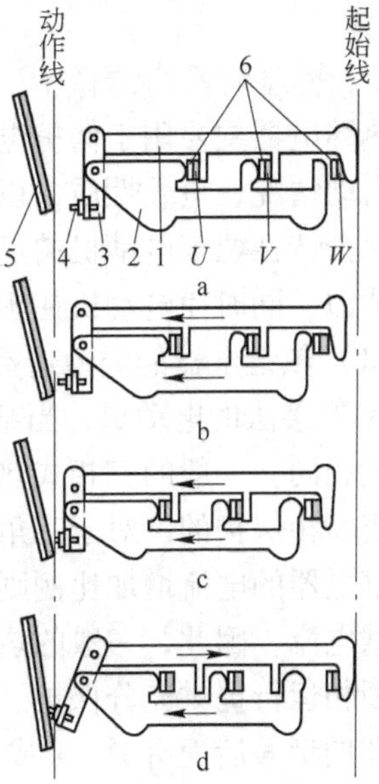

图1-9 差动式断相保护机构及工作原理

a—通电前；b—三相正常电流；c—三相均匀过载；d—W相断路

1—上导板；2—下导板；3—杠杆；4—顶头；5—补偿双金属片；6—主双金属片

表1-3 带断相保护热继电器保护特性

项 号	电流倍数		动作时间	试验条件
	任意两相	第三相		
1	1	0.9	2h 不动作	冷 态
2	1.15	0	<2h	从项1电流加热到稳定后开始

D 热继电器的主要技术参数

热继电器的主要技术参数有：额定电压、额定电流、相数、热元件编号、整定电流及刻度电流调节范围等。

（1）额定电压。热继电器的额定电压是热继电器触点长期正常工作所能承受的最大电压。

（2）额定电流。热继电器的额定电流是热继电器允许装入热元件的最大额定电流。每种额定电流的热继电器可装入几种不同整定电流的热元件。为了便于用户选择，某些型号中的不同整定电流的热元件是用不同编号表示的。

（3）热元件额定电流。热继电器热元件额定电流是热继电器热元件允许长期通过的最大电流。

（4）整定电流。热继电器整定电流是长期通过热元件而热继电器不动作的最大电流。手动调节整定电流的范围，称为刻度电流调节范围，可用来使热继电器更好地实现过载保护。

E 热继电器的选择

热继电器主要用于保护电动机的过载，因此，在选用时必须了解被保护对象的工作环境、启动情况、负载性质，以及电动机允许的过载能力等。要遵循的原则是：应使热继电器的保护特性位于电动机的过载特性之下，并尽可能地接近，甚至重合，以充分发挥电动机的能力，同时使电动机在短时过载和启动瞬间（$5I_N \sim 6I_N$）时不受影响。

（1）热继电器的类型选择。若用热继电器作电动机断相保护，应考虑电动机的接法。对于Y形接法的电动机，当某相断线时，其余未断相绕组的电流与流过热继电器电流的增加比例相同。一般的三相式热继电器，只要整定电流调节合理，是可以对Y形接法的电动机实现断相保护的；对于三角形接法的电动机，某相断线时，流过未断相绕组的电流与流过热继电器的电流增加比例则不同，也就是说，流过热继电器的电流不能反映断相后绕组的过载电流，因此，一般的热继电器，即使是三相式也不能为三角形接法的三相异步电动机的断相运行提供充分保护。此时，应选用三相带断相保护的热继电器。带断相保护的热继电器的型号后面有D、T或3UA字样。

（2）热元件的额定电流选择。应按照被保护电动机额定电流的1.1~1.15倍选取热元件的额定电流。

（3）热元件的整定电流选择。一般将热继电器的整定电流调整到等于电动机的额定电流；对过载能力差的电动机，可将热元件的整定值调整到电动机额定电流的0.6~0.8倍；对启动时间较长、拖动冲击性负载或不允许停车的电动机，热元件的整定电流应调整到电动机额定电流的1.1~1.15倍。

对于可逆运行和频繁通断的电动机，不宜采用热继电器保护，必要时可选用装入电动机绕组内部的温度继电器。

F 热继电器图形符号和文字符号

热继电器图形符号和文字符号见图1-10。

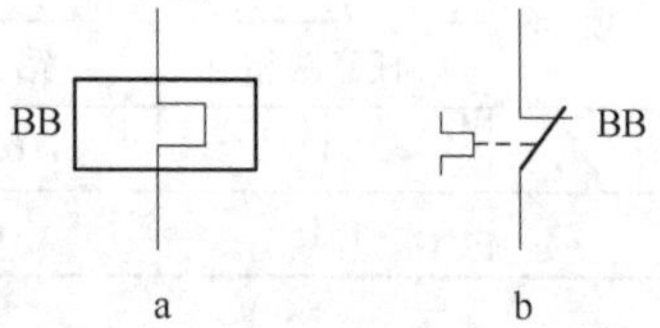

图1-10 热继电器图形符号和文字符号

a—热元件；b—常闭触点

1.1.3.3 时间继电器

在自动控制系统中，有时需要继电器得到信号后不立即动作，而是要顺延一段时间后再动作并输出控制信号，以达到按时间顺序进行控制的目的。时间继电器就能实现这种功能。

时间继电器是一种利用电磁或机械动作原理实现触头延时通或断的自动控制电器，即从得到输入信号（线圈通电或断电）开始，经一设定延时时间后才输出信号（触点闭合或断开）。时间继电器的延时方式有两种：通电延时和断电延时。时间继电器的触点也有两种：延时触点和瞬动触点。瞬动触点的动作原理与一般继电器相同，延时触点又可分为通电延时触点和断电延时触点。

通电延时：当线圈得电后，延时触点需经过一段时间的延时后才能动作；当线圈断电时，其动作的延时触点瞬时复位，可以用“延时动作、瞬时恢复”来表征。

断电延时：当线圈得电后其延时触点瞬时动作；当线圈断电时，其动作的延时触点需经过一段时间延时后才能恢复，可以用“瞬时动作、延时恢复”来表征。

时间继电器种类很多，按工作原理可分为电磁式、空气阻尼式、电动式和电子式等。

其中，电子式时间继电器最为常用，而电磁式和电动式时间继电器已基本被淘汰，空气阻尼式的时间继电器在对定时精度要求不高和定时长度较短的场合还有一些使用。

A 直流电磁式时间继电器

直流电磁式时间继电器结构如图 1-11 所示。直流电磁式时间继电器是利用电磁阻尼原理产生延时的，由电磁感应定律可知，在继电器线圈通断电过程中铜套内将产生感应电势，并流过感应电流，此电流产生的磁通总是反对原磁通变化。电器通电时，由于衔铁处于释放位置，气隙大，磁阻大，磁通小，铜套阻尼作用相对也小，因此衔铁吸合时延时不显著（一般忽略不计）。而当继电器断电时，磁通变化量大，铜套阻尼作用也大，使衔铁延时释放而起到延时作用。

直流电磁式时间继电器结构简单、寿命长，但它仅能用作断电延时，延时精度不高而且延时时间较短，最长不超过 5s，一般只用于要求不高的场合，常用产品有 JT3 和 JT18 系列。

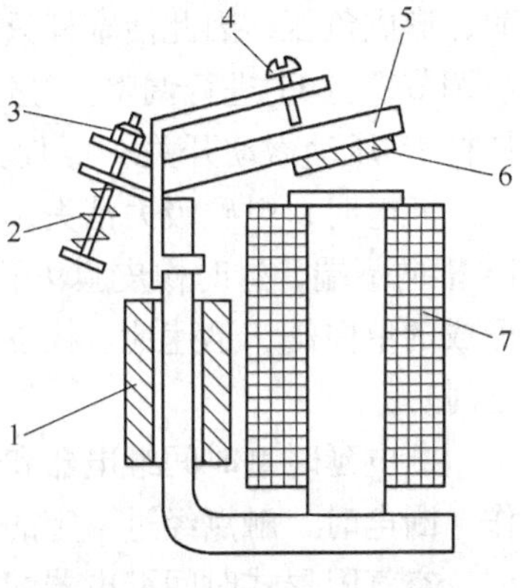

图 1-11 直流电磁式时间继电器
1—阻尼套筒；2—释放弹簧；3—调节螺母；4—调节螺钉；5—衔铁；6—非磁性垫片；7—电磁线圈

B 空气阻尼式时间继电器

空气阻尼式时间继电器是利用空气阻尼原理获得延时的，它由电磁系统、延时机构和触点系统 3 部分组成。电磁机构为直动式双 E 形铁心，触点系统是借用 LX5 型微动开关，延时机构采用气囊式阻尼器。

空气阻尼式时间继电器可分为通电延时型和断电延时型。衔铁位于铁心和延时机构之间的为通电延时型，如图 1-12a 所示。而铁心位于衔铁和延时机构之间的为断电延时型，如图 1-12b 所示。电磁机构可以是直流也可以是交流的。

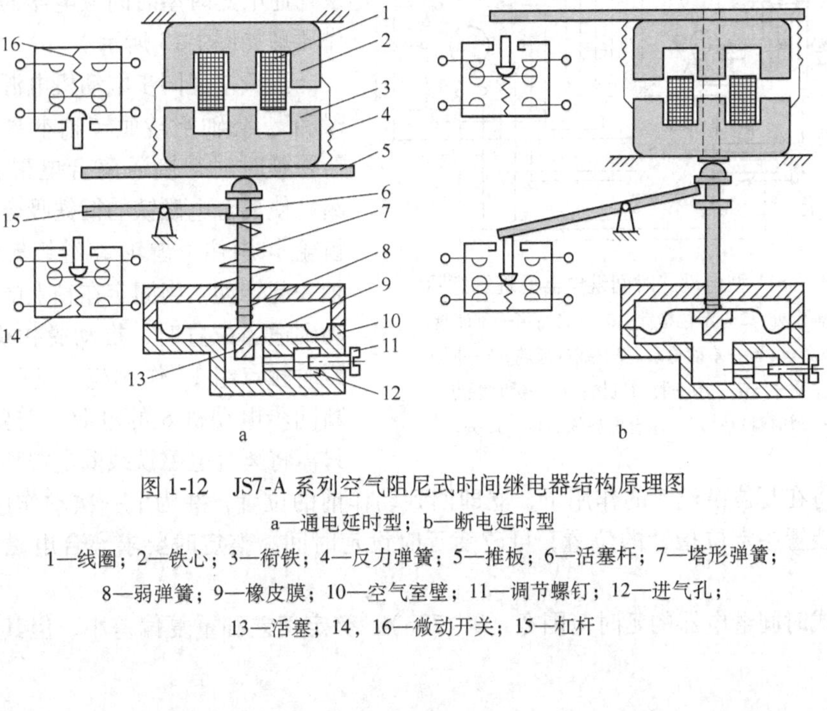

图 1-12 JS7-A 系列空气阻尼式时间继电器结构原理图
a—通电延时型；b—断电延时型
1—线圈；2—铁心；3—衔铁；4—反力弹簧；5—推板；6—活塞杆；7—塔形弹簧；8—弱弹簧；9—橡皮膜；10—空气室壁；11—调节螺钉；12—进气孔；13—活塞；14，16—微动开关；15—杠杆

下面以通电延时型时间继电器来介绍其工作原理。

线圈 1 通电后，衔铁 3 吸合，微动开关 16 受压（其触点动作无延时），活塞杆 6 在塔形弹簧 7 的作用下，带动活塞 13 及橡皮膜 9 向上移动，但由于橡皮膜下方气室的空气稀薄，形成负压，因此活塞杆只能缓慢地向上移动，其移动速度视进气孔的大小而定，可通过调节螺钉 11 进行调整。经过一定时间的延时后，活塞杆才能移动到最上端，这时通过杠杆 15 压动微动开关 14，使其常闭触点断开，常开触点闭合，起到通电延时的作用。

断电时，电磁吸力消失，衔铁 3 在反力弹簧 4 的作用下释放，并通过活塞杆 6 将活塞 13 推向下端，这时橡皮膜 9 下方气室内的空气通过橡皮膜 9、弱弹簧 8 和活塞 13 的肩部所形成的单向阀，迅速地从橡皮膜上方的气室缝隙中排掉，微动开关 14、16 迅速复位，无延时。

断电延时型时间继电器和通电延时型时间继电器正好相反，在通电时，触点无延时动作，断电时，触点经过一定的延时而断开。

空气阻尼式时间继电器的优点是：结构简单、延时范围大、寿命长、价格低廉且不受电源电压及频率波动的影响。其缺点是：延时误差大、无调节刻度指示。一般适用于延时精度要求不高的场合。

常用的产品有 JS7-A、JS23 等系列。其中 JS7-A 系列的延时范围有 0.4～60s 和 0.4～180s 两种，延时误差为 ±15%，操作频率为 600 次/h，触点容量为 5A。

在使用空气阻尼式时间继电器时，应保持延时机构的清洁，防止因进气孔堵塞而失去延时作用。

C 电动式时间继电器

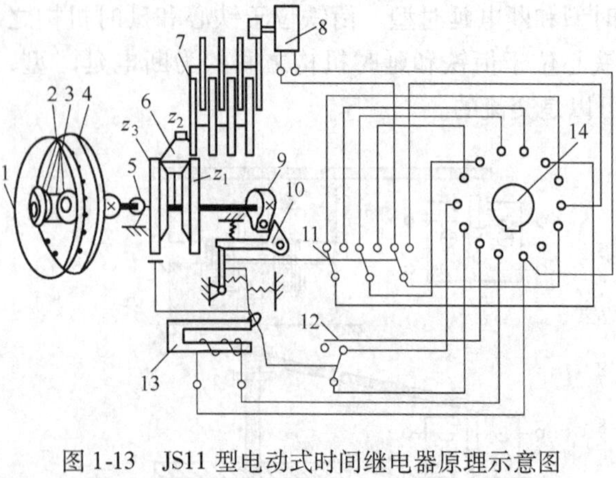

图 1-13 JS11 型电动式时间继电器原理示意图
1—延时整定处；2—定位指针；3—指针；4—刻度盘；5—复位游丝；6—差动轮系；7—减速齿轮；8—同步电动机；9—凸轮；10—脱扣机构；11—延时触点；12—瞬时触点；13—离合电磁铁；14—插头

电动式时间继电器由微型同步电动机拖动，有通电延时型和断电延时型两种类型，常用的产品有 JS11 系列，该系列通电延时型时间继电器的结构及工作原理如图 1-13 所示。

当只接通同步电动机电源时，齿轮 z_2 和 z_3 绕轴空转而转轴本身不转。如需要延时时，接通离合电磁铁线圈回路，使离合电磁铁的衔铁吸合，从而将齿轮 z_3 刹住。齿轮 z_2 继续转动并带动轴一起转动，当固定在轴上的凸轮 9 转动到适当位置时，推动脱扣机构 10 使延时触点组 11 作相应的动作，同时切断同步电动机 8 的电源。需要复位时，只需将离合电磁铁线圈电源切断，所有的机构都将在复位游丝 5 的作用下，立即回到动作前的位置，并为下一次动作做好准备。改变整定装置中定位指针的位置，可改变延时设定时间。整定时要求离合电磁铁的线圈断电。

电动式时间继电器的延时范围宽（0～72h），整定偏差和重复偏差小，但其机械结构复杂、价格贵、延时精度受电源频率的影响。

D 电子式时间继电器

电子式时间继电器在时间继电器中已成为主流产品，电子式时间继电器除执行器件是继电器外，均由晶体管或集成电路和电子元件等构成，没有机械部件，因而具有寿命长、精度高、体积小、延时范围大、控制功率小等优点，目前已得到广泛应用。

电子式时间继电器也有通电延时型和断电延时型两种。电子式时间继电器按延时原理可分为阻容充电延时型和数字电路型，它的输出形式有两种：有触点式和无触点式，前者是用晶体管驱动小型磁式继电器，后者是采用晶体管或晶闸管输出。

有些电子式时间继电器采用 MOS 大规模集成电路，工作可靠、功能强、精度高，并采用拨码开关整定延时时间，直观性、重复性好，延时范围宽，有些产品还带有延时时间显示功能，特别适合于需要多功能、延时范围广、需反复整定延时时间的场合。

近年来随着微电子技术的发展，采用集成电路、功率电路和单片机等电子元件构成的新型时间继电器大量面市，如 DHC6 多制式单片机控制时间继电器，J5S17、J3320、JSZ13 等系列大规模集成电路数字时间继电器，J5145 等系列电子式数显时间继电器，J5G1 等系列固态时间继电器等。

在选用时间继电器时，要根据延时范围和精度选择继电器类型，再按控制电路电流种类和电压等级来选择线圈电压值，然后按控制电路的控制要求来选择用通电延时型还是断电延时型，再按控制要求选择触头是延时闭合还是延时断开，最后考虑延时触点数量和瞬动触点数量是否满足控制电路的要求。

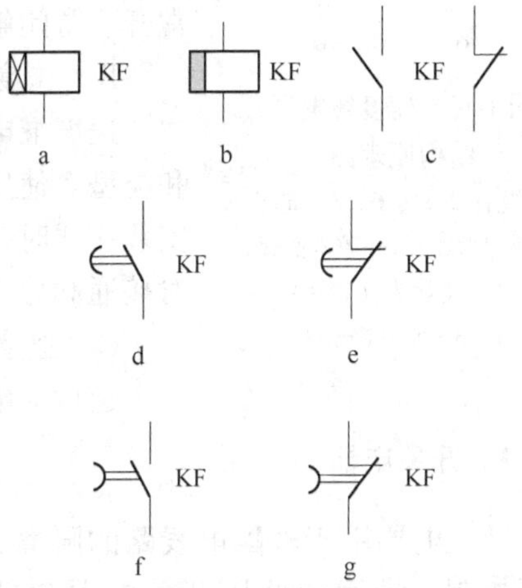

图 1-14 时间继电器图形符号和文字符号
a—通电延时线圈；b—断电延时线圈；c—瞬动触点；
d—延时闭合常开触点（通电延时常开触点）；
e—延时断开常闭触点（通电延时常闭触点）；
f—延时断开常开触点（断电延时常开触点）；
g—延时闭合常闭触点（断电延时常闭触点）

时间继电器的图形符号和文字符号如图 1-14 所示。

1.1.3.4 速度继电器

速度继电器是利用速度原则对电动机进行控制的自动电器，常用作笼型异步电动机的反接制动控制，也称为反接制动继电器。它利用电磁感应原理来实现触点动作。

A 速度继电器的结构和工作原理

速度继电器主要由转子、定子和触点系统 3 部分组成，转子是一个圆柱形永久磁铁，定子是一个笼形空心圆环，由硅钢片叠成，并装有笼型绕组。触点系统有正向运转时动作和反向运转时动作的触点各 1 组，每 1 组又各有 1 对常开和 1 对常闭触点。

速度继电器的结构原理图如图 1-15 所示。速度继电器转子的轴与被控电动机的轴相连接，而定子空套在转子上。当电动机转动时，速度继电器的转子随之转动，在空间产生旋转磁场，定子内的笼形绕组便切割磁场，产生感应电动势，从而产生电流，此电流与旋转的转子磁场作用产生转矩，使定子随转子转动方向而旋转。当转到一定角度时，装在定子轴上的摆锤推动簧片（动触头）动作，使常闭触点断开，常开触点闭合。当电动机转速

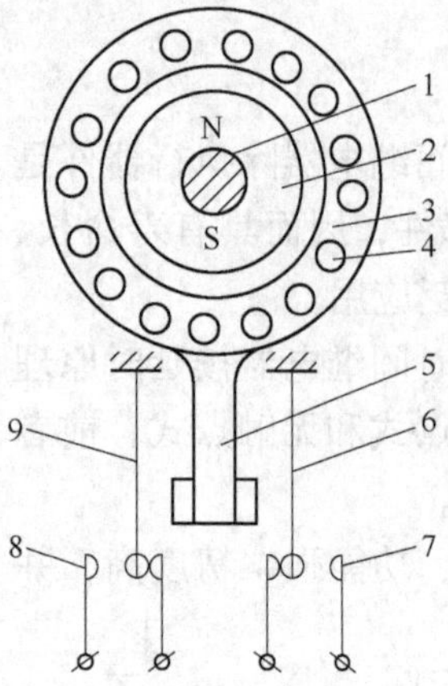

图 1-15 速度继电器结构原理图

1—转轴；2—转子；3—定子；4—笼型绕组；5—胶木摆锤；6，9—动触头（簧片）；7，8—常开静触头

低于某一值时，定子产生的转矩减小，摆锤在弹簧力的作用下恢复原位，触点也复位。

一般速度继电器的动作速度为 120r/min，触点的复位速度在 100r/min 以下，转速在 3000～3600r/min 以下能可靠地工作，允许操作频率每小时不超过 30 次。

常用的感应式速度继电器有 JY1 和 JFZ0 系列，JY1 系列可在 700～3600r/min 范围内可靠地工作。JFZ0 系列触点动作速度不受摆锤偏转快慢的影响，触点改用微动开关。JFZ0-1 型适用于 300～1000r/min，JFZ0-2 型适用于 1000～3000r/min，它们有常开、常闭触点各两对，分别用于被控电动机的正、反转运行。

B 速度继电器选择

速度继电器主要根据电动机的额定转速来选择合适的系列和类型。使用时，速度继电器的转轴应与被控电动机同轴相连，安装接线时，正反向的触点不能接错，否则不能起到反接制动时接通和分断反向电源的作用。

C 速度继电器图形符号和文字符号

速度继电器的图形符号和文字符号见图 1-16。

1.1.4 开关电器

开关电器用于输配电线路的隔离、转换、接通或分断控制，常用的低压开关电器包括刀开关、断路器等。

1.1.4.1 刀开关

刀开关是低压配电器中结构最简单，价格低廉的一种手动电器，主要用于电源隔离，也可用于接通和切断长期工作设备的电源和不经常启动和制动、容量小于 7.5kW 的异步电动机。

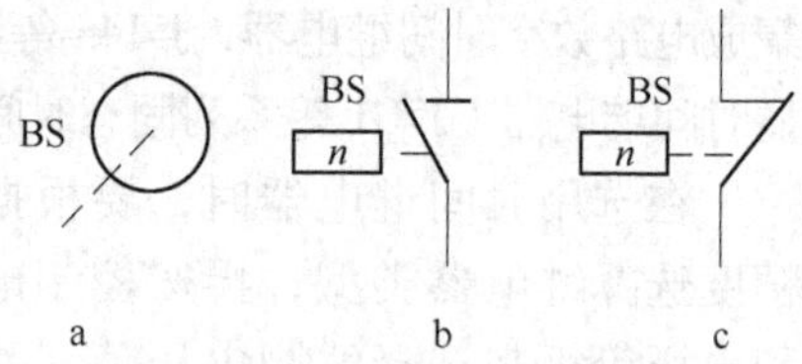

图 1-16 速度继电器图形符号和文字符号

a—转子；b—常开触点；c—常闭触点

刀开关主要由手柄、触刀、触点座和绝缘底板等组成，依靠手动来实现触刀插入触点座或脱离触点座的控制。

刀开关的主要类型有：带灭弧装置的大容量刀开关、带熔断器的开启式负荷开关（胶盖瓷底刀开关）、带灭弧装置和熔断器的封闭式负荷开关（铁壳开关）等。

在选择刀开关时，应使其额定电压大于或等于电路的额定电压，电流应大于或等于电路的额定电流。当刀开关控制电动机时，其额定电流要大于电动机额定电流的 3 倍。

刀开关在安装时，手柄要向上，不得倒装或平装，避免由于重力导致自由下落而引起误动作或合闸。接线时应将电源线接在上端，负载接在下端，这样拉闸后刀片与电源隔离，可防止意外发生。

现在大部分的应用场合，刀开关已被断路器所取代，其图形符号和文字符号如图 1-17 所示。

1.1.4.2 低压断路器

低压断路器又称自动开关或空气开关，用于低压配电线路中不频繁接通、分断线路正常工作电流，也能在电路中发生短路、过载、欠电压等故障时，在一定时间内自动切断故障电路。相当于刀开关、熔断器、热继电器和欠电压继电器的组合，是一种既有手动开关作用又能自动进行欠压、失压、过载和短路保护的电器。

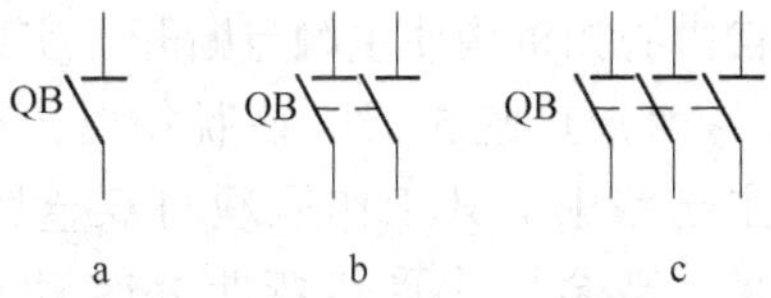

图 1-17　刀开关的图形符号和文字符号
a—单极；b—双极；c—三极

低压断路器具有操作安全、使用方便、工作可靠、安装简单等优点，在自动化系统中被广泛地应用。在低压配电系统中，常用它做支路开关或终端开关。

低压断路器种类很多。按使用类别可分为非选择型（A 型）和选择型（B 型）两类。按极数可分为单极、双极、三极和四极。按灭弧介质可分为空气式和真空式，目前应用最广泛的是空气断路器。按动作速度可分为快速型和一般型。按结构形式分有塑料外壳式和框架式。框架式断路器为敞开式结构，适用于大容量配电装置。塑料外壳式断路器的外壳用模压绝缘材料制作，安全性良好，用于电气控制设备及建筑物内电源线路保护、电动机过载和短路保护，还可用作电动机、照明电路及电热电路的控制开关。

下面以塑料外壳式低压断路器来介绍低压断路器的结构、工作原理、技术参数和选择方法等。

A　低压断路器的结构和工作原理

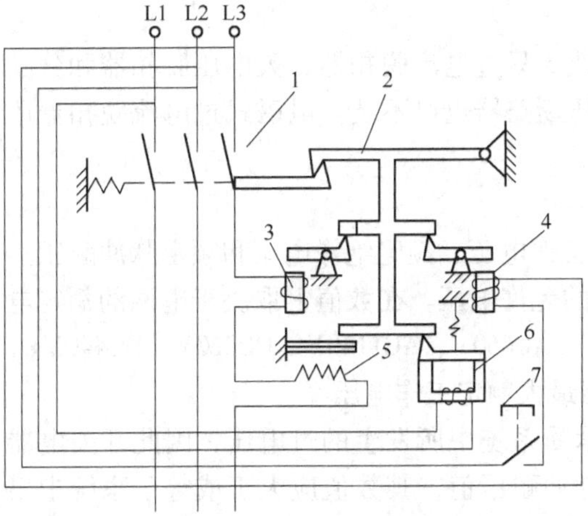

图 1-18　低压断路器工作原理图
1—主触点；2—自由脱扣机构；3—过电流脱扣器；4—分励脱扣器；5—热脱扣器；6—欠压失压脱扣器；7—停止按钮

低压断路器由操作机构、触点系统、保护装置（各种脱扣器）和灭弧系统等组成。脱扣器包括自由脱扣器，欠电压、失电压脱扣器，过电流脱扣器，热脱扣器和分励脱扣器。其工作原理如图 1-18 所示。

低压断路器的主触点是靠手动操作或电动合闸的，主触点闭合后，自由脱扣器机构将主触点锁在合闸的位置上。当电路发生故障时，通过各自的脱扣器使自由脱扣机构动作，自动跳闸实现保护作用。其各部分功能如下。

（1）触点系统。用于接通和分断电路，带有灭弧装置。

（2）脱扣器。是断路器的感测元件。当电路出现故障时，脱扣器感测到故障信号后，经自由脱扣器使断路器主触点分断，从而起到保护作用。

1）自由脱扣器。用来联系操作机构和主触点的机构。

2）欠电压、失电压脱扣器。是一个具有电压线圈的电磁机构，其线圈并接在主电路中。当主电路电压消失或降至一定值时，衔铁释放，推动自由脱扣机构，将主触点断开，实现欠电压和失电压保护。

3）过电流脱扣器。是一个电流线圈的电磁机构，电磁线圈串接在主电路中，流过负载电流。正常电流时，衔铁不吸合，当电路出现瞬时过流或短路电流时，衔铁吸合并带动自由脱扣机构使主触点断开，实现过电流与短路电流保护。

4）热脱扣器。该脱扣器由热元件、双金属片组成，将双金属片、热元件串接在主电路中，其工作原理与双金属片式热继电器相同。当过载到一定值时，由于温度升高，双金属片受热弯曲并带动自由脱扣机构，使断路器主触点断开，实现长期过载保护。

5）分励脱扣器。用于远距离使断路器断开的电路脱扣器，其实质是一个电磁铁，由控制电源供电，可以按照操作人员指令或继电保护信号使电磁铁线圈通电，衔铁动作，使断路器切断电路，一旦断路器断开电路，分励脱扣器电磁线圈也就断电了，所以它是短时工作的。

低压断路器（图 1-18）的工作原理为：手动或电动合闸后，主触点 1 闭合，自由脱扣机构 2 将主触点 1 锁在合闸位置上，过电流脱扣器 3 的线圈串联于主电路，在主电路电流为正常值时，衔铁处于打开位置，当电路发生短路或严重过载时，过电流脱扣器 3 的衔铁吸合，使自由脱扣机构 2 动作，主触点断开主电路。热脱扣器 5 的热元件与主电路串联，当电路过载时，热脱扣器 5 的热元件发热使双金属片弯曲变形，顶动自由脱扣机构 2 动作，使主触点断开。欠电压脱扣器 6 的线圈与电源并联，当电路欠压时，欠电压脱扣器的衔铁释放，也使自由脱扣器动作而使主触点断开。分励脱扣器用作远距离控制分断电路之用，在正常工作时，其线圈是断电的，需要远距离控制时，按下停止按钮 7，使线圈通电，衔铁带动自由脱扣机构动作，使主触点断开。

根据实际需要，一台断路器上可装设 2 只或 3 只过电流脱扣器，欠电压脱扣器和分励脱扣器则可选装其中之一或两者都装，小型低压断路器也可不装。电磁式过电流脱扣器还可以加上延时装置，使分断具有选择性。

B 低压断路器的技术参数

（1）额定电压。断路器的额定电压分额定工作电压、额定绝缘电压和额定脉冲耐压。

1）额定工作电压：指断路器在长期工作时的允许电压。在数值上取决于电网的额定电压等级，我国电网标准规定为 AC220V、AC380V、AC660V、AC1140V、DC220V、DC440V。

2）额定绝缘电压：一般情况下，指断路器最大额定工作电压。

3）额定脉冲耐压：开关电器工作时，要承受系统中所发生的过电压，因此开关电器（包括断路器）的额定电压参数中给定了额定脉冲耐压值，其数值应大于或等于系统中出现的最大过电压峰值。

额定绝缘电压和额定脉冲耐压共同决定了开关电器的绝缘水平。

（2）额定电流。指过电流脱扣器的额定电流，一般指断路器的额定持续电流，应大于或等于线路的最大负载电流。

（3）通断能力。指断路器在规定条件下（电压、频率、功率因数及规定的试验程序等），所能接通和分断的最大电流值，也称为额定短路通断能力。

（4）分断时间。指切断故障电流所需的时间，它包括固有的断开时间和燃弧时间。

C 低压断路器的选择

（1）低压断路器的类型选择。低压断路器的类型应根据线路及电气设备的额定电流及对保护的要求来选择。若额定电流较小（600A 以下），短路电流不太大，可选用塑壳式断路器；短路电流相当大的支路，则应选用限流式断路器；若额定电流很大，或需要选择型断路器时，则应选择万能式断路器；若有漏电电流保护要求时，应选用带漏电保护功能的断路器。控制和保护硅整流装置及晶闸管的断路器，应选用直流快速断路器。

（2）断路器的额定电压选择。断路器的额定电压应大于等于被保护线路的额定电压。

（3）热脱扣器的整定电流选择。热脱扣器的整定电流应与所控制负载的额定电流一致。

（4）断路器的额定电流及过流脱扣器的额定电流选择。断路器的额定电流及过流脱扣器的额定电流应大于或等于被保护线路的计算电流。对于单台电动机来说，可按式（1-2）计算：

$$I_N \geqslant kI_{st} \tag{1-2}$$

式中　k——安全系数，可取1.5~1.7；

I_{st}——电动机的启动电流。

对于多台电动机来说，可按式（1-3）计算：

$$I_N \geqslant k(I_{stmax} + \Sigma I_{NM}) \tag{1-3}$$

式中　k——安全系数，取1.5~1.7；

I_{stmax}——最大一台电动机的启动电流；

ΣI_{NM}——其他电动机的额定电流之和。

（5）欠压脱扣器的额定电压选择。欠压脱扣器的额定电压应等于被保护线路的额定电压。

（6）断路器的极限分断能力选择。断路器的极限分断能力应大于线路的最大短路电流的有效值。

使用低压断路器实现短路保护要比熔断器组性能更加优越，因为当三相电路发生短路时，很可能只有一相熔断器熔断，造成单相运行。对于低压断路器，只要发生短路都会使断路器跳闸，将三相电源全部切除，而且它还含有其他保护功能。所以现在大部分的使用场合，低压断路器已经取代了过去常用的刀开关和熔断器的组合。

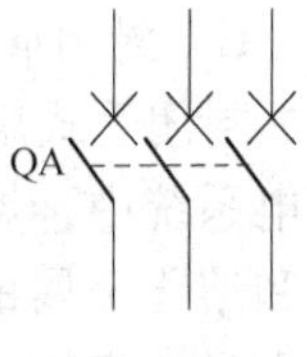

图1-19　低压断路器的图形符号和文字符号

D　低压断路器图形符号和文字符号

低压断路器的图形符号和文字符号见图1-19。

1.1.5　熔断器

熔断器是一种当电流超过规定值一定时间后，以它本身产生的热量使熔体熔化而分断电路的一种电器。主要用于配电线路的短路保护。熔断器的结构简单、分断能力高、使用方便、体积小、重量轻、价格便宜，在工农业生产中使用极为广泛。

1.1.5.1　熔断器的结构和工作原理

熔断器主要由熔体（保险丝）和熔管（熔座）组成。熔体是熔断器的主要部分，其材料一般由熔点较低、电阻率较高的金属材料，如铅、锌、锡、银、铜及其合金制成，通常制成丝状或片状。熔管是装熔体的外壳，由陶瓷、绝缘钢纸或玻璃纤维制成，在熔体熔断时兼有灭弧作用。

使用时，熔断器的熔体与被保护的电路串联。当电路正常工作时，熔体允许通过一定大小的电流而不熔断；当电路发生短路或严重过载时，熔体中流过很大的故障电流，当电流产生的热量达到熔体的熔点时，熔体熔化，自动切断电路，使电气设备脱离电源，从而保护电路和设备。

1.1.5.2 熔断器的分类

熔断器的种类很多，按结构形式可分为半封闭瓷插式熔断器、螺旋式熔断器、无填料封闭管式和有填料封闭管式熔断器。按用途来分有一般工业用熔断器、半导体保护用快速熔断器和特殊熔断器（如自复式熔断器等）。

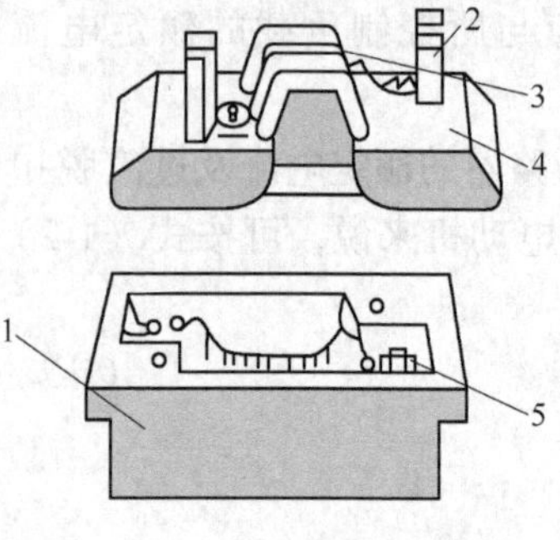

图 1-20 RC 系列瓷插式熔断器结构示意图

1—瓷底座；2—动触头；3—熔体；4—瓷插件；5—静触头

A 瓷插式熔断器

瓷插式熔断器一般适用于低电压线路末端或分支电路中，其分断能力较小。主要用于 380V 三相电路和 220V 单相电路作短路保护（民用和照明）。常用的瓷插式熔断器为 RC 系列，其结构如图 1-20 所示，由瓷盖、瓷座、触头和熔丝 4 部分组成。

B 螺旋式熔断器

常用的螺旋式熔断器是 RL1 系列，其结构如图 1-21 所示，由瓷座、瓷帽和熔管等组成。熔管内除熔体外，还装有灭弧的石英砂或惰性气体，具有较高的分断能力，并带有熔断指示器，当熔体熔断时，指示器自动弹出，显示熔丝已熔断，可以通过瓷帽上的玻璃孔观察到。主要适用于控制箱、配电屏、机床设备及振动较大的场合作为短路保护。

图 1-21 螺旋式熔断器的外形和结构示意图

1—瓷帽；2—金属螺管；3—指示器；4—熔管；5—瓷套；6—下接线端；7—上接线端；8—瓷座

C 封闭管式熔断器

封闭管式熔断器主要用于负载电流较大的电力网络或配电系统中，熔体采用封闭式结构，一是可防止电弧的飞出和熔化金属的滴出；二是在熔断过程中，封闭管内将产生大量的气体，使管内压力升高，从而使电弧因受到剧烈压缩而很快熄灭。可分为有填料和无填料两种，分别如图 1-22 和图 1-23 所示。有填料熔断器一般用方形瓷管，内装石英砂及熔体，分断能力强，适用于短路电流很大的电力输配电系统中。无填料式将熔体装入密闭式圆筒中，分断能力稍小，适用于低压电网和成套配电装置中，作为导线、电缆及较大容量电气设备的短路或连续过载时的保护，可拆卸，熔体熔断后，可更换新的熔体。常用的型号有 RM10 系列、RT0 系列。

D 快速熔断器

快速熔断器主要用于半导体整流元件或整流装置的短路保护。由于半导体元件的过载能力很低，只能在极短时间内承受较大的过载电流，因此要求短路保护具有快速熔断的能力。快速熔断器的结构与有填料封闭管式熔断器基本相同，但熔体材料和形状不同，它是以银片冲制的有 V 形深槽的变截面熔体。常用的型号有 RLS

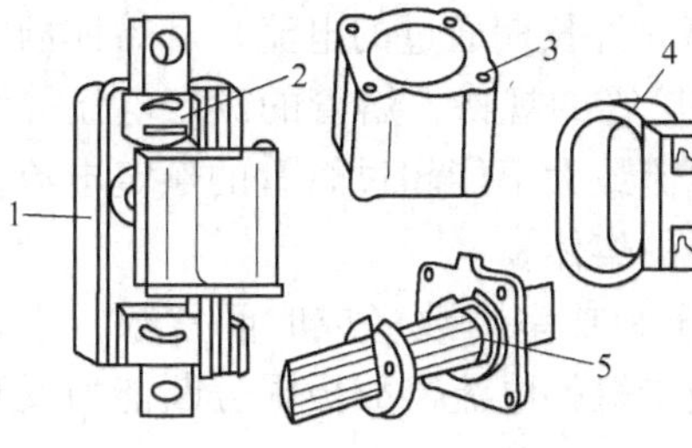

图 1-22 有填料封闭管式熔断器结构示意图

1—瓷底座；2—弹簧片；3—管体；4—绝缘手柄；5—熔体

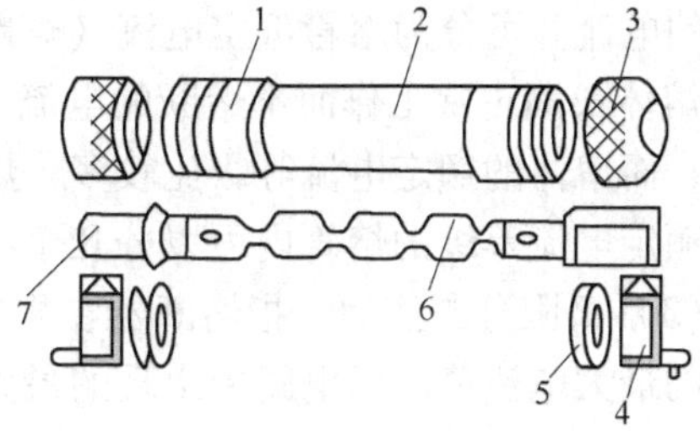

图 1-23 无填料封闭管式熔断器结构示意图

1—铜圈；2—熔管；3—管帽；4—插座；5—特殊垫圈；6—熔体；7—熔片

系列、RS0 系列等，RLS 系列主要用于小容量可控硅元件及其成套装置的短路保护；RS0 系列主要用于大容量晶闸管元件的短路保护。

E 自复式熔断器

自复式熔断器采用金属钠作熔体，在常温下具有高电导率。当电路发生短路故障时，短路电流产生高温使钠迅速气化，气态钠呈现高阻态，从而限制了短路电流。当短路电流消失后，温度下降，气态钠又变为固态钠，恢复原来的良好导电性能。其优点是动作快，能重复使用，无需备用熔体。缺点是自复式熔断器只能限制短路电流，并不能真正分断电路，故常与自动开关串联使用，以提高组合分断性能。

1.1.5.3 熔断器的保护特性

熔断器在熔断过程中，其熔断时间与通过的电流平方成反比，电流越大，熔断时间越短，电流越小，熔断所需时间越长，甚至不会熔断。我们将其动作电流和动作时间特性称为熔断器的保护特性或安秒特性，如图 1-24 所示。

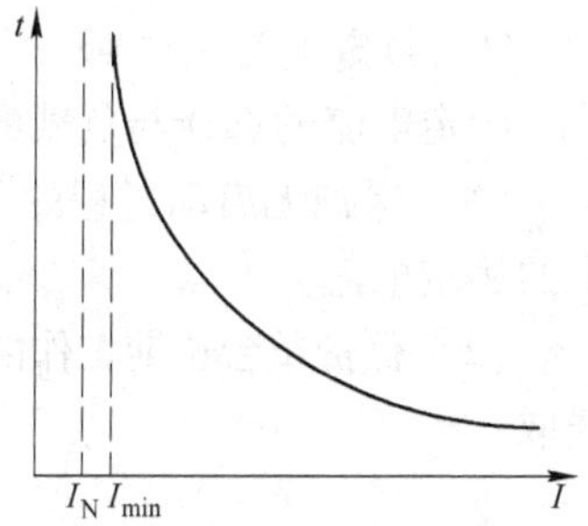

图 1-24 熔断器的安秒特性曲线

图中 I_{min} 为最小熔化电流，即通过熔断器的电流小于此电流时，不会熔断。定义熔体的最小熔断电流与熔体的额定电流 I_N 之比为最小熔化系数，即：

$$K_r = \frac{I_{min}}{I_N} \tag{1-4}$$

熔化系数反映熔断器的保护特性，一般取 1.25 ~ 2。

熔断电流与熔断时间之间的关系见表 1-4，表中 I_N 为额定电流。

表 1-4 熔断器安秒特性数值关系

熔断电流	(1.25 ~ 1.3) I_N	$1.6I_N$	$2I_N$	$2.5I_N$	$3I_N$	$4I_N$
熔断时间	∞	1h	40s	8s	4.5s	2.5s

1.1.5.4 熔断器的技术参数

（1）额定电压。指熔断器长期工作时和分断后能够承受的电压，其值一般要大于等于电气设备的额定电压。

（2）额定电流。指熔断器长期工作时，被保护设备或部件的温升不超过规定值时所能承受的电流。可分为熔管额定电流（熔断器绝缘底座允许长期通过的电流）和熔体额定电流（熔体长期正常工作而不熔断的电流）。为了减少熔管的规格，熔管的额定电流等级比较少，而熔体的额定电流等级比较多，熔体的额定电流最大不能超过熔管的额定电流，在一个额定电流等级的熔管内可以分几个额定电流等级的熔体。

（3）极限分断能力。指熔断器在规定的额定电压和功率因数（或时间常数）下，能断开的最大电流值。而电路中出现的最大电流值一般指短路电流，故极限分断能力反映了熔断器分断短路电流的能力。

（4）熔断电流。指使熔体熔化的最小电流值。

1.1.5.5 熔断器的选择

熔断器的选择主要考虑熔断器的类型、额定电压、额定电流和熔体额定电流等因素。

A 熔断器类型的选择

主要根据负载的保护特性和短路电流的大小选择熔断器的类型。对于容量小的电动机和照明支线，常采用熔断器作为短路及过载保护，因而希望熔体的熔化系数适当小些，通常选用铅锡合金熔体的 RCIA 系列熔断器。对于较大容量的电动机和照明干线，则着重考虑短路保护和分断能力，通常选用具有较高分断能力的 RM10 和 RL1 系列的熔断器；当短路电流很大时，宜采用具有限流作用的 RT0 和 RT12 系列的熔断器。

B 熔断器的额定电压的选择

熔断器额定电压必须大于或等于其安装处的电路额定电压。

C 额定分断能力的选择

其额定分断能力必须大于电路中可能出现的最大故障电流。

D 额定电流的选择

额定电流的选择与负载的大小和性质有关。

（1）保护无启动过程的平稳负载，如照明、电阻等，熔体额定电流略大于或等于电路中的额定电流。

（2）保护单台长期工作的电动机，其熔体电流可按最大启动电流选取，也可按式（1-5）选取。

$$I_{RN} \geqslant (1.5 \sim 2.5) I_N \tag{1-5}$$

式中 I_{RN}——熔体额定电流；

I_N——电动机额定电流。

轻载启动或启动时间比较短时，系数可取近似 1.5；重载启动或启动时间比较长时，系数可取近似 2.5。如果电动机频繁启动，式中系数可适当加大至 3 ~ 3.5，具体应根据实际情况而定。

（3）保护多台长期工作的电动机，可按式（1-6）选取。

$$I_{RN} \geqslant (1.5 \sim 2.5) I_{Nmax} + \Sigma I_N \tag{1-6}$$

式中 I_{Nmax}——容量最大单台电动机的额定电流；

ΣI_N——其余电动机的额定电流之和。

（4）电容负载。一般情况下，熔体的额定电流应大于电容器额定电流的 1.6 倍。

1.1.5.6 熔断器的选择性保护特性

在电路系统中，电器之间的选择性保护特性非常重要，它能将故障产生的影响范围限制在最小范围内。为防止发生越级熔断、扩大事故范围，上、下级线路间的熔断器应良好配合。选用时，应使上级熔断器的熔体额定电流比下级大1 ~2 个级差。

1.1.5.7 熔断器的图形符号和文字符号

熔断器的图形符号和文字符号见图1-25。

图1-25 熔断器的图形符号和文字符号

1.1.6 主令电器

主令电器是用于控制系统中发送和转换控制命令的电器，用以接通或分断控制电路。常见的主令电器有控制按钮、行程开关、转换开关等。

1.1.6.1 控制按钮

控制按钮是一种结构简单、使用广泛的手动主令电器。在低压控制回路中，用于发布手动控制指令以控制接触器、继电器等电器，以实现对电动机的远距离控制。由于控制按钮载流量小，它不能直接用于控制主电路的通断。

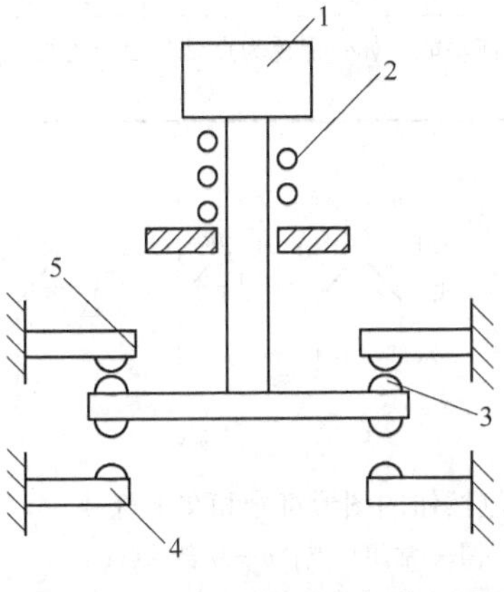

图1-26 控制按钮结构示意图
1—按钮帽；2—复位弹簧；3—动触头；4—常开静触头；5—常闭静触头

控制按钮由按钮帽、复位弹簧、触头和外壳等组成，如图1-26所示。按钮中的触点通常做成复合式，即具有常开触点和常闭触点。触点的形式和数量可根据需要，装配成1常开1常闭到6常开6常闭的形式。接线时，也可以只接常开或常闭触点。在按下按钮帽令其动作时，首先断开常闭触点，再通过一定行程后才接通常开触点；松开按钮帽时，复位弹簧先将常开触点分断，通过一定行程后常闭触点才闭合。

控制按钮的种类很多，在结构上有按钮式、紧急式、钥匙式、旋钮式、指示灯式等。指示灯式按钮内可装入信号灯显示信号。紧急式按钮装有蘑菇形钮帽，以便于紧急操作；旋钮式按钮用于扭动旋钮来进行操作。钥匙式和旋钮式的按钮也称为选择开关，有双位选择开关，也有多位选择开关。选择开关和一般按钮最大的区别是不能自动复位。其中钥匙式的选择开关具有安全保护功能，没有钥匙不能操作该开关。

常见控制按钮有LA系列和LAY1系列。LA系列按钮的额定电压为交流500V、直流440V，额定电流为5A；LAY1系列按钮的额定电压为交流380V、直流220V，额定电流为5A。

为了便于识别，一般在按钮帽上用不同颜色或不同标志来加以区分控制按钮。按钮帽有红、绿、黄、蓝、白等颜色，一般红色用作停止按钮，绿色用作启动按钮，如表1-5所示。控制按钮主要根据所需要的触点数量、种类、使用场合及颜色来选择。

表1-5 控制按钮颜色及其含义

颜 色	颜色含义	典型应用
红	急情出现时动作	紧急停止
	停止或断开	①总停； ②停止一台或几台电动机； ③停止机床的一部分；

续表 1-5

颜色	颜色含义	典型应用
红	停止或断开	④停止循环（如果操作者在循环期间按此按钮，机床在有关循环完成后停止）； ⑤断开开关装置； ⑥兼有停止作用的复位
黄	应急或干预	抑制反常情况或中断不理想的工作周期
绿	启动或接通	①总启动； ②开动一台或几台电动机； ③开动机床的一部分； ④开动辅助功能； ⑤闭合开关装置； ⑥接通控制电路
蓝	红、黄、绿三种颜色未包含的任何特定含义	①红、黄、绿含义未包括的特殊情况，可以用蓝色； ②复位
黑、灰、白		除专用“停止”功能按钮外，可用于任何功能，如：黑色为点动，白色为控制与工作循环无直接关系的辅助功能

控制按钮的图形符号和文字符号见图 1-27。

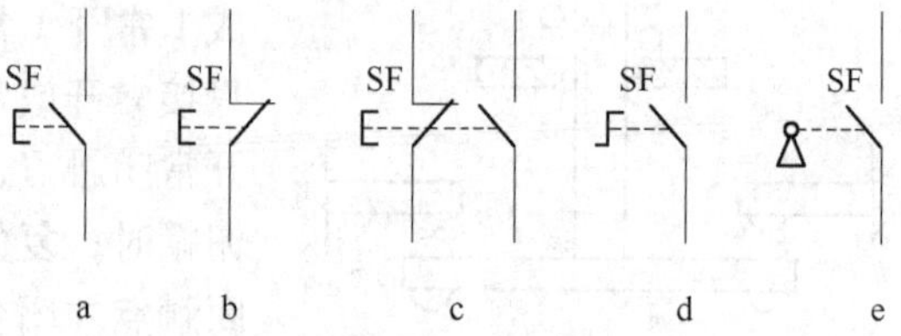

图 1-27 控制按钮的图形符号和文字符号
a—常开触点；b—常闭触点；c—复合触点；
d—选择开关；e—钥匙开关

1.1.6.2 转换开关

转换开关是一种多档位、控制多回路的主令电器，可用于各种配电装置的电源隔离、各种控制线路的转换、多种配电装置的远距离控制，也可作为电压表、电流表的换相开关，还可作为小容量电动机的启动、制动、调速及正反向转换的控制。

目前常用的转换开关主要有两大类：万能转换开关和组合开关。两者的结构和工作原理基本相似，万能转换开关的触点挡位多、换接线路多、用途广泛，故有“万能”之称。

组合开关由动触头（动触片）、静触头（静触片）、转轴、手柄、定位机构及外壳等部分组成。其动、静触头分别叠装于数层绝缘壳内。动触头装在附有手柄的转轴上，用手柄转动转轴使动触头与静触头接通或断开。可实现多条线路、不同连接方式的转换。图 1-28 所示为 HZ5 系列普通型组合开关结构示意图，凸轮、扭簧、转轴及手柄等零件构成操作机构。

组合开关有单极、双极、三极和多极之分。普通类型的组合开关各极是同时通断的，特殊类型的组合开关各极交替通断（一个操作位置其触点一部分接通，另一部分断开），以满足不同的控制要求，其表示方法类似于万能转换开关。

组合开关的图形符号和文字符号如图 1-29 所示。

万能转换开关一般采用组合式结构设计，由操作机构、面板、手柄、触点系统、定位系统等组成。触点系统采用双断点桥式结构，其动触头安装在附有手柄的转轴上，可随转轴旋转，由各自的凸轮控制其通断。凸轮可做成不同的形状，因此当手柄转到不同位置时，通过凸轮的作用，可使各对触点按需要的规律接通和分断。

常用的组合开关产品有 HZ5、HZ10、HZ15 系列；常用的万能转换开关产品有 LW5、LW6、LW12-16 系列。

万能转换开关是由多组相同结构的触点组件叠装而成。图 1-30 所示为 LW6 系列转换开关某一层结构示意图。LW6 系列万能转换开关由操作机构、面板、手柄、触点座等组成，用螺栓组装成为整体。触点座可有 1 ~ 10 层，每层均可安装 3 对触头，并由其中的凸轮进行控制。操作手柄有多挡停留位置（最多 12 个挡位），底座中间凸轮随手柄转动，由于每层凸轮设计的形状不同，所以用不同的手柄挡位可控制各对触头进行有预定规律的接通或分断。

万能转换开关的手柄操作位置是以角度表示的，有两种表示方法：一种是图形表示法，一种是列表表示法，如图 1-31 所示。通断图和通断表是一一对应的两种表示方法，它们也可合在一起组成通断图表。需要指出的是：对于一些触点形式特别复杂的开关，通断图表上还有必要示出其各层的触点位置图和触点形式代号。

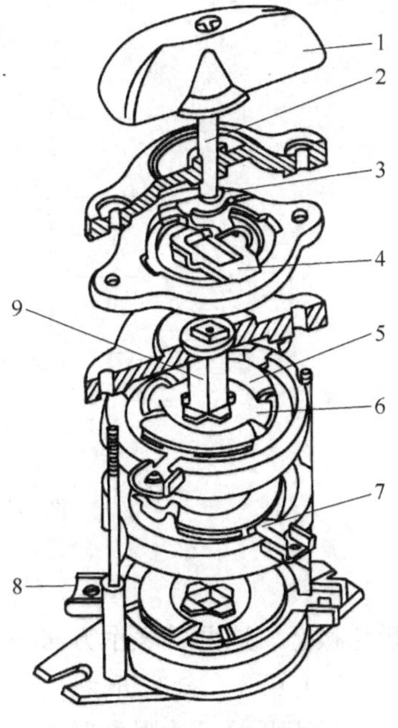

图 1-28 HZ5 系列普通型组合开关
1—手柄；2—转轴；3—弹簧；4—凸轮；5—绝缘垫板；6—动触片；7—静触片；8—接线柱；9—绝缘杆

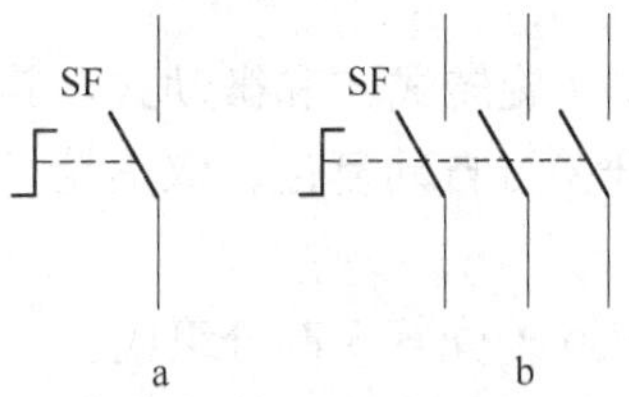

图 1-29 组合开关的图形符号和文字符号
a—单极；b—三极

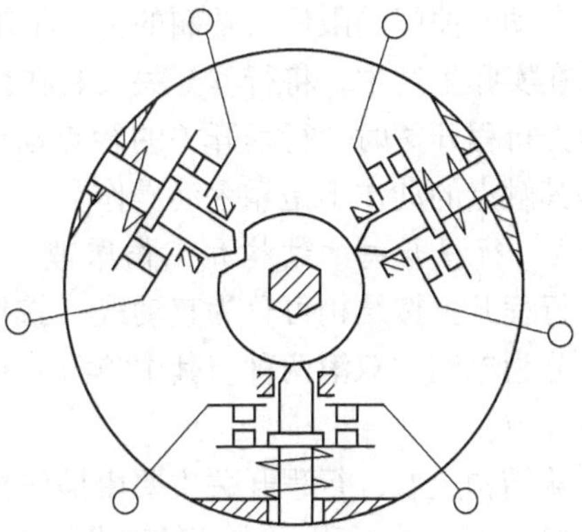

图 1-30 LW6 系列转换开关单层结构示意图

图 1-31a 中虚线表示操作手柄的位置，有几个档位就画几根虚线，实线与成对的端子表示触点，使用多少对触点就可以画多少对，数字表示触点号。在触点图形符号下方的虚线上只要标黑点就表示当操作手柄处于该位置时，该触点是闭合的，不标黑点就意味着该触头在该档位被分断。如图 1-31a 所示，当手柄处于左“45°”时，触点“1—2”、“5—6”接通；手柄处于“0°”时，无触点接通；手柄处于右“45°”时，触点“3—4”、“7—8”接通。

图 1-31b 所示的通断表中，“ × ” 表示触点处于闭合状态，“ – ” 或空白表示触点处于

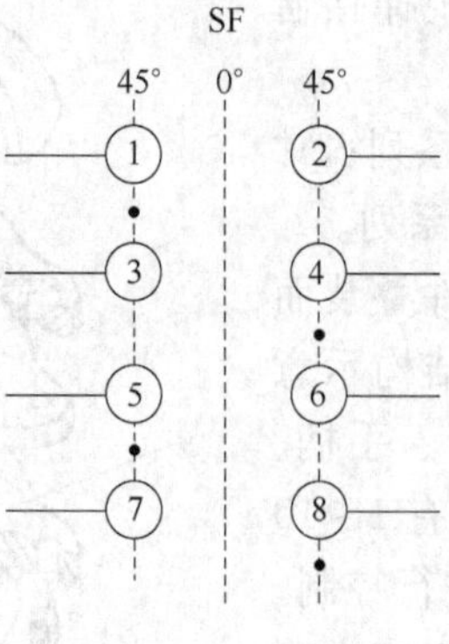

a

SF

触点	手柄位置		
	左45°	0°	右45°
1—2	×		
3—4			×
5—6	×		
7—8			×

b

图 1-31　万能转换开关的图形表示和列表表示
a—图形表示法；b—列表表示法

断开状态。这两种表示方法一一对应。

1. 1. 6. 3　行程开关

行程开关又称限位开关，是一种利用生产机械某些运动部件的碰撞来使其触点动作，以接通或分断电路，从而控制生产机械的运动方向、速度、行程大小或位置，达到自动控制目的的主令电器。行程开关广泛用于各类机床、自动生产线和其他生产机械，用以控制其行程，进行终端限位保护。在电梯的控制电路中，还利用行程开关来控制开关轿门的速度、自动开关门的限位，轿厢的上、下限位保护等。

在实际生产中，将行程开关安装在预先安排的位置，当装于生产机械运动部件上的挡块撞击行程开关时，行程开关的触点动作，实现电路的切换。它的作用原理与按钮类似，只是其触点的动作不是靠手动操作。

A　行程开关的结构和工作原理

行程开关按结构可分为直动式（按钮式）、滚轮式（旋转式）和微动式。其中滚轮式又可分为单滚和双滚两种。其中单滚轮和直动式行程开关可自动复位，双滚轮行程开关为碰撞复位。

从结构上看，行程开关主要由操作机构、触头系统和外壳等 3 部分组成。

（1）直动式行程开关。直动式行程开关的结构如图 1-32 所示。其动作原理与按钮开关相同，只是它用运动部件上的撞块来碰撞行程开关的推杆。其触点的分合速度取决于生产机械的运行速度，当用于速度低于 0. 4m/min 的场所时，触点分断太慢，易受电弧烧损，应采用有盘形弹簧机构瞬时动作的滚轮式行程开关。

（2）滚轮式行程开关。滚轮式行程开关的结构如图 1-33 所示。它采用能瞬时动作的滚轮旋转式结构，当滚轮 1 受到向左的外力作用时，上转臂 2 向左下方转动，推杆 4 向右转动，并压缩右边弹簧 10，同时下面的小滚轮 5 也很快沿着擒纵件 6 向右转动，小滚轮滚动又压缩弹簧 9，当小滚轮 5 走过擒纵件 6 的中点时，盘形弹簧 3 和弹簧 9 都使擒纵件 6 迅速转动，因而使动触头迅速地与右边的静触头分开，并与左边的静触头闭合，减少了电弧对触头的烧蚀，适用于低速运行的机械。当运动机械返回时，在复位弹簧的作用下，各部分动作部件复位。

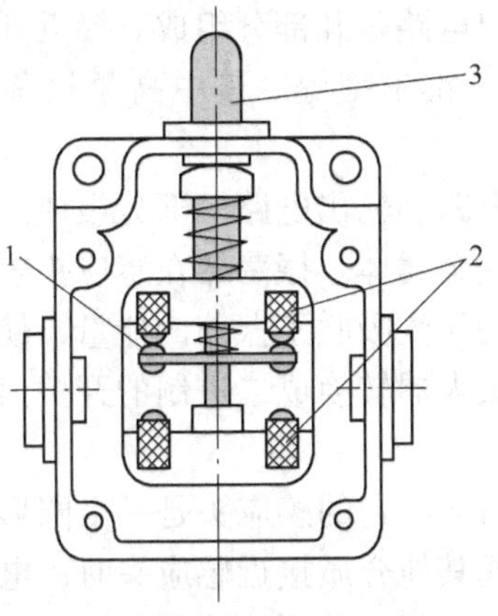

图 1-32 直动式行程开关结构示意图

1—动触头；2—静触头；3—推杆

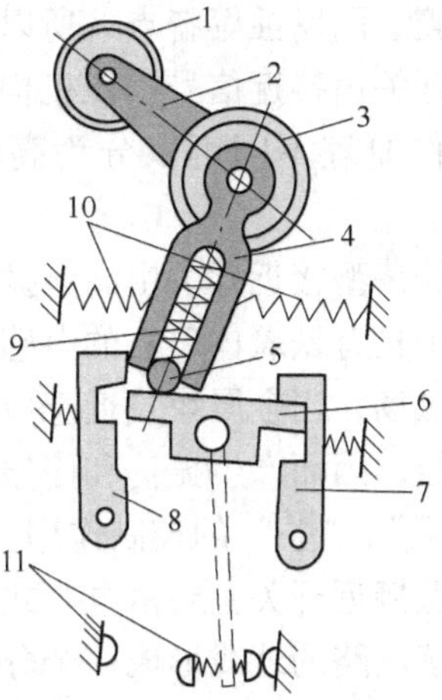

图 1-33 滚轮式行程开关结构示意图

1—滚轮；2—上转臂；3—盘形弹簧；4—推杆；5—小滚轮；6—擒纵件；7，8—压板；9，10—弹簧；11—触点

B 行程开关的图形符号和文字符号

行程开关的图形符号和文字符号见图 1-34。

目前常用的产品有 LXW5、LX19、LXK3、LX22、LX32、LX33 等系列行程开关，引进产品有 3SE3 等系列行程开关，其机械、电气寿命比常见的行程开关更长。LXW5 系列为微动开关。

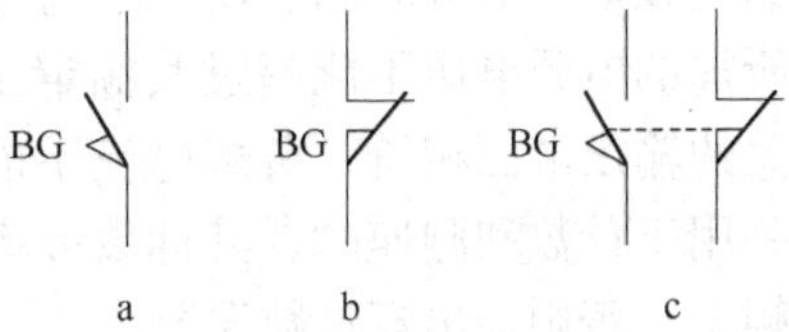

图 1-34 行程开关的图形符号和文字符号

a—常开触点；b—常闭触点；c—复合触点

行程开关的主要技术参数有额定电压、额定电流、动作角度或工作行程、触点数量、结构形式和操作频率等。行程开关主要技术数据可参看有关技术资料。在选用行程开关时，主要根据机械位置对开关形式的要求，控制线路对触头数量和触头性质的要求，闭合类型（限位保护或行程控制）和可靠性以及电压、电流等级确定其型号。

机械式行程开关容易损坏，现在多用接近开关或光电开关来取代行程开关实现行程控制。

1.1.6.4 接近开关

接近开关是一种不需要与运动部件进行机械接触而可以操作的位置开关，当物体与接近开关的感应面到一定距离时，不需要机械接触及施加任何压力即可使开关动作，使其输出一个电信号，从而驱动交流或直流电器或给计算机装置提供控制指令。接近开关是一种开关型传感器（即无触点开关），它既有行程开关所具备的行程控制及限位保护特性，同时又可用于高速计数、检测金属体的存在、测速、液位控制、检测零件尺寸以及用作无触点式按钮等。

接近开关的动作可靠，性能稳定，频率响应快，使用寿命长，抗干扰能力强，并具有防水、防震、耐腐蚀等特点，所以在工业生产方面已获得广泛应用。

接近开关由接近信号辨识机构、检波、鉴幅和输出电路等几部分组成。接近开关按辨识机构工作原理不同可以分为高频振荡型、电容型、霍尔型等。其中高频振荡型最为常用。

高频振荡型接近开关由高频振荡器、晶体管放大电路和输出电路三部分组成。它的感应头是一个具有铁氧体磁心的电感线圈，只能用于检测金属体。振荡器在感应头表面产生一个交变磁场，当金属块接近感应头时，金属中产生的涡流吸收了振荡的能量，使振荡减弱以至停振，因而产生振荡和停振两种信号，经整形放大器转换成二进制的开关信号，从而起到“开”、“关”的控制作用。

电容型接近开关主要由电容式振荡器和电子电路组成。它的感应头是一个圆形平板电极，与振荡电路的地线形成一个分布电容，当有导体或其他介质接近感应头时，电容量增大而使振荡器停振，经整形放大器输出电信号。电容式接近开关既能检测金属，又能检测非金属及液体。

霍尔型接近开关由霍尔元件组成，是将磁信号转换为电信号输出，内部的磁敏元件仅对垂直于传感器端面的磁场敏感，当磁极 S 正对接近开关时，接近开关的输出产生正跳变，输出为高电平，当磁极 N 正对接近开关时，接近开关的输出产生负跳变，输出为低电平。

接近开关的主要技术参数有：动作行程、工作电压、工作响应频率、响应时间、输出电流等。接近开关在使用时应注意：所加的电源电压不能超过其额定工作电压，负载电压与接近开关的输出电压相符、负载电流不能超过其输出能力。当接近开关用于计数和测速时，其计数频率应小于接近开关的工作响应频率，否则会出现计数误差。

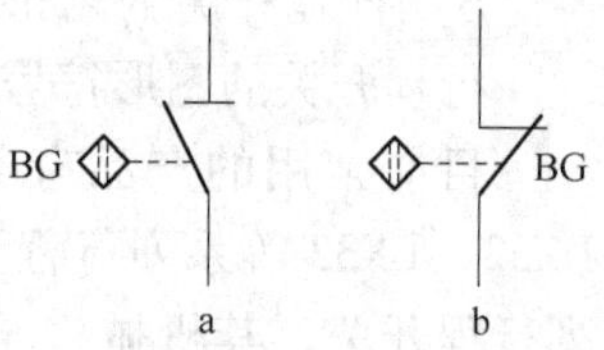

图 1-35 接近开关的图形符号和文字符号

a—常形触点；b—常闭触点

接近开关的图形符号和文字符号见图 1-35。

1.1.6.5 光电开关

光电开关克服了接触式行程开关的许多不足和接近开关作用距离短等缺点，它可以非接触、无损伤地检测和控制各种固体、液体、透明体、柔软体和烟雾等物质的状态和动作，它具有体积小、功能多、精度高、响应速度快、检测距离远以及抗电磁干扰能力强等优点。

光电开关可分为反射式和对射式两种。反射式光电开关是利用物体将光电开关发射出的红外线反射回去，由光电开关接收，从而判断是否有物体存在。如有物体存在，光电开关接收到红外线，其触点动作，否则其触点复位。

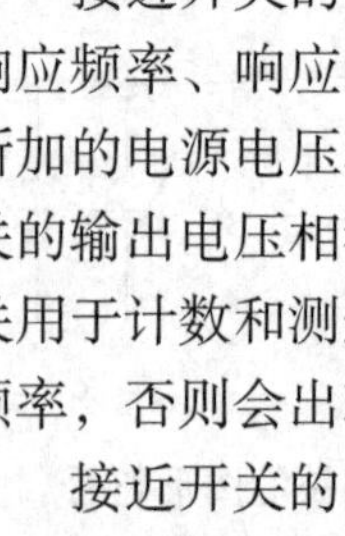

图 1-36 光电开关的图形符号和文字符号

对射式光电开关由分离的发射器和接收器组成。当无遮挡物时，接收器接收到发射器发出的红外线，其触点动作；当有物体挡住时，接收器便接收不到红外线，其触点复位。

目前，光电开关已被用作物位检测、液位控制、产品计数、宽度判别、速度检测、定长剪切、孔洞识别、信号延时、自动门传感等多种领域。

光电开关的图形符号和文字符号见图 1-36。

1.2 案例一：三相笼型异步电动机的全压启动控制

1.2.1 电气控制基础

在各行各业广泛使用的电气设备和生产机械中，其自动控制线路大多以各类电动机或者其他执行电器为被控对象。这种按照一定的控制方式用导线将电动机、各种低压电器，如按钮、行程开关、继电器、接触器等连接起来的具有某种控制功能的线路，称为电气控制线路。它可以方便地实现对电力拖动系统的启动、停止、转向、制动和调速等运行性能的控制，以满足生产工艺的要求和实现生产过程自动化。

1.2.1.1 电气控制系统图

为了表达生产机械电气控制系统的结构和原理，便于电气系统的安装、调试、使用和维修，将组成电气控制系统的各种元器件和连接关系用一定的图形表示出来，这就是电气控制系统图。图中用国家电气制图标准规定的图形符号、文字符号以及规定的画法，用工程图的形式来表示电气控制系统中的电气元件及其连接关系。

1.2.1.2 常用电气设备的图形符号和文字符号

电气控制系统图是电气工程技术的通用语言，图中各种电气元件的图形符号和文字符号必须符合统一的国家标准。为了便于与国际的交流与沟通，国家标准化管理委员会参照国际电工委员会（IEC）和国际标准化组织（ISO）所颁布的标准，制定了我国电气设备的有关标准——GB 4728《电气简图用图形符号》和 GB/T 5465《电气设备用图形符号》。

一些常用电气设备图形符号和文字符号见附表 1。

1.2.1.3 电气控制系统图分类

电气控制系统图一般有 3 种类型：电气原理图、电气元件布置图和电气安装接线图。

A 电气原理图

用规定的图形符号和文字符号，按主电路和辅助电路相互分开并依据各电气元件动作顺序等原则所绘制的线路图，称为电气原理图。它包括所有电气元件的导电部件和接线端点，表示电路中各个电气元件的连接关系和电气工作原理，它并不反映电气元件的实际大小和安装位置。它结构简单、层次分明，是电气控制系统的设计核心。本章主要讲解电气原理图。

（1）电气原理图绘制原则。下面以图 1-37 所示某机床的电气控制原理图为例来说明电气原理图的主要绘制原则和应该注意的事项。

绘制电气原理图时应遵循的主要原则如下：

1）电气原理图一般分主电路和辅助电路两部分。主电路是设备的驱动电路，是从电源到电动机的部分，是强电流通过的部分；辅助电路包括控制电路、照明电路、信号电路及保护电路等，是由按钮、接触器和继电器的线圈、各种电器的常开、常闭触点等组合构成的控制逻辑电路，实现所需要的控制功能，是弱电流通过的部分。

2）电气原理图中，所有电气元件都应采用国家统一规定的图形符号和文字符号来表示。

3）电气原理图中，各个电气元件和部件在控制线路中的位置，应根据便于阅读的原

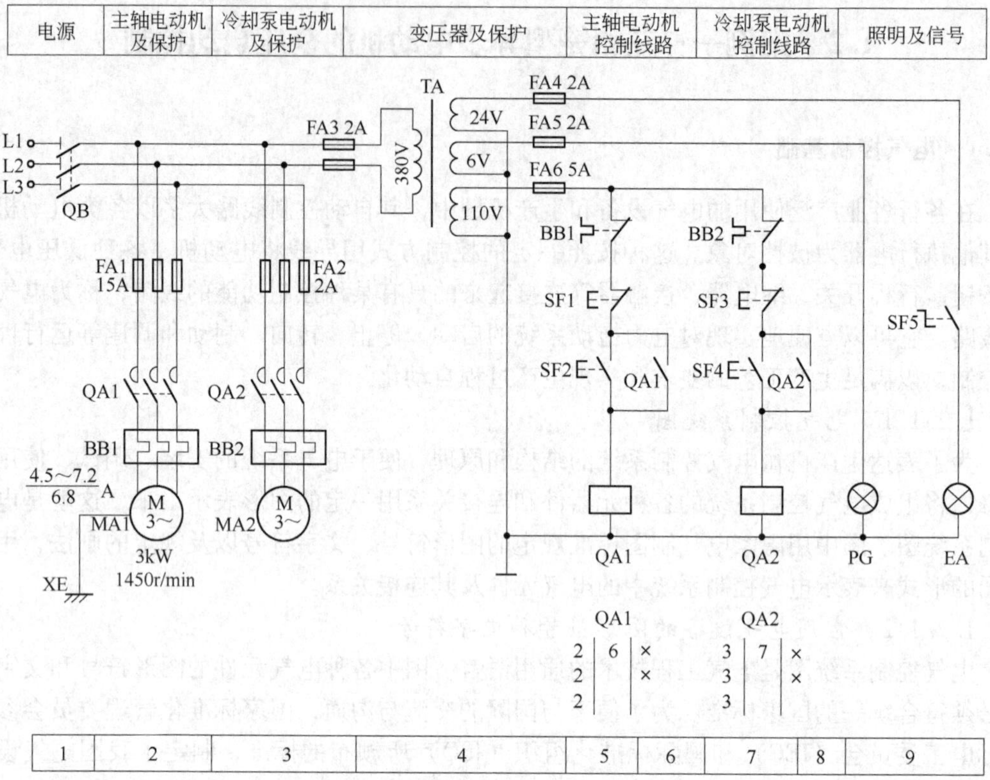

图 1-37 某机床电气控制原理图

则安排。各电气元件一般按动作顺序从上到下、从左到右依次排列，可水平或垂直布置。水平布置时：电源线垂直画，其他电路水平画，控制电路中的耗能元件画在电路的最右端；垂直布置时：电源线水平画，其他电路垂直画，主电路绘制在图的左侧，控制电路绘制在图的右侧，耗能元件画在电路的最下端。

4）电气原理图中，当同一电气元件的各个部件（如线圈、触点）分散在不同位置时，为了表示是同一元件，要在电气元件的不同部件处标注相同的文字符号。对于多个同一种类的电气元件，可在文字符号后加上数字序号加以区分。如两个接触器，可用 QA1、QA2 来加以区别。

5）电气原理图中，所有电器的触点都按没有通电和没有受外力作用时的状态绘制。对继电器、接触器的触点，按吸引线圈不通电时的状态画，控制器按手柄处于零位时的状态画，按钮、行程开关等触点按不受外力作用时的状态画。

6）电气原理图中，应尽量减少和避免线条交叉。有直接电联系的交叉导线连接点，如是“T”形连接点，在交叉点处可以画实心圆点，也可以不画；对“ +”形连接点，必须画实心圆点。

7）根据图面布置需要，可以将图形符号旋转绘制，一般逆时针方向旋转 90°，但文字符号可以不必倒置。

（2）图面区域的划分。为了便于检索电气线路，方便阅读电气原理图，应将图面划分成若干个区域。

对水平布置的电路，一般只需标明行的标记，垂直布置的电路一般只需标明列的标记，复杂的电路需用组合标记（字母在前，数字在后）。图的上方设有用途栏，用文字注明该栏对应下方元件或电路的功能，以利于理解原理图各部分的功能及全电路的工作原理。

如图1-37中下方的1、2、3…数字则为图区的编号，有时图区编号也可设置在图的上方。上方的文字表明它对应下方元件或电路的功能。

(3) 符号位置的索引。符号位置的索引条目由图号、页次和图区编号组成。其形式如下：

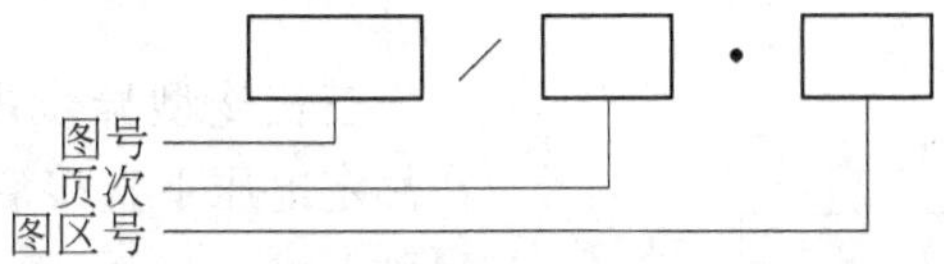

图号是指当某设备的电气原理图按功能多册装订时，每册的编号，一般用数字表示。

当某一元件相关的各符号元素出现在不同图号的图纸上，而当每个图号仅有一页图纸时，索引代号可简化成：“图号/图区号”。当某一元件相关的各符号元素出现在同一图号的图纸上，而该图号有几张图纸时，可省略图号和分隔符，索引代号可简化成：页次·图区号。当某一元件相关的各符号元素只出现在一张图的不同图区时，可省略图号，索引代号只用“图区号”表示。

由于接触器、继电器的线圈和触点在电气原理图中不画在一起，应用附图表示，即在原理图中相应线圈的下方，给出触点的文字符号，并在其下面注明相应触点的索引代号，对未使用的触点用“×”表明，有时也可采用省去触点的表示法。

对接触器，索引表中各栏的含义如下：

左　栏	中　栏	右　栏
主触点所在的图区号	辅助常开触点所在的图区号	辅助常闭触点所在的图区号

如图1-37中的QA1，左栏的三个“2”表示QA1用了3对主触点，且这3对主触点都处于第2区，中栏的一个“6”表示QA1用了一对辅助常开触点，且这对辅助常开触点处于第6区，右栏的三个“×”表示没有用到QA1辅助常闭触点。

对继电器，索引表中各栏的含义如下：

左　栏	右　栏
常开触点所在的图区号	常闭触点所在的图区号

B　电气元件布置图

电气元件布置图是用来表明电气设备或系统中所有电气元件的实际位置，为制造、安装、维修提供必要的档案资料。电气元件布置图可按电气设备或系统的复杂程度集中绘制或单独绘制，元器件轮廓用细实线或点划线表示。如有需要，也可以用粗实线绘制简单的外形轮廓。

C　电气安装接线图

电气安装接线图是用规定的图形符号，按各电气元件相对位置绘制的实际接线图。在具体施工和检修中能起到原理图所起不到的作用，在生产现场得到了广泛的应用。安装接线图是实际接线安装的准则和依据，它清楚地表示各电气元件的相对位置和它们之间的电气连接。一般情况下，电气安装接线图和原理图须配合起来使用。

1.2.2 案例说明

三相笼型异步电动机具有结构简单、价格便宜、坚固耐用、运行维护方便等优点，现已获得广泛应用。在生产实际中，笼型异步电动机的数量占电力拖动设备总台数的85%左右。三相笼型异步电动机的控制电路大都是由按钮、接触器、继电器等有触点的低压电器组成的。

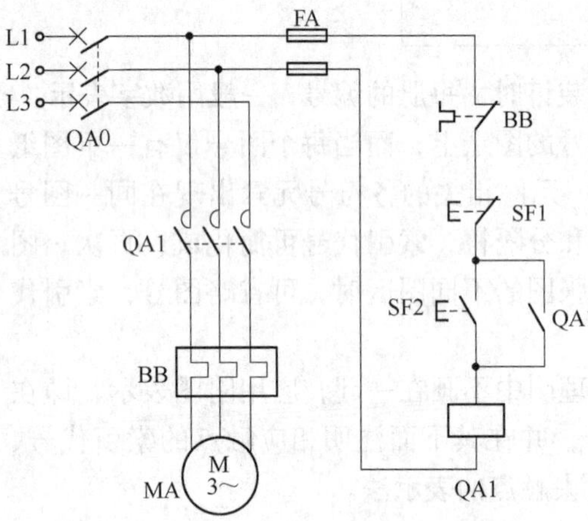

图 1-38 单向全压启动控制线路

三相笼型异步电动机有两种启动方法：在额定电压下直接启动（全压启动）和降压启动。

全压启动时，电源电压全部加在定子绕组上，此时启动电流达到额定电流的 4 ~ 7 倍。全压启动的优点是电气设备少，线路简单。缺点是启动电流大，容量较大的电动机启动电流对电网具有很大的冲击，引起供电系统电压波动，影响其他用设备的正常运行。通常对容量小于 10kW 的笼型异步电动机采用全压启动方法。

单向全压启动控制线路如图 1-38 所示，它是最基本的电动机控制线路。

1.2.3 案例分析

1.2.3.1 控制线路工作过程

启动时：合上断路器 QA0→按下按钮 SF2→接触器 QA 的线圈通电→QA 主常开触点和辅助常开触点同时闭合，电动机接通电源开始全压启动，QA 辅助常开触点接通保证了按钮 SF2 松开后，仍使接触器线圈保持通电状态。这种依靠接触器（或继电器）本身辅助触点而使其线圈保持通电的现象，称为自锁，起自锁作用的触点称为自锁触点。

停止时：按下按钮 SF1→接触器线圈失电→接触器主触点和辅助触点断开→电动机三相电源切除，电动机停止运行；同时控制回路也解除自锁。松开按钮 SF1，控制回路又回到启动前的状态。

控制回路中，控制按钮 SF2 用来启动电动机，常称之为启动按钮，启动按钮一般采用常开触点。控制按钮 SF1 用来使电动机停止，常称之为停止按钮，停止按钮常用常闭触点。这个控制回路是最基本的电动机控制线路，由于控制回路有启动、停止并有自锁，我们习惯上称之为“启-保-停”控制回路。

1.2.3.2 控制线路的保护环节

A 短路保护

当线路发生短路故障时，控制线路应能迅速断开电源，低压断路器 QA0 作为主线路的短路保护，熔断器 FA2 作为控制线路的短路保护。

B 过载保护

电动机长期超载运行，会造成电动机绕组温升超过其允许值而损坏，通常要采取过载保护措施。图 1-38 中用热继电器 BB 作为电动机的过载保护。由于热继电器的热惯性很大，使热继电器不会受电动机短时过载、冲击电流或短路电流的影响而瞬时动作，所以在使用热继电器做过载保护的同时还必须设有短路保护。

C 欠压和失压保护

在电动机正常运行时，如果因为电源电压的消失而使电动机停转，那么在电源电压恢复时，电动机就有可能自行启动，造成人身事故或设备损坏。防止电源电压恢复时电动机自启动或电器元件的自行投入工作而设置的保护叫失压保护。

电动机或电器元件在正常运行时，电网电压降低到额定电压 U_N 的 60% ~80% 时，就要求能自动切除电源而停止工作，这种保护称为欠压保护。因为电动机在电网电压降低时，其电磁转矩、转速都将降低甚至堵转。在负载一定的情况下，电动机电流将增加，不仅影响产品加工质量，还会引起机械设备损坏甚至出现人身事故。另外，由于电网电压过分降低，控制线路中的各类交流接触器、继电器既不能释放又不能可靠吸合，处于抖动状态（噪声很大），线圈电流增大，甚至过热造成电器元件和电动机的烧毁。

图 1-38 中的欠压和失压保护是依靠启动按钮复位功能和接触器本身的电磁机械来实现的，当电动机正在运行时，如果电源电压因某种原因过分地降低或消失时，接触器 QA 衔铁自行释放，电动机停止，同时 QA 自锁触点断开。当电源电压恢复正常时，接触器线圈也不可能自行通电，即电动机不会自行启动，要使电动机启动，必须要再次按下启动按钮。

以上这三种保护是三相笼型异步电动机常用的保护环节，它对保证三相笼型异步电动机的安全运行非常重要。

1.2.4 知识进阶

许多生产机械在工作过程中常要求具有上下、左右、前后、往返等相反方向的运动，这就要求能对电动机进行正反向的控制。由电动机原理可知：三相异步电动机可以通过改变定子绕组的相序来实现正反转。可以用两个接触器分别控制两种相序的接通来实现电动机的正反转，其控制电路图如图 1-39 所示。

在主电路图 1-39a 中，采用两个接触器，即正转接触器 QA1 和反转接触器 QA2，当 QA1 的主触点闭合时，三相电源的相序按 L1、L2、L3 接入电动机，电动机正转；而接触器 QA2 的主触点闭合时，三相电源按 L3、L2、L1 接入电动机，电动机反转。

控制电路图 1-39b 中，是由两个基本的“启-保-停”电路构成。接触器 QA1、QA2 分别控制电动机的正、反向运行。SF1 和 SF3 分别是电动机正向运行的启动按钮和停止按钮，SF2 和 SF4 分别是电动机反向运行的启动按钮和停止按钮。接触器辅助常开触点 QA1 和 QA2 分别为正、反向接触器的自锁触点。显然，该电路是有缺陷的，如果在电动机正转过程中误按下反向启动按钮 SF3，则接触器 QA2 也会吸合，这样会在主电路中造成相间短路，如图 1-39a 中虚线所示。因此，需要在控制电路中加入一定的联锁条件。

考虑到接触器线圈吸合时，其辅助常闭触点会断开。如果将 QA1 的辅助常闭触点串

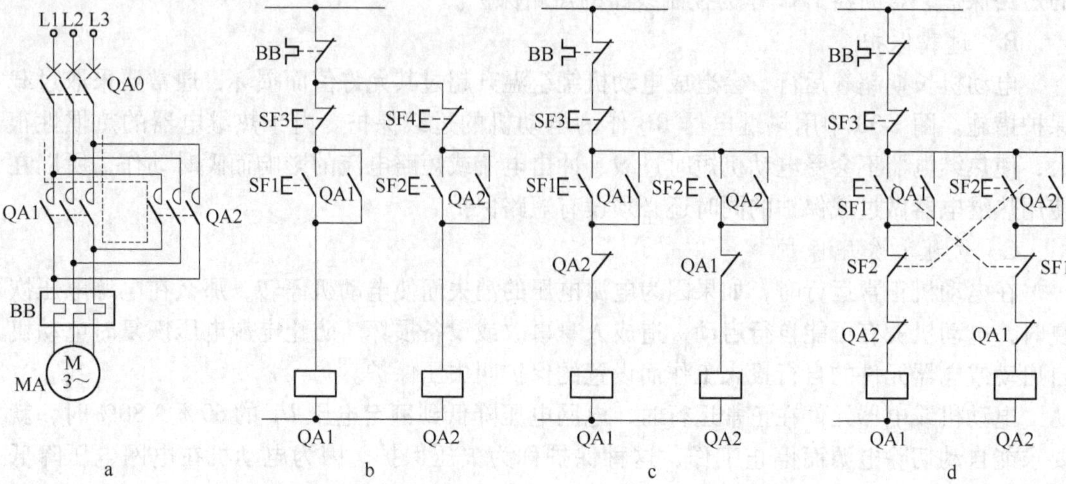

图 1-39　正反转控制线路

a—主电路；b—无互锁控制电路；c—“正-停-反”控制电路；

d—“正-反-停”控制电路

入接触器 QA2 线圈的控制电路中，则当 QA1 吸合时，即使按下 SF2，QA2 线圈也不会得电吸合。同时，若将接触器 QA2 的辅助常闭触点串入接触器 QA1 线圈的控制电路中，则当 QA2 吸合时，即使按下 SF1，QA1 线圈也不会得电吸合。这种利用两个接触器的常闭辅助触点互相控制的方法叫做互锁，起互锁作用的常闭触点叫互锁触点。再考虑到按钮 SF3 和 SF4 的作用均是使电动机停止，所以为节省元件仅保留一个停止按钮，其控制电路如图 1-39c 所示。

图 1-39c 所示的控制线路中，若按正向启动按钮 SF1，QA1 线圈得电，电动机正转。要使电动机反转，必须按下停止按钮 SF3 后，再按反转启动按钮 SF2，电动机方可反转，这个电路称为“正-停-反”控制电路。这对需要频繁改变电动机运转方向的设备来说，是很不方便的。为了提高生产率，一般采用如图 1-39d 所示的控制电路。

图 1-39d 所示的控制电路中，正反向启动按钮 SF1、SF2 均采用复合按钮。它与图 1-39c 的区别在于：电动机正转时，不需要按下停止按钮 SF3，而直接按下反转启动按钮 SF2，就可以实现电动机由正转向反转的切换。

图 1-39c 中采用 QA1、QA2 常闭触点实现的互锁称为“电气互锁”。图 1-39d 中由复合按钮 SF1 和 SF2 常闭触点实现的互锁称为“机械互锁”。图 1-39d 中既有接触器常闭触点实现的电气互锁，也有由复合按钮的常闭触点实现的机械互锁，即具有双重互锁。

1.2.5　应用拓展

1.2.5.1　自动正反转循环控制

图 1-39 所示电路的正转和反转的切换需要通过手动按钮来实现，而在生产实践中，有些生产机械的工作台需要在一定距离内自动往复运行，不断循环，以使工件能连续加工，如龙门刨床、导轨磨床等。自动往复运行可以通过一种常用的低压电器元件——行程开关来实现。其控制电路如图 1-40 所示。

行程开关 BG1 放在左端需要反向的位置，而 BG2 放在右端需要反向的位置，机械挡

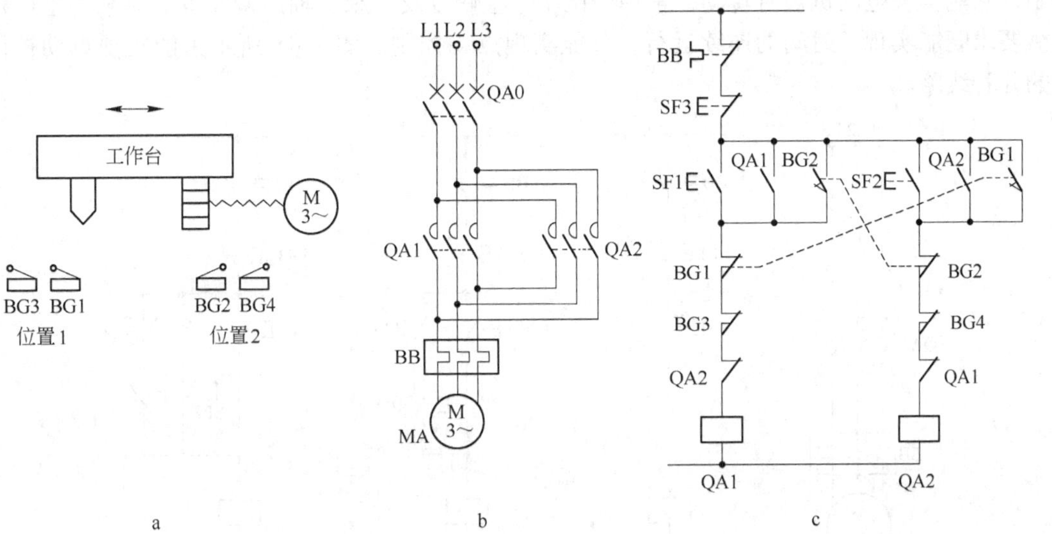

图 1-40 自动循环控制线路
a—工作台自动循环示意图；b—主电路；c—控制电路

铁装在运动部件上。

电路的工作过程为：合上 QA0，按下正向启动按钮 SF1，QA1 线圈得电并自锁，电动机 MA 正转，通过机械传动装置拖动工作台向左移动，当工作台运动到左端反向位置时，挡铁碰撞行程开关 BG1，使其常闭触点断开，QA1 线圈失电，主触点复位（断开），电动机停止左行，同时 QA1 辅助常闭互锁触点复位（闭合），随后 BG1 常开触点闭合，QA2 线圈得电并自锁，电动机反转，拖动工作台向右移动，行程开关 BG1 复位，为下次正转做准备。由于 QA2 已自锁，电动机继续拖动工作台向右移动，当工作台向右移动到右端反向位置时，另一个挡铁碰撞行程开关 BG2，使其常闭触点断开，QA2 线圈失电，主触点复位（断开），电动机停止右行，同时 QA2 辅助常闭互锁触点复位（闭合），随后 BG2 常开触点闭合，QA1 线圈再次得电并自锁，电动机又开始正转。如此往复循环，使工作台在预定的行程内自动往复移动。

由上述控制情况来看，运动部件每经过一个自动往复循环，电动机就要进行两次反接制动，会出现比较大的反接制动电流和机械冲击。因此。这种电路只适用于电动机容量较小，循环周期较长、电动机转轴具有足够刚性的拖动系统中。另外，在选择接触器容量时应该比一般情况下选择的容量大一些。

行程开关除了能实现往复循环之外，还可以做限位保护，如图 1-40 中的 BG3、BG4 分别为左、右超限限位保护用的行程开关，防止 BG1、BG2 失灵时造成工作台从机床上冲出的事故。

1.2.5.2 其他控制

利用案例一的单向全压控制回路还可以构成其他一些常用控制回路。下面将一一进行介绍。

A 点动控制线路

按下启动按钮时，电动机转动，松开启动按钮，电动机停转，这种控制就称为点动控制，它能实现电动机短时转动，常用于试车、检修以及车床主轴的调整等。对某些生产机械要求既能实现长时间的连续运行，又能实现点动控制。图 1-41 所示为能实现点动控制的几种线路。

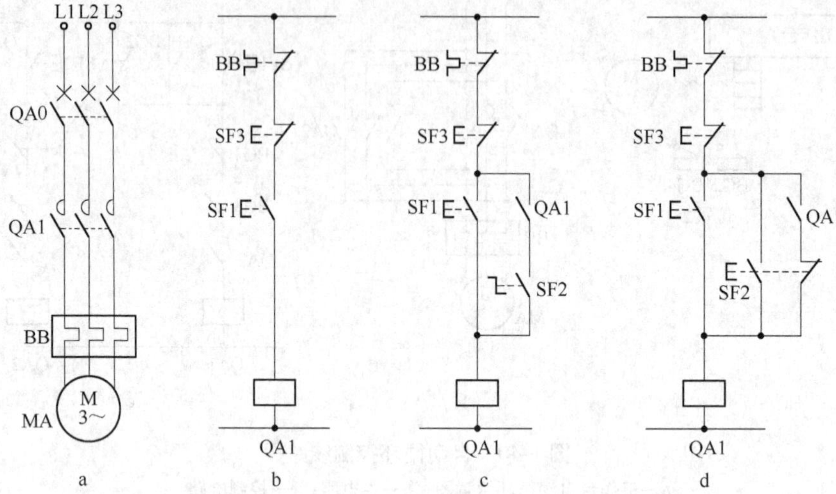

图 1-41 几种点动控制线路

a—主电路；b—最基本点动电路；c—带组合开关点动电路；d—复合按钮点动电路

图 1-41b 是最基本的点动控制电路，启动按钮 SF1 没有并联接触器 QA1 的自锁触点，按下 SF1，QA1 线圈通电，电动机启动运行，松开 SF1，QA1 线圈又断电释放，电动机停止运转。

图 1-41c 是带组合开关的点动控制线路，既能实现点动控制，又能实现连续运行。当需要点动控制时，只要把组合开关 SF2 断开，由按钮 SF1 来进行点动控制。当需要连续运行时，只要把组合开关 SF2 合上，将接触器的自锁触点接入，就可实现。

图 1-41d 中用一个复合点动按钮 SF2 来实现点动控制和连续运行的切换。需要点动控制时，按下点动复合按钮 SF2，其常闭触点先断开自锁电路，常开触点后闭合，接通启动控制电路，QA1 线圈通电，衔铁被吸合，主触点接通三相电源，电动机启动运转；当松开点动按钮 SF2 后，其常开触点先断开，常闭触点后闭合，QA1 线圈得电释放，主触点断开电源，电动机停止运转。当需要连续运行时，只需要按下连续运行启动按钮 SF1，保证点动按钮 SF2 在释放位置即可。

电动机连续运行与点动控制的关键环节是自锁触点是否接入：若能实现自锁，则电动机连续运转；若断开自锁回路，则电动机实现点动控制。

在读电气原理图时，一定要注意复合按钮常开触点和常闭触点的动作顺序。

B 多点控制线路

有些生产机械和设备常常要求可以在两个或两个以上的地点进行启、停控制，称为多地控制或多点控制。多地控制要求在每个地点都装有启动控制按钮和停止按钮。若要求在任一地点按下启动按钮电动机均能启动，则应将所有的启动按钮（常开触点）并联起来，若要求在任一地点按下停止按钮电动机均能停止，则应将所有停止按钮（常闭触点）串联起来。如图 1-42 所示，为一个单台电动机的三地控制，图中 SF1、SF2、SF3 为启动按钮，

SF4、SF5、SF6 为停止按钮。

C　顺序控制线路

在多机拖动系统中，各电动机所起的作用是不同的，有时需要按一定的顺序启动，才能保证操作过程的合理性和工作的安全可靠。例如车床主轴电动机转动时要求油泵先给齿轮箱提供润滑油，即要求润滑油泵电动机启动后主轴电动机才能启动。这就是两台电动机的顺序启动问题。如图 1-43 所示，MA1 和 MA2 分别为润滑油泵电动机和主轴电动机，分别由接触器 QA1 和 QA2 控制。图 1-43b 中，将控制油泵电动机的接触器 QA1 的辅助常开触点串入控制主拖动电动机的接触器 QA2 的线圈电路中，可以实现按顺序工作的连锁要求。

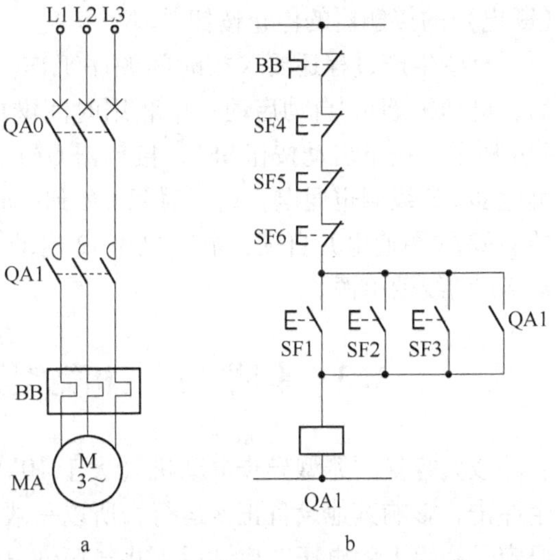

图 1-42　单台电动机的三地控制线路

a—主电路；b—控制电路

如果在实现顺序启动的前提下还要求电路能实现逆序停止，即要求主轴电动机停止后润滑油泵电动机才能停止，可采用图 1-43c 所示的控制电路。

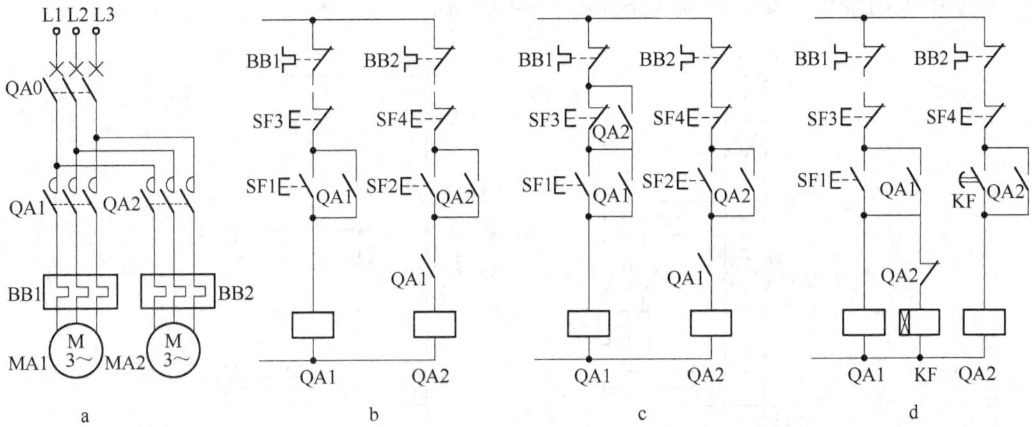

图 1-43　顺序控制线路

a—主电路；b—顺序启动控制电路；c—顺序启动/逆序停止控制电路；d—按时间顺序启动控制电路

通过上面的例子可以得出如下的连锁规律：

（1）如果要求接触器 1 动作时接触器 2 不能动作，则可将接触器 1 的常闭触点串接在接触器 2 的线圈电路中；

（2）如果要求接触器 1 动作后接触器 2 才能动作，则可将接触器 1 的常开触点串接在接触器 2 的线圈电路中；

（3）如果要求接触器 2 线圈断电后才允许接触器 1 线圈断电，则可将接触器 2 的常开触点并联在接触器 1 的停止按钮两端。

总之，对于多台电动机的顺序启动、逆序停止的原则为：启动时，将先于自己动作（得电）的接触器的常开触点与自身的启动按钮串接；将自身的常开触点与后于自己停止

（断电）的接触器的停止按钮并联。

有些生产过程还要求按时间顺序工作。如有两台电动机，要求电动机 MA1 启动 *t* 秒后，电动机 MA2 自动启动，可利用时间继电器 KF 的延时闭合常开触点来实现，如图 1-43d 所示。按下启动按钮 SF1，接触器 QA1 线圈通电并自锁，电动机 MA1 启动，同时时间继电器 KF 线圈也通电。定时时间 t 秒到，时间继电器延时闭合的常开触点 KF 闭合，接触器 QA2 线圈通电并自锁，电动机 MA2 启动，同时接触器 QA2 的常闭触点切断了时间继电器 KF 的线圈电源。

1.3 案例二：三相笼型异步电动机的降压启动控制

较大容量的笼型异步电动机（大于 10kW）直接启动时，启动电流较大，会对电网产生冲击，影响其他设备正常运行，所以一般都采用降压方式来启动。启动时降低加在电动机定子绕组上的电压，启动后再将电压恢复到额定值，使之在正常电压下运行。

降压启动方式有定子电路串电阻（或电抗）、星形-三角形、串自耦变压器和延边三角形等。

1.3.1 定子串电阻（或电抗）降压启动

定子串电阻降压启动的控制线路如图 1-44 所示。

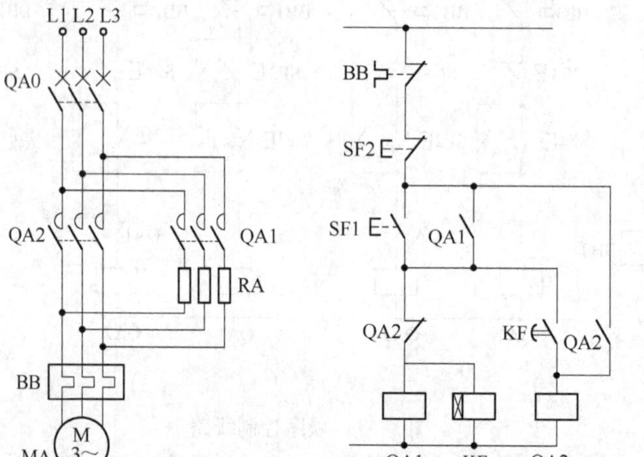

图 1-44 定子串电阻降压启动控制线路

a—主电路；b—控制电路

它的工作过程为：

启动时：合上断路器 QA0→按下启动按钮 SF1→

接触器 QA1 得电并自锁→接触器 QA1 主触点闭合→将电阻 RA 串入定子绕组，电动机降压启动

时间继电器 KF 线圈得电→时间继电器 KF 时间到→KF 延时常开触点闭合→接触器 QA2 得电并自锁→

- QA2 辅助常闭触点断开→接触器 QA1 和时间继电器 KF 线圈失电→接触器 QA1 主触点和辅助常开触点断开→将电阻 RA 支路退出
- QA2 主触点闭合→电动机通过 QA2 主触点全压运行

停止时：按下停止按钮 SF2→接触器 QA2 线圈失电→QA2 主触点和辅助常开触点断开→电动机停止运行。

定子串电阻降压启动的优点在于：按照时间原则短接（或切除）电阻，动作可靠；降压启动可提高功率因数，有利于保证电网质量；电阻的价格低，结构简单。其缺点是电阻上损耗的功率较大，通常仅在中小容量电动机不经常启、停时采用这种方式。某些场合如大功率电动机的启动可采用电抗器取代电阻。

1.3.2 星形-三角形降压启动

星形-三角形降压启动适合于正常运行时定子绕组接成三角形的笼型异步电动机，采用星形-三角形降压启动方式来限制启动电流。启动时将电动机定子绕组接成星形，加到电动机每相绕组上的电压为额定值的 $1/\sqrt{3}$，从而减小了启动电流对电网的影响。当转速接近于额定转速时，定子绕组改接成三角形，使电动机在额定电压下正常运转，其控制线路如图 1-45 所示。

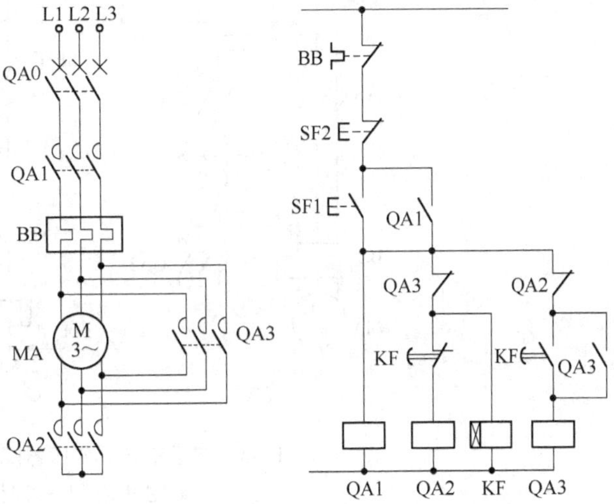

a　　b

图 1-45　星形-三角形降压启动控制线路

a—主电路；b—控制电路

它的工作过程为：

启动时：合上断路器 QA0→按下启动按钮 SF1→

- 接触器 QA1 得电并自锁→接触器 QA1 主触点闭合
- 接触器 QA2 得电→
  - 接触器 QA2 主触点闭合
  - （以上两项）→电动机定子绕组接成星形启动
  - 接触器 QA2 辅助常闭触点断开→使接触器 QA3 线圈无法得电
- 时间继电器 KF 线圈得电→时间继电器 KF 时间到→
  - KF 延时常开触点闭合
  - KF 延时常闭触点断开→接触器 QA2 失电→接触器 QA2 主触点和辅助常闭触点均复位
  - （以上两项）→接触器 QA3 得电并自锁→
    - QA3 主触点闭合→电动机定子绕组接成三角形运行
    - QA3 辅助常闭触点断开→时间断电器 KF 线圈失电退出运行

停止时：按下停止按钮 SF2→接触器 QA1、QA3 线圈失电→QA1、QA3 主触点断开→电动机停止运行。

星形-三角形启动的优点是星形启动电流为原来三角形直接启动时的 1/3，结构简单、价格低。缺点是启动转矩也相应降为原来三角形直接启动时的 1/3，转矩特性差。因而本线路适用于电动机空载或轻载启动的场合。

1.3.3 串自耦变压器降压启动

串自耦变压器降压启动时主电路串入自耦变压器 TA，实际上定子绕组得到的是自耦变压器的二次侧电压，其值可根据需要调整，启动结束后自动将其切除，其控制线路见图1-46。

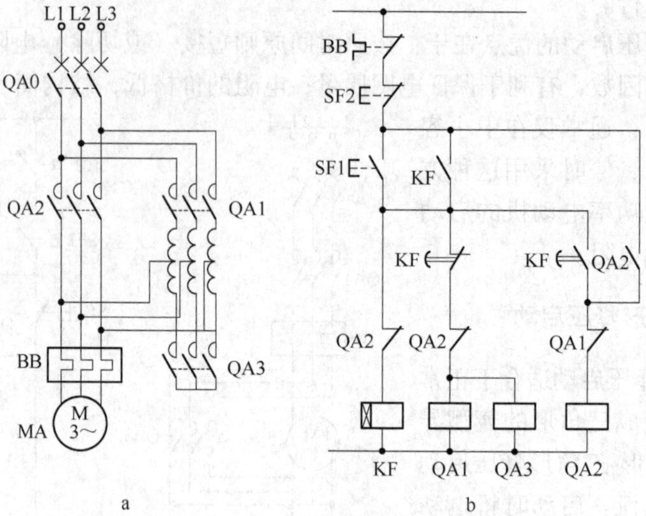

图1-46 定子串自耦变压器降压启动控制线路

a—主电路；b—控制电路

串自耦变压器降压启动与串电阻启动相比：其优点是在同样的启动转矩下，对电网的电流冲击小、功率损耗小；缺点是自耦变压器相对结构复杂、价格较高。这种线路主要用于启动较大容量的电动机，以减小启动电流对电网的影响。

1.3.4 延边三角形降压启动

延边三角形降压启动是一种既不增加启动设备又能获得较高启动转矩的启动方式，适用于定子绕组特别设计的大容量异步电动机，如空压机一类启动转矩较大的设备。这种电动机的定子绕组有9个或12个出线头，其启动电流和启动转矩介于星形和三角形连接之间。启动时将电动机定子绕组接成延边三角形（定子绕组一部分接成三角形，一部分接至三角形三条边的延长线上，故因此而得名）。启动结束后将定子绕组换接成三角形。定子绕组接线见图1-47，其控制线路见图1-48。

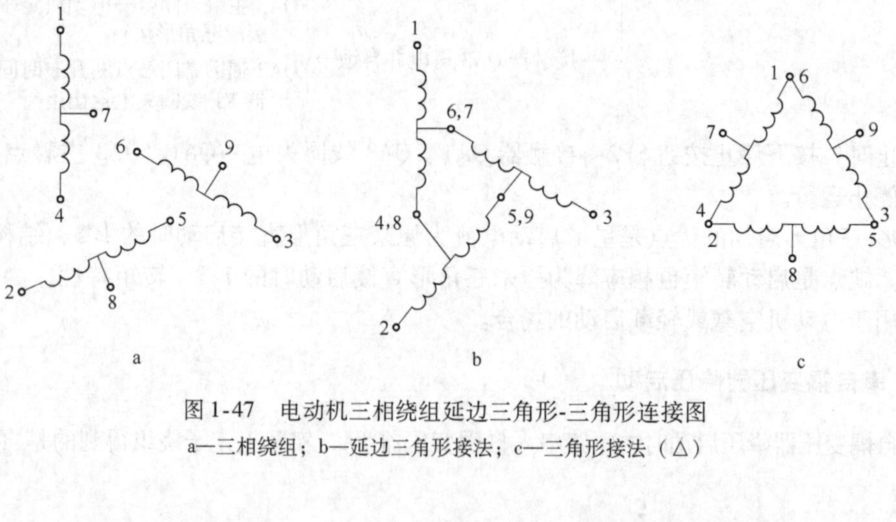

图1-47 电动机三相绕组延边三角形-三角形连接图

a—三相绕组；b—延边三角形接法；c—三角形接法（△）

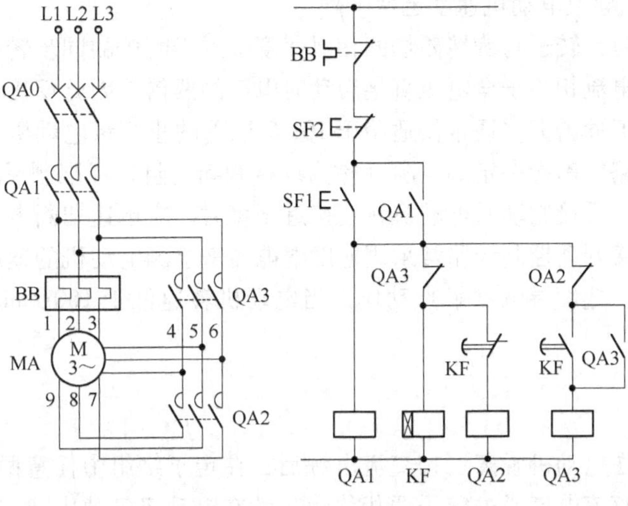

a　　　　　　　　b

图 1-48　延边三角形-三角形降压启动控制线路

a—主电路；b—控制电路

1.4　案例三：三相笼型异步电动机的制动控制

三相异步电动机从切除电源到完全停止旋转，由于惯性的作用，总要经过一段时间，这往往不能适应某些机械工艺的要求，也影响生产效率的提高，并造成运动部件停位不准，工作不安全，因此要采取相应的制动措施使电动机迅速停机。制动控制方法一般有两大类：机械制动和电气制动。机械制动是用机械装置来强迫电动机迅速停车，比较简单。电气制动有反接制动和能耗制动。本节着重介绍电气制动。

1.4.1　反接制动

反接制动是指在电动机运行过程中改变定子绕组电源的相序，产生与原旋转方向相反的制动转矩，以迫使电动机迅速停转。反接制动原理电路如图 1-49 所示。设电动机正转时接触器 QA2 主触点闭合，定子内产生的旋转磁场（图 1-49 中以 N、S 表示）以 n_1 的速度作顺时针旋转，转子以 n_2 的速度转动。根据电动机工作原理可知，n_2 与 n_1 同方向。反接制动时，QA2 主触点断开，QA1 主触点闭合，由于定子绕组相序发生改变，产生的旋转磁场 n_1' 与 n_1 反向，而此时转子仍以速度 n_2 顺时针转动。这样就相当于转子导体以 $n_1'+n_2$ 的速度反方向切割旋转磁场，并产生反作用力

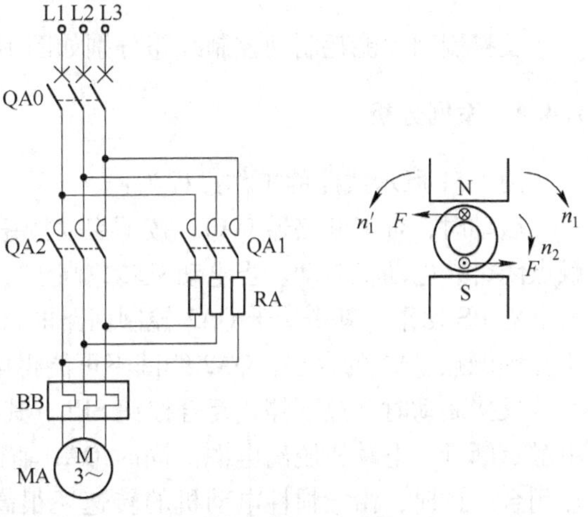

图 1-49　反接制动原理线路

F，形成制动转矩，导致电动机速度迅速下降。

由于反接制动时，转子与旋转磁场的相对速度接近于两倍的同步转速，所以定子绕组中流过的反接制动电流相当于全电压直接启动时电流的两倍。因此反接制动特点之一是制动迅速，效果好，但冲击大，通常仅适用于10kW以下的小容量电动机。为了减小冲击电流，通常在定子回路中串接一定的电阻（称为反接制动电阻）以限制反接制动电流。

需要注意的是，反接制动后电动机转速接近于零时，应迅速切断电源，否则电动机将反向启动。所以反接制动控制线路常采用速度继电器来检测电动机的速度变化。在转速为120～3000r/min时，速度继电器触点动作，当电动机转速低于100r/min时，其触点恢复原位。

1.4.2　能耗制动

能耗制动就是在电动机脱离三相交流电源后，在定子绕组中任意两相加上直流电压，即通入直流电流，直流电流通过定子两相绕组，就在电动机气隙中建立起一个位置固定、大小不变的恒定磁场。电动机转子由于惯性在继续旋转，转子导体切割这个磁场而产生感应电动势和电流，该电流和磁场相互作用产生电磁转矩，转矩的方向肯定与转子的实际旋转方向相反而起到制动作用。

在制动过程中，电动机转速不断下降，电动机不断吸收系统储存的机械能，并把它转换成电能消耗在转子回路的电阻上，能耗制动因此而得名。当电动机减速到 $n=0$ 时，转子与恒定磁场相对静止，感应电动势为零，电动机的电磁转矩也为零，电动机可靠停车。其制动原理如图1-50所示。

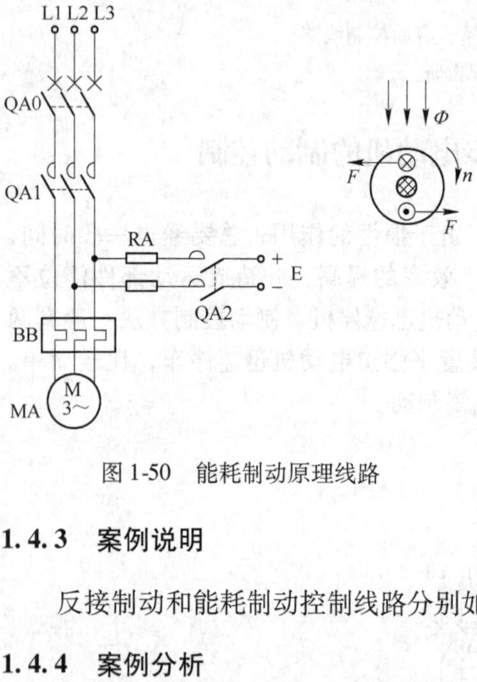

图1-50　能耗制动原理线路

1.4.3　案例说明

反接制动和能耗制动控制线路分别如图1-51和图1-52所示。

1.4.4　案例分析

图1-51所示线路的工作过程为：

启动时，合上断路器QA0，按下启动按钮SF2，接触器QA1线圈得电并自锁，QA1主触点闭合，电动机启动。当电动机转速高于一定数值时（常设定为100～150r/min），速度继电器BS动作，其串接于QA2控制回路的常开触点闭合，为反接制动做好准备。此时由于互锁触点QA1的存在，QA2线圈不可能得电。

反接制动时，按下停止复合按钮SF1，其常闭触点先打开，致使QA1线圈断电并使其主触点断开，电动机脱离电源。同时QA1辅助常闭互锁触点闭合，复合按钮SF1常开触点闭合。此时，由于惯性电动机的转速还很高，BS的常开触点仍处于闭合状态，反接制动接触器QA2线圈得电并自锁，反接制动开始，电动机速度迅速下降。当电动机转速降

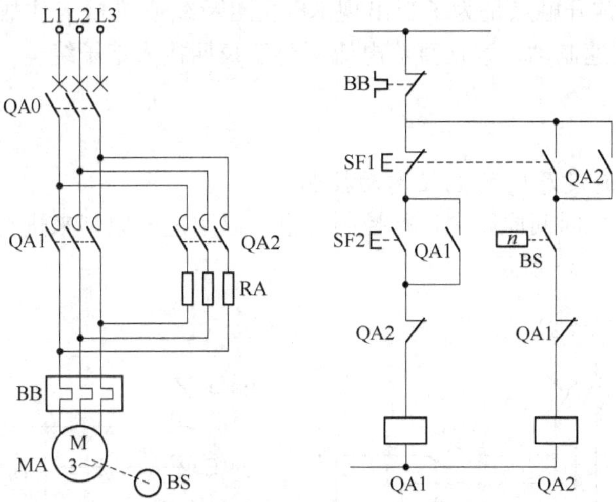

图 1-51　单向反接制动控制线路

到设定值时，速度继电器 BS 复位，其常开触点断开，QA2 线圈断电并使其主触点断开，电动机反接制动结束。

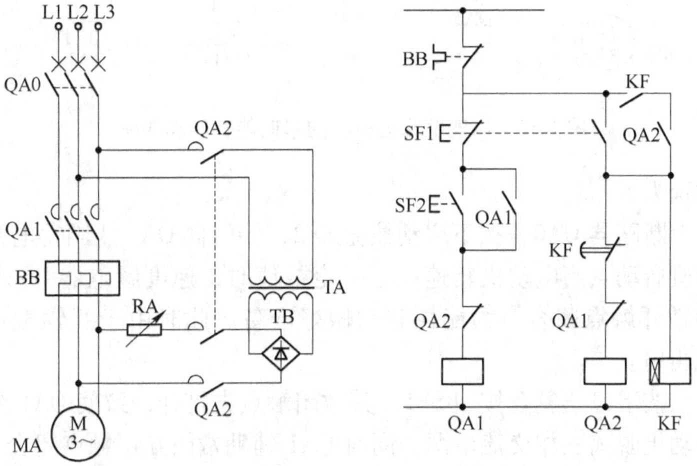

图 1-52　以时间原则控制的单向能耗制动线路

图 1-52 所示控制线路的工作过程为：

启动时，合上断路器 QA0，按下启动按钮 SF2，接触器 QA1 线圈得电并自锁，QA1 主触点闭合，电动机启动。

需要制动时，按下停止复合按钮 SF1，其常闭触点先打开，致使 QA1 线圈断电并使其主触点断开，使电动机脱离三相交流电源。同时接于 QA2 线圈回路中的 QA1 辅助常闭互锁触点闭合，复合按钮 SF1 常开触点闭合，使得接触器 QA2 和时间继电器 KF 线圈同时得电并自锁，直流电源加入定子绕组，能耗制动开始。当其转子的惯性速度接近于零时，时间继电器 KF 的延时时间到，其延时常闭触点断开，QA2 线圈断电并解除自锁，能耗制动结束。

图中 KF 的瞬时常开触点是为了当出现 KF 线圈断线或机械卡住故障时，电动机在按下按钮 SF1 后仍能迅速制动，致使直流电流不至于长期接入定子绕组。

1.4.5 知识进阶

1.4.5.1 采用速度原则的能耗制动控制

能耗制动既可以用时间原则来进行控制，也可以用速度原则来进行控制。以速度原则进行控制的线路如图 1-53 所示。

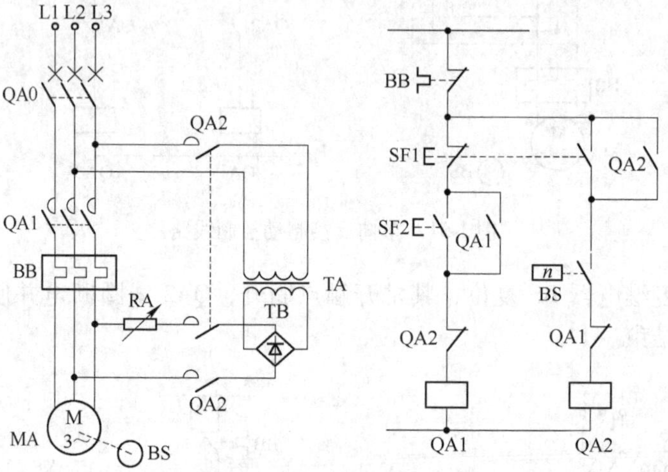

图 1-53 以速度原则控制的单向能耗制动线路

它的工作过程为：

启动时，合上断路器 QA0，按下启动按钮 SF2，接触器 QA1 线圈得电并自锁，QA1 主触点闭合，电动机启动。当电动机转速高于一定数值时，速度继电器 BS 动作，其串接于 QA2 控制回路的常开触点闭合，为能耗制动做好准备。此时由于互锁触点 QA1 的存在，QA2 线圈不可能得电。

需要制动时，按下停止复合按钮 SF1，其常闭触点先打开，致使 QA1 线圈断电并使其主触点断开，电动机脱离三相交流电源。同时 QA1 辅助常闭互锁触点闭合，复合按钮 SF1 常开触点闭合。此时，由于惯性电动机的转速还很高，BS 的常开触点仍处于闭合状态，所以接触器 QA2 线圈仍能够得电并自锁。于是，两相定子绕组获得直流电源，电动机进入能耗制动，电动机速度迅速下降。当电动机转速降到设定值时，速度继电器 BS 复位，其常开触点断开，QA2 线圈断电并使其主触点断开，能耗制动结束。

1.4.5.2 双向制动控制

上述案例中的制动均是针对电动机的单向运行，但在实际生产过程中，有时需要对电动机正反向均进行制动。双向反接制动控制线路如图 1-54 所示。BS_F 和 BS_R 分别为速度继电器的正转和反转常开触点，即电动机正转时，BS_F 动作，电动机反转时，BS_R 动作。

以电动机正转为例。其工作原理为：合上断路器 QA0，按下正向启动按钮 SF2，接触器 QA1 线圈得电吸合并自锁，其主触点闭合使定子绕组接通正序三相电源，电动机正向启动。当电动机正向转速高于速度继电器设定值时，BS 正向触点 BS_F 动作，其常开触点

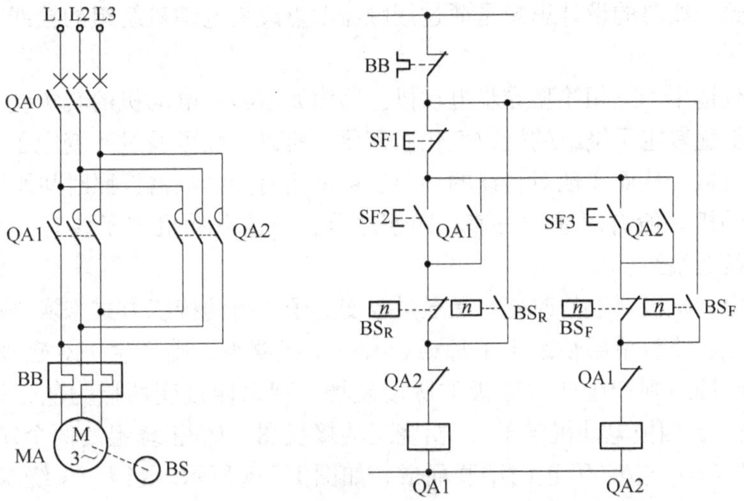

图 1-54　正反向运行反接制动控制线路

闭合，为反接制动做准备。同样由于互锁触点 QA1 的存在，QA2 线圈不可能得电。正向反接制动时，按下停止按钮 SF1，QA1 线圈断电并使其主触点断开；同时，QA1 辅助常闭触点闭合，QA2 线圈得电，正向反接制动开始，电动机速度迅速下降。当电动机转速降到设定值时，速度继电器正向触点 BS_F 恢复，其常开触点断开，QA2 线圈断电并使主触点断开，电动机在低速下自然停车。

需要注意的是，QA2 线圈得电时，其自锁触点也闭合，为防止电动机转速下降至零后直接反向启动，电路中加入了 BS_F 的常闭触点以实现连锁。制动过程中，当转速较高时，虽然 QA2 自锁触点闭合，但 BS_F 常闭触点断开，使得 QA2 无法实现自锁。而当转速低于设定值时，BS_F 常开触点断开，QA2 线圈断电，其自锁触点也断开，之后即使 BS_F 常闭触点闭合，QA2 也不能得电。

1.5　案例四：三相笼型异步电动机的调速控制

1.5.1　调速控制原理

由电动机基本原理可知，三相笼型异步电动机的转速公式为：

$$n = n_0(1 - s) = \frac{60f_1}{p}(1 - s) \tag{1-7}$$

式中　n_0——电动机同步转速；

p——极对数；

s——转差率；

f_1——电网电压频率。

从式（1-7）可以看出，三相笼型异步电动机的调速方法有三种：变极调速（改变定子绕组极对数 p），变转差率调速（改变转差率 s）和变频调速（改变电动机供电电源频率 f_1）。在这里仅介绍变极调速，其他调速方法可参考有关交流调速书籍。

变极调速这一线路的设计思想是通过接触器触点改变电动机绕组的接线方式来达到调速的目的。

变极调速仅适用于三相笼型异步电动机。因为笼型异步电动机的转子绕组本身没有固定的极数，能够随着定子绕组的极数变化而变化，所以一般可通过改变定子绕组的连接方式来改变磁极对数，从而实现对转速的调节。可采用时间继电器按照时间原则来完成。

变极数电动机一般有双速、三速、四速之分，双速电动机定子装有一套绕组，而三速、四速则为两套绕组。

笼型异步电动机极对数的改变，是通过改变定子绕组的接线方式来实现的。对于笼型异步电动机，三相绕组单层整距定子每相若有一个线圈组，则产生一对磁极的脉动磁场，若每相有两个线圈组则产生两对磁极的脉动磁场。现以四极变两极为例，说明其变极原理。图1-55是一台四极电动机定子 U_1 相绕组的接线图。U_1 相绕组的两个线圈正向串联，即 U_1U_2 绕组为 U_1U_2 与 $U_1'U_2'$ 正向串联而成，如图1-55a所示。当 U_1U_2 绕组流过电流时，它产生的脉动磁动势便是四极的，如图1-55b所示。

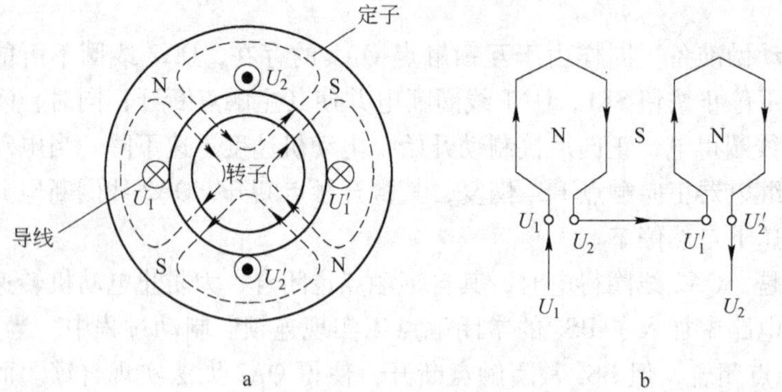

图1-55　绕组变极原理图（$2p=4$）

a—剖视原理图；b—展开图

如果改变图1-55a中线圈的接线方式，即 U_1 相绕组的两个线圈不是正向串联，而是反向串联，如图1-56b所示，或者将这两个线圈反向并联，如图1-56c所示。改变接线的 U_1 相绕组流过电流时，它产生的磁动势将是两极的，如图1-56a所示。

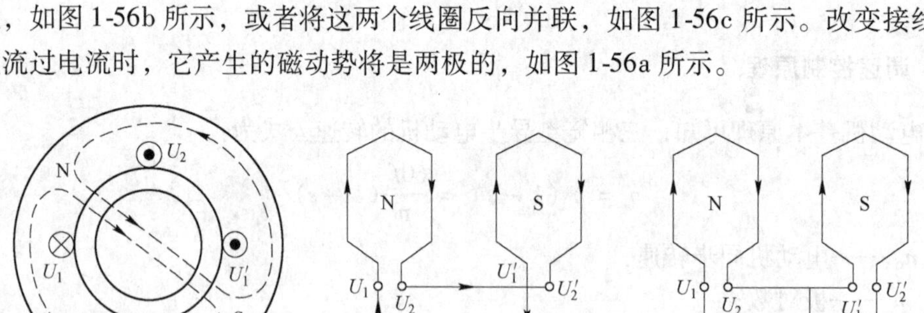

图1-56　绕组变极原理图（$2p=2$）

a—剖视原理图；b—串联展开图；c—并联展开图

三相绕组的接线方式都是相同的。变极时，三相绕组应同时换接。另外，从电流流动方向来看，变极时，U_1 相绕组中有半相绕组的电流改变方向。因此可以看出，三相笼型异步电动机的定子绕组，如果把每相绕组中的半相绕组的电流改变方向，则电动机的极对数便成倍变化，同步转速也成倍改变，电动机运行的转速也接近成倍变化。

常用的变极调速方法有两种：三角形-双星形（△-YY）联结和星形-双星形（Y-YY）联结。

图 1-57 所示为双速电动机三相定子绕组的连接图。

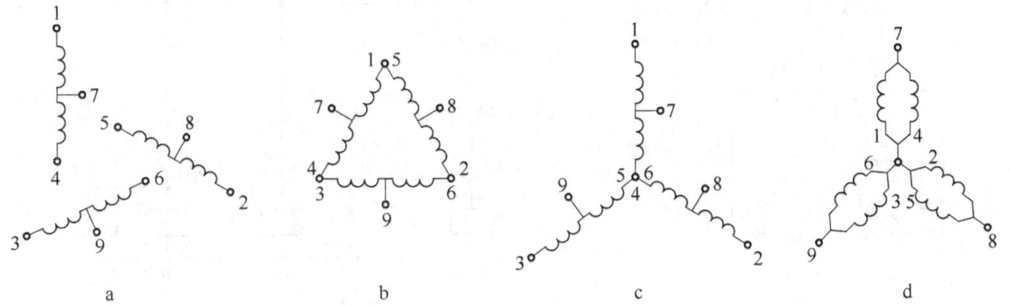

图 1-57 双速电动机三相绕组连接图

a—三相绕组；b—三角形接法（△）；c—星形接法（Y）；d—双星形接法（YY）

三角形和星形联结时，定子每组中的两个半相绕组正向串联，极对数为 $2p$，同步转速为 n_1。双星形联结时，定子每相中的两个半相绕组反向并联，极对数减半，为 p，同步转速加倍，为 $2n_1$。

若低速运行时，电动机三相绕组端子的 1、2、3 端接入三相电源，高速运行时，7、8、9 端接入三相电源，这会使电动机因变极而改变旋转方向，因此变极后必须改变绕组的相序。因为各相绕组在空间相差的机械角度是固定不变的，电角度则随磁极数目改变而改变。例如磁极数目减少一半，使各相绕组在空间相差的角度增加一倍，原来相差 120°电角度的绕组，现在相差 240°。如果相序不变，气隙磁场就要反转。

1.5.2 案例说明

双速电动机调速控制线路见图 1-58。

1.5.3 案例分析

图 1-58 中接触器 QA1 工作时，电动机三相绕组端子的 1、2、3 端接入三相电源，电动机为低速运行；接触器 QA2、QA3 工作时，电动机三相绕组端子的 7、8、9 端接入三相电源，电动机为高速运行，注意变换后相序已改变。SF2、SF3 分别为低速和高速启动按钮。按低速启动按钮 SF2，接触器 QA1 通电并自锁；若按下高速启动按钮 SF3 则使接触器 QA1 和时间继电器 KF 同时得电自锁，当 KF 延时时间到，其常闭触点打开，切断接触器 QA1 线圈电源，使 QA1 所有触点复位，同时 KF 常开触点闭合，使接触器 QA2、QA3 线圈得电并自锁，同时 QA3 的常闭触点断开使时间继电器 KF 线圈断电，自动切换至 QA2、QA3 工作。

图 1-58 所示控制线路的工作过程为：

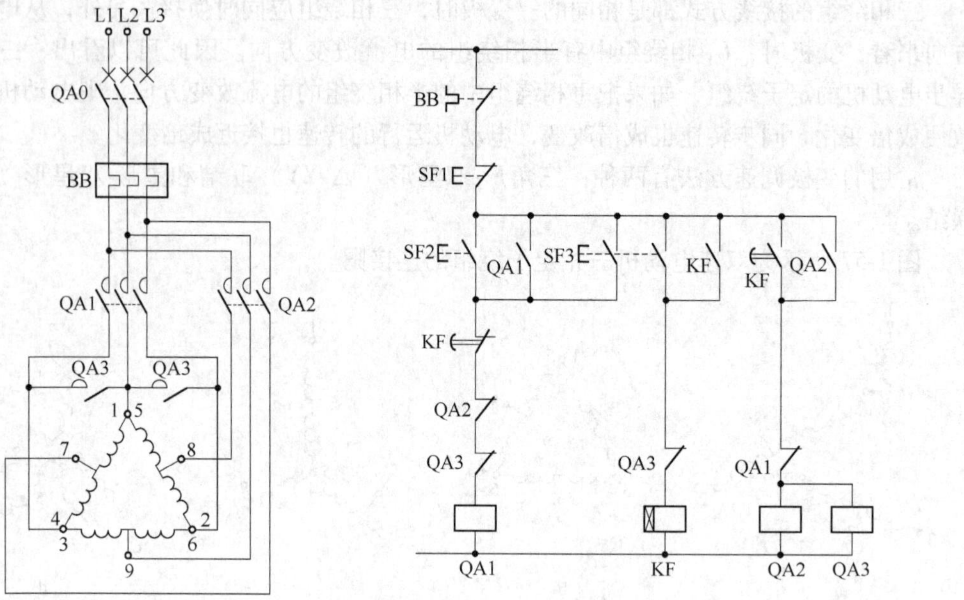

图 1-58 双速电动机调速控制线路

低速运行时：合上断路器 QA0→按下低速启动按钮 SF2→接触器 QA1 得电并自锁→QA1 主触点闭合，电动机接成三角形，低速运行。同时，接于接触器 QA2、QA3 线圈回路中的 QA1 常闭触点断开，使 QA2、QA3 线圈无法得电形成互锁。

高速运行时：按下高速启动按钮 SF3→

- 接触器 QA1 得电并自锁→
  - 接于 QA2、QA3 线圈回路中的 QA1 辅助触点断开→使 QA2、QA3 线圈无法得电形成互锁
  - QA1 主触点闭合→电动机接成三角形，低速运行
- 时间继电器 KF 线圈得电并自锁→时间继电器 KF 时间到→
  - KF 延时常闭触点断开→接触器 QA1 失电→
    - QA1 主触点断开→电动机退出低速运行
    - QA1 辅助常闭触点闭合
  - KF 延时常开触点闭合
  - （上述 QA1 辅助常闭触点闭合与 KF 延时常开触点闭合）→接触器 QA2、QA3 线圈得电并自锁→
    - QA2、QA3 主触点闭合→电动机接成双星形，高速运行
    - QA3 辅助常闭触点断开→时间继电器 KF 线圈失电退出运行

停止时：按下停止按钮 SF2→接触器 QA1（或者 QA2、QA3）线圈失电→QA1（或者 QA2、QA3）主触点和辅助常开触点断开→电动机停止运行。

这样先低速后高速的控制，目的是为了限制启动电流。

双速电动机调速的优点是可以适应不同负载性质的要求。如需要恒功率时可采用三角形-双星形联结，如需要恒转矩调速时采用星形-双星形联结。变极调速的优点是原理简单、维修方便。缺点是有级调速且级数少，价格贵。变极调速通常要与机械变速配合使用，以扩大其调速范围。

1.6 本章小结

本章介绍了传统电气控制系统中常用的低压电器元件的用途、结构和工作原理，电气

控制线路图中所用到的图形符号、文字符号以及绘制原则，并对一些常用的基本控制线路进行了介绍，如全压启动控制线路、正反转控制线路、顺序控制线路、自动循环控制线路、降压启动控制线路和制动、调速控制线路等，最后对常用的设计方法和相关原则进行了讲解。

（1）常用的低压电器有接触器、继电器，如电磁式继电器、热继电器、时间继电器和速度继电器等，开关电器如刀开关、低压断路器和熔断器，主令电器如按钮、行程开关、转换开关等，它们都是组成电气控制系统必不可少的元件。

（2）电气控制系统图一般有 3 种类型：电气原理图、电气元件布置图和电气安装接线图。各种图纸都有其不同的用途和相关绘制原则，在绘制时必须遵守相关规定。重点应掌握电气原理图的绘制原则和相关符号，并能熟练地阅读分析电气原理图。

（3）三相笼型异步电动机具有结构简单，价格便宜，坚固耐用、运行维护方便等优点，获得了广泛应用，所以应掌握其基本控制线路，如全压启动、正反转控制、顺序控制、自动循环等基本控制线路的特点和其工作过程，理解各触点和电器间的逻辑关系。

（4）较大容量的笼型异步电动机（大于 10kW）直接启动时，启动电流较大，会对电网产生冲击，影响其他设备正常运行，所以一般都采用降压方式来启动。常用的降压启动方式有定子电路串电阻（或电抗）、星形-三角形、串自耦变压器和延边三角形等。启动过程中的控制方式常采用时间继电器来实现。

（5）制动控制方法一般有两大类：机械制动和电气制动。机械制动是用机械装置来强迫电动机迅速停车，比较简单。电气制动有反接制动和能耗制动。反接制动冲击大，通常仅适用于 10kW 以下的小容量电动机。反接制动要避免反向再启动，常采用速度控制原则进行控制。能耗制动可以根据时间控制原则用时间继电器来进行，也可以根据能耗制动速度原则用速度继电器来进行控制。

（6）变极调速一般通过改变定子绕组的连接方式来改变磁极对数，从而实现对转速的调节。可采用时间继电器按照时间原则来完成。

（7）掌握控制线路中常用的保护环节，分析复杂控制线路时，要“化整为零”，按先主后辅的原则逐一分析，各个击破。

习 题

1-1 电磁式电器由哪几部分组成，各部分的作用是什么？

1-2 电弧是怎样产生的，常用的灭弧方法有哪些？

1-3 电磁式继电器和电磁式接触器有什么不同？

1-4 双金属片式热电器由哪几部分组成，它的主要用途是什么；电动机启动电流很大，当电动机启动时，热继电器会不会动作，为什么？

1-5 低压断路器在电路中起什么作用，它是如何来实现保护的？

1-6 电压继电器、电流继电器在电路中各起什么作用，它们该如何使用？

1-7 速度继电器主要由哪几部分组成，它在电路中起什么作用，它的工作原理是怎样的？

1-8 按延时方式分类，时间继电器可以分成哪几种类型，各有何特点？

1-9 复合按钮动作时有何特点？

1-10 行程开关起什么作用，它一般如何使用？

1-11 电气原理图中的绘制原则有哪些？

1-12 电气控制线路中，常用的保护环节有哪些类型，各种保护的作用是什么，常用什么电器来实现？

1-13 试分析图 1-38 所示的电动机单向全压启动控制回路，为什么具有零压和欠压保护？

1-14 在图 1-48 所示的星形-三角形降压控制线路中，时间继电器 KF 起什么作用，如果 KF 延时时间为零，则在操作中会出现什么问题？

1-15 试分析图 1-59 所示线路的工作过程，并说明限位开关 BG1 和 BG2 的作用。

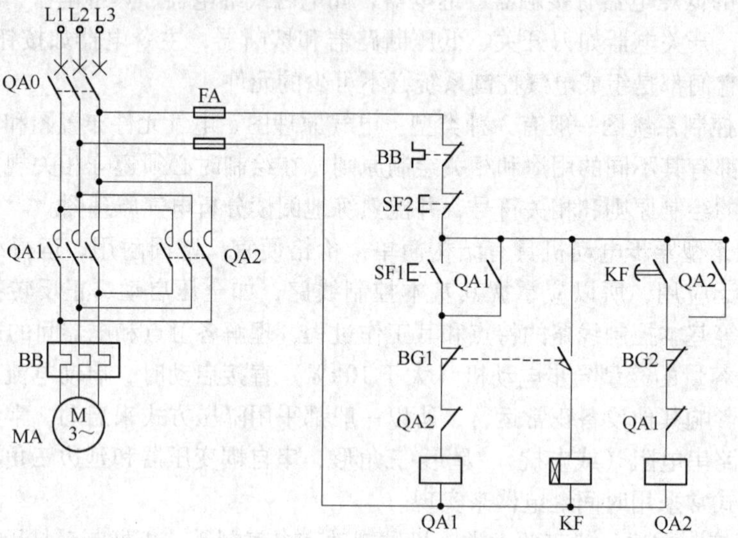

图 1-59 习题 1-15 的图

2　OMRON CP1H 可编程控制器基础知识

本章要点

- 可编程控制器与传统控制系统的比较
- 可编程控制器的硬件组成
- 可编程控制器的软件组成
- 可编程控制器的工作原理
- 可编程控制器的工作过程

2.1　可编程控制器概述

可编程控制器是一种专为工业环境而设计开发的，以微处理器为核心、高度集成化的新型工业控制装置。它融合了计算机、自动控制以及通信等先进技术，具有可靠性高、功能完善、组合灵活、功耗低以及编程简单易学等优点，已经被广泛地应用于工业生产的各个控制领域。

2.1.1　可编程控制器的产生与定义

2.1.1.1　可编程控制器的产生

从 20 世纪 20 年代起，人们将各种继电器和接触器等有触点的电器元件按照一定的规律连接起来，实现逻辑和顺序控制等功能，这就是大家所熟知的传统电气控制系统。这种控制系统结构简单、价格便宜、易于掌握。但是，它也具有明显的缺点：体积庞大、可靠性差、响应速度慢、功能简单而固定，难以实现较复杂的控制；特别是由于它靠硬接线的方式来实现逻辑关系，当生产工艺或对象改变时，往往原有的接线和控制柜需要彻底更换，所以其通用性和灵活性很差。

20 世纪 60 年代末，生产汽车流水线的自动控制系统基本上都是由传统电气控制系统组成的。当时，美国汽车业竞争激烈，各生产厂家的汽车型号不断更新，必然要求生产线的控制系统也随着改变，并且对整个控制系统重新配置，因而设计和安装周期很长，耗费了大量人力、物力，也大大影响了新产品的上市时间。

1968 年，美国最大的汽车制造商通用汽车公司（GM）为了适应汽车型号的不断更新，希望找到一种方法，尽可能减少重新设计和安装继电器控制系统的工作，以降低成本，缩短设计和安装周期。为此提出 10 条指标（GM10 条）进行分开招标，即：编程方便，可以现场修改程序；维护方便，采用插件式结构；可靠性高于继电器控制系统；体积小于继电器控制系统；可以将数据直接送入计算机；成本能与继电器控制系统相竞争；输入可以是交流 115V（美国电压标准）；输出为交流 115V，容量要求在 2A 以上，可以直接驱动继电器、电磁阀等；在功能扩展时，原系统只有很小的变更；用户程序存储器容量至少能扩展到 4kB。

1969 年，美国数字设备公司（DEC）根据上述要求，研制开发出世界上第一台可编程控制器——PDP-14，并在 GM 公司汽车生产线上试用成功。最初的可编程控制器是用来取代传统的电气控制系统，所以其功能非常简单，仅限于继电器逻辑、定时、计数等功能，故人们把它称为可编程逻辑控制器（Programmable Logic Controller，简称 PLC）。

随着微电子技术的发展，20 世纪 70 年代中期出现了微处理器和微型计算机，人们将微机技术应用到 PLC 中，使得它增加了更多的功能，不仅用编程逻辑取代了硬接线逻辑，还增加了运算、数据传送和处理等功能，使其真正成为一种电子计算机工业控制设备。1980 年，人们将其正式命名为可编程控制器（Programmable Controller，简称 PC），但为了与个人计算机（Personal Computer）相区别，现在仍习惯把可编程控制器称为 PLC。

2.1.1.2　可编程控制器的定义

可编程控制器这一名称最早是由美国电气制造商协会（NEMA）在 1980 年命名的。国际电工委员会（IEC）于 1982 年、1985 年和 1987 年先后 3 次修改了可编程控制器的标准草案。IEC 的草案对可编程控制器作了如下定义："可编程控制器是一种数字式运算操作的电子系统，专为工业环境下应用而设计。它采用可编程序存储器，用来在其内部存储执行逻辑运算、顺序控制、定时、计数和算术运算等面向用户的指令，并通过数字式或模拟式的输入和输出，控制各种类型的机械或生产过程。可编程控制器及其有关外围设备，都按易于与工业控制系统形成一个整体、易于扩充其功能的原则而设计。"

该定义强调了 PLC 是"一种数字式运算操作的电子系统"，是"专为工业环境下应用而设计"的计算机，因此它必须具有很强的抗干扰能力，广泛的适应能力和应用范围。另外，这种工业计算机采用"面向用户的指令"，因此，编程方便。它能完成"逻辑运算、顺序控制、定时、计数和算术运算等"操作，还具有"数字式或模拟式的输入和输出"功能，并且"易于与工业控制系统形成一个整体、易于扩充"。

2.1.2　可编程控制器的特点及应用

2.1.2.1　可编程控制器的特点

（1）可靠性高，抗干扰能力强。这是 PLC 的重要特点之一。由于它在硬件和软件上采取了一系列的抗干扰措施，它的平均无故障时间可达几十万小时。

1）硬件措施：PLC 采用的是微电子技术，大量的开关动作是由无触点的半导体电路来完成的，因此不会出现传统电气控制系统中的接线老化、脱焊、触点磨损等现象，可靠性大大提高。另外，PLC 在硬件设计上采取屏蔽、滤波、隔离、联锁等抗干扰技术，对 CPU 等主要部件均采用严格的屏蔽措施，以防外界干扰。

2）软件措施：软件设计中设置实时监控、自诊断、信息保护、恢复等程序与硬件电路配合实现各种故障诊断、处理、报警显示及保护功能。

（2）编程方法简单，易于掌握。大多数 PLC 采用的编程语言是梯形图语言，梯形图编程与继电器逻辑电路图类似，很容易让广大工程技术人员理解和掌握。

（3）控制系统简单、通用性强、使用方便。PLC 产品均已成系列化生产，品种齐全，外围模块和设备品种也多，可由各种组件灵活组合成大小和要求不同的控制系统。

（4）功能完善、扩展能力强。PLC 含有大量用于开关量处理的继电器类软元件，可以轻松实现大规模的开关量逻辑控制，并且具备很强的信息处理能力、输出控制能力，具有智能 I/O 功能模块，可完成 A/D 转换、D/A 转换、数字运算、数据处理等。PLC 具有通信联网功能，它不仅可以控制一台单机，一条生产线，还可以控制一个机群，许多条生产线。它不但可以进行现场控制，还可以进行远程控制。

（5）设计安装简单，维护方便。用软件编程代替了传统的硬接线来实现控制功能，使安装接线工作量大大减少，用户只需编写程序并进行模拟调试，使现场的调试工作变得更加容易。在维护方面，由于 PLC 专为工业环境而设计，平均无故障时间长，加上 PLC 具备完善的软硬件的监控和显示功能，即使 PLC 发生故障，工作人员也能迅速查出故障原因，及时排除。

（6）体积小，重量轻，功耗低。PLC 采用了微电子技术制造，具有结构紧凑、坚固、体积小、重量轻、功耗低等一系列优点，很容易嵌入其他设备，是实现机电一体化的理想设备。

2.1.2.2 可编程控制器的应用

经过几十年的发展，PLC 以其强大的功能被广泛地应用到了很多工业控制领域，主要有以下几个方面：

（1）开关量逻辑控制与顺序控制。这是其最基本、最广泛的应用领域，可以取代传统的继电器-接触器控制系统。用于单机控制、多机群控及自动化生产线控制等，如组合机床、包装生产线、电梯控制等。

（2）运动控制。PLC 采用专用的运动控制模块，对直线运动或圆周运动的位置、速度和加速度进行控制，可以实现步进电动机或伺服电动机的单轴或多轴位置控制。PLC 的运动控制功能广泛地应用于各种机械，如工业机器人、装配机械、金属切削机床等。

（3）过程控制。通过 A/D 和 D/A 转换，用 PLC 的 PID 指令（或 PID 模块）对生产过程中的温度、压力、流量等连续变化的模拟量实行单回路或多回路的闭环控制，使这些物理量保持在设定值上。过程控制功能已经广泛地应用于化工、轻工、建材、食品、制药等诸多领域的生产过程，以及加热炉、锅炉等设备中。

（4）数据处理。现代的 PLC 具有数学运算（矩阵、函数、逻辑运算）、数据传递、数制转换、查表与排序、位操作等功能，能方便地实现数据的采集、分析和处理。

（5）通信与网络控制。通过各种通信模块可以将 PLC 之间、PLC 与上位机以及其他智能设备之间连接成一个网络，实行远程 I/O 访问或数据传输等控制功能，构成“集中管理，分散控制”的分布式控制系统。PLC 还可以与许多通信协议公开的其他设备、控制器进行通信，支持集成的 Web 网页服务和 E-mail 服务等。PLC 的这一强大功能是实现工厂全局自动化的基础。

（6）监控功能。PLC 能够监控系统各部分的运行状态和进程，对系统运行中出现的异常情况进行报警或自动终止运行；通过人机界面可以实时显示系统状态，从而方便地在线修改控制程序或对 I/O 和内部某些存储器数据进行处理。

2.1.3 可编程控制器的主要性能指标与分类

2.1.3.1 可编程控制器的主要性能指标

（1）输入/输出点数（I/O 点数）。输入/输出点数是指 PLC 外部的输入、输出端子的个数，通常用输入点数和输出点数的和来表示。I/O 点数越多，可接的外部输入/输出设备就越多，控制规模就越大。因此，I/O 点数是衡量 PLC 性能的重要指标之一。PLC 的 I/O 点数包括主机集成的 I/O 点数和可以扩展的最大点数。

（2）存储容量。存储容量指用户程序存储器的容量，不包括系统存储器。用户程序存储器的容量决定了 PLC 可以容纳的用户程序的长短，一般以字节为单位来计算。每 1024 个字节为 1kB，中、小型 PLC 的存储容量一般在 8kB 以下，大型 PLC 的存储容量可达到 256kB ~ 2MB。

（3）扫描速度。扫描速度是指 PLC 执行程序的速度，是衡量 PLC 性能的重要指标。扫描速度有两种表示方式，一种是以扫描 1kB 用户程序所需的时间来衡量，另一种是用执行一条布尔指令所用的时间来衡量。PLC 用户手册一般都给出了执行各条指令所需的时间，可以通过比较各种 PLC 执行相同的操作所用的时间来衡量扫描速度的快慢。

（4）编程指令的种类和数量。这也是衡量 PLC 能力强弱的主要指标。PLC 编程指令的种类和条数越多，说明它的软件功能越强，PLC 的处理能力和控制能力也就越强。

（5）扩展能力和功能模块的种类。PLC 的扩展能力取决于主机 CPU 的寻址能力和电源容量。大部分 PLC 用 I/O 扩展单元进行 I/O 点数的扩展，用各种功能模块进行功能的扩展。功能模块种类的多少也反映了 PLC 功能的强弱，是衡量 PLC 产品档次高低的一个重要标志。

2.1.3.2 可编程控制器的分类

A 按 I/O 点数容量分类

按 PLC 的 I/O 点数的多少可以将 PLC 分为三类，即小型机、中型机和大型机。

（1）小型机 I/O 点数在 256 点以下，用户程序存储器容量在 4kB 以下。一般以处理开关量控制为主，现在的高性能小型机还具有一定的通信能力和少量的模拟量处理能力。这类 PLC 价格低廉，体积小，适合于控制单机设备和开发机电一体化产品。

（2）中型机 I/O 点数在 256 ~ 2048 点之间，用户程序存储器容量达到 2 ~ 8kB。中型机不仅具有极强的开关量逻辑控制功能，还具有更强的数字计算能力，而且它的通信联网功能和模拟量处理能力更强大。中型机的指令比小型机更丰富，适合于复杂的逻辑控制系统以及连续生产线的过程控制场合。

（3）大型机 I/O 点数在 2048 点以上，用户程序存储器容量达到 8 ~ 16kB。其性能已经与工业控制计算机相当，它具有计算、控制和调节功能，还具有强大的网络结构和通信联网能力，有些大型 PLC 还具有冗余能力。大型机适用于设备自动化控制、过程自动化控制和过程监控系统。

B 按结构形式分类

按 PLC 物理结构形式的不同，可分为整体式和模块式两类。

（1）整体式结构。整体式结构的主要特点是将 PLC 的基本部件中央处理单元（CPU）、存储器、输入/输出接口、电源、通信接口等安装在一个机壳内，构成一个整体，组成 PLC 的一个基本单元（主机）。基本单元上设有扩展端口，通过扩展电缆与扩展单元（模块）相连。整体式结构的 PLC 具有结构紧凑、体积小、成本低、重量轻、安装方便等特点。微型和小型 PLC 常用这种结构。

（2）模块式结构。这种结构的 PLC 是将 CPU、输入单元、输出单元、电源单元、通信单元等按照功能不同分别做成相应的电路板或模块。各模块功能是独立的，外形尺寸是统一的，可根据需要灵活配置。使用时像堆积木一样，将这些模块插在框架或基板上即可。大、中型 PLC 常采用这种结构。

2.1.4 可编程控制器与传统电气控制系统的比较

2.1.4.1 系统组成

传统控制系统和 PLC 控制系统外部功能与控制过程基本相同，均是由输入部分、控制部分和输出部分 3 部分组成。

A 传统电气控制系统的组成

传统电气控制系统的组成如图 2-1 所示。其输入部分是由各种输入设备，如按钮、开关及传感器等组成；控制部分则是按控制要求进行设计，采用硬接线方式将各种触点或线圈按一定要求连接而成；输出部分则是由各种输出设备，如接触器、电磁阀、指示灯等组成。

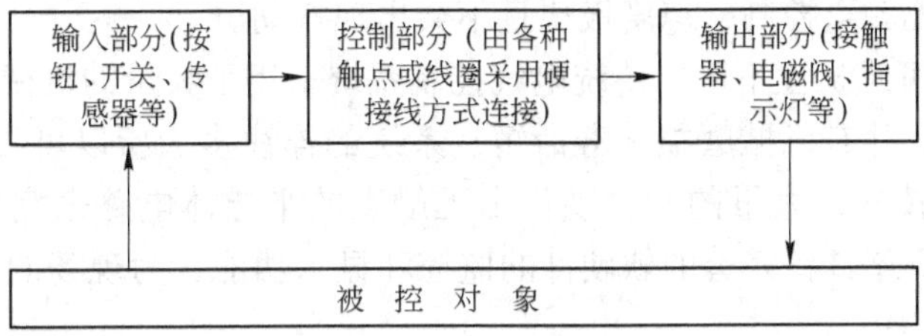

图 2-1 传统电气控制系统的组成

传统电气控制系统是根据操作指令及被控对象发出的信号，由控制电路按规定的动作要求决定执行什么动作或动作的顺序，然后驱动输出设备实现各种操作。

B PLC 控制系统的组成

PLC 控制系统的输入、输出部分与传统控制系统大致相同，如图 2-2 所示，但控制部分则是采用软件编程方式来实现，而不是实际的硬接线电路。因此，PLC 控制系统可以方便地通过改变用户程序来实现各种不同的控制功能。

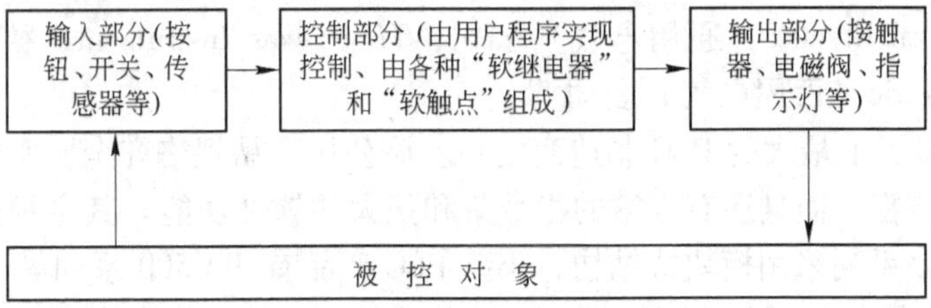

图 2-2 PLC 控制系统的组成

2.1.4.2 PLC 控制系统与传统电气控制系统的区别

PLC 控制系统与传统电气控制系统的不同主要体现在以下几个方面：

(1) 控制逻辑不同。传统电气控制系统采用硬接线逻辑，利用继电器机械触点的串联或并联、时间继电器等组合成控制逻辑，其接线多而且复杂、体积大、功耗大、故障率高，系统一旦构成后，想要改变或增加功能都很困难。而 PLC 控制系统采用了计算机技术，其控制逻辑是以程序的方式存放在存储器中，要改变控制逻辑只需改变控制程序，故称为“软接线”，其扩展性和灵活性都很好。

（2）组成器件不同。传统控制系统使用的都是物理继电器，必须通过硬接线来连接，易于磨损。PLC 中的继电器是“软继电器”，具有物理继电器的特点（通电线圈、常开触点、常闭触点），但实际上是 PLC 内部存储器单元的状态，“1”表示继电器接通，“0”表示继电器断开。互相之间的连接通过编程来实现。另外，传统控制系统中物理继电器的触点数量是有限的；而 PLC 控制系统中的“软继电器”的触点数量是无限的。

（3）工作方式不同。传统控制系统是并行工作方式，即某一继电器得电或失电时，该继电器分布在各图区的所有接点同时动作。而 PLC 采用串行工作方式，即它采用顺序逐条扫描的工作方式，当某一逻辑线圈被接通或者断开，该线圈编程所使用的所有接点不会立即动作，要扫描到该点时才动作。

（4）控制速度不同。传统电气控制系统依靠触点的机械动作来实现控制，工作频率低，另外，机械触点还会出现抖动问题。而 PLC 控制系统是由程序指令来控制半导体电路实现控制的，属于无触点控制，速度极快且不会出现抖动。

（5）可靠性和可维护性不同。传统电气控制系统采用了大量的机械触点，触点开合时会受到电弧的损伤，并有机械磨损，寿命短，系统的连线多，所以可靠性和可维护性差。而 PLC 采用微电子技术，大量的开关动作由无触点的半导体电路来完成，体积小，寿命长，可靠性高。PLC 还具备完善的软硬件的监控和显示功能，为现场的调试和维护提供了极大的方便。

2.1.5　可编程控制器的国内外产品概况

世界上 PLC 产品可按地域分为 3 大流派：美国产品、欧洲产品和日本产品。美国和欧洲的产品是在独立情况下研究出来的，所以有明显差异。而日本的 PLC 技术是由美国引进的，对美国的产品有一定继承性。日本主推小型 PLC，而美国和欧洲则以大中型 PLC 闻名。

2.1.5.1　美国产品

美国最著名的有 A-B（Allen-Bradley，艾伦-布拉德利）公司，MODICON（莫迪康）公司，GE（General Electric，通用电气）公司，TI（Texas Instrument，德州仪器）公司，WESTHOUSE Electric（西屋电气）公司等。

A-B 公司是世界上最大的 PLC 制造商之一。该公司产品规格齐全，所提供的特殊模块和智能模块品种丰富，而且还有丰富的指令集和强大的软件功能。其主推的大、中型产品是 PCL-5 系列，该系列采用模块式结构，小型 PLC 产品有 SLC500 系列等。

GE 公司是世界上最早研制和生产 PLC 的厂商之一。其代表产品有：小型机 GE-1、GE-1/J、GE-1/P 等，除 GE-1/J 外，均采用模块结构。

TI 公司的小型 PLC 新产品有 510、520 和 TI100 等，中型 PLC 产品有 TI300、5TI 等，大型 PLC 产品有 PM550、530、560、565 等系列。除 TI100 和 TI300 无联网功能外，其他 PLC 都可实现通信，构成分布式控制系统。

2.1.5.2　欧洲产品

德国的西门子（Siemens）、AEG 公司和法国的 TE（Telemecanique，施耐德）公司是欧洲著名的PLC生产厂家。其中西门子的电子产品以性能精良而久负盛名。

西门子PLC的主要产品是S5和S7系列。S5系列中，S5-90U、S5-95U属于微型整体式PLC，S5-110U是小型模块式PLC，中型机主要包括S5-155U、S5-155H。S7系列是西门子公司近年来在S5系列PLC的基础上推出的新产品，其性价比高，其中S7-200系列属于微型PLC，S7-300系列属于中小型PLC，S7-400系列属于中高性能的大型PLC。

2.1.5.3 日本产品

日本的小型PLC最有特色。日本也有许多PLC制造商，如三菱电机（MITSUBISHI）、欧姆龙（OMRON）、富士电机（Fuji Electric）、东芝（TOSHIBA）、光洋（KOYO）、松下电工（MEW）、夏普（SHARP）等公司。在世界小型PLC市场上，日本产品约占70%份额。

三菱公司的PLC产品是较早进入中国市场的。它具有系统配置灵活、品种丰富、编程简单、外部设备通用等特点。其主要产品有小型机F1/F2系列，FX系列，近年来还在不断推出满足不同要求的微型PLC，如FXOS、FX1S、FX0N、FX1N及α系列等产品。三菱公司的大中型机有A系列、QnA系列、Q系列，具有丰富的网络功能。

OMRON公司的PLC产品，大、中、小、微型规格齐全。该公司的PLC产品以其门类齐、型号多、功能强和适应面广等特点占据了我国PLC市场的较大份额。它的PLC指令系统功能强大，能够满足各种控制要求。微型机以SP系列为代表，小型机有P型、H型、CPM1A系列、CPM2A系列、CPM2C、CQM1等，P型机现已被CPM1A系列所取代。中型机有C200H、C200HS、C200HX、C200HG、C200HE、CS1系列。

2.1.5.4 我国产品

我国在20世纪70年代末和80年代初开始引进PLC。我国早期独立研制PLC的单位有：北京机械工业自动化研究所、上海工业自动化仪表研究所、大连组合机床研究所、成都机床电器研究所、中科院北京计算机所及自动化所、长春一汽、上海起重电器厂、上海香岛机电公司、上海自力电子设备厂等。

从1982年以来，先后有天津、厦门、大连、上海等地相关企业与国外著名PLC制造厂商进行合资或引进技术、生产线等，如辽宁无线电二厂、无锡电器、中美合资厦门A-B公司、上海香岛机电公司、上海OMRON公司、西安Siemens公司等。这将促进我国的PLC技术在赶超世界先进水平的道路上快速发展。

2.2 可编程控制器的硬件组成

从广义上讲，PLC是一种专为工业环境而设计的计算机系统，它的硬件结构与一般计算机的结构是类似的，但为了能在复杂的工业环境中使用，为了便于接线、便于扩充、便于操作和维护，它的结构和组成又与一般的计算机有所区别，它比一般的计算机具有更强的与工业过程相连接的输入/输出接口，具有更适用于控制要求的编程语言，具有更适应于工业环境的抗干扰性能和高可靠性。

PLC虽然品种繁多，但结构和工作原理是基本相同的。PLC的硬件主要由中央处理单元（CPU）、存储器（RAM/ROM）、输入/输出单元（I/O）接口、通信接口、电源及外围编程设备等几大部分构成。

整体式 PLC 的基本结构如图 2-3 所示。整体式结构的 PLC 将中央处理单元（CPU）、存储器、输入/输出接口、通信接口、I/O 扩展接口和电源等组装在一个机箱内构成主机。用户通过按钮、开关和传感器等设备将开关量或者模拟量通过输入接口采样输入并存入主机存储器的输入映像寄存器中，而后将经过运算和处理的开关量或者模拟量通过输出接口输出到用户的被控设备（如电磁阀、接触器、指示灯等）。主机与编程器配合就构成了最小的 PLC 控制系统。当输入/输出的点数很多时，就需要通过扩展 I/O 单元（或模块）来增加输入、输出点数，I/O 扩展单元（或模块）通过扁平扩展电缆与主机上的 I/O 扩展接口相连。编程器、上位机或其他 PLC 设备通过通信接口与之相连。

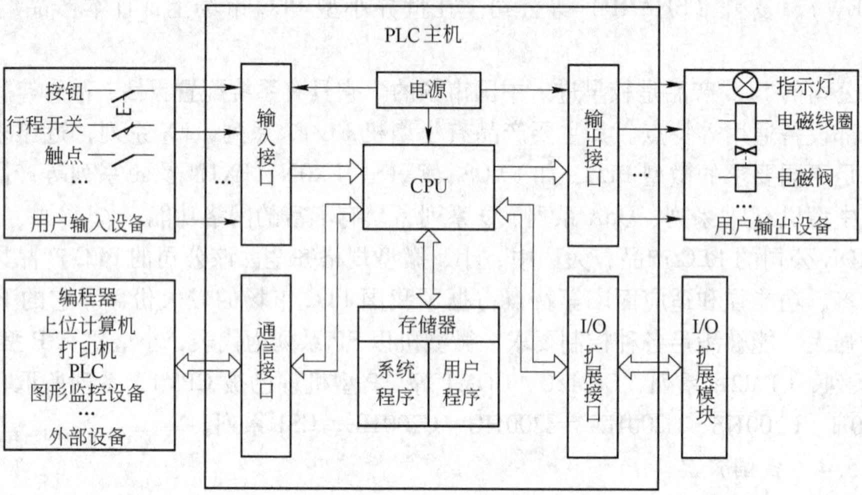

图 2-3　整体式 PLC 的结构示意图

模块式 PLC 的基本结构如图 2-4 所示。这种结构的 PLC 将 CPU、输入单元、输出单元、电源单元、通信单元等按照功能不同分别做成相应的电路板或模块。这些模块通过总线连接，安装在框架或基板上。

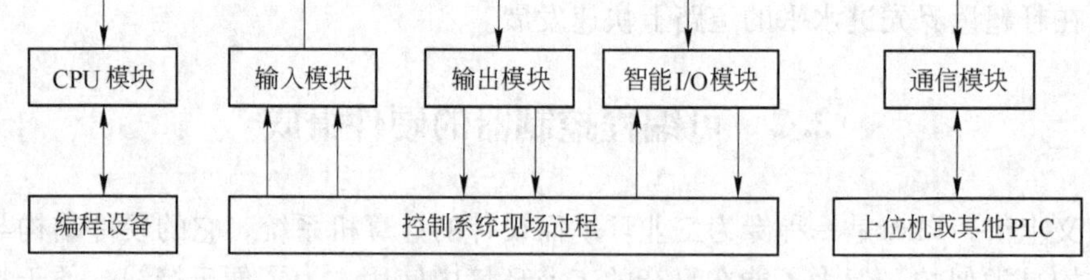

图 2-4　模块式 PLC 的结构示意图

通过上述比较可以看出，模块式 PLC 比整体式 PLC 的配置更加灵活，输入、输出的点数可以自由选择，各种功能模块也可以根据需要灵活配置。

2.2.1　中央处理单元（CPU）

CPU 单元是 PLC 的核心，主要由大规模或超大规模集成电路、微处理器（CPU 芯片）

和寄存器组成。CPU 按照系统程序赋予的功能，指挥 PLC 有条不紊地工作，实现逻辑运算、算术运算，并对整机进行协调、控制。其任务有：接收与存储用户程序、数据等信息；用扫描方式接收输入设备的状态和数据，并存入输入映像寄存器或数据寄存器中；诊断电源、PLC 内部电路的工作故障和编程中的语法错误等；PLC 进入运行状态后，从存储器中逐条读取用户程序，经过解释后执行；根据运算结果更新有关标志位的状态和输出映像寄存器的内容，实现输出控制、制表、打印或数据通信等功能。

CPU 芯片的性能关系到 PLC 处理控制信号的能力与速度，CPU 的位数越高，系统处理的信息量越大，运算速度越快，指令功能也越强。

2.2.2 存储器

PLC 的存储器是一些具有记忆功能的半导体器件，用于存放系统程序、用户程序及工作数据。PLC 使用的存储器可分为 3 种类型。

（1）只读存储器（ROM）。ROM 的内容只能读出，不能写入。一般用来存放系统程序，该部分程序和数据由生产厂家直接烧制完成，用户不能修改。

（2）随机读写存储器（RAM）。读写方便，存储速度快。用来存放用户程序及系统运行中产生的临时数据。特点是写入与擦除都很容易，但在掉电情况下存储的数据就会丢失。

（3）电可擦除只读存储器（EEPROM）。兼有 ROM 的非易失性和 RAM 随机存取的优点，用来存储用户程序和需长期保存的重要数据。

2.2.3 输入/输出单元

输入/输出单元通常也称为 I/O 单元或 I/O 模块，是联系工业现场和 PLC 的桥梁。输入/输出单元包含两部分：一部分是与被控设备相连的接口电路，另一部分是输入/输出映像寄存器。

通过 I/O 单元可以接收现场设备，如按钮、操作开关、继电器触点、限位开关、光电开关等提供的开关量信号（数字量输入 DI），或由电位器、测速发电机和各种变送器等提供的连续变化的模拟量电流、电压信号（模拟量输入 AI），这些信号经过输入接口电路的滤波、光电隔离和电平转换等处理，变成 CPU 能够接收和处理的信号，并存到输入映像寄存器。运行时 CPU 从输入映像寄存器读取输入信息并结合其他元器件最新的信息，按照用户程序进行计算处理，将有关输出的最新计算结果放到输出映像寄存器。输出映像寄存器由输出点对应的触发器组成，输出接口电路将这些经过 CPU 处理过的信号通过光电隔离和功率放大等处理，转换成现场所需要的驱动信号（数字量输出 DO 或模拟量输出 AO），以驱动如接触器、电磁阀、指示灯、调节阀、变频器等执行元件。

PLC 提供了多种操作电平和驱动能力的接口。I/O 接口的主要类型有：数字量输入/输出（DI/DO），模拟量输入/输出（AI/AO）。另外，I/O 接口上一般都有状态指示，工作状态直观，便于维护。

下面简单介绍开关量输入/输出接口电路。

2.2.3.1 输入接口电路

为了防止各种干扰信号和现场的强电干扰信号进入 PLC，影响其可靠性或造成设备损坏，现场输入接口电路一般由光电耦合电路进行隔离。

根据 PLC 的开关量输入接口使用电源的不同，可分为 3 种类型：直流 12 ~ 24V 输入接口，交流 100 ~ 120V 或 200 ~ 240V 输入接口和交直流（AC/DC）12 ~ 24V 输入接口。

直流输入接口电路如图 2-5a 所示。图中只画出了一个输入端口的电路，各输入点所对应的接口电路均相同。图中虚线框中为 PLC 内部电路，框外为用户接线，外部输入开关通过输入端子与 PLC 相连。

交流输入接口电路如图 2-5b 所示，电路中电容 CA 为隔直电容，是为了减小高频信号串入。交直流输入接口电路如图 2-5c 所示，外接电源可以用交流和直流 12 ~ 24V。

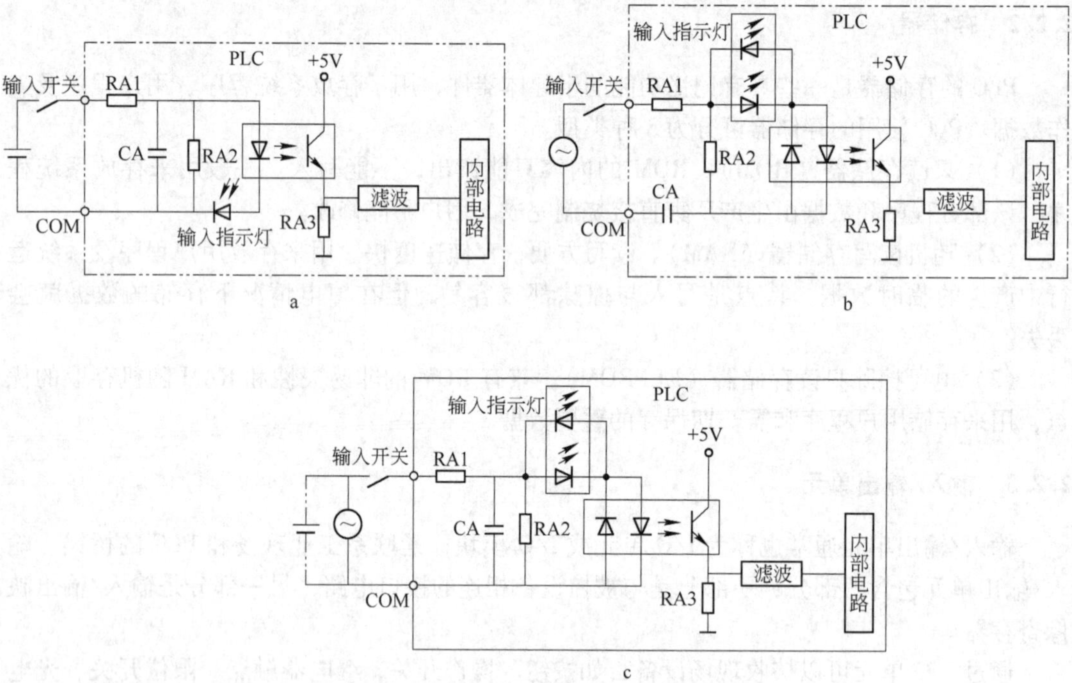

图 2-5　PLC 的输入接口电路

a—直流输入；b—交流输入；c—交直流输入

2.2.3.2　输出接口电路

输出接口电路是把 PLC 的内部信号转换成现场执行机构所需的各种开关信号。它一般由微机输出接口电路和功率放大电路组成。

按照输出接口电路所用开关器件的不同，可分为以下 3 种类型：

（1）晶体管输出（T）。只能带直流负载，其接口电路如图 2-6a 所示。由于晶体管为无触点直流开关，故该电路具有动作频率高、响应速度快、使用寿命长等特点。

（2）晶闸管输出（S）。只能带交流负载，其接口电路如图 2-6b 所示。输出电路的光耦合元件采用的是光控双向晶闸管和双向晶闸管。其内部电路和双向晶闸管之间有光触发晶闸管进行隔离。

（3）继电器输出（R）。既能带直流负载，也能带交流负载，其接口电路如图 2-6c 所示。它利用继电器和线圈将 PLC 内部电路与外部负载电路进行电气隔离（机械绝缘）。继

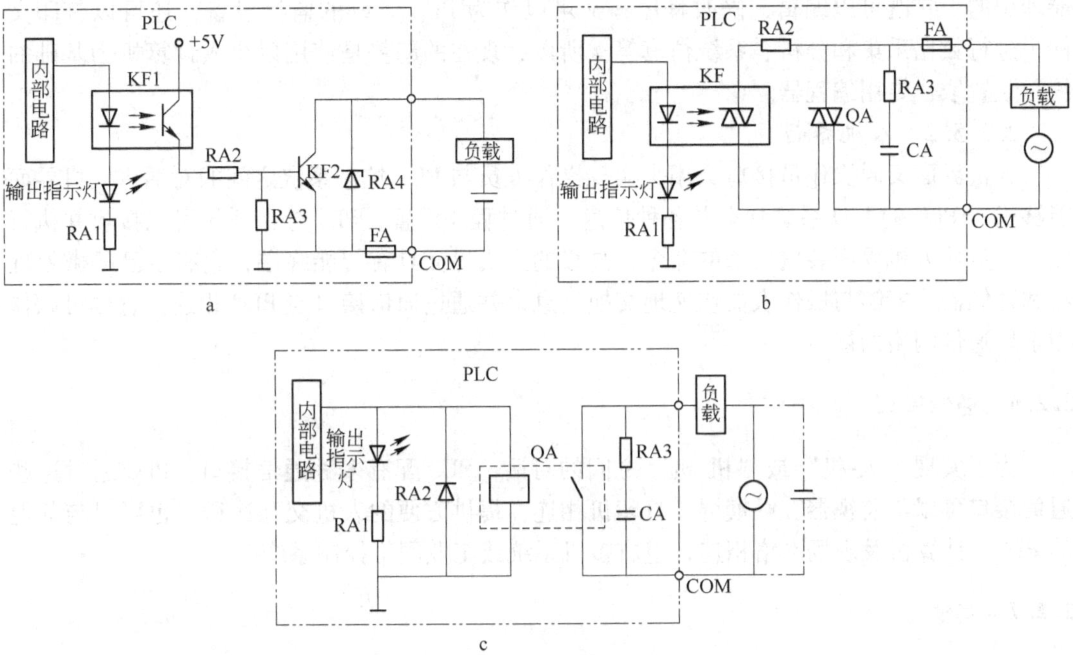

图 2-6　PLC 的输出接口电路

a—晶体管输出；b—晶闸管输出；c—继电器输出

电器触点的电气寿命和开关速度都不及半导体开关器件，其输出信号的通断频率不能太高。

PLC 数字量输出可以直接驱动接触器、电磁阀、指示灯等小功率负载，对于大功率或高压负载，还要通过中间继电器、接触器、电磁开关等接通大功率电源或高压电源才能驱动。

2.2.4　电源

电源单元将交流电源转换成供 PLC 中央处理单元、存储器等电子电路工作所需的直流电源，使 PLC 能正常工作，它的好坏直接影响 PLC 的功能和可靠性。

目前，PLC 的工作电源为开关式稳压电源，用锂电池作停电时的后备电源。开关电源体积小、重量轻、效率高、抗干扰能力强，对电网电压的稳定性要求不高。

PLC 一般使用 AC 220V 电源或 DC 24V 电源。内部的开关电源为各模块提供 DC 5V、±12V、24V 等不同电压等级的直流电源。小型 PLC 一般都可以为输入电路和外部的电子传感器（如接近开关）提供 24V 直流电源，驱动 PLC 负载的直流电源一般由用户提供。

2.2.5　外围设备

2.2.5.1　编程装置

编程装置的作用是编辑、调试、输入用户程序，在线监控 PLC 内部状态和参数，与 PLC 进行人机对话等，它是开发、应用、维护 PLC 不可缺少的工具。编程装置可以是专用编程器，也可以是配有专用编程软件的个人计算机。专用编程器是由 PLC 生产厂家生产，专供该厂家生产的某些 PLC 产品使用，装入 PLC 编程软件的个人计算机作为程序开发是最理想的。它既可以编辑、修改程序，又可以作为 PLC 系统的监控设备，还可以打印文件，进行数据采集和分析、系统仿真等。所以，现在的趋势是使用以个人计算机为基础的编程装置取代专用编程器。

2.2.5.2　人机界面

人机界面又叫操作员接口，用来实现操作人员与 PLC 控制系统之间的对话。人机界面能够指示 PLC 的 I/O 系统状态及各种信息。通过程序设置，PLC 控制系统可以接收并执行操作人员从人机界面装置发来的命令。高级的人机界面具有智能终端，它有自己的微处理器和存储器，能够与操作人员快速地交换信息，并通过通信接口与 PLC 相连，它也可以作为本地通信网络的接口。

2.2.6　通信接口

为了实现“人-机”或“机-机”之间的对话，PLC 配有多种通信接口。PLC 通过这些通信接口可以与监视器、触摸屏、打印机相连，提供方便的人机交互途径；也可以与其他的 PLC、计算机及现场网络相连，组成多机系统或工业网络控制系统。

2.2.7　其他

2.2.7.1　扩展接口

扩展接口用于将扩展单元或功能模块与基本单元相连，使 PLC 的配置更灵活，以满足不同控制系统的需要。

2.2.7.2　智能接口模块

随着 PLC 应用范围的扩大，各 PLC 生产厂家在提高主机性能的同时，还开发了各种专门用途的智能接口模块，以满足各种工业控制的要求。这些模块包括：高速计数模块、定位控制模块、PID 控制模块、温度测量模块、通信模块等。智能接口模块是一个独立的计算机系统，从模块组成结构上看，它有自己的 CPU、系统程序、存储器以及接口电路等，它与 PLC 的 CPU 通过系统总线相连接，进行数据交换，并在 CPU 模块的协调管理下独立地进行工作。

此外，需要时，PLC 还可以配备存储器卡、电池卡等。

2.3　可编程控制器的软件组成

PLC 的软件由系统程序和用户程序组成。系统程序是由 PLC 制造商设计编写的，并存入 PLC 的系统存储器中，用以控制 PLC 本身的运作，用户不能直接读写与更改；用户程序是用户为达到某种控制目的、采用 PLC 厂家提供的编程语言自主编制的程序。

2.3.1　系统程序

系统程序主要包括 3 部分：系统管理程序、用户指令解释程序、标准程序模块及系统调用程序。

（1）系统管理程序。控制 PLC 的运行，使整个 PLC 可以按部就班地工作。可以进行运行管理（控制 PLC 何时输入/输出、何时计算/自检/通信等时间上的分配管理），存储空间管理（生成用户环境，规定各种参数、程序的存放地址，将用户使用的数据参数、存储地址化为实际的数据格式及物理存放地址，将有限的资源变为用户很方便直接使用的元件）和系统自检程序（系统出错检验，用户程序语法检验、句法校验等）。

（2）用户指令解释程序。将梯形图逐条解释，翻译成相应的机器语言，再由 CPU 去执行这些指令。

（3）标准程序模块及系统调用程序。由许多独立的程序块组成，各程序块有不同的功能。PLC 的各种具体工作都是由这部分程序来完成的，这部分程序的多少决定了 PLC 性能的强弱。

由于通过改进系统程序可以在不改变硬件系统的情况下，大大改善 PLC 的性能，因此，系统程序的编制对制造厂商极其重要，这就推动了其产品系统程序的不断升级和完善。

2.3.2　用户程序

用户程序是用户采用 PLC 厂家提供的编程语言自主编制的程序。用户程序通过编程器或 PC 机写入到 PLC 的 RAM 内存中，可以修改和更新。当 PLC 断电时被锂电池保持。相当于继电器-接触器控制系统中的控制回路。同一台 PLC，为其编制不同的用户程序就可以实现不同的控制功能。

与个人计算机相比，PLC 的硬件、软件的体系结构都是封闭的而不是开放的。PLC 的编程语言因生产厂商不同而不同，同一厂商的产品往往也因机型的不同而不同。各厂家的编程语言和指令系统的功能和表达方式不一致，有的甚至有很大差异，因此各厂家的 PLC 互不兼容。于是，国际电工委员会（IEC）于 1994 年 5 月公布了 PLC 标准（IEC 61131），其中第 3 部分（IEC 61131-3）是 PLC 的编程语言标准，它详细地说明了句法、语义和下述 5 种编程语言：顺序功能图（Sequential Function Chart，SFC）、梯形图（Ladder Diagram，LD）、功能块图（Function Block Diagram，FBD）、语句表（Instruction List，IL）、结构文本（Structured Text，ST）。梯形图和功能块图为图形语言，语句表和结构文本为文字语言，顺序功能图是一种结构块控制程序流程图。

下面就分别对这几种编程语言进行介绍。

2.3.2.1　梯形图

梯形图是使用得最多的 PLC 图形编程语言，具有直观易懂的优点。梯形图由传统继电器控制系统的电路图演变而来，很容易被熟悉继电器控制的技术人员掌握。

梯形图由触点、线圈和用方框表示的功能块组成。触点代表逻辑输入条件，如外部按钮、开关、内部条件等。线圈通常代表逻辑输出结果，用来控制外部的指示灯、交流接触器等。功能块用来表示数学运算等指令。

如图 2-7 所示，图 2-7a 是传统电气控制系统中的“启-保-停”控制电路图，图 2-7b 是与之相对应的 PLC 梯形图。从图中可以看出，梯形图与传统继电器控制系统的基本思想是一致的，只是表达方式和使用器件有一定区别。PLC 的梯形图中使用的是 PLC 内部的存储单元，即“软元件”。

在梯形图编程中，常用到以下几个基本概念。

（1）软继电器。PLC 梯形图中的某些编程元件沿用了继电器这一名称，如输入继电

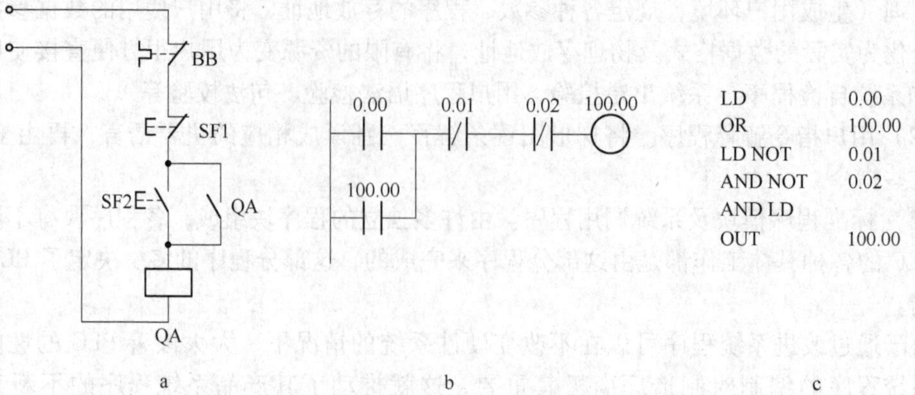

图 2-7 传统电气控制图、梯形图和语句表

a—“启-保-停”控制电路；b—梯形图；c—语句表

器、输出继电器、内部辅助继电器等，但它们并不是真实的物理继电器，而是一些存储单元，每一个软继电器与 PLC 存储器中一个映像寄存器的一个存储单元相对应。该存储单元如果为“1”，则表示梯形图中对应的软继电器的线圈“通电”，其常开触点接通，常闭触点断开。

（2）母线。在梯形图左右两侧的直线称为左右母线，相当于继电器线路图中的左右电源线，与左母线相连的控制线路通常是一个由常开、常闭接点组成的逻辑电路，与右母线相连接的是输出线圈、其他各类软器件的逻辑线圈或功能指令块。在梯形图中右母线有时也可以省略。

（3）能流。梯形图中无电流流过，一般是假想的“概念电流”或称“能流”，“能流”也自左向右流，从左母线到右母线。如果有“能流”从左至右流向线圈，则线圈被激励，否则线圈没有被激励。

梯形图语言简单明了，易于理解，是编程语言的首选。使用编程软件可以直接生成和编辑梯形图，并将它下载到 PLC 中。

2.3.2.2 语句表

语句表是梯形图的派生语言。类似于计算机的汇编语言，也是由助记符和操作数组成。助记符表示各种指令的功能，不同厂家的 PLC，其助记符一般不同；操作数表示被操作的对象或目标，如图 2-7c 所示。

2.3.2.3 顺序功能图

顺序功能图是一种位于其他编程语言之上的图形语言，用来编制顺序控制程序。它提供了一种组织程序的图形方法，在顺序功能图中可以用别的语言嵌套编程。

如图 2-8a 所示，图中用矩形框来代表各状态（步），方框内的编号表示该步的编号；用有向连线表示步执行状态的进展方向；用与有向连线垂直的小短线来表示转换，转换条件用文字语言、辑布尔代数表达式或图形符号标注在表示转换的小短线的旁边；与步相连的梯形图表示相应的步需执行的动作。

2.3.2.4 功能块图

功能块图是一种类似于数字逻辑电路的编程语言，用类似于与门、或门的方框来表示

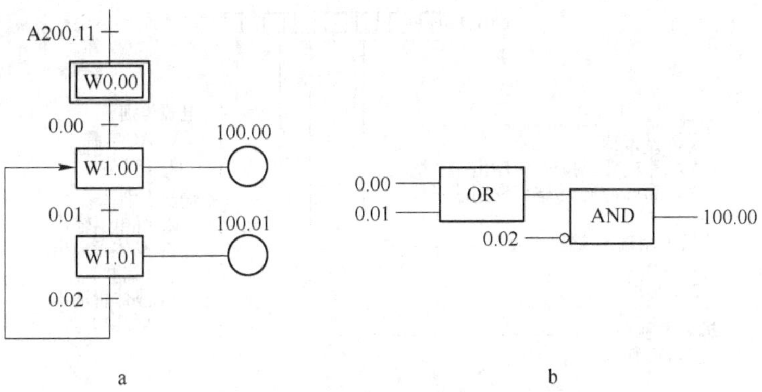

图 2-8 顺序功能图和功能块图

a—顺序功能图；b—功能块图

逻辑运算关系，方框的左侧为逻辑运算的输入变量，右侧为输出变量，输入、输出端的小圆圈表示“非”运算，方框被“导线”连接在一起，信号从左到右流动，如图 2-8b 所示。

2.3.2.5 结构文本

结构文本是为 IEC 61131—3 标准创建的一种专用的高级编程语言。与梯形图相比，它能实现复杂的数学运算，编写的程序非常简洁和紧凑。

2.4 OMRON CP1H 系列可编程控制器概述

2.4.1 CP1H 系列 PLC 简介

SYSMAC CP1H 系列 PLC 是 OMRON 公司为了满足工业控制领域对设备的高性能、高集成度以及提高维护性能的需求，推出的全新的、具有高度扩展性的小型一体化 PLC。这一系列的 PLC 通过内置的多种功能充实、强化了应用能力，缩短了复杂程序的设计时间，在电力工业、汽车工业、有色金属冶炼、建筑机械工业等领域得到了广泛应用。

CP1H 系列 PLC 有丰富的高速计数器功能、输入中断功能、脉冲控制、模拟量输入/输出功能，它的处理速度也得到了很大提高。

CP1H 系列 PLC 型号的含义如图 2-9 所示。

2.4.2 CP1H 系列 PLC 系统配置

可编程控制器 SYSMAC CP1H 是用于实现高速处理、高功能的程序一体化型 PLC。其硬件包括基本单元、扩展单元（或模块）、模拟量输入/输出模块、各种特殊功能模块及外部设备等。

A CP1H 系列 PLC 的结构

CP1H 系列 PLC 基本单元的结构如图 2-10 所示。

B CP1H 系列 PLC 的基本单元

基本单元是构成 PLC 系列的核心部件，内有 CPU、存储器、I/O 模块、通信接口、电

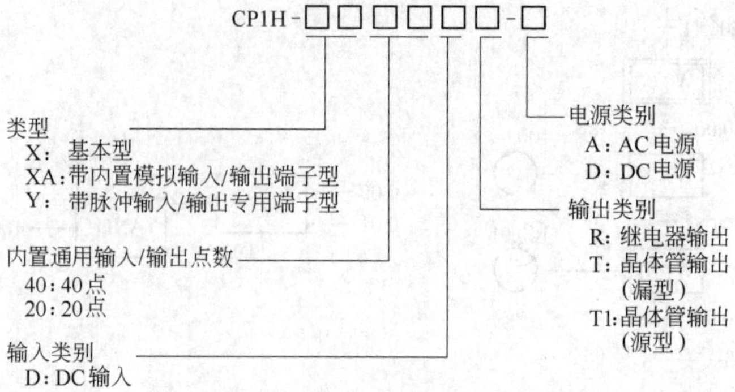

图 2-9 CP1H 系列 PLC 型号含义示意图

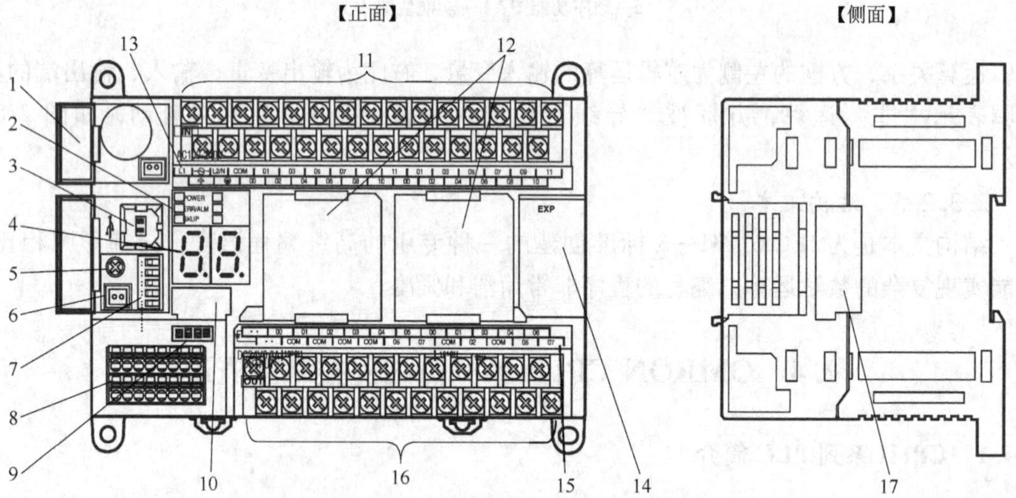

图 2-10 CP1H 系列 PLC 基本单元结构图

1—电池盖；2—工作指示 LED；3—外围设备 USB 端口；4—7 段 LED 显示；5—模拟电位器；6—外部模拟设定输入连接器；7—拨动开关；8—内置模拟输入/输出端子台/端子台座①；9—内置模拟输入切换开关①；10—存储盒槽位；11—电源·接地·输入端子台；12—选件板槽位；13—输入指示 LED；14—扩展 I/O 单元连接器；15—输出指示 LED；16—DC24V 输出②·输出端子台；17—CJ 单元适配器用连接器

①—仅限 XA 型；②—仅限 AC 电源型

源、扩展接口等。CP1H 系列 PLC 的基本单元包括 CP1H-X（基本型）、CP1H-XA（带内置模拟量输入/输出端子）和 CP1H-Y（带脉冲输入/输出专用端子）3 种类型。

X 型是 CP1H 系列的标准型，内置 I/O 点数为 40 点，其中输入 24 点、输出 16 点，通过 CPM1A 系列的扩展单元，其 I/O 点数可扩展至 320 点。可实现高速计数器 4 轴，脉冲输出 4 轴。

XA 型是在 X 型的基础上添加模拟输入/输出功能的类型。它的内置 I/O 点数也为 40 点，其中输入 24 点、输出 16 点，通过 CPM1A 系列的扩展单元，其 I/O 点数可扩展至 320 点，同时，它还内置有模拟电压/电流输入 4 点，模拟电压/电流输出 2 点。可实现高速计数器 4 轴，脉冲输出 4 轴。

Y 型限制了内置输入/输出点数，附带有脉冲输入/输出（1MHz）专用端子。内置 I/O

点数为 20 点，其中输入 12 点、输出 8 点，通过 CPM1A 系列的扩展单元，其 I/O 点数可扩展至 300 点。可实现高速计数器 4 轴，脉冲输出 4 轴。

CP1H 系列 PLC 基本单元硬件配置见表 2-1 所示。

表 2-1　CP1H 系列 PLC 基本单元硬件配置

		X 型		XA 型		Y 型
单元型号		CP1H-X40DR-A（继电器输出）	CP1H-X40DT-D（晶体管输出，漏型） CP1H-X40DT1-D（晶体管输出，源型）	CP1H-XA40DR-A（继电器输出）	CP1H-XA40DT-D（晶体管输出，漏型） CP1H-XA40DT1-D（晶体管输出，源型）	CP1H-Y20DT-D（晶体管输出，漏型）
电　源		AC100～240V 50/60Hz	DC24V	AC100～240V 50/60Hz	DC24V	DC24V
程序容量		20k 步				
最大输入/输出点数		320 点				300 点
通用输入/输出	输入/输出点数	40 点				20 点
	输入点数	24 点				12 点
	输入规格	DC24V				
	中断、脉冲接收输入	最大 8 点				最大 6 点
	输出点数	16 点				8 点
	输出规格	继电器输出	晶体管输出	继电器输出	晶体管输出	晶体管输出
高速计数器输入	高速计数器输入	4 轴 100kHz（单相）/50kHz（相位差）				2 轴 1MHz（单相）/50kHz（相位差）
	高速计数器专用端子	无				2 轴 100kHz（单相）/500kHz（相位差）
脉冲输出	内置输入/输出端子分配	单元版本 Ver 1.0 及以下：2 轴 100kHz、2 轴 30kHz 单元版本 Ver 1.1 及以上：4 轴 100kHz				2 轴 100kHz
	脉冲输出专用端子	无				2 轴 1MHz
内置模拟输出		无		模拟电压/电流输入：4 点 模拟电压/电流输出：2 点		无

对于 X 型和 XA 型，它们的输出均有两种：继电器型和晶体管型。而 Y 型则只有晶体管型输出。继电器型 PLC 的电源电压为 AC100～240V，晶体管型 PLC 的电源电压为 DC24V，它们的内置输入电源均采用 DC24V。

C　CP1H 系列 PLC 的 I/O 扩展单元

CP1H 系列 PLC 最大可连接 7 个 CPM1A 系列的 I/O 扩展单元，这样可扩展 I/O 点数。它们之间的连接通过 I/O 连接电缆进行，如图 2-11 所示。

其中，CPM1A 系列 I/O 扩展单元基本情况见附表 2 所示。可扩展 I/O 单元最多达到 7 个单元 ×40 点，因此可扩展输入/输出点数最大为 280 点。

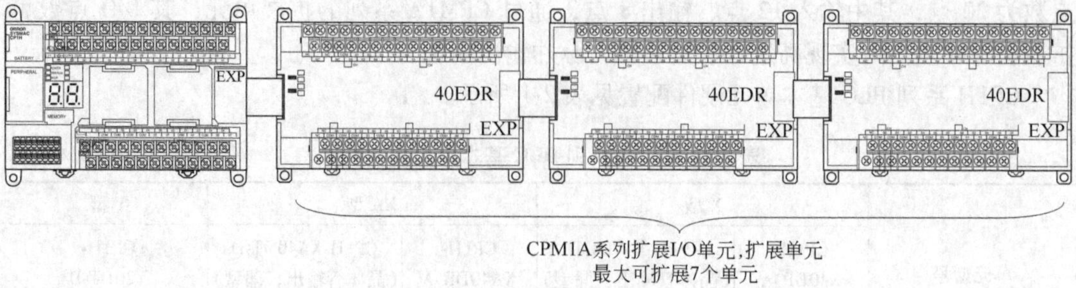

图 2-11 CP1H 系列 PLC 扩展示意图

D CP1H 系列 PLC 的特殊功能扩展

CP1H 系列 PLC 最大可连接 7 个 CPM1A 系列的扩展单元。这样，可扩展模拟量输入/输出功能、温度传感器输入等各种功能。另外，CP1H CPU 单元需要连接串行通信设备时，还可以进行串行通信的扩展，CP1H 通过 CJ 单元适配器，可连接 CJ 系列的高功能单元（特殊 I/O 单元、CPU 总线单元）最大 2 单元，这样，可扩展网络通信或协议宏等串行通信设备，而且可进行模拟输入/输出的扩展等。

2.5 CP1H 系列 PLC 的内部编程元件及其功能

PLC 内部的编程元件就是 PLC 编程时可使用的软器件，它们并不是真实的物理继电器，而是一些存储单元。不同厂家，不同系列的 PLC，其内部编程元件的功能与编号也不相同，因此，用户在编制程序时，必须熟悉所选用 PLC 的编程元件的功能和编号。

2.5.1 概述

2.5.1.1 编程元件的定义与使用

编程元件指 PLC 中的继电器，它包括线圈、常开触点和常闭触点。由于 PLC 是从继电器控制逻辑发展而来的，因此 PLC 中许多术语、名称、编程方法一直沿用了继电器的控制概念。在 PLC 内部的继电器实际是一位存储器，因此称为“软继电器”或“软元件”。

使用编程元件时，线圈、常开触点和常闭触点的逻辑关系与继电接触器相同。存储器的状态为 1 时，对应的继电器线圈得电，常开触点闭合，常闭触点断开。存储器的状态为 0 时，对应的继电器线圈断电，常开触点仍断开，常闭触点仍闭合，回到常态。

2.5.1.2 OMRON PLC 的数据存储格式

OMRON PLC 采用通道的概念存储数据。将存储数据的单元称为通道（CH），也叫字，每个存储单元都有一个地址，称为通道地址，简称为通道号，用 3 位数字表示。每个通道有 16 位（bit），分别称为 00 位、01 位、02 位、…、15 位，这个称为位地址。每个位就是一个“软继电器”，因此一个通道就有 16 个继电器。当某位为逻辑 1 时，该继电器线圈得电（ON），当某位为逻辑 0 时，该继电器线圈断电（OFF）。

通道也可存储 10 进制数据，因为 10 进制数可用特定的 2 进制编码（BCD 码）来表示。当通道用于存储 10 进制数时，每 4 位分成 1 组，存储一个由 BCD 码表示的 10 进制数，将每 4 位称为一个数字位。故一个通道有 4 个数字位，可存储 4 个 10 进制数。其数据存储格式如图 2-12 所示。

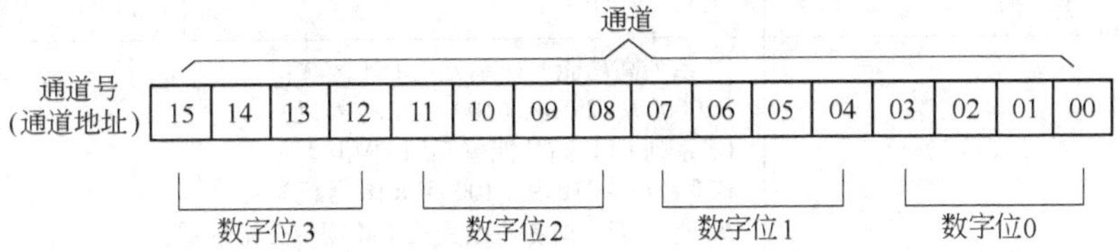

图 2-12　OMRON PLC 的数据存储格式

OMRON PLC 将整个 I/O 存储器区域（指通过指令的操作数可进入的区域）分成以下几个区：输入/输出（I/O）继电器区、内部辅助继电器区（WR）、特殊辅助继电器区（AR）、保持继电器区（HR）、暂存继电器区（TR）、数据存储器区（DM）、定时器区（T）、计数器区（C）、任务标志区、变址寄存器区、数据寄存器区、状态标志区和时钟脉冲区。

2.5.1.3　CP1H 系列 PLC 内部编程元件概述

CP1H 系列 PLC 内部编程元件及其编号见表 2-2。

表 2-2　CP1H 系列 PLC 内部编程元件及其编号

类　型		X 型	XA 型	Y 型
型　号		CP1H-X40DR-A CP1H-X40DT-D CP1H-X40DT1-D	CP1H-XA40DR-A CP1H-XA40DT-D CP1H-XA40DT1-D	CP1H-Y20DT-D
CH I/O 区域	输入继电器	272 点（17CH）　0. 00 ~ 16. 15		
	输出继电器	272 点（17CH）　100. 00 ~ 116. 15		
	内置模拟输入继电器区域	—	200 ~ 203CH	—
	内置模拟输出继电器区域	—	210 ~ 211CH	—
	数据链接继电器区域	3200 点（200CH）1000. 00 ~ 1119. 15（1000 ~ 1119CH）		
	CJ 系列 CPU 总线单元继电器	6400 点（400CH）1500. 00 ~ 1899. 15（1500 ~ 1899CH）		
	CJ 系列 CPU 特殊 I/O 单元继电器	15360 点（960CH）2000. 00 ~ 2959. 15（2000 ~ 2959CH）		
	串行 PLC 链接继电器	1440 点（90CH）3100. 00 ~ 3199. 15（3100 ~ 3199CH）		
	Device Net 继电器	9600 点（600CH）3200. 00 ~ 3799. 15（3200 ~ 3799CH）		
	内部辅助继电器	4800 点（300CH）1200. 00 ~ 1499. 15（1200 ~ 1499CH） 37504 点（2344CH）3800. 00 ~ 6143. 15（3800 ~ 6143CH）		
内部辅助继电器		8192 点（512CH）W0. 00 ~ W511. 15（W0 ~ W511CH）		
暂时存储继电器		16 点　TR0 ~ TR15		
保持继电器		8192 点（512CH）H0. 00 ~ W511. 15（H0 ~ H511CH）		
特殊辅助继电器		只读（不可写入）7168 点（448CH）A0. 00 ~ A447. 15（A0 ~ A447CH） 可读/写　8192 点（512CH）A448. 00 ~ A959. 15（A448 ~ A959CH）		
定时器		4096 点　T0 ~ T4095		
计数器		4096 点　C0 ~ C4095		
DM 区		32K 字　D0 ~ D32767 注：可通过数据内存的初始值传送功能将初始值保存到 CPU 单元内置闪存内，并通过 PLC 系统设定，在电源为 ON 时展开到 RAM		

续表 2-2

类　型	X 型	XA 型	Y 型
DM 区	CJ 系列高功能 I/O 单元用 DM 区域： D20000 ~ D29599（100 字 ×96 号机） CJ 系列 CPU 高功能单元用 DM 区域： D30000 ~ D31599（100 字 ×16 号机） Modbus-RTU 简易主站用用 DM 固定分配区域： D32200 ~ D32249（1）、D32300 ~ D32349（串行端口 2）		
数据寄存器	16 点（16 位）　DR0 ~ DR15		
变址寄存器	16 点（32 位）　IR0 ~ IR15		
任务标志	32 点　TK0000 ~ TK0031		
跟踪存储器	4000 字　（跟踪对象数据最大（31 接点，6CH）时，500 采样值）		

2.5.2 输入继电器和输出继电器

PLC 通过输入/输出继电器与外部的输入/输出物理设备建立联系，在 PLC 的所有程序中基本上都要用到输入继电器和输出继电器。

在进行案例分析时，必须先根据任务的程度，条件的多少，要完成任务的多少，合理安排输入和输出继电器的数量，为实现整个控制提供基本保证。

2.5.2.1 输入继电器

输入继电器与输入端相连，它是用来接收 PLC 外部设备信号的元件。输入继电器为只读存储器，其内容不能由程序改变，而只能由输入点的状态决定，并作为其他编程元件工作的条件。所以在梯形图中输入继电器只有常开、常闭触点的形式，不会出现线圈。

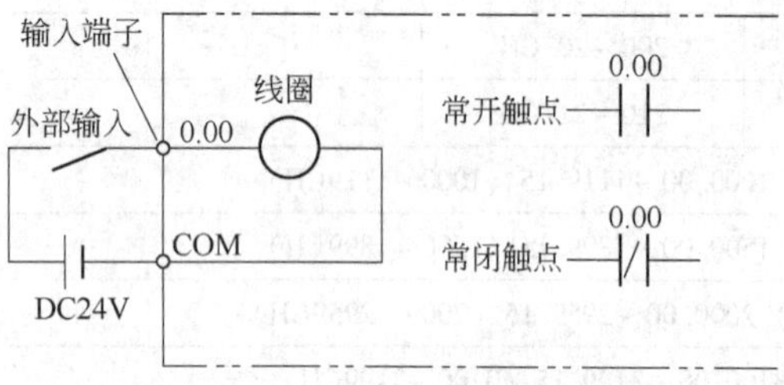

图 2-13　输入继电器的等效电路图

常见的与输入继电器相接的外围设备有按钮、限位开关、行程开关、光电开关等。

输入继电器 0.00 的等效电路如图 2-13 所示。

CP1H 系列 PLC 输入继电器区有 17 个通道（通道号为 000 ~ 016CH），共 272 点。其中 000CH、001CH 用于 40 点及以下主机单元的输入通道，其余用于扩展单元的输入通道编号。每个通道有 16 位，位号为 00 ~ 15。

因此，继电器号由两部分组成：一部分是通道号，由 3 位 10 进制数组成，另一部分是该继电器通道中的位号，由 2 位 10 进制数组成。例如，某继电器编号是 00000，其中前 3 位 000 是通道号，后 2 位 00 是位号，表示 000 通道的 00 位。由于通道号 000 属于输入继电器区，则它是一个输入继电器，可以将其简写为 0.00。

CP1H 系列 PLC 基本单元（也称主机）输入继电器的编号采用 12 进制数编码。例如 40 点主机的输入继电器编号为：00000 ~ 00011，00100 ~ 00111。

2.5.2.2 输出继电器

输出继电器用来将 PLC 内部信号输出传送给外部负载，以驱动相关设备。输出继电器的线圈表示程序运行的结果，必须在一定条件下才能接通（得电），因此，它不允许直接与左母线相连，它的常开、常闭触点可作为其他编程元件工作的条件。

注意，输出继电器没有掉电保护功能，也就是说，当 PLC 停电后再重新启动，输出继电器的状态均为“0”。

输出继电器 100.00 的等效电路图如图 2-14 所示。

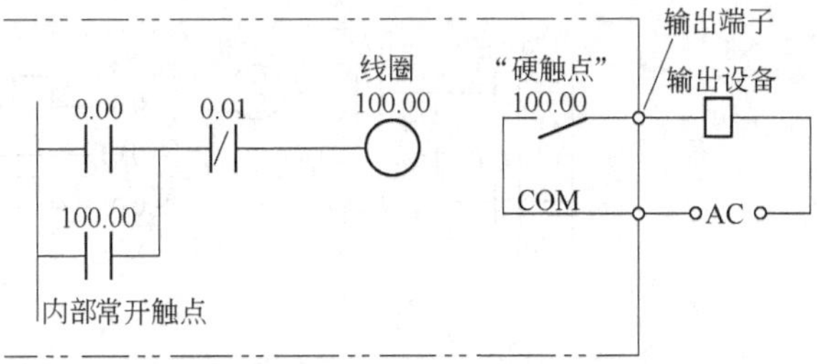

图 2-14 输出继电器的等效电路图

输出继电器也有 17 个通道（通道号为 100～116CH），272 点。其中 100CH、101CH 用于 40 点及以下主机单元的输出通道，其余用于扩展单元的输出通道编号。输出继电器的编号方式同输入继电器，也是由通道号加位号组成。

CP1H 系列 PLC 基本单元（也称主机）的输出继电器编号采用 8 进制数编码。例如：20 点主机的输出继电器编号为：10000～10007；40 点主机的输出继电器编号为：10000～10007，10100～10107。

另外，输入/输出继电器区中未被使用的通道也可作为内部辅助继电器使用。如本案例中，0.00、0.01 分配给了输入继电器，作为输入位使用；100.00 则分配给输出继电器，作为输出位使用。而未进行分配的 10.00 则可以作为内部辅助继电器使用，也就是它没有对应的外部设备，仅在程序中构成逻辑关系。

2.5.2.3 输入/输出继电器的应用

A 案例控制要求

请用 PLC 控制系统来实现第 1 章中的电动机“启-保-停”控制。要求按下启动按钮 SF2 时，电动机启动运行；按下停止按钮 SF1 时，电动机停止运行。

B 解决方案

a 任务 1：电动机和电动机启、停开关的表示方法

经过分析可知，本任务需要一个启动按钮和一个停止按钮，整个任务只有一个控制对象，即一台三相笼型异步电动机。启动按钮和停止按钮都是本案例的条件，电动机动还是不动则是本案例要实现的结果。

所以，针对本案例要求，用输入继电器 0.00 和 0.01 来分别表示启动按钮和停止按钮，输出继电器 100.00 表示电动机。

b 任务 2：分析 0.00、0.01 和 100.00 之间的控制关系

本案例控制关系相对比较简单清晰，0.00 可以使 100.00 工作并保持，0.01 使 100.00 停止工作。

c 任务 3：梯形图设计

根据它们之间的关系可以很容易得到其梯形图，如图 2-15 所示。

d 任务 4：程序分析

上述案例中，0.00 对应启动按钮 SF2 的状态，0.01 对应停止按钮 SF1 的状态，而 100.00 的状态决定了接触器 QA 的线圈是否能得电。

上述梯形图的工作过程为：按下启动按钮 SF2，0.00 触点接通，100.00 线圈得电，接触器 QA 线圈得电，电动机开始运行。100.00 的常开触点闭合，构成保持电路，因此松开

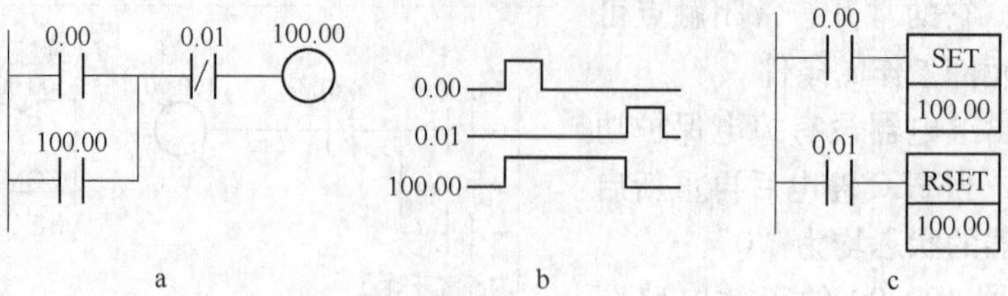

图 2-15 电动机“启-保-停”控制
a—梯形图；b—时序图；c—置位/复位指令

启动按钮 SF2（0.00），电动机仍能继续运行。按下停止按钮 SF1，0.01 继电器动作，其常闭触点断开，100.00 线圈断开，接触器 QA 线圈失电，电动机停止运行。

e 任务 5：时序图

本案例的时序图如图 2-15b 所示。按下启动按钮 SF2 时，输入位 0.00 为 ON，输出 100.00 为 ON；松开启动按钮，输入位 0.00 为 OFF，程序中有自保持设计，故输出 100.00 仍为 ON，电动机持续运行；按下停止按钮 SF1 时，输入位 0.01 为 ON，其常闭触点断开，100.00 为 OFF，电机停止运行。松开停止按钮，输入位 0.01 为 OFF，100.00 仍为 OFF。

输入/输出继电器在 PLC 编程中的地位非常重要，在 PLC 所有的程序中都要用到它们。对于 PLC 控制系统，在明确了控制要求后，必须先要根据控制系统的要求，明确输入/输出设备的数量，并将这些外部设备与 PLC 内部输入/输出继电器连接起来，即给输入/输出设备分配相应的地址，我们常称之为 I/O 地址分配，然后才能展开程序设计。

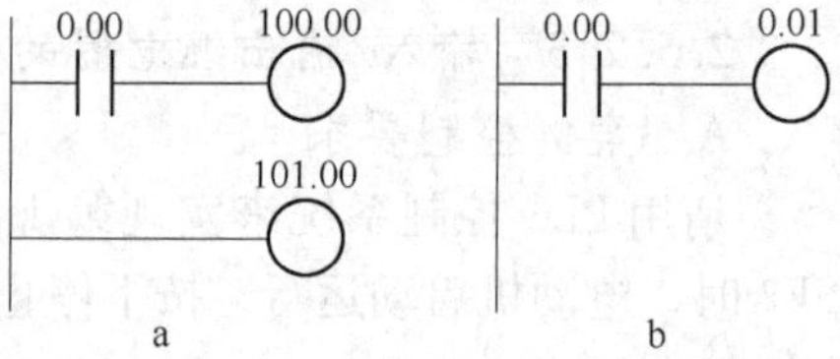

图 2-16 思考题（2）的图

2.5.2.4 思考题

（1）输入/输出继电器各有何使用特点？

（2）请指出梯形图 2-16 中的错误。

2.5.3 辅助继电器

在 PLC 的编程元件中，有着数量很多的辅助继电器，它们主要用作信号的中间转换，暂存程序运行的中间结果，类似于继电器-接触器控制系统中的中间继电器。特别是在输入、输出信号较多，而且相互之间逻辑关系比较复杂的时候，仅用输入继电器和输出继电器无法准确、清楚地完成梯形图设计。可以通过引入辅助继电器，帮助用户编程，以实现复杂的输入与输出间的逻辑关系，从而使 PLC 更好地进行各种复杂的控制。

辅助继电器是 PLC 内的一种典型机内软元件，它既不能直接接收外部的输入信号，也不能用于驱动外接负载。

2.5.3.1 内部辅助继电器区（WR）

内部辅助继电器用作中间变量，与输入端、输出端无对应关系，类似于继电器-接触器控制系统中的中间继电器，其触点只供内部编程用，不可进行与外部输入/输出端子的输入/输出。使用恰当时，可以帮助用户编程，实现复杂的输入与输出间的逻辑关系，从而使 PLC 更好地进行各种复杂的控制。通常 PLC 的内部辅助继电器数量较多，编程时对它们可以任意使用。

CP1H 系列 PLC 内部辅助继电器区的通道号为 W000 ~ W511CH、1200 ~ 1499CH、3800 ~ 6143CH，共 3156 个通道，50496 个点。此外，没有被分配任何功能的区域也可作为辅助继电器使用，如 17 ~ 99CH、117 ~ 199CH 等。使用时，一般优先选用 W000 ~ W511CH 作为内部辅助继电器，因为该区域在将来 CPU 单元版本升级时不能被分配特定的功能。

该继电器的编号方法同输入/输出继电器区，由通道号加位号组成。

2.5.3.2 特殊辅助继电器区（AR）

特殊辅助继电器是系统中被分配特定功能的继电器，用于监测 PLC 的工作状态。

CP1H 系列 PLC 特殊辅助继电器区的通道编号为 A0 ~ A959CH，共有 960 个通道，15360 点。其中 A0 ~ A447CH 为可读取，不可写入区域，该区中各位的状态由系统程序自动写入，用户只能读取、使用该区中继电器状态。A448 ~ A959CH 为可读取、可写入区域。

关于特殊辅助继电器的详细内容，请参见 OMRON 用户手册。

2.5.3.3 保持继电器区（HR）

保持继电器具有断电保持功能，它们在 PLC 电源切断时，仍能记忆原来的 ON/OFF 状态。使用保持继电器可使 PLC 少受断电影响，保持程序运行和连续性。

保持继电器也只能在程序内部使用，不能用于与外部输入/输出端子的输入/输出。它们在 PLC 上电（由 OFF→ON）或模式切换（程序模式↔运行模式/监视模式间的切换）时，保持原来的 ON/OFF 状态。

CP1H 系列 PLC 保持继电器的通道号为 H000 ~ H511CH，共 512 个通道、8192 点。它的表示方法也是由通道号再加 2 位数字表示位号组成。

另外，CP1H 系列 PLC 中 H512 ~ H1535CH 为功能块专用保持继电器，仅可在 FB 实例区域（变量的内部分配范围）设定，不可作为用户程序上的指令操作数。

2.5.3.4 内部辅助继电器的应用

A 抢答器模拟控制案例说明

有 3 组抢答器：儿童 2 人，青年学生 1 人，教授 2 人组成 3 组抢答，每个人都有抢答按钮，每组控制台上都有抢答指示灯，哪一组先抢答，则该组控制台上指示灯亮，主持人按下复位按钮该指示灯灭。儿童任一人按钮均可抢得，教授需 2 人同时按钮才能抢得。

B 解决方案

a 任务 1：确定编程元件

三组抢答按钮和主持人复位按钮是本案例的条件，分别用输入元件来表示，抢答指示灯则为本案例的控制对象，用输出元件来表示。本系统的编程元件地址分配见表 2-3。

表 2-3 输入/输出设备及 PLC 的 I/O 分配

输入设备		PLC 输入元件	输出设备		PLC 输出元件
符 号	功 能		符 号	功 能	
SF0	复位按钮	0.00	PG1	儿童组指示灯	100.00
SF1、SF2	儿童抢答按钮	0.01、0.02	PG2	青年组指示灯	100.01
SF3	青年抢答按钮	0.03	PG3	教授组指示灯	100.02
SF4、SF5	教授抢答按钮	0.04、0.05			

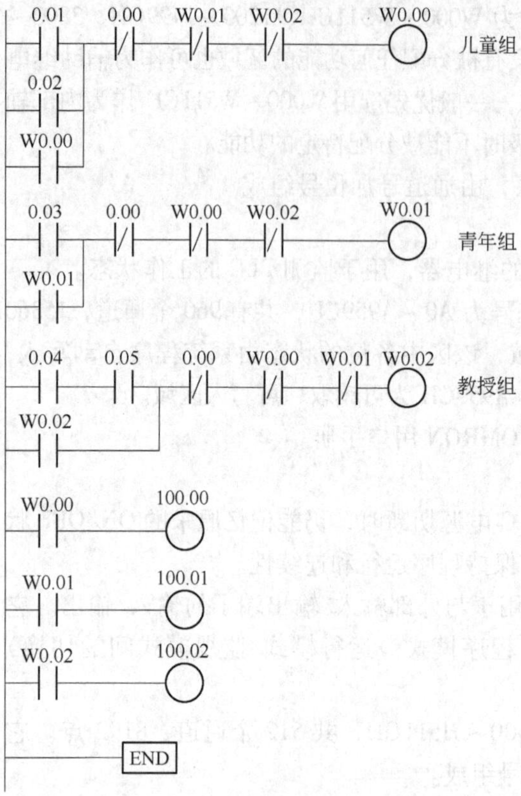

图 2-17 三组抢答器梯形图

b 任务 2：分析输入元件和输出元件之间的控制关系

分析本案例可知，输出元件 100.00 受控于 0.01 和 0.02，0.01 和 0.02 任何一个按下都可使 100.00 工作并且保持，所以，这两个信号是并联关系，即逻辑相加。0.03 按下则 100.01 工作并且保持，而 0.04 和 0.05 需同时按下才能使 100.02 工作并且保持，所以，这两个信号是串联关系，即逻辑相与。0.00 按下则可使 100.00、100.01、100.02 停止工作。

同时，根据本案例要求，100.00、100.01 和 100.02 中某一个接通（得电）后，其他两个均不能再接通，所以，设计时必须考虑这几个元件之间的互锁。

c 任务 3：梯形图设计

根据它们之间的关系设计出梯形图，如图 2-17 所示。

关于图 2-17 的说明：

（1）由于输入/输出元件之间的逻辑关系相对比较复杂，故引入了内部辅助继电器 W0.00 ~ W0.03。

（2）图中采用了互锁电路（有时也称优先电路），当 100.00、100.01 和 100.02 中某一个接通（得电）后，其他两个均不能再接通。

d 任务 4：程序分析

从表面上看，100.00 由 W0.00 控制，100.01 由 W0.01 控制，100.02 由 W0.02 控制，而实际上，W0.00 由 0.01 和 0.02 启动，W0.01 由 0.03 启动，W0.02 由 0.04 和 0.05 启动，所以，0.01 ~ 0.05 才是 100.00 ~ 100.02 能否接通的根本条件。

本程序中用 W0.00 ~ W0.02 作为中间变量，一方面使梯形图结构非常清晰，另一方面，如果需要替换输出端子，则只需要修改程序的最后 3 行，输入信号和中间变量的关系不需作任何改动。

上述梯形图的工作过程为：按下抢答按钮 SF1 或者 SF2，0.01 或 0.02 触点接通，W0.00 线圈得电并且保持，100.00 线圈得电，儿童组指示灯亮。按下抢答按钮 SF3，0.03 触点接通，W0.01 线圈得电并且保持，100.01 线圈得电，青年组指示灯亮。同时按下抢答按钮 SF4 和 SF5，0.04 和 0.05 触点接通，W0.02 线圈得电并且保持，100.02 线圈得电，教授组指示灯亮。按下主持人复位按钮 SF0，0.00 继电器动作，其常闭触点断开，W0.00 ~ W0.02 中得电线圈断开，使对应的抢答指示灯灭。

2.5.3.5 保持型继电器的应用

A 城市照明灯案例说明

城市照明灯往往夜间开启，白天关闭。现有某照明系统，照明灯晚上 6 点开启，直至第二天早晨 6 点关闭，照明灯开启期间若发生停电，再来电时灯能自行保持照亮，无需工作人员重新操作。

B 解决方案

a 任务 1：解决停电后再来电时照明灯保持照亮的问题

本案例的关键是实现照明灯在停电前，将之前它已经打开的这一状态存储下来，使照明灯在再来电时能自动接通，而不需要其他条件。

显然，若用输入继电器直接控制输出继电器，在照明期间停电后再通电，输出继电器的状态变为“0”，灯不能继续自行点亮，采用一般内部辅助继电器也无法解决这个问题。只能选择具有掉电保持功能的保持继电器，在 PLC 失电后，其内容保持不变，才能解决这个问题。

b 任务 2：确定编程元件

本案例有两个输入控制器件：开灯按钮 SF1 和关灯按钮 SF2，分别接 PLC 的 0.00、0.01 输入点。控制对象只有一个，即照明灯，通过接触器线圈来控制，接 PLC 的 100.00。编程元件的地址分配如表 2-4 所示。

表 2-4 输入/输出设备及 PLC 的 I/O 分配

输入设备		PLC 输入元件	输出设备		PLC 输出元件
符 号	功 能		符 号	功 能	
SF1	开灯按钮	0.00	QA	照明灯	100.00
SF2	关灯按钮	0.01			

c 任务 3：PLC 与外部设备连接

PLC 控制系统由硬件和软件两个部分组成，硬件设计的主要工作包括 I/O 端口的分配，输入控制器件与输入端子的连接，输出端子与输出器件的连接，而具体输入/输出之间的控制关系由软件实现。每一个控制系统的实现必须通过软件和硬件共同配合才能完成，两者缺一不可。PLC 和外部输入/输出设备的接线如图 2-18 所示。

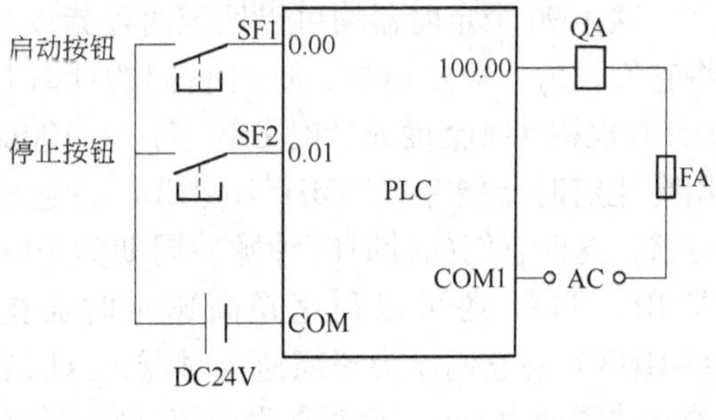

图 2-18 PLC 的 I/O 接线图

d 任务 4：梯形图设计

本案例中有两个输入元件：分别用 0.00 和 0.01 表示；一个输出元件，用输出继电器 100.00 表示。与本章案例 1 不同的是，输入 0.00、0.01 不能直接控制输出 100.00，两者中间用任务一中确定的保持型继电器来联系。这里选择具有掉电保护功能的 H0.00。也就是输入 0.00、0.01 控制 H0.00 的接通与断开，再由 H0.00 的常开触点控制输出 100.00，停电后再来电 H0.00 仍为接通状态，保证了 100.00 继续接通，实现了照明灯持续接通。梯形图程序如图 2-19 所示。

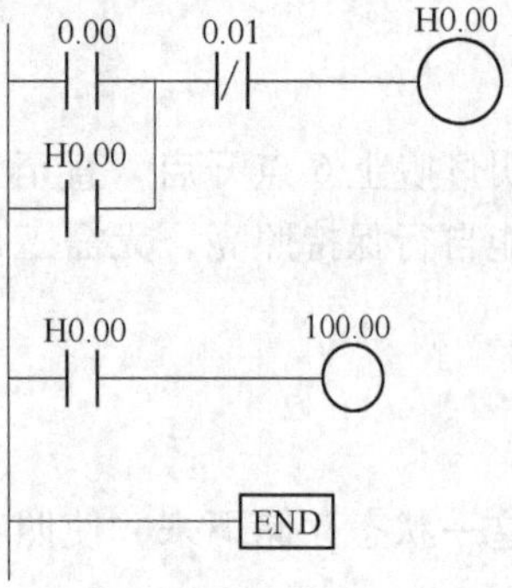

图 2-19　夜间照明灯持续接通梯形图

e　任务 5：程序分析

0. 00、0. 01 和 H0. 00 之间是“启-保-停”关系。每天晚上 6 点，工作人员把照明灯打开，常开触点 0. 00 接通，第二天早上 6 点，工作人员将照明灯熄灭，常闭触点 0. 01 从接通到断开。当 H0. 00 接通时则 100. 00 也接通，因为 H0. 00 具有掉电保持功能，也就使 100. 00 也具有掉电保持功能。即使出现临时停电，则停电后再来电时，100. 00 仍为接通状态。

本案例中，起关键作用的是保持型继电器 H0. 00，它在电路中使输出 100. 00 具备掉电保持功能，同时，它还在 0. 00、0. 01 和 100. 00 之间起了信号传递作用。

同时，从图 2-18 可以看出，H0. 00 由 PLC 内部提供，其实质是 PLC 内的存储单元，不与 PLC 的输出端子对应，所以在接线图上没有体现，即在 PLC 外部不可见。

2. 5. 4　定时器

CP1H 系列 PLC 中的定时器（T）用于定时控制，相当于继电器控制系统中的通电延时型时间继电器。定时器有定时完成标志（按位读取）和定时器当前值（按通道读取）两个量，这两个量使用同一地址编号。使用场合不一样，意义不一样。

CP1H 系列 PLC 有 4096 个定时器，它们的编号为 T0 ~ T4095。它们是通过对一定周期的时钟脉冲进行累计而实现定时的。应用前先对其设置一个设定值（设定值范围：#0 ~ #9999或者#0 ~ #65535）。这 4096 个定时器可分为通用定时器和累计定时器两种。

2. 5. 4. 1　通用定时器

通用定时器的特点是不具备断电保持功能，即当定时器输入电路断开或停电时，定时器复位。通用定时器又可分为一般定时器、高速定时器、超高速定时器和长时间定时器。

这 4096 个定时器均可以用定时器指令（TIM/TIMX）将它们设为一般定时器，这时它们的计时时钟脉冲周期（有时也称计时精度或计时分辨率）为 100ms；也可以利用高速定时器指令（TIMH/TIMHX）将它们设为高速定时器，这时它们的计时时钟脉冲周期为 10ms。对于定时器 T0 ~ T15，还可以利用超高速定时器指令（TMHH/TMHHX）将它们设为超高速定时器，这时它们的计时时钟脉冲周期为 1ms。定时器设定值 = 定时值(s)/计时时钟脉冲周期（s）。

下面举例说明一般定时器的工作原理。高速定时器和超高速定时器的工作原理与一般定时器工作原理相同，只是计时基准不同，如图 2-20 所示。

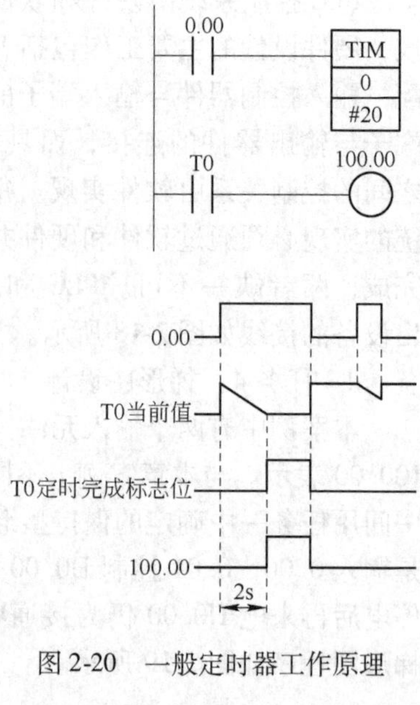

图 2-20　一般定时器工作原理

当输入 0. 00 接通时，定时器 T0 开始对 100ms 时钟脉冲进行累积计数，当前值从设定值开始进行减数计数，如果输入 0. 00 始终保持接通，则当定时器当前值等于 0

时，定时完成标志位 T0 转为 1，对应定时器 T0 的常开触点闭合，表示定时时间到，输出 100.00 线圈得电。如果输入 0.00 继续保持接通，当前值和定时完成标志位保持现在的值和状态不变。一旦输入 0.00 断开，则定时器当前值回到设定值，定时完成标志位转为 0，梯形图中对应的定时器 T0 的触点复位，输出 100.00 也跟着失电。

通用定时器中还有一种长时间定时器，可以实现长时间的延时。它的使用方法请参照用户手册。

2.5.4.2 累计定时器

累计定时器具有累计计时的特点，在定时过程中，如果定时器输入电路断开或停电时，累计定时器将保持当前的计数值，通电或定时器输入回路为 ON 时继续累计，即当前值具有断电保持功能。要使当前值为 0，可通过（MOV 指令等）将当前值设置为设定值以下，或者使用复位输入 ON 或 CNR/CNRX 指令来复位该定时器。当这 4096 个定时器用于累计定时器时，它们的计时时钟脉冲周期为 100ms。

下面举例说明累计定时器的工作原理，如图 2-21 所示。

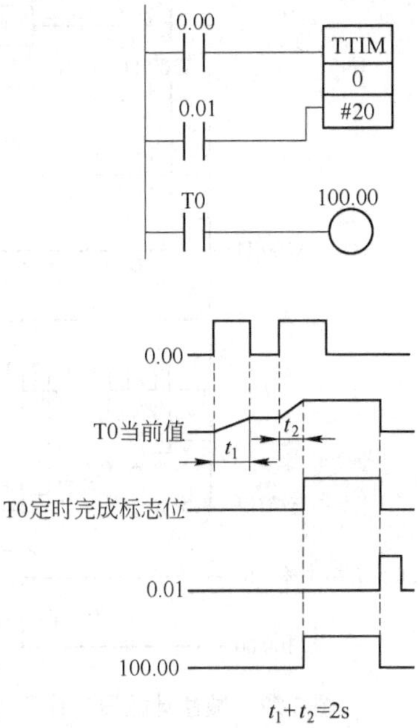

图 2-21 累计定时器工作原理

当输入 0.00 接通时，定时器 T0 从 0 开始对 100ms 时钟脉冲进行累积计数，在当前值还未达到设定值时，如果输入 0.00 断开或停电，则定时器停止累积计数，当前值保持。再次将输入 0.00 接通或通电时，定时器当前值在保持的基础上继续累加，直到当前值达到设定值时，定时完成标志位 T0 转为 1，对应定时器 T0 的常开触点闭合，表示定时时间到，输出 100.00 线圈得电，同时保持定时器的当前值和定时完成标志位的状态。当复位输入端 0.01 为 ON 时，定时器复位，当前值回到 0，定时完成标志位也转为 0，定时器触点复位，输出 100.00 失电。

累计定时器中还有一种多输出定时器可以得到 8 点任意的时间到时标志值，它的使用方法请参照用户手册。

定时器的应用请参照第 3 章定时器指令。

2.5.5 计数器

计数器（C）主要用于记录脉冲的个数或根据脉冲个数设定某一时间。计数器有计数结束标志（按位读取）和计数器当前值（按通道读取）两个量，这两个量使用同一地址编号。使用场合不一样，意义不一样。

CP1H 系列 PLC 有 4096 个计数器，它们的编号为 C0 ~ C4095。这 4096 个计数器可通过不同的指令设定为减法计数器或者可逆计数器两种。OMRON PLC 的计数器具备断电保持功能。

2.5.5.1 减法计数器

C0 ~ C4095 这 4096 个计数器可以通过计数指令 CNT/CNTX 将其设定为减法计数器。应用前先对其设置一个设定值（设定值范围：#0 ~ #9999），当输入信号上升沿时，计数器

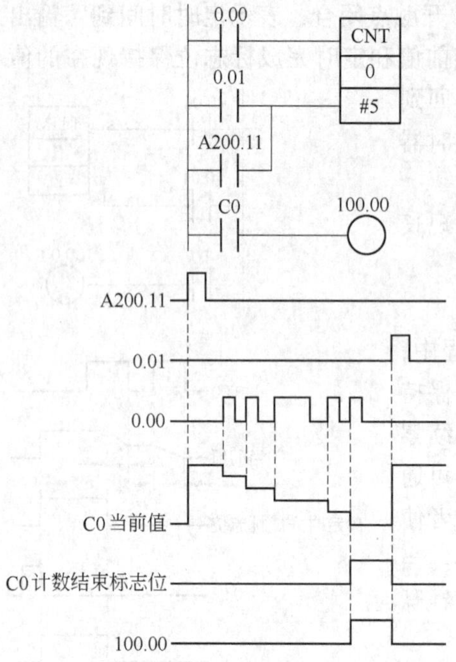

图 2-22　减法计数器工作原理

从当前值开始进行减法计数，当前值 =0 时，计数结束标志为 ON，表示计数到，其常开触点闭合，常闭触点断开。

下面举例说明减法计数器的工作原理，如图 2-22 所示。

0.00 为计数器 C0 的计数输入信号，0.00 和 A200.11 为计数器 C0 的复位输入端。上电运行时，A200.11（特殊辅助继电器：仅在运行开始时接通一个周期）使 C0 复位，C0 计数器当前值回到设定值 5，计数结束标志为 0。当计数输入端 0.00 由 OFF→ON 时，计数器当前值 5 开始减法计数，计数器 C0 对 0.00 的上升沿计数 5 次后，C0 当前值 =0 时，其计数结束标志为 ON，表示计数到，其常开触点闭合，输出 100.00 线圈得电。当复位输入 0.01 由 OFF→ON 时，计数器 C0 被复位，当前值又回到设定值，计数结束标志回到 0，其触点复位，输出线圈 100.00 失电。

对于减法计数器，在复位输入和计数输入同时为 ON 时，复位输入优先，计数输入无效，计数器被复位，即计数器当前值回到设定值，计数结束标志为 0。

由于计数器有断电保持功能，故计数器当前值即使在电源切断时也能保持。因此，若在电源接通时需使当前值从设定值开始，而不是从电源切断之前的计数器当前值开始时，需要用第一个周期 ON 标志 A200.11（特殊辅助继电器：仅在运行开始时接通一个周期）作为计数器复位输入。

2.5.5.2　可逆计数器

C0 ~ C4095 这 4096 个计数器可以通过计数指令 CNTR/CNTRX 将其设定为可逆计数器，实现加减法计数。当加法输入信号上升沿有效时，计数器进行加法计数；当减法输入信号上升沿有效时，计数器进行减法计数。通过加法计数使当前值从 0 加至设定值，若加法信号上升沿继续有效，计数器当前值变为 0，又从 0 开始进行加法进数，同时计数结束标志转为 ON，当计数器当前值从 0 加至 1 时，计数标志位转为 OFF。同时，通过减法计数使当前值降位至 0 后，如果减法上升沿继续有效，则当前值又回到设定值，同时计数结束标志位转为 ON。从设定值开始进行减法计数，当前值从设定值进行一次减法计数后，计数结束标志转为 OFF。

下面举例说明可逆计数器的工作原理，如图 2-23 所示。

0.00 为加法计数输入信号，0.01 为减法计数输入信号，0.02 为复位输入信号。复位输入 0.02 为 ON 时，计数器 C1 当前值变为 0。加法计数输入 0.00 每次由 OFF→ON 时，计数器 C1 当前值都会 +1。当前值等于设定值 3 后，加法计数输入 0.00 再由 OFF→ON 时，计数器 C1 当前值变为 0，同时计数结束标志位变为 ON，其常开触点闭合，使输出线圈 100.00 得电。当计数器 C1 当前值从 0 加至 1 时，计数标志位再转为 OFF，其常开触点复位，使输出线圈 100.00 失电。减法计数输入 0.01 每次由 OFF→ON 时，计数器 C1 当前值都会 -1，当前值 =0 后，减法计数输入 0.01 再由 OFF→ON 时，计数器 C1 当前值变为设定值 3，同时计数结束标志位变为 ON，其常开触点闭合，使输出线圈 100.00 得电。在下一个减法计数输入 0.01 再由 OFF→ON 时，计数器由设定值 3 进行 -1 计算，计数结束标志转为 OFF，其触点复位，输出线圈 100.00 失电。

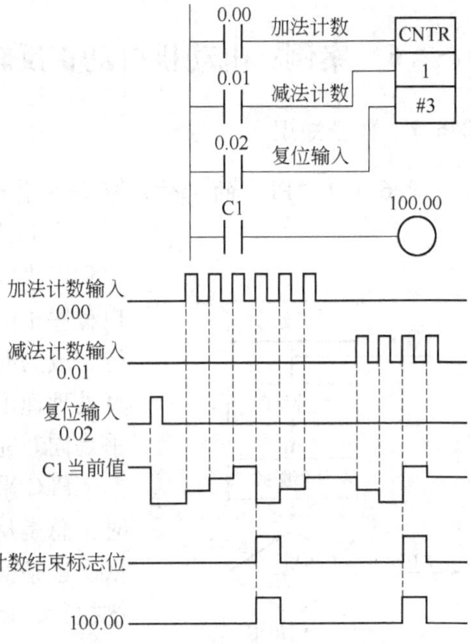

图 2-23　可逆计数器工作原理

对于可逆计数器，加法、减法双方的输入上升沿同时有效时，不进行计数。在复位输入和计数输入同时为 ON 时，复位输入优先，计数输入无效，计数器当前值回到 0，计数结束标志为升位（加法）时以及降位（减法）时为 ON，除此之外为 OFF。

计数器的应用请参照第 3 章计数器指令。

2.5.6　其他编程元件

除了上述的基本元件外，PLC 中还会使用到其他元件，主要有以下几种。

2.5.6.1　数据存储器区（DM）

数据存储区提供了在数据处理和计算过程中专门用于存储数据的单元，操作中只能以通道为单位使用，不能按位使用。数据存储器具有断电保持功能。

CP1H 系列 PLC 数据存储器区的通道编号为 D00000 ~ D32767，共 32768 个通道。其中，D20000 ~ D29599 用于高功能 I/O 单元，每单元占用 100CH。D30000 ~ D31599 为 CPU 高功能用 DM 区域，每单元占用 100CH。

2.5.6.2　变址寄存器（IR）

变址寄存器是保存 I/O 存储器的有效地址（RAM 上的地址）的专用寄存器。用该寄存器可以间接指定 I/O 存储器地址。变址寄存器可以在 1 个任务中使用或者在所有任务中共享，它的通道编号为 IR0 ~ IR15，共 16 个。

2.5.6.3　数据寄存器（DR）

作为通过变址寄存器指定的一种，仅用于在变址寄存器中对该数据寄存器的内容相加的值（偏移指定）进行指定。数据寄存器可以在 1 个任务中使用或者在所有任务中共享，它的通道编号为 DR0 ~ DR15，共 16 个。

另外，还有暂存继电器、数据链接继电器、状态标志和时钟脉冲、任务标志等编程元件，其使用方法可参考 OMRON 用户手册。

2.6 案例：电动机自动正反转控制电路——可编程控制器工作原理

2.6.1 预备知识

2.6.1.1 PLC 的工作原理与工作方式

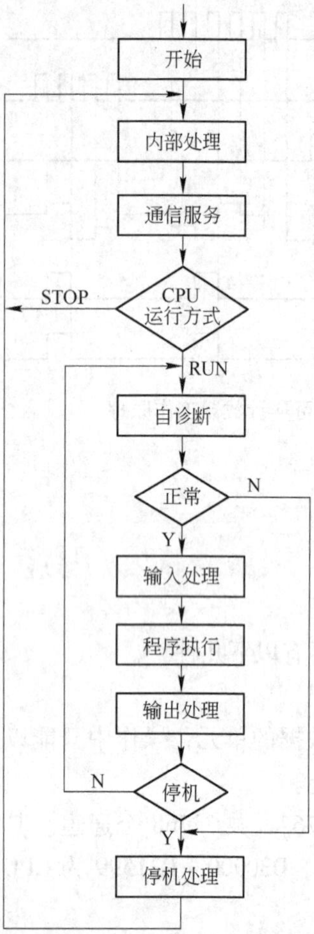

图 2-24 PLC 的工作流程图

当 PLC 处于运行状态时，是通过执行反映控制要求的用户程序来实现控制任务的。CPU 采用分时操作方式来处理用户程序中的各项任务，每一次执行一个操作，按顺序逐条执行，成为时间上的串行工作。对于 PLC 而言，由于 CPU 的运算处理速度非常快，从宏观上来看，PLC 外部的输出结果似乎是同时完成的。

PLC 采用的是周期性循环扫描的工作方式，即 PLC 工作时，总是从第一条指令开始，按照用户程序所固有的顺序，依次逐条执行各个操作，直到程序结束。然后再从头开始扫描执行，周而复始地重复进行。

PLC 完成一次扫描所需的时间称为一个扫描周期。在 PLC 运行正常时，扫描周期长短与 CPU 运算速度、PLC 硬件配置、用户程序长短及编程情况等均有关系。通常用 PLC 执行 1k 指令所需要的时间来说明其扫描速度（一般为 1 ~ 100ms/k 字节）。

2.6.1.2 PLC 的工作过程

在运行方式下，在每一次扫描周期内，PLC 除执行用户程序外，还要完成其他处理工作，如输入采样、输出刷新、通信处理和系统自检等。PLC 的扫描工作流程见图 2-24。

整个工作过程可以分为以下几个阶段。

（1）上电处理。机器上电后对 PLC 系统进行一次初始化工作，包括硬件初始化、I/O 模块配置检查、停电保持范围设定及其他初始化处理等。

（2）通信服务与自诊断。PLC 上电处理完成后，进入通信服务与自诊断阶段。先完成与其他外设的通信处理，完成数据的接收和发送任务，响应编程器键入的命令，更新编程器的显示内容，进行时钟、特殊寄存器更新等工作。当 CPU 处于 STOP 方式时，只完成内部处理和通信服务工作；当 CPU 处于 RUN 方式时，要完成自诊断检查，如果无异常，则需要完成输入信号的采集、用户程序的执行和相关输出处理。PLC 有很强的自诊断功能，如 CPU、电池电压、程序存储器、I/O、通信等是否异常或出错，如检查出异常时，CPU 面板上的 LED 及异常继电器会接通，在特殊寄存器中会存入出错代码。当出现致命错误时，CPU 被强制为 STOP 方式，所有的扫描停止。

（3）执行用户程序扫描。这个阶段是 PLC 工作过程的中心内容，此阶段包括输入采样、程序执行和输出处理 3 个阶段。

2.6.2 案例说明

图 2-25 所示的 PLC 控制系统可实现如下控制要求：按下启动按钮 SF1 后，电动机正转，碰到限位开关 BG1 后电动机开始反转；碰到限位开关 BG2 后又开始正转…这样不停地循环，直到按下停止按钮 SF2 为止。试分析整个控制过程如何实现。

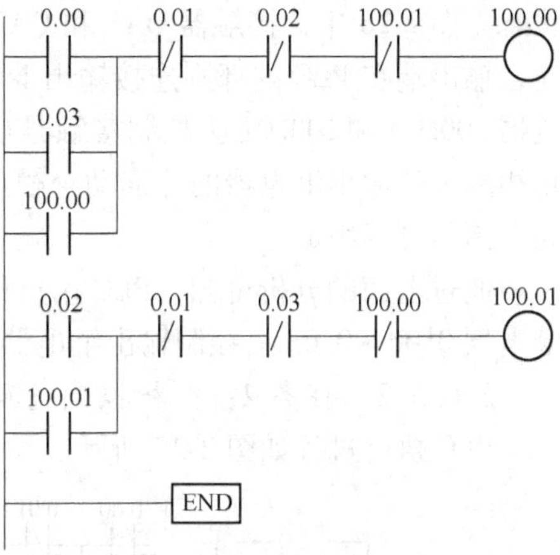

图 2-25 电动机自动正反转控制

2.6.3 解决方案

2.6.3.1 任务 1：PLC 控制系统组成分析

PLC 控制系统和传统电气控制系统一样，都是由输入部分、控制部分和输出部分 3 部分组成，其等效电路如图 2-26 所示。

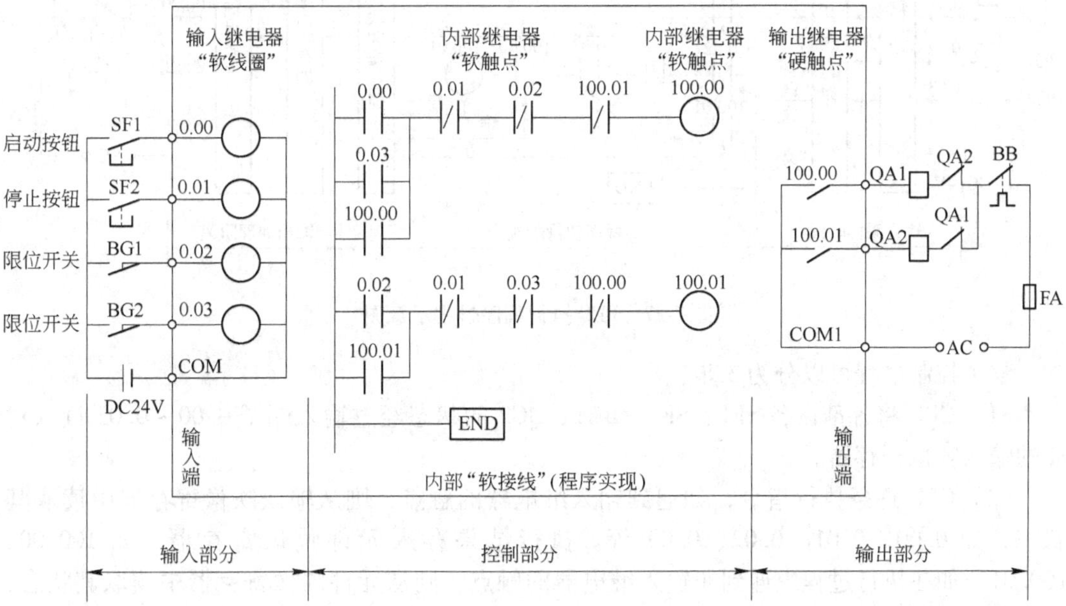

图 2-26 PLC 控制系统等效图

输入部分的作用是收集被控设备的信息或操作指令，是由各种输入设备，如按钮、开关、传感器、PLC 输入接线端子和输入继电器等组成；图 2-26 中，按钮、限位开关的触点通过硬接线的方式与 PLC 的输入端相连，输入端在 PLC 内部与输入继电器的“软线圈”相连（图中 0.00 ~ 0.03 均为输入继电器），由输入设备控制相对应的输入继电器的状态。

控制部分的作用是按控制要求，对从输入部分得到的信息进行运算、处理，并判断哪些功能应该输出，建立起从 PLC 输入部分得到的信号到 PLC 输出负载间的联系。PLC 控制系统采用编程方式将各种“软触点”或“软线圈”按一定要求连接而成，即“软接线”；如图 2-26 中的控制部分，全部由“软继电器”组成。

输出部分的作用是驱动外部负载，PLC 输出端外部通过硬接线方式与被控设备相连，而在 PLC 内部则连接输出继电器的“硬触点”，由输出继电器去控制相对应的输出设备的状态。图 2-26 中，接触器 QA1 和 QA2 通过硬接线方式与输出端 100.00 和 100.01 分别相连，输出端在 PLC 内部则连接输出继电器 100.00 和 100.01 的“硬触点”。即通过输出继电器 100.00 和 100.01 去控制接触器 QA1 和 QA2。输出部分由在 PLC 内部且与内部控制电路相隔离的输出继电器的外部动合触点、输出接线端子和各种输出设备，如接触器、电磁阀、指示灯等组成。

通过上面的分析可知，PLC 用户程序按照控制要求，要实现的目标是：如何利用输入继电器 0.00 ~ 0.03 去控制输出继电器 100.00 和 100.01。

2.6.3.2　任务 2：分析控制过程

PLC 执行过程如图 2-27 所示。

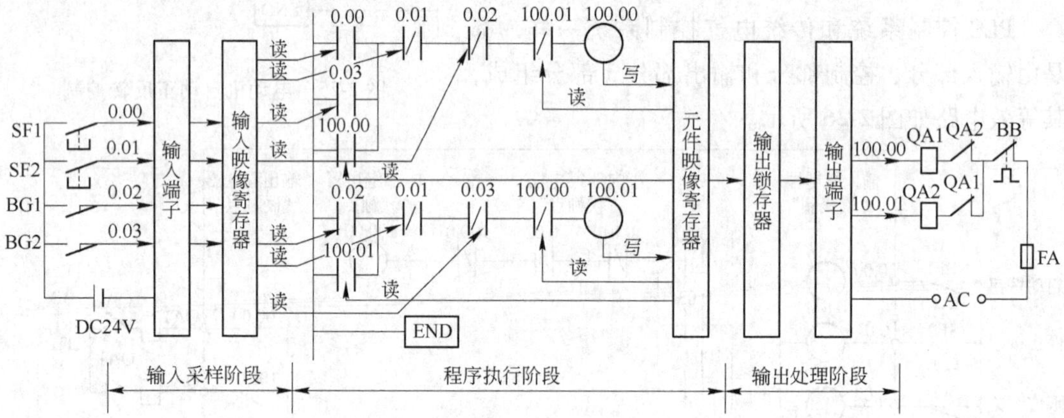

图 2-27　PLC 执行程序过程示意图

整个控制过程可以分为 3 步：

（1）CPU 将外部设备 SF1、SF2、BG1、BG2 的状态经过输入端子 0.00 ~ 0.03 读入对应的输入映像寄存器。

（2）CPU 逐条执行指令，如遇到输入继电器的触点，则从输入映像寄存器中读取其状态，如 0.00、0.01、0.02、0.03 等。执行结果存入元件映像寄存器，如 100.00、100.01。如在执行过程中遇到非输入继电器的触点，则从元件映像寄存器中读取其状态，如图中的 100.00 和 100.01。

（3）执行完所有用户程序后，CPU 将元件映像寄存器的值 100.00、100.01 送到输出锁存器，经隔离、功率放大电路送到输出端子，驱动负载 QA1 和 QA2，从而控制电动机正反转。

2.6.4　知识进阶

2.6.4.1　PLC 执行用户程序的过程

PLC 执行用户程序的过程可分为 3 个阶段：输入采样阶段、程序执行阶段和输出处理阶段。

（1）输入采样阶段。在输入采样阶段，PLC 以扫描工作方式顺序读入所有输入端的输入状态和数据，并将读入的信息存入内存中所对应的输入映像寄存器中，此时输入映像寄存器被刷新。此后关闭通道，接着进入程序处理阶段，在程序执行阶段和输出阶段，即使输入状态发生变化，输入映像寄存器的内容也不会改变，直到下一个扫描周期的采样阶段，才重新写入输入端的新内容。

（2）程序执行阶段。在程序执行阶段，PLC 对程序进行顺序扫描执行。若是梯形图程序，则总是按先上后下，先左后右的顺序，逐句扫描每条指令。当遇到程序跳转指令时，则根据跳转条件是否满足来决定程序是否跳转。在程序执行过程中，随时要从输入映像寄存器、内部元件寄存器中获得所需的数据进行运算、处理，并将执行结果再写入元件映像寄存器中。所以元件映像寄存器中的内容被不断刷新。执行完所有用户程序后，将元件映像寄存器的值送到输出锁存器以驱动用户设备。

（3）输出处理阶段。当所有程序指令执行完后，进入输出处理阶段。在这一阶段中，PLC 将输出映像寄存器中所有输出状态转存到输出锁存器中，经隔离、功率放大电路送到输出端子以驱动负载。

2.6.4.2 PLC 执行程序的特点

从以上分析可以看出，PLC 的执行过程有以下特点。

（1）PLC 在一个扫描周期内，对输入状态的采样只在输入采样阶段进行。当 PLC 转入程序执行阶段和输出处理阶段后，输入端口将被封锁，直到下一个扫描周期才对输入状态进行重新采样，这种方式称为集中采样。

（2）在用户程序中如果对输出结果多次赋值，则最后一次有效。在一个扫描周期内，只在输出处理阶段才将输出状态从输出锁存器中读出，对输出端口刷新。在其他阶段里输出状态一直保存在输出锁存器中，这种方式称为集中输出。即 PLC 在程序执行阶段就已经计算出哪些线圈应该通电，哪些线圈应该断电，但并不马上执行，要等到本次扫描周期最后的输出处理阶段才按“批处理”的方式同时刷新所有的输出。

集中采样和集中输出在一定程度上降低了系统的响应速度，但使 PLC 工作时大部分时间关闭 I/O 通道与外界无信息交换，使系统可靠性和抗干扰性能明显提高。

对于小型的 PLC，由于其 I/O 点数比较少，用户程序一般比较短，一般采用集中采样、集中输出的工作方式。对于大、中型 PLC，其 I/O 点数比较多，用户程序较长，为提高系统响应速度，可以采用立即输入/输出指令、定期采样、定期输出方式或者中断输入/输出方式以及采用智能 I/O 接口等多种方式来解决。

2.7 本章小结

PLC（可编程控制器）作为一种新型的控制器，现在已经广泛地应用于很多控制领域。本章对 PLC 的发展、应用、特点、基本原理和工作过程都进行了介绍，并以小型 PLC 为例对 PLC 的硬件和软件进行了介绍，最后，以 OMRON CP1H 为例，介绍了 PLC 的内部元件和硬件配置等，并通过一个案例讲解了 PLC 的工作过程和工作原理。

2.1节主要介绍了 PLC 的产生与定义、特点和应用。重点将 PLC 控制系统与传统电气控制系统进行了比较，PLC 控制系统采用软件编程取代了传统硬接线形式，灵活性和可靠性都有了很大提高。

2.2节重点介绍了 PLC 的硬件组成。PLC 主要由 CPU、I/O 单元、电源单元、存储器、通信接口等组成，CPU 是 PLC 的核心，I/O 单元是联系 PLC 和外部设备的桥梁，通信接口可以将 PLC 和上位机或者其他设备连接起来，存储器用来存放系统程序和用户程序。

2.3节重点介绍了 PLC 的软件组成。PLC 的软件由两部分组成，系统程序和用户程序，系统程序由 PLC 生产厂家提供，用户程序由用户采用 PLC 厂家提供的编程语言自主编制，PLC 常用的编程语言有 5 种：梯形图、语句表、顺序功能图、功能块图和结构文本。

2.4节对 OMRON CP1H 系列 PLC 的系统配置进行了介绍。

2.5节通过几个案例对 OMRON CP1H 系列 PLC 的内部编程元件及其应用进行了介绍。内部编程元件常用的有输入/输出继电器、辅助继电器、定时器、计数器等。

2.6节通过一个案例来说明 PLC 的工作原理和工作过程。PLC 采用串行的工作方式，工作过程可以分为上电处理、通信服务与自诊断和执行用户程序扫描等阶段，执行用户程序扫描阶段可以分成 3 个阶段：输入采样阶段、程序执行阶段和输出刷新阶段，PLC 在这 3 个阶段采用集中采样、集中输出的形式工作。

习　题

2-1 什么是 PLC，PLC 有什么特点？

2-2 PLC 的主要性能指标有哪些？

2-3 PLC 控制系统与传统电气控制系统相比，有什么异同点？

2-4 为什么称 PLC 的继电器是软继电器；和物理继电器相比，软继电器在使用上有何特点？

2-5 PLC 是如何分类的；按结构形式不同，PLC 可分为哪几类；各有何特点？

2-6 PLC 的基本单元由哪几部分组成，各部分的作用是什么？

2-7 PLC 的软件由哪几部分组成，各部分的作用是什么？

2-8 PLC 的主要编程语言有哪几种，各有什么特点？

2-9 CP1H 系列 PLC 主要扩展单元有哪些？

2-10 CP1H 系列 PLC 的内部编程元件主要有哪几种，各有什么作用和特点？

2-11 PLC 采用什么工作方式；和传统电气控制系统相比，有什么不同？

2-12 PLC 的中心工作过程分为哪几个阶段，每个阶段完成什么任务？

3 CP1H 可编程控制器基本指令及其应用

本章要点

- 时序输入/输出指令的特点及应用
- 置位/复位指令的特点及应用
- 定时器/计数器指令的特点及应用

3.1 案例一：三相异步电动机的正反转连锁控制——基本指令（一）

生产中许多机械设备往往要求运动部件能向正反两个方向运动，如机床工作台的前进与后退、起重机的上升与下降、传送带的前进与后退等，这些生产机械要求电动机能实现正反转控制。改变通入电动机定子绕组的三相电源相序，即把接入电动机的三相电源进线中的任意两根对调，电动机即可反转。

3.1.1 预备知识

3.1.1.1 时序输入指令

常用的时序输入指令有 LD（读）/LD NOT（读非）、AND（与）/AND NOT（与非）、OR（或）/OR NOT（或非）、AND LD（块与）/OR LD（块或）等。这些指令非常容易理解，在梯形图编写过程中，就是常开触点和常闭触点及其串并联的组合。

3.1.1.2 时序输出指令

常用的时序输出指令有 OUT 和 OUT NOT 指令。下面通过图 3-1 来理解这些指令的作用。

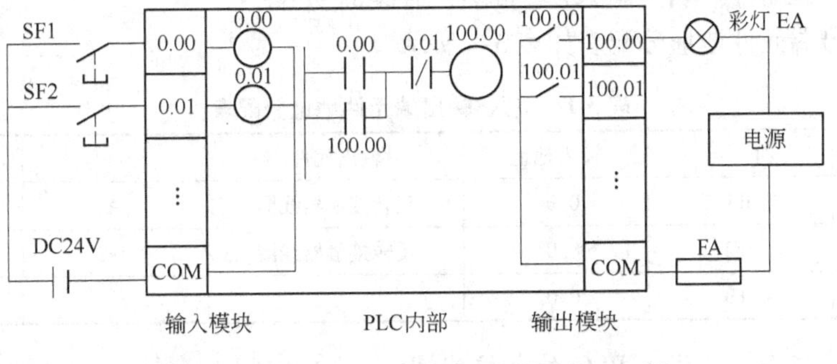

图 3-1 LD、LD NOT、OUT 指令工作原理图

工作过程如下：

当按下按钮 SF1，输入继电器 0.00 线圈经 PLC 的输入侧 COM 端和直流 24V 电源形成

闭合回路，输入继电器 0.00 线圈得电，梯形图中常开触点 0.00 闭合，由于没有按下按钮 SF2，输入继电器 0.01 的线圈没电，常闭触点 0.01 仍然是闭合的，所以输出继电器 100.00 线圈得电，输出端 100.00 的常开触点闭合，并自锁，输出回路中灯 EA，经电源、FA、PLC 输出端 COM 和输出继电器 100.00 的常开触点形成闭合回路，彩灯 EA 被点亮。

当按下按钮 SF2，输入继电器 0.01 线圈经 PLC 的输入侧 COM 端和直流 24V 电源形成闭合回路，输入继电器 0.01 线圈得电，梯形图中常闭触点 0.01 断开，所以输出继电器 100.00 线圈失电，输出端 100.00 的常开触点断开，输出回路中彩灯 EA，经电源、FA、PLC 输出端 COM 和输出继电器 100.00 的常开触点不能形成闭合回路，彩灯 EA 熄灭。

LD、LD NOT、OUT 指令是 PLC 中最常用也是最基本的指令，下面通过波形图来表示其工作原理，如图 3-2 所示。

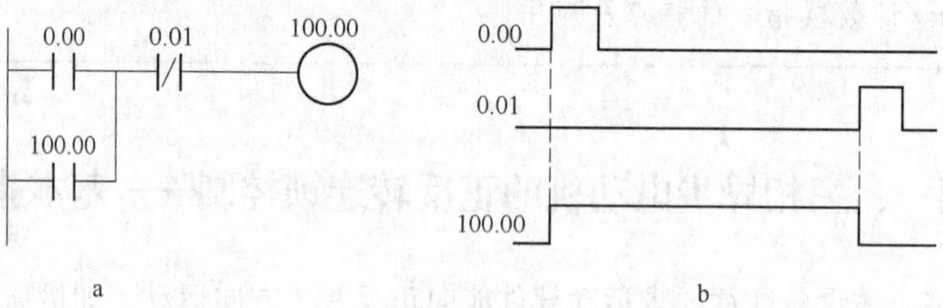

图 3-2 LD、LD NOT、OUT 指令的应用

a—梯形图；b—时序图

3.1.2 控制要求

电动机正反转控制线路如图 1-39a 和 1-39d 所示。要求在电动机运行时，按下正向启动按钮 SF1，接触器 QA1 线圈得电，其常开触点闭合，电动机正转；在电动机运行时，若按下反向启动按钮 SF2，接触器 QA2 线圈得电，其常开触点闭合，电动机反转；停机时按下停止按钮 SF3，QA1 或 QA2 失电，电动机停转；在输出电路中已有电路互锁，要求在梯形图中也要实现软件互锁。

3.1.3 解决方案

3.1.3.1 任务 1：确定输入/输出端元件地址分配

输入/输出端元件地址分配表如表 3-1 所示。

表 3-1 输入/输出端元件地址分配表

输入元件	符 号	输入地址	输出元件	符 号	输出地址
正转按钮	SF1	0.00	正转接触器线圈	QA1	100.00
反转按钮	SF2	0.01	反转接触器线圈	QA2	100.01
停止按钮	SF3	0.02			

3.1.3.2 任务 2：画出 PLC 外部接线图

根据输入/输出端元件分配表，画出 PLC 控制回路接线图，如图 3-3 所示。

3.1.3.3 任务 3：分析前进控制程序的实现

电动机的正转控制需要用到正转启动按钮和停止按钮，正转启动按钮和停止按钮连接

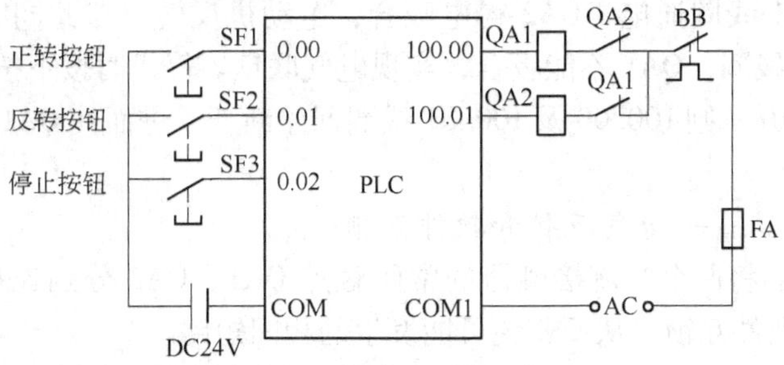

图 3-3 电动机正反转 I/O 接线图

在 PLC 的输入端，正转接触器线圈 QA1 连接在 PLC 的输出端。当接触器的线圈得电，电动机的主回路接通，电动机开始正向转动，实现电动机的正转，符合控制要求的梯形图如图 3-4 所示。

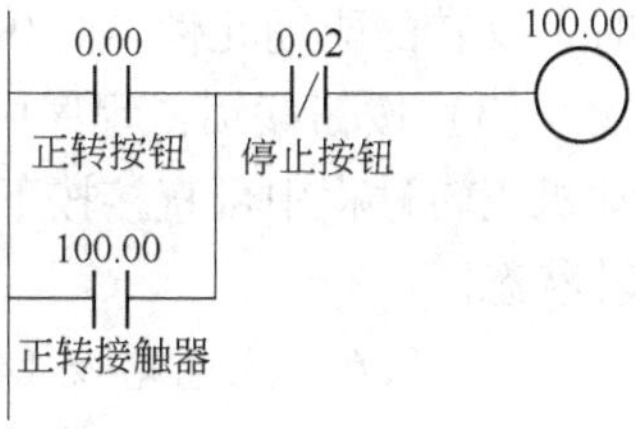

图 3-4 正转控制梯形图

程序的执行过程为：当按下正向启动按钮 SF1，输入继电器常开触点 0. 00 闭合，输出继电器 100. 00 被驱动，接触器 QA1 线圈得电，其常开触点闭合，电动机正向转动。当按下停止按钮 SF3，其常闭触点 0. 02 断开，使输出继电器 100. 00 失电，从而导致 QA1 失电，电动机停止转动。程序中 100. 00 的常开触点并联在常开触点 0. 00 上，作用是当正向启动按钮松开后，0. 00 断开后，由于输出继电器 100. 00 得电，其常开触点闭合，实现自锁。

3. 1. 3. 4 任务 4：完善梯形图，实现软件互锁

实际应用中，为了安全起见，电动机的正反转控制，不仅要硬件电路实现互锁，软件上也要实现互锁。通过进一步分析，电动机的正反转控制完整的梯形图如图 3-5a 所示，指令表如图 3-5b 所示。

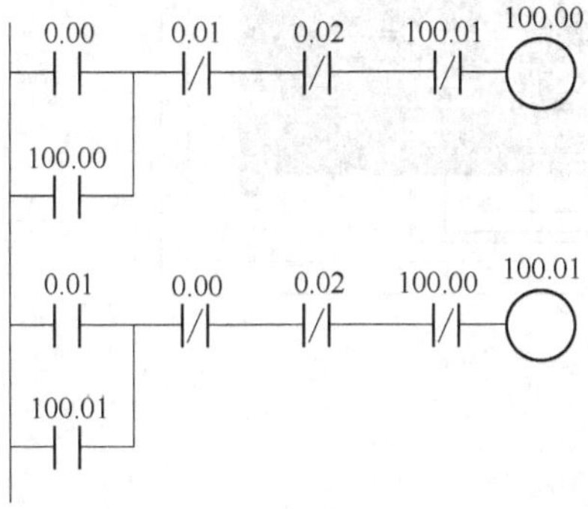

a

1	LD	0.00	7	LD	0.01
2	OR	100.00	8	OR	100.01
3	AND NOT	0.01	9	AND NOT	0.00
4	AND NOT	0.02	10	AND NOT	0.02
5	AND NOT	100.01	11	AND NOT	100.00
6	OUT	100.00	12	OUT	100.01

b

图 3-5 电动机正反转控制

a—梯形图；b—语句表

完整的工作过程如下：按下正向启动按钮 SF1，输入继电器 0. 00 的常开触点闭合，使 100. 00 得电吸合，线圈 QA1 通电，则电动机正转。与此同时，100. 00 的常闭触点断开 100. 01 的线圈，确保 QA2 不能吸合，实现电气互锁。按下反向启动按钮 SF2 时，0. 01 常

开触点闭合，100.01 线圈通电，QA2 得电吸合，电动机反转。与此同时，100.01 的常闭触点断开 100.00 的线圈，QA1 不能吸合，实现电气联锁。停机时按下按钮 SF3，输入继电器 0.02 常闭触点断开，则 100.00 及 100.01 线圈回路断开，进而使 QA1 或 QA2 失电释放，电动机停下来。

3.1.3.5 知识点——电气互锁和软件互锁

（1）硬件互锁：将两个交流接触器的常闭触点 QA1、QA2 分别连接到 QA2、QA1 的线路支路中，形成硬件互锁，从而避免可能发生的相间短路。

（2）软件互锁：在梯形图 3-5a 中，在两个接触器的驱动电路中分别串联另一个接触器的常闭触点，如 100.01 支路串联 100.00 的常闭触点，可使正转的驱动元件 100.00 为 1 时，反转的驱动元件 100.01 不可能同时接通，这种结构称为软件互锁。

（3）按钮联锁：程序中将反转按钮 0.01 的常闭触点串联于控制正转的支路中，则电动机正转过程中可直接按下反转按钮，而无需按下停止按钮就阻止其前进，转而切换到反转状态。

3.1.3.6 主电路及 I/O 接线图

PLC 实物和电动机的主电路接线如图 3-6 所示，接触器 1 的线圈回路应串联接触器 2 的常闭触点，接触器 2 的线圈回路应串联接触器 1 的常闭触点，由于图中不好画出，在此没有表示出来。

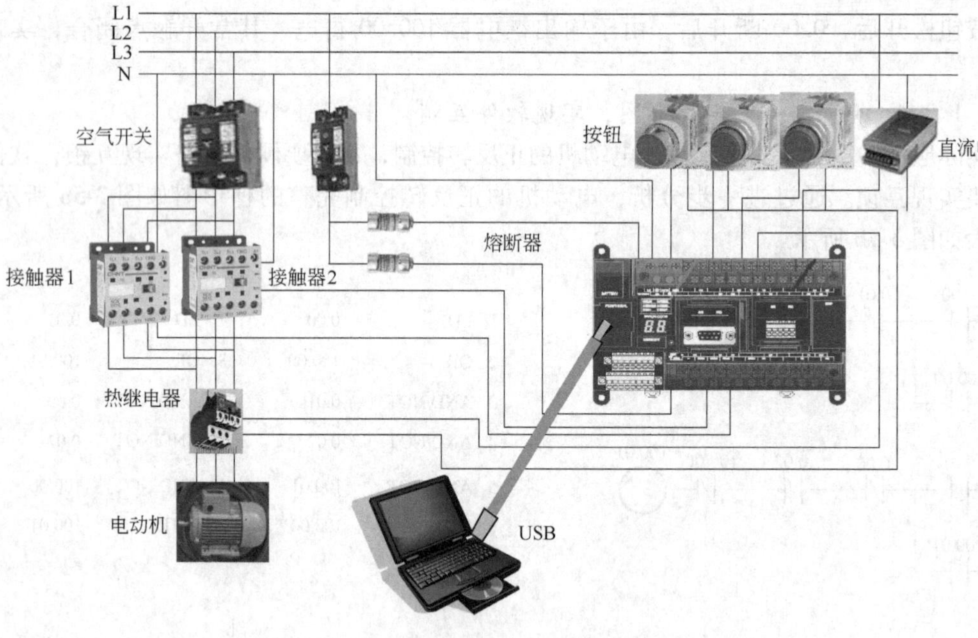

图 3-6 主电路及 I/O 接线图

3.1.4 知识进阶

3.1.4.1 逻辑取与输出线圈驱动指令（LD、LD NOT、OUT）

逻辑取与输出线圈驱动指令见表 3-2，其应用示例如图 3-7 所示。

表 3-2 顺序输入指令

指令名称	助记符	梯形图符号	一般功能	操作数
读	LD	母线 a　电路块接点 a	用于从左母线开始的第一个常开接点或者电路块的第一个常开接点	CIO 区、W 区、H 区、A 区、T 区、C 区、任务标志区、条件标志、时钟脉冲、使用变址寄存器间接寻址
读非	LD NOT	母线 a　电路块接点 a	用于从左母线开始的第一个常闭接点或者电路块的第一个常闭接点	
输出	OUT		继电器线圈的驱动指令，将逻辑运算的结果输出，驱动继电器线圈	

说明：

（1）LD 与 LD NOT 指令用于将触点连接到母线上。

（2）OUT 指令用于将逻辑运行结果驱动一个线圈，它不能用于输入继电器，它可连续使用若干次，相当于线圈并联，但不可串联。

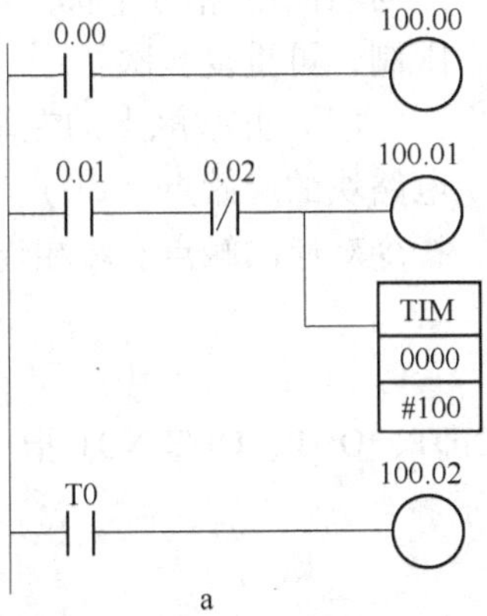

a

0	LD	0.00
1	OUT	100.00
2	LD	0.01
3	AND NOT	0.02
4	OUT	100.01
5	TIM	0000
6		#100
7	LD	T0
8	OUT	100.02

b

图 3-7 LD、LD NOT、OUT 指令

a—梯形图；b—语句表

3.1.4.2 单触点串并联指令（AND、AND NOT、OR、OR NOT）

单触点串联指令如表 3-3 所示，其应用示例如图 3-8 所示。

表 3-3 单触点串并联指令

指令名称	助记符	梯形图符号	一般功能	操作数
与	AND	a	取指定的常开接点与前面的输入条件串联	CIO 区、W 区、H 区、A 区、T 区、C 区、任务标志区、条件标志、时钟脉冲、使用变址寄存器间接寻址
与非	AND NOT	a	取指定的常闭接点与前面的输入条件串联	
或	OR	母线 a　a	取指定的常开接点与前面的输入条件并联	

续表 3-3

指令名称	助记符	梯形图符号	一般功能	操作数
或非	OR NOT	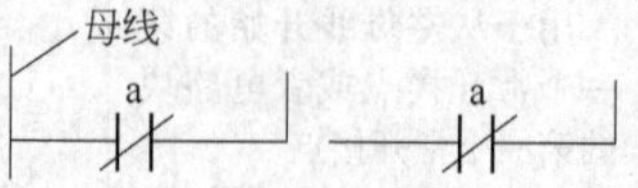	取指定的常闭接点与前面的输入条件并联	

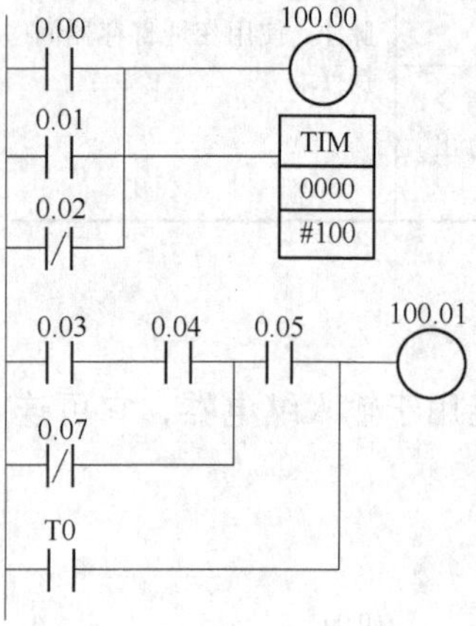

0	LD	0.00
1	OR	0.01
2	OR NOT	0.02
3	OUT	100.00
4	TIM	0000
5		#100
6	LD	0.03
7	AND	0.04
8	OR NOT	0.07
9	AND	0.05
10	OR	T0
11	OUT	100.01

a　　b

图 3-8　AND、AND NOT、OR、OR NOT 指令
a—梯形图；b—语句表

说明：

（1）AND、AND NOT 指令用于单个触点与前面电路的串联，串联点的数目无限制，可重复多次。

（2）在 OUT 指令后，通过触点再驱动其他线圈，称为连续纵接输出，这种输出顺序正确时可多次使用。

（3）OR、OR NOT 指令用于单个触点与前面电路的并联，并联点的数目无限制，可重复多次。

（4）并联触点的左端接到该并联的电路块的起始点（LD）上，右端与前一指令对应的触点右端相连。

3.1.5　应用拓展

LD、LD NOT、AND、AND NOT、OR、OR NOT、OUT、OUT NOT 指令应用：将对应的梯形图程序写成指令语句的形式，如图 3-9 所示。

3.1.6　思考题

写出图 3-10 所示梯形图对应的指令表。

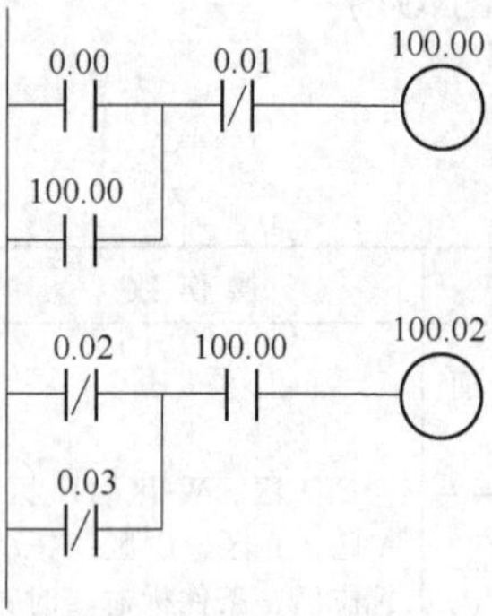

1	LD	0.00
2	OR	100.00
3	AND NOT	0.01
4	OUT	100.00
5	LD NOT	0.02
6	OR NOT	0.03
7	AND	100.00
8	OUT	100.02

a　　b

图 3-9　LD、LD NOT、AND、AND NOT、OR、OR NOT、OUT 指令的应用
a—梯形图；b—语句表

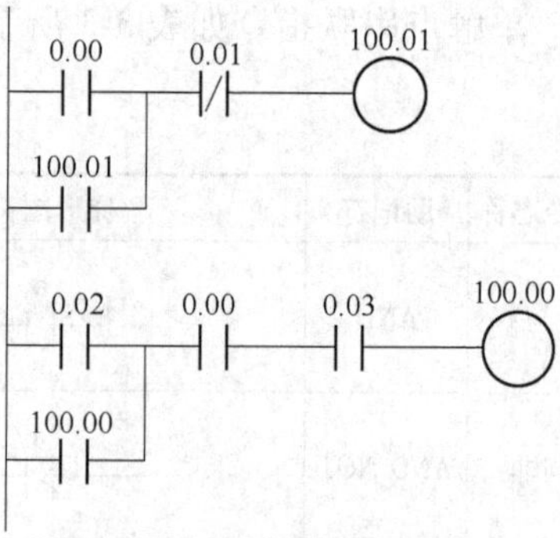

图 3-10　思考练习题的图

3.2　案例二：水塔水位的控制——基本指令（二）

在一般住宅或大楼的顶楼常设置水塔或者水箱以提供充足的供给水压，另备地下蓄水池，用来自自来水公司的水源供楼顶的水塔或者水箱进水使用。水塔供水的主要问题是塔内水位一定要保持在一定的范围内，一般要求是全自动型，能实现无人值守，缺水自动补水，水满能自动停止进水，并且要求水塔水位控制安全，稳定可靠。

3.2.1　预备知识

置位、复位、保持指令的助记符、名称、功能、梯形图如表 3-4 所示。

表 3-4　置位、复位、保持指令

指令名称	助记符	梯形图符号	一般功能	说明
置位	SET	SET N	当执行条件为 ON 时，使指定的继电器 ON，置位后若执行条件变为 OFF 时，不会影响继电器 N 的状态	①N 为元件的地址； ②置位 SET、复位 RSET 指令能单独使用； ③保持指令 KEEP 是置位指令和复位指令的组合，置位在先，复位在后，不能交换次序，S 和 R 也不能单独使用
复位	RSET	RSET N	当执行条件为 ON 时，使指定的继电器 OFF，置位后若执行条件变为 OFF 时，不会影响继电器 N 的状态	
保持	KEEP	S(置位)—— KEEP R(复位)—— N N:继电器编号	当置位 S 端为 ON 时，KEEP 指令使 N 变为 ON 并保持，直到复位端 R 为 ON 才变为 OFF。当 S 和 R 同时为 ON 时，R 端输入优先	

置位、复位和保持指令的功能可用图 3-11 形象地说明。

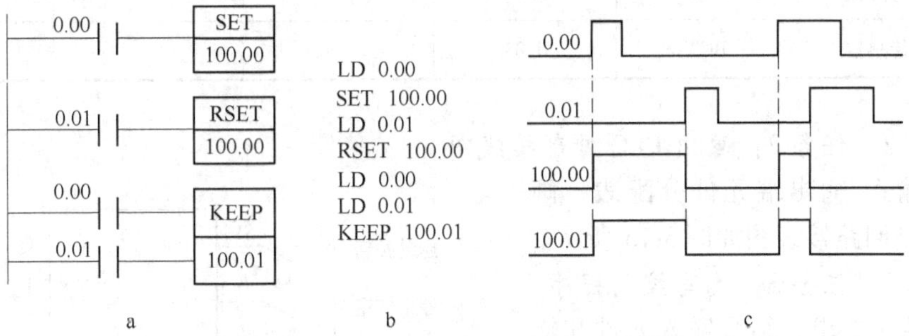

图 3-11　SET、RSET、KEEP 指令的应用

a—梯形图；b—语句表；c—波形图

3.2.2　水塔水位的控制要求

有一储水罐，要求存储的下水位不能低于水罐的 1/5，上水位不能高于水罐的 7/8。为此在水罐的 1/5 处和 7/8 处分别装有水位传感器 BG2 和 BG1，当水位低于 1/5 时，传感器 BG2 输出开关信号 ON，当水位高于 7/8 时，传感器 BG1 输出开关信号 ON。水罐由水泵

供水，按下启动按钮 SF1，水泵供水，当水位上升到 7/8 处时，水泵自动停止；当用户用水使水位降低到 1/5 处时，水泵自动启动。另有停止按钮 SF2 和热继电器 BB，用于随时控制水泵停止和过载保护。水塔的示意图如图 3-12 所示。

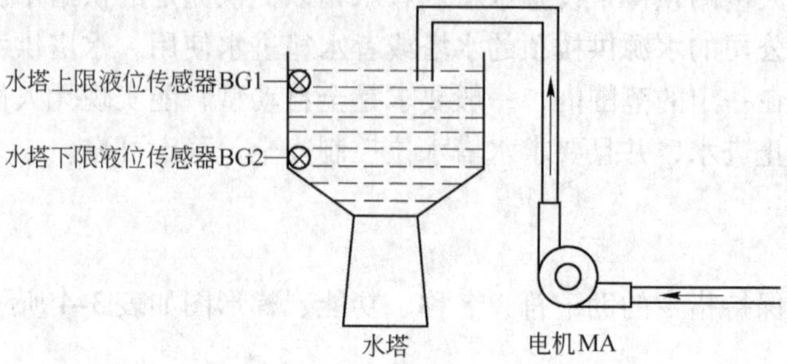

图 3-12 水塔水位控制示意图

3.2.3 解决方案

3.2.3.1 任务 1：确定输入/输出端元件分配

输入/输出端元件分配表如表 3-5 所示。上限液位传感器是常开的光纤传感器，下限液位传感器为常闭光纤传感器。

表 3-5 水塔水位控制 I/O 分配表

输入元件	符 号	输入地址	输出元件	符 号	输出地址
启动按钮	SF1	0.00	正转接触器	QA	100.00
停止按钮	SF2	0.01			
上限液位传感器	BG1	0.02			
下限液位传感器	BG2	0.03			

3.2.3.2 任务 2：画出 PLC 外部接线图

根据输入/输出端元件分配表，画出 PLC 控制回路接线图如图 3-13 所示。

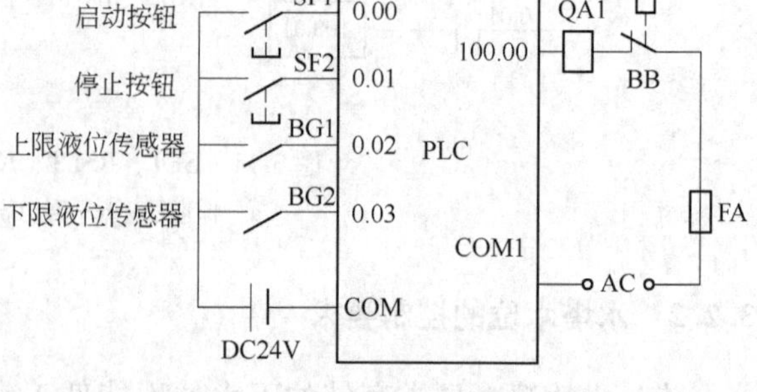

图 3-13 水塔水位控制 I/O 接线图

3.2.3.3 任务 3：编写控制程序

根据控制要求，结合输入元件和输出元件的地址，编写梯形图程序，如图 3-14 所示。

3.2.3.4 任务 4：分析程序

水泵工作过程为：按下启动按钮或者水位低于下限液位传感器 GB2 时，输入继电器 0.00 或者 0.03 接通，输出 100.00 置 1，水泵开始工作，水位不断升高，当水位超过上限液位传感器 GB1 时，上限液位传感器 BG1 接通，使输出继电器 100.00 复位，接触器 QA 失电，切断水泵的主回路，水泵停止工作。

随着居民不断地用水，水位不断下降，当水位低于下限液位传感器 BG2 时，输入继电器 0.03 接通，输出 100.00 置 1，水泵重新开始工作，水位又开始不断地升高，当升高到上限液位传感器 BG1 时，传感器接通，使输出继电器 100.00 复位，接触器 QA 失电，切断水泵的主回路，水泵停止工作。这样水泵周而复始地工作，直到按下停止按钮。

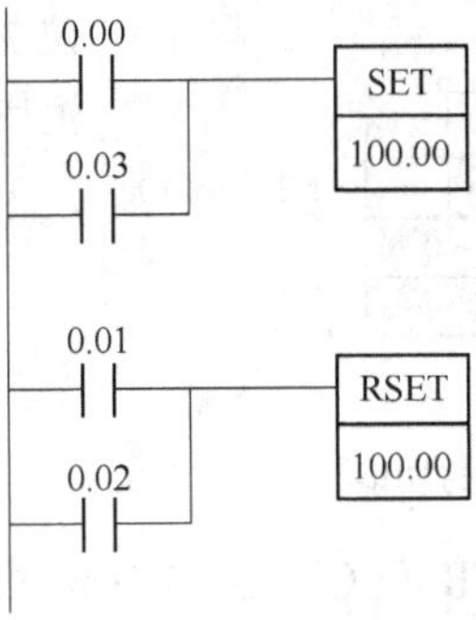

0	LD	0.00
1	OR	0.03
2	SET	100.00
3	LD	0.01
4	OR	0.02
5	RSET	100.00

a　　b

图 3-14　水塔水位控制梯形图程序和语句表（一）

a—梯形图；b—语句表

3.2.3.5　任务 5：用 KEEP 指令编写程序

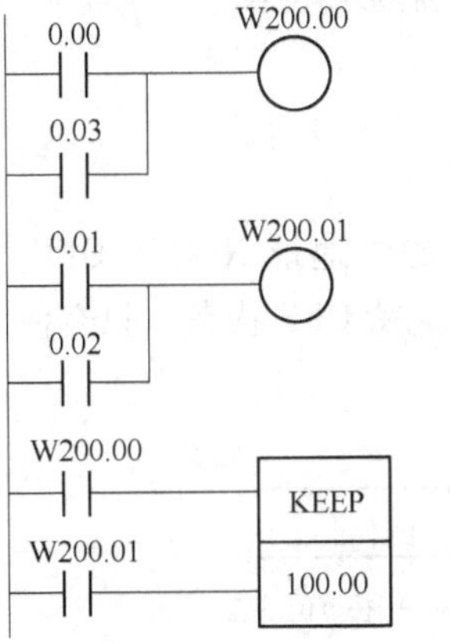

0	LD	0.00
1	OR	0.03
2	OUT	W200.00
3	LD	0.01
4	OR	0.02
5	OUT	W200.01
6	LD	W200.00
7	LD	W200.01
8	KEEP	100.00

a　　b

图 3-15　水塔水位控制梯形图程序和语句表（二）

a—梯形图；b—语句表

欧姆龙公司的 CP1H 系列的 PLC 还有保持指令，用保持指令来编写该程序如图 3-15 所示。为了使梯形图更加简洁，将 0.00、0.03 和 0.01、0.02 分别并联组合，组合结果用 W200.00 和 W200.01 表示，其执行结果和用启保停电路、置位/复位指令编写的程序相同。其工作原理请读者自行分析。

3.2.4　知识进阶

3.2.4.1　SETA 和 RSTA 指令的应用

A　SETA 指令和 RSTA 指令的梯形图符号

SETA 指令和 RSTA 指令的梯形图符号如图 3-16 所示。

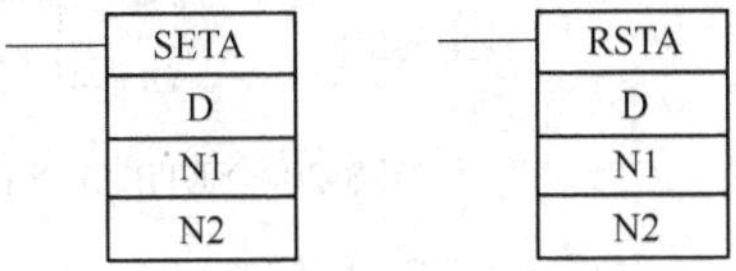

图 3-16　SETA 和 RSTA 梯形图符号

B　SETA 指令的功能

SETA 指令的功能是从 D 所指定的低位 CH 编号的 N1 中指定的开始位（BIN），将高位侧连续指定的位数（N2）置于 ON，指定范围以外的位的数据保持不变。

操作数说明：

N1：0000 ~ 000F Hex 或 10 进制 &0 ~ 15；

N2：0000 ~ FFFF Hex 或 10 进制 &0 ~ 65535；

D：CH　编号，最大为 4096CH。

SETA 指令的功能说明如图 3-17 所示。

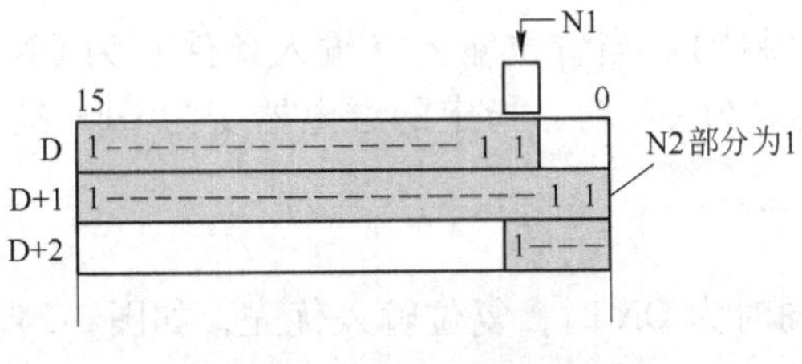

图 3-17　SETA 指令的功能

C　RSTA 指令的功能

RSTA 指令的功能是从 D 所指定的低位 CH 编号的 N1 中指定的开始位（BIN），将高

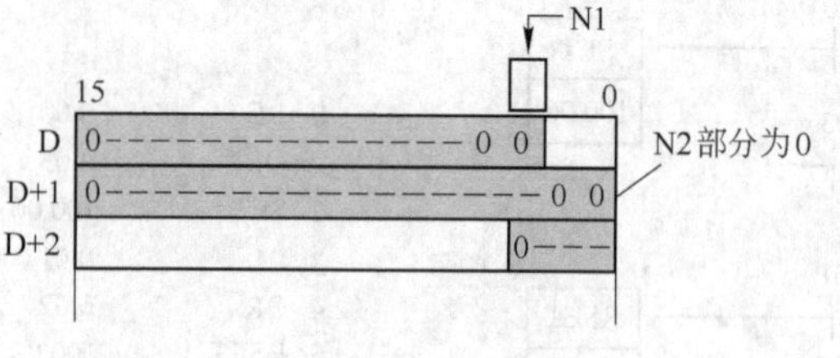

图 3-18 RSTA 指令的功能

位侧连续指定的位数（N2）置于 OFF，指定范围以外的位的数据保持不变。

操作数说明：

N1：0000 ~ 000F Hex 或 10 进制 &0 ~ 15；

N2：0000 ~ FFFF Hex 或 10 进制 &0 ~ 65535；

D：CH 编号，最大为 4096 CH。

RSTA 指令的功能说明如图 3-18 所示。

3.2.4.2 SETB、RSTB 和 OUTB 指令的应用

A SETB 指令和 RSTB 指令的梯形图符号

SETB 指令和 RSTB 指令的梯形图符号如图 3-19 所示。

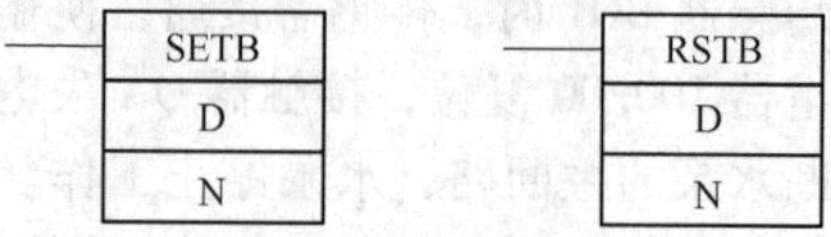

图 3-19 SETB 指令和 RSTB 指令的梯形图符号

B SETB 指令的功能

SETB 指令的功能是当输入条件为 ON 时，将 D 所指定的 CH 的位地址 N 置于 ON，即使输入条件变为 OFF，D 所指定的 CH 的位地址 N 也保持不变，如图 3-20 所示。

C RSTB 指令的功能

RSTB 指令的功能是当输入条件为 ON 时，将 D 所指定的 CH 的位地址 N 置于 OFF。即使输入条件变为 OFF，指定接点 D 所指定的 CH 的位地址 N 始终保持 OFF 状态。只有使用 SETB 指令，才能进入 ON 状态，如图 3-21 所示。

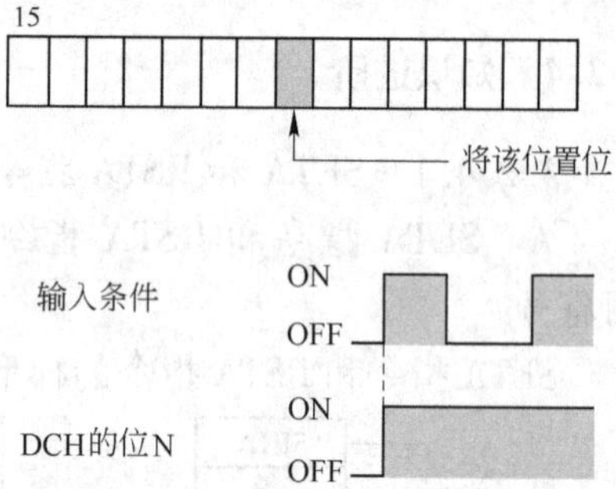

图 3-20 SETB 指令的功能

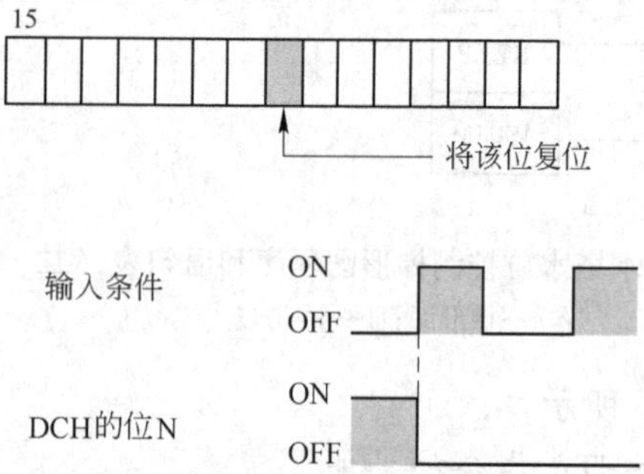

图 3-21 RSTB 指令的功能

D OUTB 指令的功能

OUTB 指令的功能是当输入条件为 ON 时，将 D 所指定的 CH 位地址 N 置于 ON。输入条件为 OFF 时，将 D 所指定的 CH 的位地址 N 置于 OFF，如图 3-22 所示。

3.2.4.3 KEEP 指令的应用

KEEP 指令的作用是保持继电器的动作（自保持）。当置位输入（输入条件）为 ON 时，保持所指定的继电器的 ON 状态。当复位输入为 ON 时，指定的继电器变为 OFF 状态。它的功能如图 3-23 所示。

说明：

（1）当置位输入（输入条件）和复位输入同时为 ON 时，复位输入优先，如图 3-24 所示。

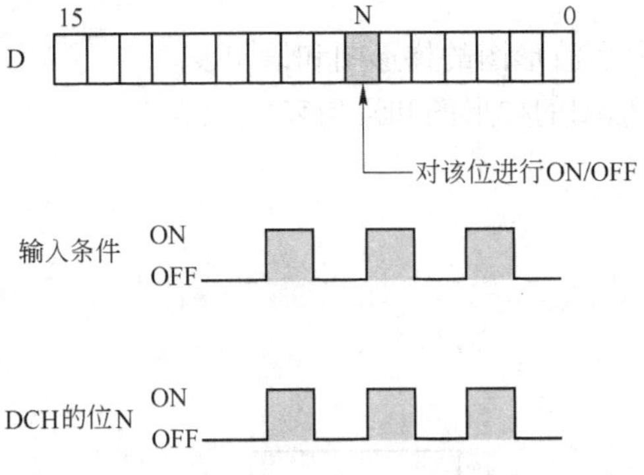

图 3-22　OUTB 指令的功能

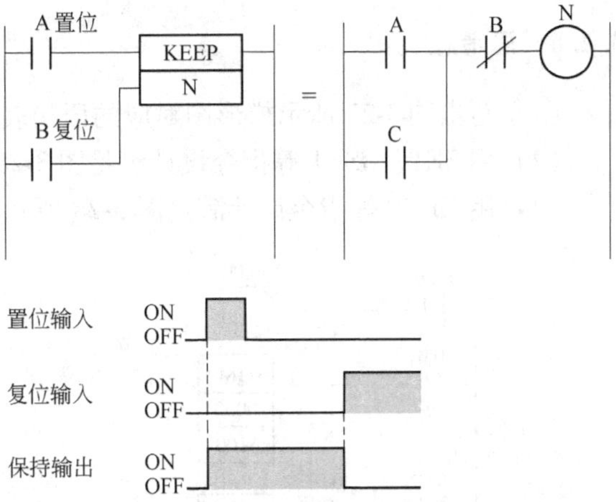

图 3-23　KEEP 指令的功能

（2）当复位输入为 ON 时，不接受置位输入（输入条件），如图 3-25 所示。

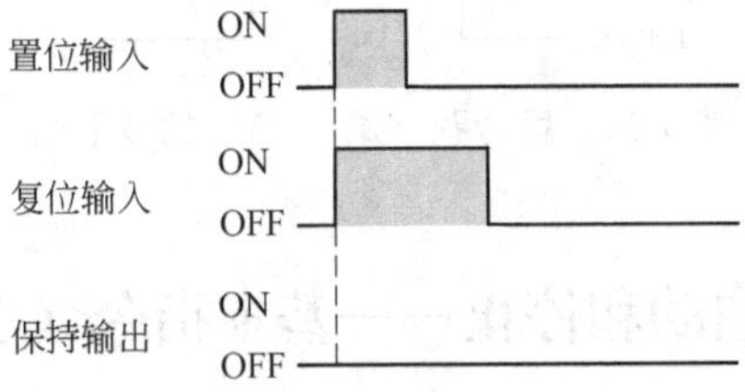

图 3-24　使用 KEEP 指令说明（一）

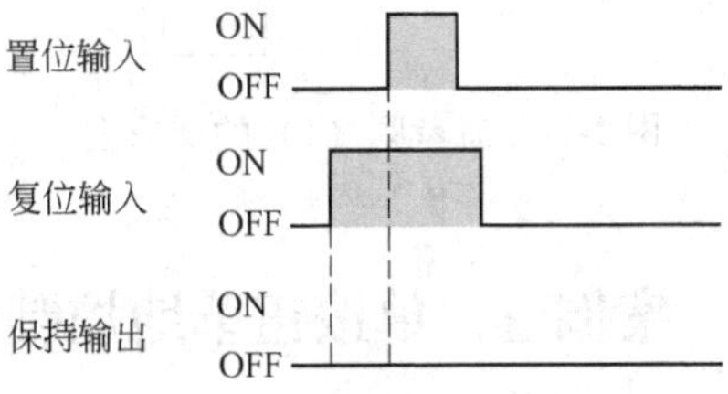

图 3-25　使用 KEEP 指令说明（二）

利用 SETB（532）/RSTB（533）也可以和 KEEP 指令一样直接对操作数的位进行置位或复位，但使用时有些不同。KEEP 指令的置位和复位输入必须与这个指令一起编入程序，而 SETB（532）/RSTB（533）完全可以独立编程，并可任意次使用。

3.2.5　应用拓展

结合前面学到的 SET、RSET 等指令，思考如何设计延时接通、延时断开电路。控制系统要求由启动按钮和停止按钮分别控制 1 号电动机的启动和停止；而 2 号电动机是在 1 号电动机运行 10s 后自动启动运行（即延时接通），2 号电动机的停止也是在 1 号电动机停止 5s 后自动停止运行（即延时断开）。输入端启动按钮对应输入继电器 0.00，停止按钮对应输入继电器 0.01，输出端 1 号电动机对应输出继电器 100.00，2 号电动机对应输出继电器 100.01，则梯形图和助记符程序可做如下设计，如图 3-26 所示。

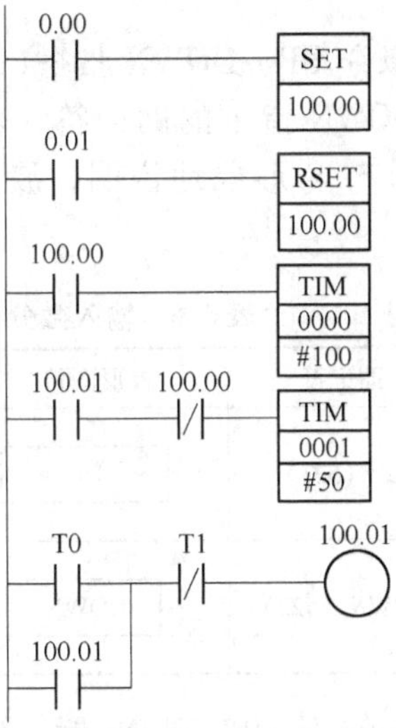

a

0	LD	0.00
1	SET	100.00
2	LD	0.01
3	RSET	100.01
4	LD	100.00
5	TIM	0000
6		#100
7	LD	100.01
8	AND NOT	100.00
9	TIM	0001
10		#50
11	LD	T0
12	OR	100.01
13	AND NOT	T1
14	OUT	100.01

b

图 3-26　延时接通和延时断开梯形图程序和语句表

a—梯形图；b—语句表

3.2.6 思考题

（1）写出图 3-27 所示梯形图对应的语句表。

（2）用 SET、RSET 等指令设计满足图 3-28 所示波形图的梯形图和语句表。

（3）用 KEEP 等指令设计满足图 3-28 所示波形图的梯形图和语句表。

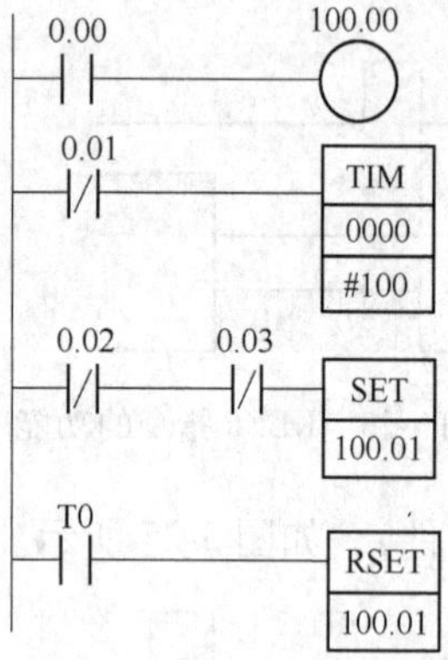

图 3-27 思考题（1）的梯形图

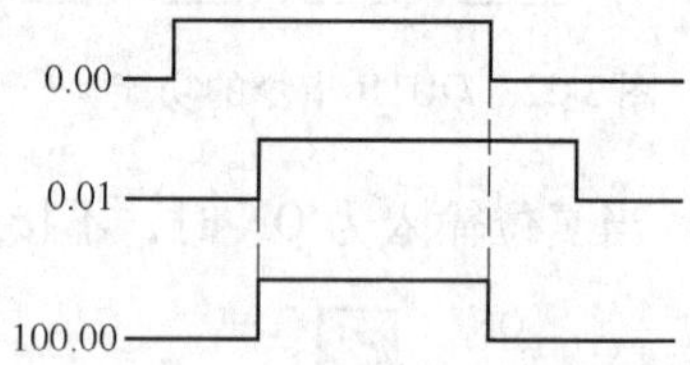

图 3-28 思考题（2）、（3）的波形图

3.3 案例三：单按钮单地控制电动机的启动和停止——基本指令（三）

下面来讨论如何用一个普通按钮就能实现启动、停止电路中两个按钮作用的控制方法。

3.3.1 预备知识

3.3.1.1 输入微分 UP、DOWN 指令

脉冲输入 UP、DOWN 指令的助记符、名称、功能、梯形图见表 3-6。UP、DOWN 指令的作用可以用图 3-29 形象地说明，波形图中的高电平表示常开触点闭合或线圈得电。

表 3-6 输入微分 UP、DOWN 指令

指令名称	助记符	梯形图符号	一 般 功 能
功率流上升沿微分	UP（521）	—[UP]—	当输入条件为上升沿时，将使 UP 指令相连接的下一个指令的执行条件接通一个周期
功率流下降沿微分	DOWN（522）	—[DOWN]—	当输入条件为下降沿时，将使 DOWN 指令相连接的下一个指令的执行条件接通一个周期

在图 3-29a 中，0.00 从 OFF 到 ON 时，仅有一周期 100.00 变为 ON；在图 3-29b 中，0.00 从 ON 到 OFF 时，仅有一周期 100.00 变为 ON。

3.3.1.2 输出微分 DIFU、DIFD 指令

脉冲输出 DIFU、DIFD 指令的助记符、名称、功能、梯形图和操作数见表 3-7。

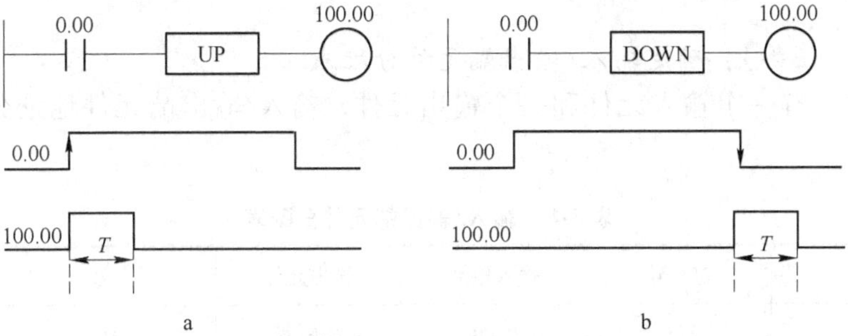

图 3-29 UP、DOWN 指令的应用

a—UP 指令；b—DOWN 指令

表 3-7 DIFU、DIFD 指令功能表

指令名称	助记符	梯形图符号	一 般 功 能
上升沿微分	DIFU（013）	DIFU N	当检测到执行条件从 OFF→ON（上升沿）变化瞬间，继电器 N 在一个扫描周期内为 ON
下降沿微分	DIFD（014）	DIFD N	当检测到接收条件从 ON→OFF（下降沿）变化瞬间，继电器 N 在一个扫描周期内为 ON

脉冲输出指令的作用可以用图 3-30 形象地说明。波形图中的高电平表示常开触点闭合或者线圈得电。

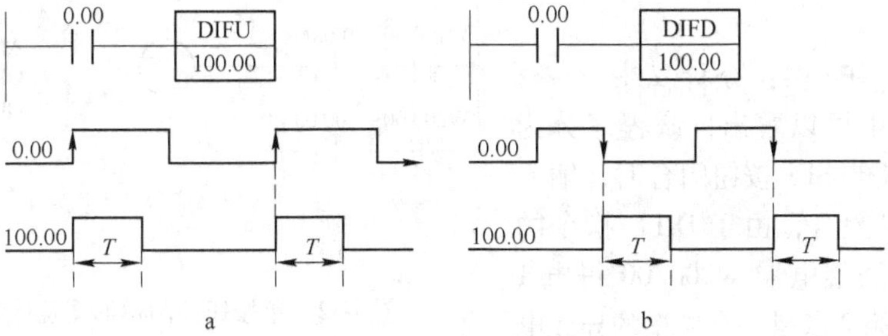

图 3-30 DIFU、DIFD 指令的应用

a—上升沿微分指令；b—下降沿微分指令

在图 3-30a 中，0.00 从 OFF 到 ON 时，100.00 仅在 1 个周期内变为 ON；在图 3-30b 中，0.00 从 ON 下降到 OFF 时，100.00 仅在 1 个周期内变为 ON。

3.3.2 单按钮控制要求

单按钮控制，就是采用一只普通按钮接入 PLC 的输入点，编写用户程序，当按一次按钮时，相应的输出点为 ON，再按一次该按钮，该输出点为 OFF，如此不断循环执行。

3.3.3 解决方案

从逻辑上讲，上述控制是一种双稳态电路，又称为分频电路，即输出信号的频率是输入信号频率的 1/2。对于双稳态电路没有专门的指令，通常利用微分指令和其他指令的组合来完成。

3.3.3.1 任务1：确定输入/输出端元件分配表

该设计中只有一个输入元件和一个输出元件，输入/输出端元件地址分配如表3-8所示。

表3-8 输入/输出端元件分配表

输入元件	符 号	输入地址	输出元件	符 号	输出地址
启动按钮	SF1	0.00	接触器	QA	100.00

3.3.3.2 任务2：画出PLC的外部接线图

根据控制要求分析，本项目只有1个输入元件，1个输出元件，PLC的外部接线图如图3-31所示。

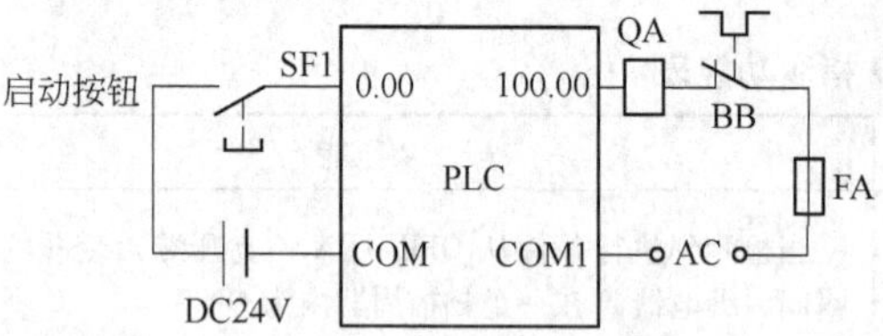

图3-31 单按钮控制I/O接线图

3.3.3.3 任务3：编写控制梯形图

应用输入/输出指令和微分指令，能方便地写出使用单按钮实现电动机启动、停止控制的梯形图程序，为简单起见，以下程序统一设定输入元件为普通按钮SF1，输出元件为接触器QA。利用微分指令和节点组合编写单按钮控制梯形图，如图3-32所示。

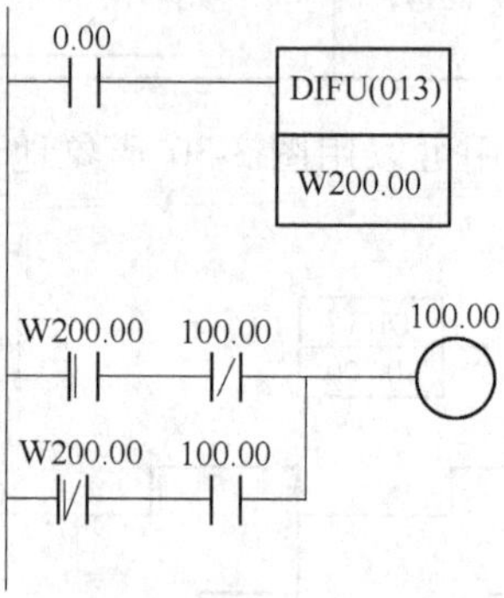

a

```
0 LD         0.00
1 DIFU       W200.00
2 LD         W200.00
3 AND NOT    100.00
4 LD NOT     W200.00
5 AND        100.00
6 OR LD
7 OUT        100.00
```

b

图3-32 单按钮控制梯形图程序和语句表

a—梯形图；b—语句表

3.3.3.4 任务4：分析程序

从梯形图中可以看出，该程序分为2条，第1条是当SF1按钮闭合时，输入节点0.00同时闭合，由于DIFU指令的作用，内部辅助继电器W200.00得电1个扫描周期；第2条是一个典型的异或电路，即：$100.00 = \overline{W200.00\uparrow} \cdot 100.00 + W200.00\uparrow \cdot \overline{100.00}$。它将W200.00的状态和输出继电器100.00的状态相异或后，在100.00输出。

它的工作过程为：

第1次按下按钮SF1，在W200.00上产生一个上升沿脉冲（ON），线圈100.00的状态（OFF）和W200.00的状态（ON）相异或，在线圈100.00得到结果为ON；松开按钮之后，输出100.00仍然是接通的。

第2次按下按钮SF1，在W200.00上又产生一个上升沿脉冲（ON），此时因为线圈100.00的当前状态为ON，两个异或，和W200.00的状态（ON）相异或，在线圈100.00得到结果为OFF。

这样，每按一次按钮SF1，输出线圈100.00的状态就改变一次，接触器QA得电或者失电一次，达到了在单按钮的控制下，电动机的启动和停止。

3.3.4 知识进阶

3.3.4.1 DIFU 和 DIFD 指令的应用

使用 DIFU 和 DIFD 指令时要注意：

在第 n 次扫描时检测到输入条件为 OFF、第 $n+1$ 次扫描检测到输入条件为 ON 时，DIFU 指令才会被执行。如果开机时执行条件已为 ON，则 DIFU 指令不执行。同样，开机时执行条件已为 OFF，则 DIFD 指令也不执行。

图 3-33 所示为 DIFU 和 DIFD 指令的应用实例。图中 T_s 是扫描周期，0.05 是 DIFU 和 DIFD 指令的执行条件。从触点 0.05 由 OFF 变为 ON 开始，继电器 W0.00 只接通一个扫描周期；从触点 0.05 由 ON 变为 OFF 开始，保持继电器 H0.00 只接通一个扫描周期。

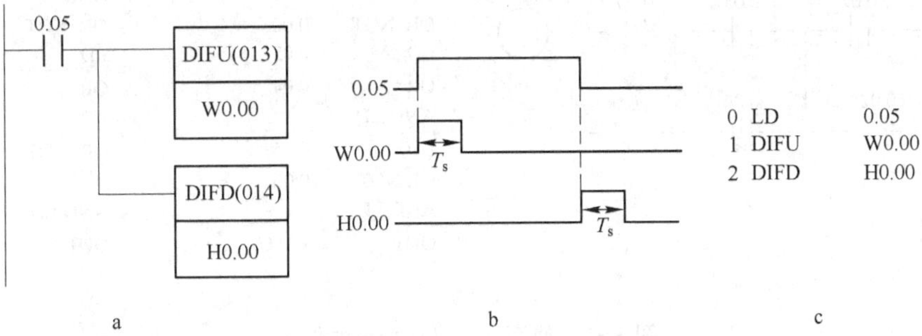

图 3-33 DIFU、DIFD 指令的应用

a—梯形图；b—波形图；c—语句表

DIFU 和 DIFD 指令常用在下面的几种场合。

（1）利用 DIFU 和 DIFD 指令的操作位作为某指令的执行条件，使某条指令只在一个扫描周期中执行一次。

（2）利用 DIFU 和 DIFD 指令产生脉冲信号。

3.3.4.2 块指令和非指令

块指令和非指令的名称、助记符、梯形图及功能见表 3-9。

表 3-9 块指令和非指令

指令名称	助记符	梯形图符号	一般功能
块与	AND LD	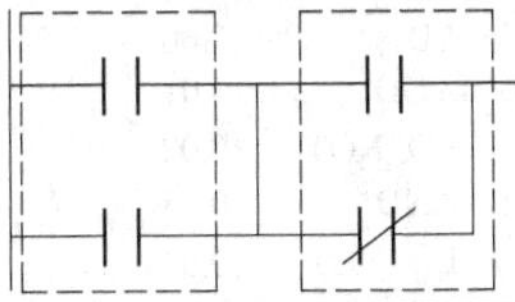	并联电路块相串联的指令
块或	OR LD	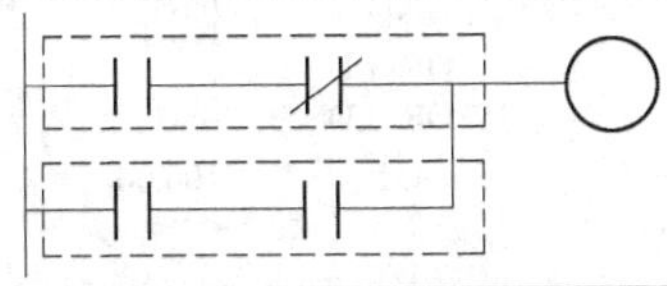	串联电路块相并联的指令
非	NOT（520）		将输入条件取反的指令

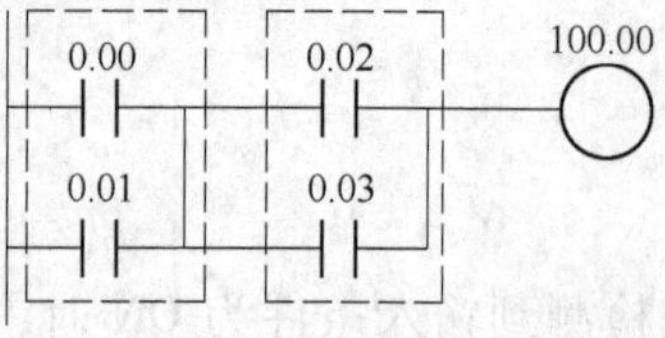

a

LD	0.00
OR	0.01
LD	0.02
OR	0.03
AND LD	
OUT	100.00

b

图 3-34 ADN LD（块与）指令的应用
a—梯形图；b—语句表

AND LD 指令的应用如图 3-34 所示。

串联 3 个以上的电路块时，可以采取顺次连接的形式，即先通过 AND LD 指令串联 2 个电路块后，再通过 AND LD 指令串联下一个电路块。另外，也可以在做好 3 个以上的电路块之后连续使用 AND LD 指令进行一次性串联，如图 3-35 所示。

OR LD 指令的应用如图 3-36 所示。

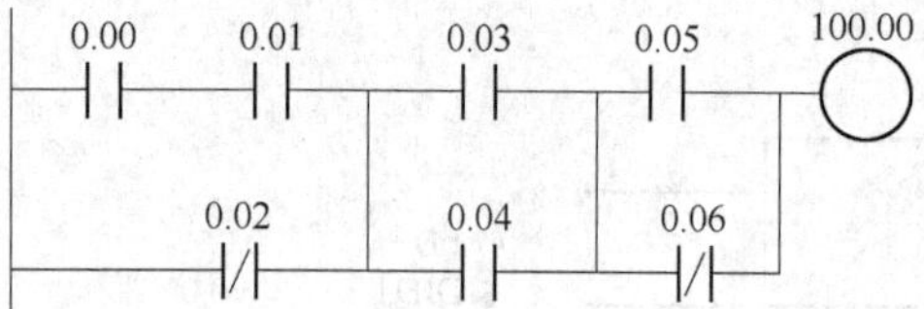

a

方法1		方法2	
LD	0.00	LD	0.00
AND	0.01	AND	0.01
OR NOT	0.02	OR NOT	0.02
LD	0.03	LD	0.03
OR	0.04	OR	0.04
AND LD		LD	0.05
LD	0.05	OR NOT	0.06
OR NOT	0.06	AND LD	
AND LD		AND LD	
OUT	100.00	OUT	100.00

b

图 3-35 使用 AND LD 指令的例子
a—梯形图；b—语句表

并联 3 个以上的电路块时，可以采取顺次连接的形式，即先通过 OR LD 指令并联 2 个电路块后，再通过 OR LD 指令并联下一个电路块。另外，也可以在做好 3 个以上的电路块之后连续使用 OR LD 指令进行一次性并联，如图 3-37 所示。

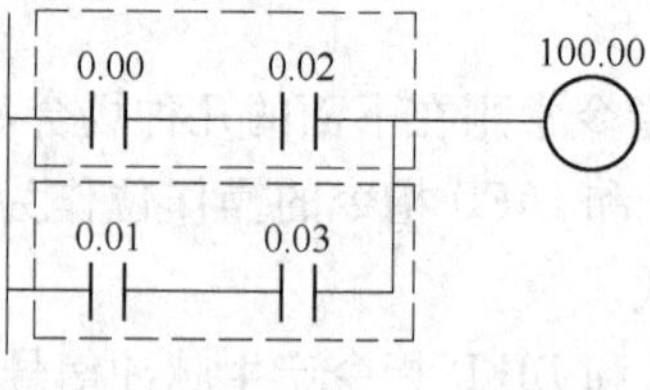

a

LD	0.00
AND	0.02
LD	0.01
AND	0.03
OR LD	
OUT	100.00

b

图 3-36 OR LD（块或）指令的应用
a—梯形图；b—语句表

说明：

（1）两个或两个以上触点并联的电路称为并联电路块；两个或两个以上触点串联的电路称为串联电路块。建立电路块用 LD

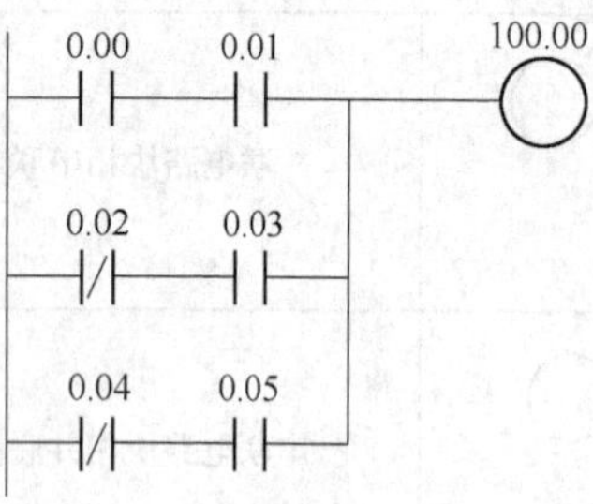

a

方法1		方法2	
LD	0.00	LD	0.00
AND	0.01	AND	0.01
LD NOT	0.02	LD NOT	0.02
AND	0.03	AND	0.03
LD NOT	0.04	OR LD	
AND	0.05	LD NOT	0.04
OR LD		AND	0.05
OR LD		OR LD	
OUT	100.00	OUT	100.00

b

图 3-37 使用 OR LD 指令的例子
a—梯形图；b—语句表

或 LD　NOT 开始。

（2）当一个并联电路块与前面的触点或电路块串联时，需要用块与指令；当一个串联电路块与前面的触点或电路块并联时，需要用块或指令。

（3）通过 AND LD 指令或 OR LD 指令连接电路块时，AND LD/OR LD 指令的合计数和 LD/LD NOT 指令的合计数 -1 必须为同一数值。如果不一致，将出现电路错误。

AND LD、OR LD 指令的混合使用如图 3-38 所示。

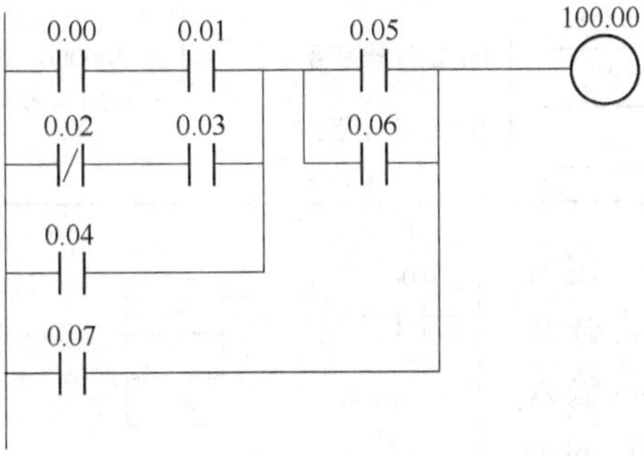

a

LD	0.00
AND	0.01
LD NOT	0.02
AND	0.03
OR LD	
OR	0.04
LD	0.05
OR	0.06
AND LD	
OR	0.07
OUT	100.00

b

图 3-38　AND LD（块与）和 OR LD（块或）指令的应用

a—梯形图；b—语句表

3.3.5　思考题

写出如图 3-39 所示梯形图的语句表，并画出 W200.00、W200.01、100.00 工作时序图。

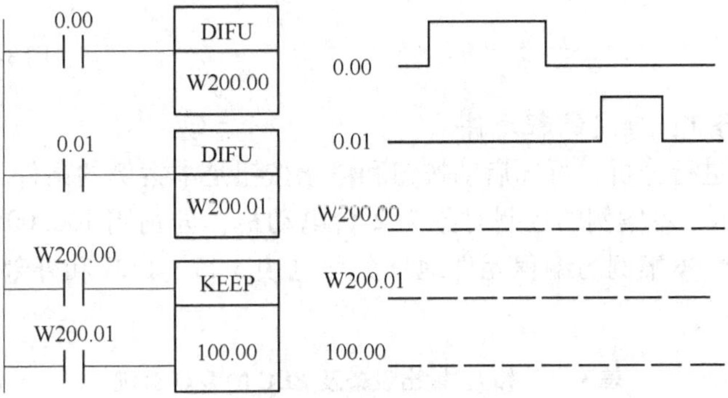

图 3-39　思考题的图

3.4　案例四：电动机顺序启停控制——基本指令（四）

在工业现场，往往有多台电动机协同工作，由于工作流程需要，有时需要按一定的顺序启停，才能保证操作过程的合理性和工作的安全可靠。利用 PLC 也可以实现时间控制。

3.4.1　预备知识——定时器指令

按照时间控制是最常用的逻辑控制方式，定时器指令是 PLC 中最常用的指令之一，用好、用对定时器指令对 PLC 程序的设计非常重要。欧姆龙公司的 CP1H 系列的 PLC 提供了多种定时器指令。

定时器指令如表 3-10 所示，定时器的应用如图 3-40 所示。

表 3-10 定时器指令

指令名称	助记符	梯形图符号	说 明
定时器	TIM	TIM / N / S N：定时器编号 S：定时器设定值	N 为 0000 ~ 4095（10 进制） S 为#0 ~ #9999（BCD）

图 3-40 中，当输入 0.00 接通时，定时器 T0 开始计时，2s 后定时器 T0 的常开触点闭合，输出 100.00 线圈得电。一旦输入 0.00 断开，梯形图中对应的定时器 T0 的触点复位，输出 100.00 也跟着失电。

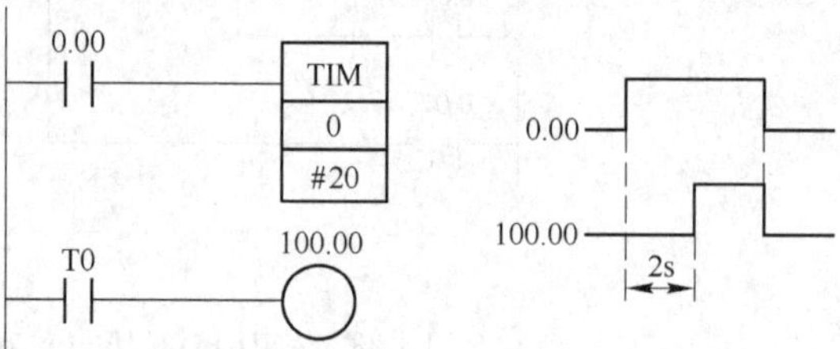

图 3-40 定时器指令的应用

3.4.2 案例说明

图 3-41 中所示的两条运输带顺序相连，分别由电动机 MA1、MA2 驱动。按下启动按钮后，2 号运输带开始运行，10s 后 1 号运输带自动启动。按下停止按钮后，两条运输带同时停止。

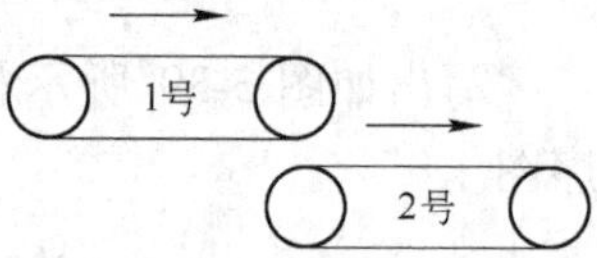

图 3-41 电动机顺序控制示意图

3.4.3 解决方案

3.4.3.1 任务 1：确定编程元件

通过对本案例进行分析，可知启动按钮和停止按钮是本案例的条件，分别用输入元件 0.00 和 0.01 来表示，本案例的控制对象为 2 台电动机，分别用 100.00 和 100.01 去控制它们的接触器线圈。本案例的编程元件地址分配见表 3-11，PLC 和外部输入/输出设备的接线见图 3-42。

表 3-11 输入/输出设备及 PLC 的 I/O 分配

输入设备		PLC 输入元件	输出设备		PLC 输出元件
符 号	功 能		符 号	功 能	
SF1	启动按钮	0.00	QA1	电动机 MA1	100.00
SF2	停止按钮	0.01	QA2	电动机 MA2	100.01

另外，本案例的关键点是能够实现 10s 延时的 PLC 元件——定时器，在此用 T0 表示。

3.4.3.2 任务 2：确定 0.00、0.01、100.00、100.01 和 T0 之间的控制关系

分析本案例可知，当启动按钮 0.00 接通时，控制电动机 MA1 的 100.00 接通，100.00 接通 10s 后 MA2 启动，即当 T0 定时时间一到，100.01 接通，按下停止按钮 0.01，则 100.00 和 100.01 都断电。

3.4.3.3 任务3：梯形图设计

根据它们之间的关系设计出梯形图和时序波形图如图3-43所示。

3.4.3.4 任务4：分析工作过程

当0.00接通时，100.00接通且保持，T0的线圈得电开始计时，10s后其常开触点接通，使100.01接通。当0.01的常闭触点断开时，100.00和100.01同时断电。

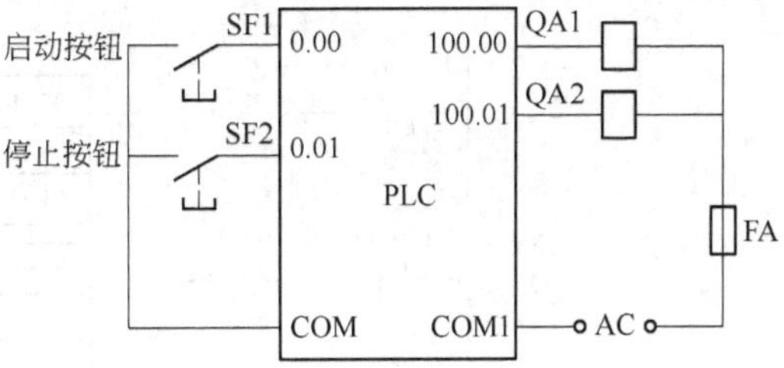

图3-42 电动机顺序控制I/O接线图

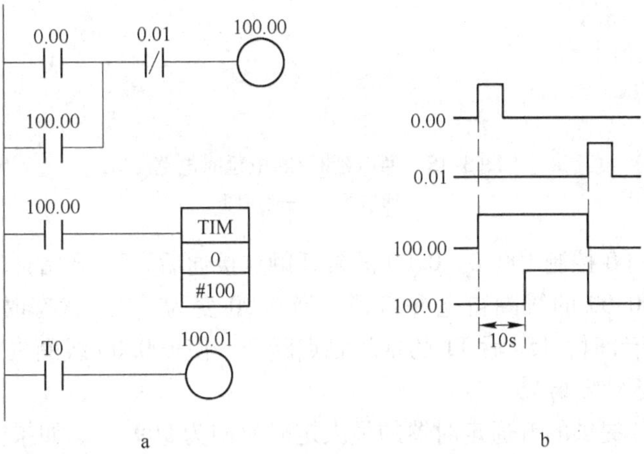

图3-43 电动机顺序控制

a—梯形图；b—时序图

3.4.4 知识进阶

3.4.4.1 断电延时定时器

定时器在PLC中的定时方式是通电延时定时器，实际应用中常常需要组成断电延时定时器，断电延时定时器程序如图3-44所示。

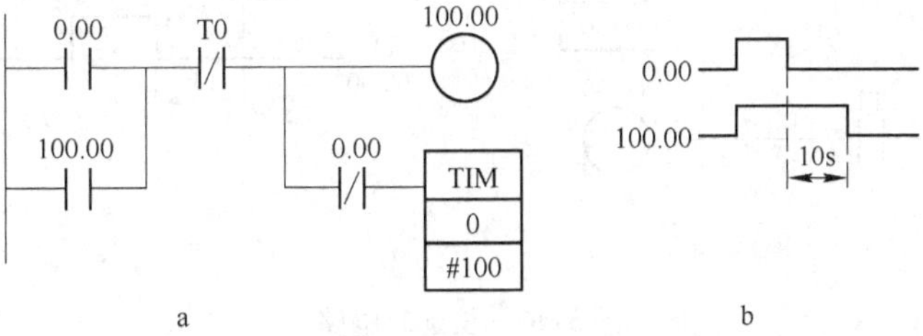

图3-44 断电延时电路

a—梯形图；b—时序图

当0.00接通时，100.00线圈接通并且自锁，T0线圈没有接通定时。当0.00断开时，0.00的常闭触点闭合，T0线圈得电并开始计时，经过10s延时后，T0常闭触点断开，100.00复位。

3.4.4.2 双延时定时器

双延时定时器是指通电和断电均延时的定时器，其电路的梯形图组成如图3-45所示。

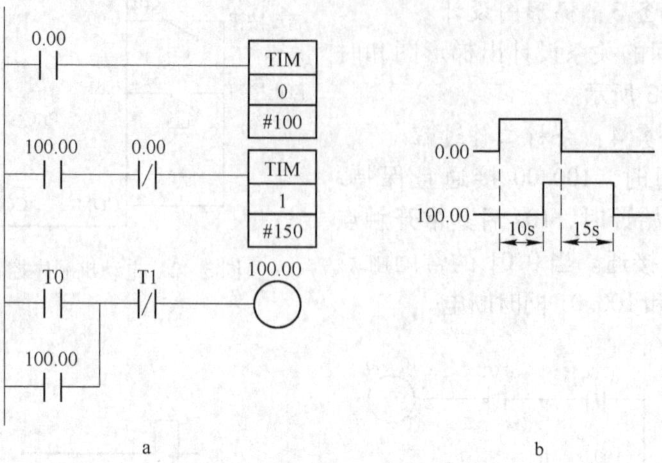

图3-45　通电延时/断电延时电路

a—梯形图；b—时序图

图3-45中用0.00控制100.0，0.00的常开触点接通后，T0开始计时，10s后T0的常开触点接通，使100.00的线圈得电并自锁。当0.00变为“0”状态时，第2梯级接通，使T1线圈得电开始计时，15s后T1的常闭触点断开，使100.00线圈失电。

3.4.4.3　长延时定时器

CP1H系列PLC提供的普通定时器的最大定时时间为999.9s。如果需要计时的时间超过了定时器的最大计时时间，可以考虑将多个定时器串联使用，以扩大其延时时间，如图3-46a所示。定时器串联使用时，其总定时时间为各定时器定时时间之和。

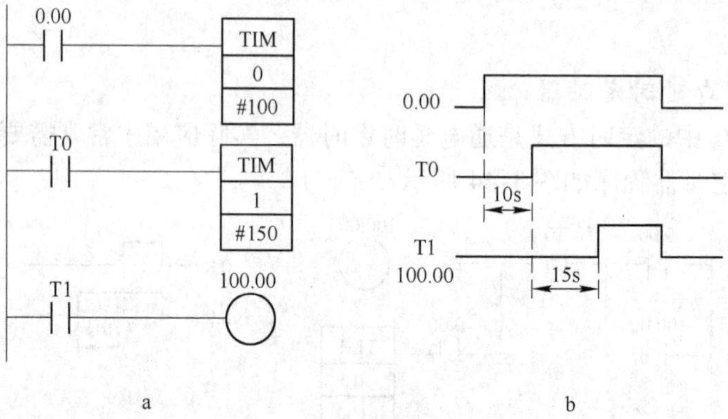

图3-46　长延时电路

a—梯形图；b—时序图

如图3-46所示为定时时间为25s的梯形图及时序图，0.00用于定时启停控制，采用两个0.1s定时器T0和T1串联使用。当T0开始定时后，经10s延时，T00的常开触点闭合，使T1开始定时，经15s延时后，T1的常开触点闭合，100.00线圈接通，从0.00接通，到100.00输出，其延时时间为10s+15s=25s。

3.4.4.4　单稳态电路

用定时器构成的单稳态电路如图3-47所示。

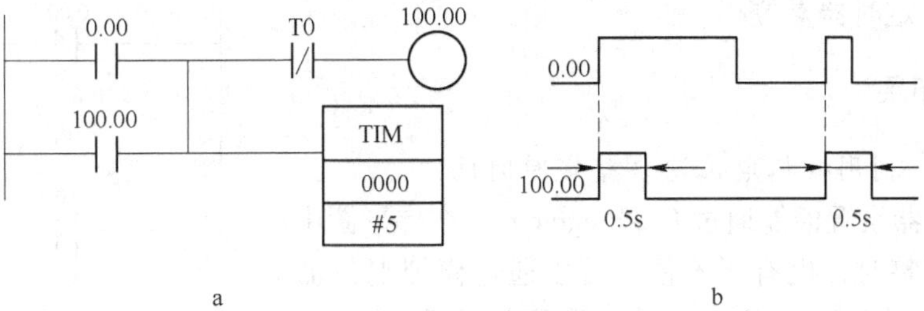

图3-47　单稳态电路
a—梯形图；b—波形图

在图3-47中，当常开触点0.00闭合时，输出继电器100.00得电，有输出；同时定时器T0开始定时，定时时间0.5s到，定时器T0的常闭触点断开，100.00失电，无输出。不论输入端0.00接通时间的长短，100.00输出的信号脉冲宽度均为0.5s。当接点100.00断开时，定时器T0复位，恢复到初始状态。

3.4.4.5　自复位定时器

自复位定时器很容易构建，而且应用非常广泛。自复位定时器在每个扫描周期中都作为一个固定长度的脉冲来定时，定时时间长度可以预先设定。自复位定时器每间隔一个定时周期，就进行自复位。用定时器构成的自复位定时器电路如图3-48所示。

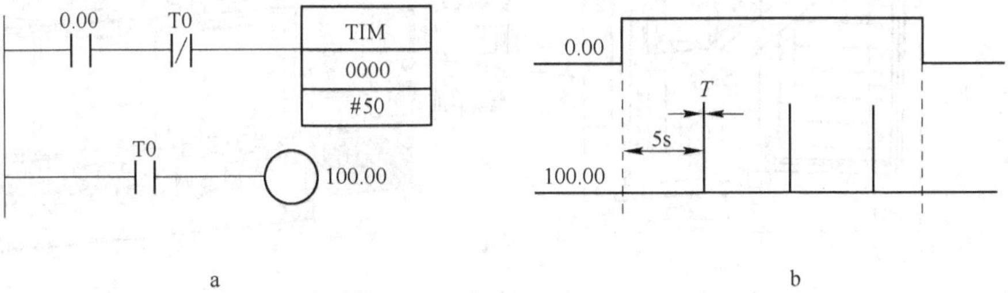

图3-48　自复位定时器
a—梯形图；b—波形图

在图3-48中，当控制开关0.00闭合时，定时器T0开始定时，5s后，定时时间到，其常闭触点断开，常开触点闭合，输出继电器得电。在下一个扫描周期，T0常闭触点的断开使其自身定时器T0线圈复位。再下一个工作周期，因为T0复位，其常闭触点再闭合，常闭触点断开，输出继电器100.00失电，如此循环，得到周期为5s的脉冲序列，图中*T*为一个扫描周期。所以，这个电路有时也称为单序列脉冲发生器。

3.4.4.6　长时间定时器

TIML是欧姆龙公司CP1H系列的PLC一个长时间定时器，应用该指令设计的长时间定时器如图3-49所示，该指令有3个操作数，用第1个操作数W200的最低位作为定时结束标志，第2个操作数D1存放定时器的当前值，第3个操作数为定时时间设定值，其精度0.1s，定时时间为86400s。当接点0.00接通，定时器开始定时，定时时间到，W200.00闭合，输出继电器100.00得电；当

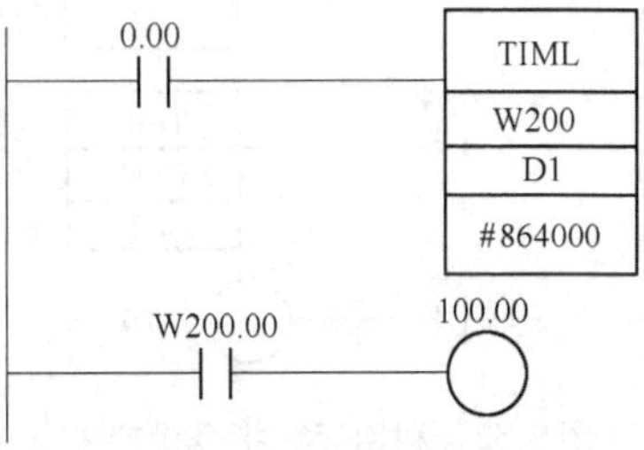

图3-49　1天定时器

0.00 断开时，定时器复位。

3.4.5 应用拓展

3.4.5.1 利用模拟电位器调整定时时间

虽然定时器设置值能通过 CX-Programmer 在梯形图中改变，但具体调整时，也有所不便，可以通过模拟电位器对时间设置值进行调整。将定时器的设置值改为“A642”，在0~255 的范围内调整，梯形图如图 3-50 所示。

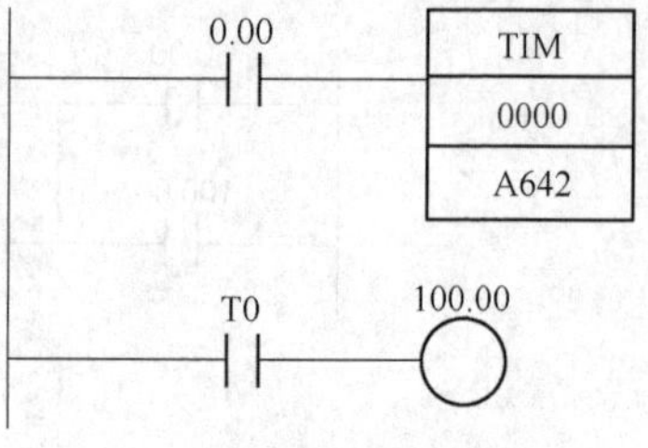

图 3-50 通过模拟电位器设定定时时间的梯形图

具体操作方法：如图 3-51 所示，在 CP1H 型的 PLC 面板左侧有一个电位器，通过用十字螺丝刀旋转该模拟电位器，可将特殊辅助继电器（A642 CH）的当前值在 0~0255 的范围内自由地变更。通过将定时器 T000 的 SV 值设定为 A642 CH，T000 可在 0~25.5s（0~255）的范围内作为可变定时器使用。

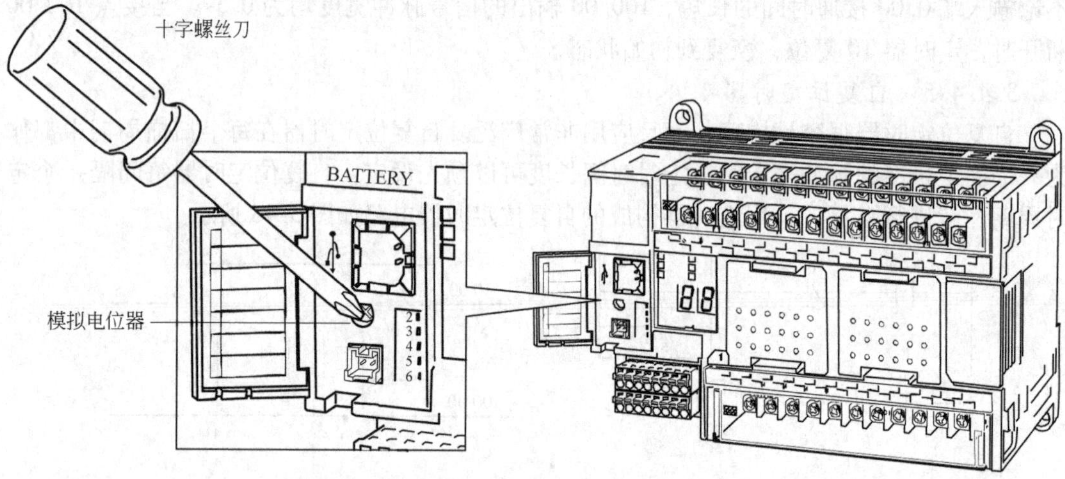

图 3-51 用模拟电位器调整定时器的示意图

3.4.5.2 利用运算指令设定定时时间

将定时器的设置值改为数据存储器的通道号，例如“D1”，利用运算指令改变设置值，如图 3-52 所示。

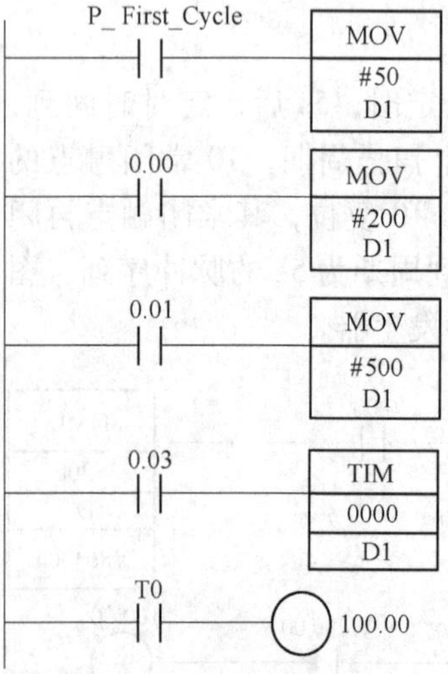

图 3-52 利用运算指令设定定时时间的程序

工作原理：该程序下载到 PLC 时，当按下开关 0.03 时，定时器的定时时间是 5s；当需要更改定时时间，不需要重新编写程序，接通开关 0.01 时，定时器的设定值更改为 20s；当需要定时时间 50s 时，断开 0.00，接通开关 0.01 即可。

CP1H 还有高速定时器、超高速定时器和累计定时器、多输出定时器，指令的用法请参照 OMRON 编程手册。

3.4.6 思考题

现有一洗手间冲水控制系统，当有人使用时，0.00 为

ON，系统在5s后冲水，时间为2s。使用者离开后，0.00为OFF，再一次冲水，时间为3s。请做出输入、输出波形，再设计梯形图。

3.5　案例五：仓库停放汽车的数量统计——基本指令（五）

3.5.1　预备知识——计数器指令

计数器是对输入信号变化情况的统计，即统计输入信号脉冲的数量。因此，设计控制系统时，需要选择合适的计数器，并对计数器进行正确的设定。

计数器指令见表3-12，计数器的应用见图3-53和图3-54。

表3-12　计数器指令

指令名称	助记符	梯形图符号	说　明
计数器	CNT	计数器输入、复位输入 → CNT / N / S N：计数器编号 S：计数器设定值	N为0000~4095（10进制） S为#0~#9999（BCD）
可逆计数器	CNTR（012）	加法计数、减法计数、复位输入 → CNTR / N / S N：计数器编号 S：计数器设定值	

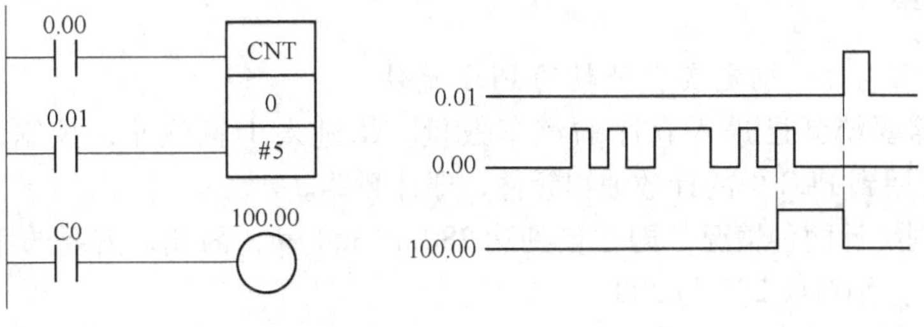

a　　b

图3-53　计数器指令的应用

a—梯形图；b—时序图

图3-53中，0.00为计数器C0的计数输入信号，0.01为计数器C0的复位输入端。当计数输入端0.00由OFF→ON时，计数器当前值5开始减法计数，计数器C0对0.00的上升沿计数5次后，C0的常开触点闭合，输出100.00线圈得电。当复位输入0.01由OFF→ON时，计数器C0被复位，其触点也复位，输出线圈100.00失电。

图3-54中，0.00为加法计数输入信号，0.01为减法计数输入信号，0.02为复位输入信号。复位输入0.02为ON时，计数器C1当前值变为0。加法计数输入0.00每次由OFF→ON时，计数器C1当前值都会+1，当前值等于设定值3后，加法计数输入0.00再由OFF→ON时，计数器C1的常开触点闭合，使输出线圈100.00得电。当计数器C1当前值从0加至1时，C1的常开触点复位，使输出线圈100.00失电。减法计数输入0.01每次

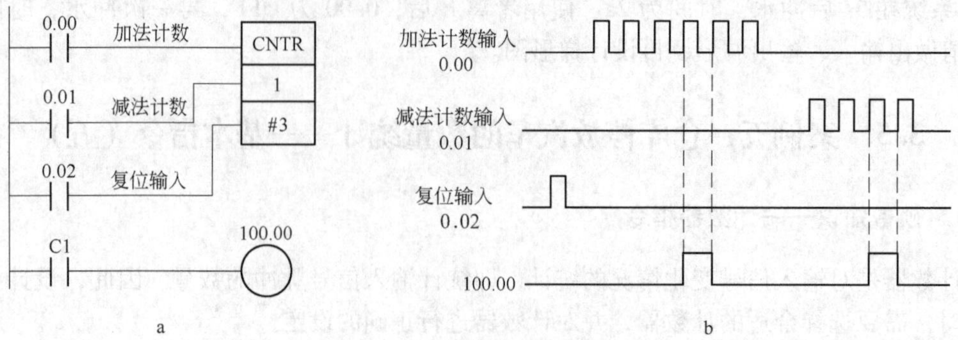

图 3-54　可逆计数器指令的应用

a—梯形图；b—时序图

由 OFF→ON 时，计数器 C1 当前值都会 -1，当前值 =0 后，减法计数输入 0.01 再由 OFF→ON 时，计数器 C1 的常开触点闭合，使输出线圈 100.00 得电。在下一个减法计数输入 0.01 再由 OFF→ON 时，C1 触点复位，输出线圈 100.00 失电。

3.5.2　案例说明

某汽车生产厂，1 号仓库能同时容纳 300 辆汽车，自动统计开进的汽车数量，在车位停满时，不再开启仓库自动门。要求，当汽车量达到 280 辆时，仓库自动门上的黄色指示灯亮，表示车位已接近停满，当数量达到 300 辆时，自动门上的红色指示灯亮，表示车位已停满。

3.5.3　解决方案

3.5.3.1　任务 1：确定实现计数的 PLC 元件

案例中，需要统计已进入仓库的汽车数量。每进入 1 辆汽车，控制元件数值改变“1”，这就需要用到 PLC 中的计数编程元件，即计数器。

案例中分别统计两种情况，即数量到达 280 和 300 辆，因此，需要选用 2 个计数器，这里选 C1、C2 分别对应 280 与 300。

3.5.3.2　任务 2：编程元件的地址分配与 PLC 外部接线

输入条件是车辆进入这一现象，可以用一个输入 0.00 来记录车辆的进入情况。0.01 作为系统复位按钮，仓库停满后，定期将全部库存汽车运走，可通过人工操作复位按钮进行清 0，清除原有计数，以保证计数从“0”开始，重新启动计数系统。

本案例的输出结果是黄、红两盏灯，用 100.00、100.01 表示。

编程元件的地址分配如表 3-13 所示。

表 3-13　输入/输出设备及 PLC 的 I/O 分配

输入设备		PLC 输入元件	输出设备		PLC 输出元件
外围器件	功　能		外围器件	功　能	
车辆检测传感器	车辆进入检测	0.00	EA1	黄色指示灯	100.00
SF	复位按钮	0.01	EA2	红色指示灯	100.01

PLC外部接线如图3-55所示。

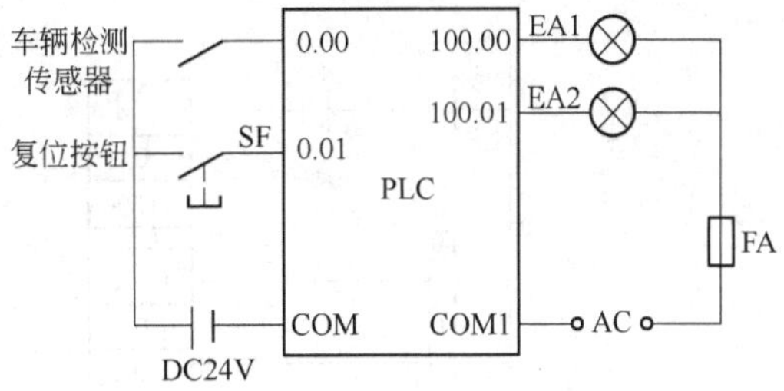

图3-55　汽车仓库I/O接线图

3.5.3.3　任务3：分析控制关系，完成程序设计

输入0.00记录车辆的进入情况，与一般信号不同，0.00是每进入1辆车就变化1次，从而送入计数器C1、C2计数。输出100.00（或100.01）在数量达到280（或300）之前，灯不亮，一旦数量达到设定值，灯亮。

本案例从汽车进库开始，到两盏灯点亮结束的过程，由计数器联系起来，一方面，C1、C2的计数值由汽车进入情况决定，即0.00变化1次，C1、C2计数加1；另一方面，C1、C2计数值的多少，决定100.00和100.01是否有输出。

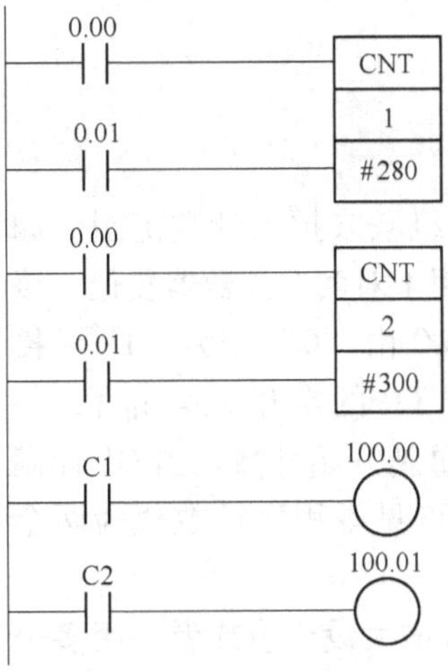

图3-56　汽车数量统计梯形图程序

通过以上分析，设计出本案例的梯形图程序，如图3-56所示。

说明：

（1）图3-56中C1、C2为两个普通计数器，其作用是统计输入脉冲的个数，设定值分别为280、300。

（2）0.00对应汽车入库，每进入1辆，接通、断开1次。即产生1个脉冲。CNT为递减计数，每接收1个脉冲－1。当汽车数量到达280辆时，C1完成计数，触点动作，此时100.00接通黄灯。同理，当汽车数量到达300辆时，C2完成计数，触点动作，此时100.01接通红灯。

（3）0.01接通时，C1、C2清0，以保证仓库清空后，重新从0开始计数。

3.5.3.4　任务4：分析时序波形图

系统每次工作情况的时序波形图如图3-57所示。

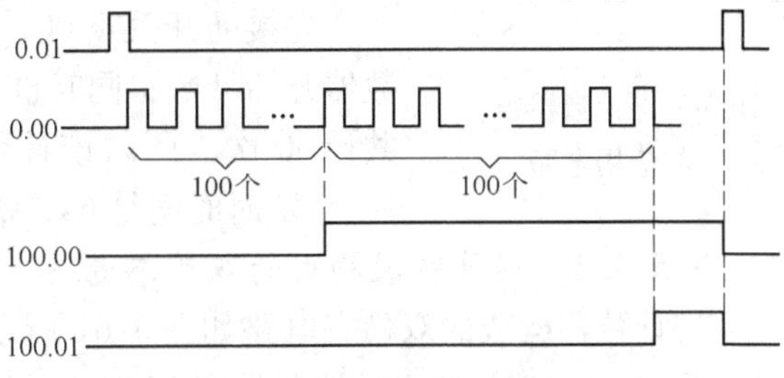

图3-57　汽车数量统计时序波形图

3.5.4　知识进阶

3.5.4.1　与定时器一起实现长延时

利用定时器与计数器级联组合可以扩大延时时间。如图3-58所示，图中T0形成一个100s的自复位定时器，当0.00接通后，T0线圈接通并开始延时，100s后T0常闭触点断开，T0的线圈断开并复位，待下一次扫描时，T0的常闭触点才闭合，T0定时器线圈又重新接通并开始延时。所以，当0.00接通后，T0每经过100s其常开触点接通一次，为计数器输入1个脉冲信号，计数器C0计数1次，当C0计数400次时，其常开触点接通100.00线圈。可见从0.00接通到100.00动作，延时时间为定时器定时值（100s）和计数器设定值（400）的乘积（40000s）。当0.01接通时，计数器C0复位。

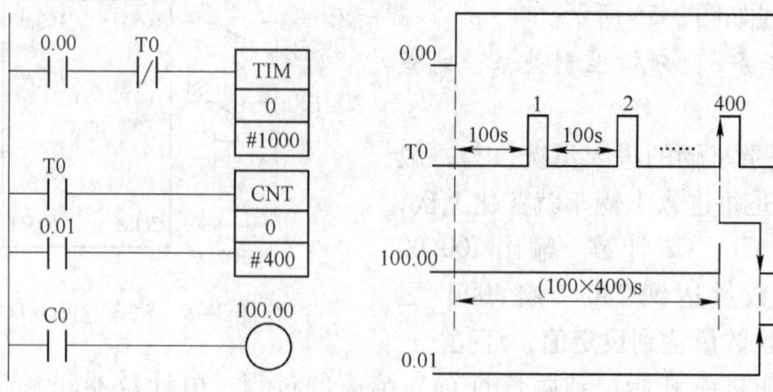

a　　　　b

图 3-58　定时器与计数器组合的延时电路

a—梯形图；b—时序图

3.5.4.2　计数器组合扩大计数值范围电路

一个计数器的计数范围总是有限的，可以通过多个计数器级联来扩大计数范围。如图 3-59 所示为两个计时器 C0 和 C1，A200.11 是初始化脉冲，用于对两个计数器复位。该程序对输入信号 0.00 进行计数，每当 0.00 由“0”变为“1”（接通）时，C0 记 1 次数，计满 1000 次时，C0 的常开触点闭合，使 C1 计数 1 次，同时又使 C0 自己复位，重新开始计数。当 C1 计满 100 次时，C1 动作，100.00 得电接通。可见本程序计数值为两个计数器计数值的乘积。

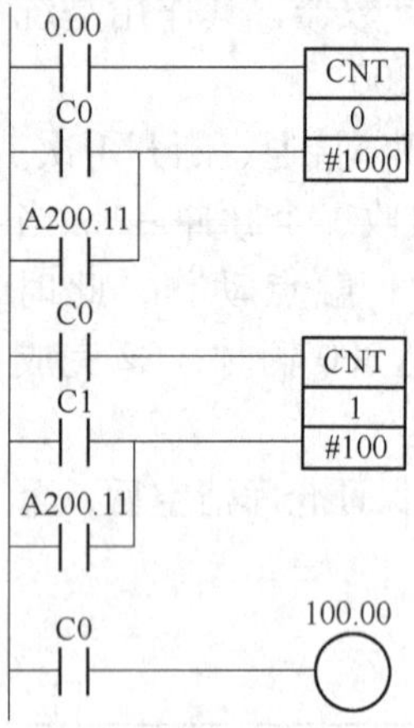

图 3-59　计数器组合的应用电路

如果需要统计更大的数字，可以通过增大设定值或者采用多个计数器进行级联。

3.5.4.3　用计数器构成定时器电路

计数器和定时器在本质上都是减法计数器，所以可用计数器构成定时器，如图 3-60 所示。

先接通开关 0.00，将计数器复位，然后再断开开关 0.00，计数器开始计数，同时也是开始定时，设定值是 60，每 1s 计数 1 次，共计 60 次，所以该计数器共定时 60s。若将“P-1s”改为“P-0-1s”，定时时间是 6s，精度为 0.1s。

3.5.4.4　用计数器构成的双稳态电路

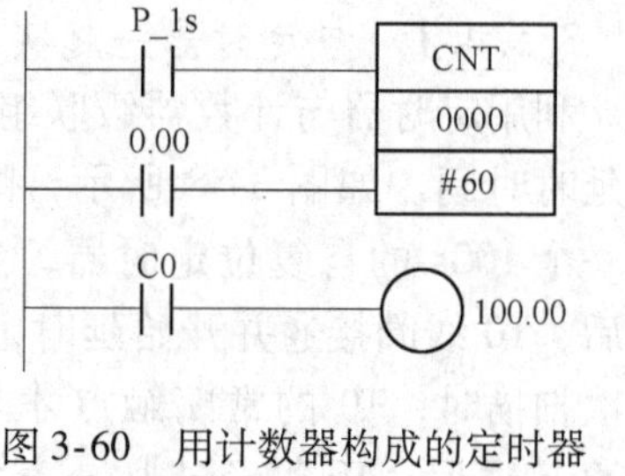

图 3-60　用计数器构成的定时器

用计数器构成的双稳态电路如图 3-61 所示，接点“P_ First_ Cycle”的实际地址是“A200.11”，其功能是在开始运行的第一个扫描周期为 ON。在这里的作用是在运行开始时，对计数器复位，使其当前值为 1。在计数器的复位输入端，接入了动合触点 C0 和动合触点 0.00 的上升沿微分形式的串联组合，是本电路的关键。当 0.00 第 1 次闭合，计数器减 1，当前值为 0，其动合触点 C0 闭合，线圈 100.00 得电，有输出；当 0.00 第 2 次闭合，因为接点 C0 已闭合，将复位信号引入到复位端，计数器复位，接点 C0 断开，线圈 100.00 失电。

3.5.5　应用拓展

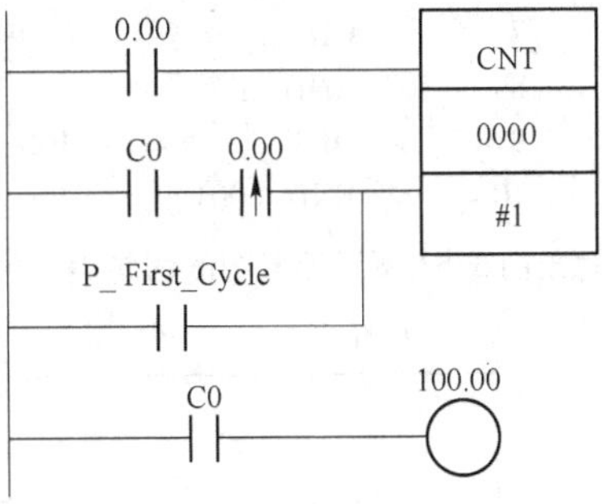

图 3-61　用计数器构成的双稳态电路

本案例中的汽车检测传感器每检测到 1 辆汽车进入仓库门，其触点开关动作 1 次，送给 PLC 的输入点，从而实现每对应 1 辆汽车输入开关量 ON-OFF 变化 1 次。本案例中采用的是普通计数器，进行递减计数，属于单向计数。如果仓库汽车随时有进也有出，统计仓库中汽车总量，上述方案则不能满足要求，而实际中类似问题很常见。采用能够双向计数的 CNTR 可以实现该功能，请读者自行设计。

3.5.6　思考题

（1）二级计数器就是使用两个计数器 CNT 组合，以统计更大数量，试设计一个二级计数器，实现 1000000 次计数。

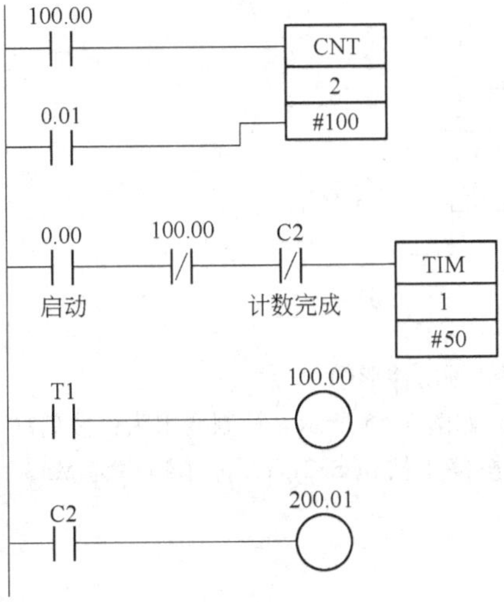

图 3-62　思考题（2）的梯形图

（2）分析图 3-62 中程序，说明其工作过程。

（3）一个高速机器需要统计传送物品的数量，物品的数量是 18200，编写一个计数器的程序，当统计物品的数量一到设定值，就会使蜂鸣器发出声音报警，停止物品的传送。

3.6　本章小结

掌握基本指令是进行 PLC 程序设计的基础。本章通过几个案例对 PLC 的基本指令及其基本用法进行了详细介绍。

3.1 节对时序输入、时序输出指令的用法进行了介绍；3.2 节对置位复位指令及其应用进行了介绍；3.3 节对微分和块指令及其应用进行了介绍；3.4 节对定时器指令及其使用进行了介绍；3.5 节对计数器指令及其使用进行了介绍。

习　题

3-1　试根据下列指令语句表的程序，画出它们的梯形图。

（1）

步数序号	指令助记符	操作数
0	LD	0.02
1	OR NOT	0.03
2	LD NOT	0.04
3	OR	0.05
4	AND LD	
5	LD	0.06
6	AND	0.07

（2）

步数序号	指令助记符	操作数
0	LD	0.02
1	AND NOT	0.03
2	TIM	0000
		#500
3	LD	T0000
4	OUT	100.00
5	END（001）	

7	OR	0.08
8	AND LD	
9	OUT	100.00
10	END（001）	

3-2　写出图 3-63 所示梯形图的语句表，并画出 100.00 的工作波形。

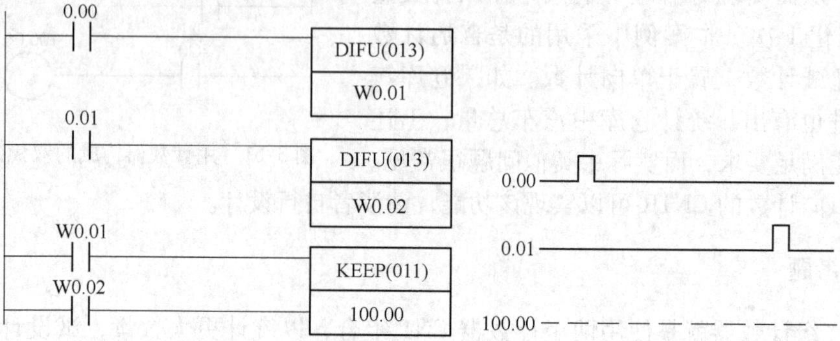

图 3-63　习题 3-2 的图

3-3　根据图 3-64 所示的波形图编写梯形图程序。

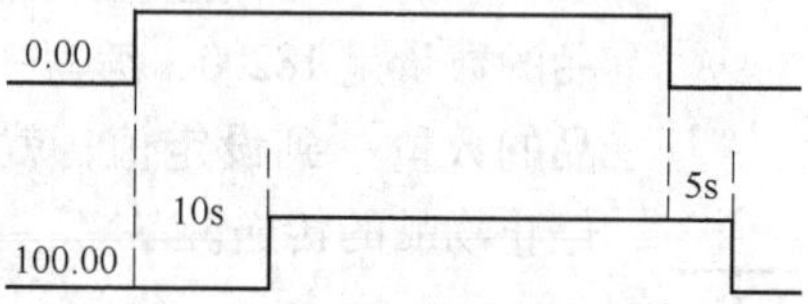

图 3-64　习题 3-3 的图

3-4　用 CNT 指令编写一个能记录 1000 个计数脉冲的计数器程序，画出梯形图。

3-5　有 3 台皮带运输机，分别由电动机 MA1、MA2、MA3 驱动，如图 3-65 所示。控制要求为：按启动按钮 SF1 后，启动顺序为 MA1、MA2、MA3，间隔为 5s。按停止按钮 SF2 后，停车顺序为 MA3、MA2、MA1，间隔时间为 3s。试用 PLC 来实现这个功能。

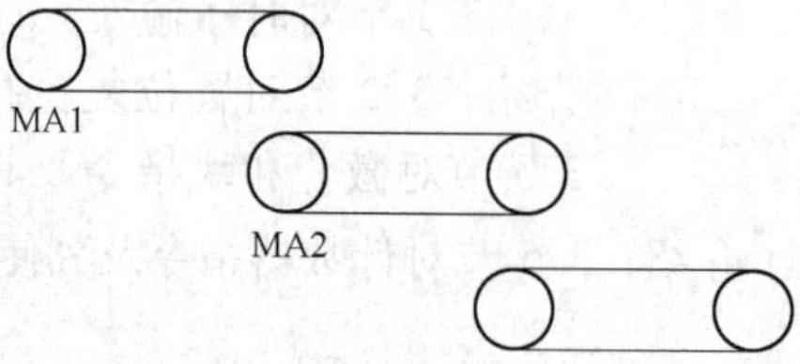

图 3-65　习题 3-5 的图

3-6　设计一个 30h20min 的长定时器程序。

3-7　试设计一个照明灯的控制程序，当按下接在 0.00 上的按钮，照明灯可发光 30s。如果在这段时间内又有人按下按钮，则时间间隔从头开始。这样可以确保在最后一次按下按钮后，灯光可以维持 30s 的照明。

3-8　按如下要求设计一个程序，画出梯形图并写出语句表。

（1）在 PLC 上电的第 1 个扫描周期，计数器能自动复位，当计数器达到设定值时也能自动复位；

（2）CNT 的设定值为#1500，每隔 0.1s 其当前值减 1；

（3）用指令将#1000 传送到通道 1210；

（4）将通道 1210 的内容与 CNT 比较，若通道 1210 的内容小于 CNT 的当前值，100.00 为 ON，若通道 1210 的内容大于 CNT 的当前值，100.01 为 ON，若通道 1210 的内容等于 CNT 的当前值，100.02 为 ON。

3-9 试设计一个水箱水少报警电路：当水箱水过少时，低限开关 0.00 变为接通，蜂鸣器 100.00 开始鸣叫，同时报警灯 100.01 开始闪烁（亮 2s，灭 3s），当复位按钮 0.01 接通时，蜂鸣器停止鸣叫，报警灯停止闪烁。

4 可编程控制器程序设计方法

本章要点

- 梯形图编程的基本规则
- 典型环节的梯形图程序
- PLC 程序的经验设计法
- PLC 程序的接触器-继电器控制线路“翻译法”
- PLC 程序的顺序控制设计法
- 顺序功能图转换成梯形图
- PLC 程序的时序逻辑设计法

可编程控制器程序的设计方法有很多。本章通过几个案例来介绍几种主要设计方法。可编程控制器程序所使用的编程语言主要有梯形图、语句表和顺序功能图。由于梯形图对传统继电器-接触器控制系统图的继承性和梯形图语言的直观性，使其成为入门学习的首选语言。本章以梯形图为主介绍编程的方法。

4.1 可编程控制器程序设计基础

PLC 的程序设计是 PLC 应用中最重要的一环，要想熟练地掌握 PLC 的程序设计，除了掌握 PLC 的基本知识和常用指令外，还需掌握一些控制系统基本知识和梯形图相关原则。

4.1.1 开关量和模拟量

自动化控制领域有两种状态量：开关量和模拟量。

开关量有两种工作状态：开和关，通常用“0”和“1”来表示。在电信号上标识为高电平“开”和低电平“关”。对可编程控制器而言，常见的开关量输入元器件有：按钮、行程开关、接近开关等；常见的开关量输出元器件有：指示灯、接触器、继电器等。

模拟量对客观物理量的表示是连续的，它的值能从负无穷到正无穷连续变化。在电信号中标识为电压值或电流值的变化，在时间上是连续的。在实际工业控制中，许多控制过程都是连续的，其中的许多量也都是连续变化的，如温度、压力等都是模拟量。

4.1.2 梯形图的编程规则

尽管梯形图与传统的继电器控制系统电路图有很多相似之处，但也有很多不同之处，梯形图有自己的编程规则。

（1）梯形图按自上而下、从左到右的顺序排列。梯形图由多个梯级组成，每个输出元素（指继电器线圈或指令）为一个逻辑行，即一层梯级。每一个梯级可由多个支路组成，每个支路可容纳多个编程元素。每一个梯级起于左母线，然后是触点的连接，最后终止于继电器线圈或右母线。注意：左母线与线圈之间一定要有触点，而线圈与右母线之间则不能有任何触点。

（2）梯形图中继电器的触点（常开或常闭）可以任意串联或并联，且使用次数不受限制，但继电器线圈只能并联而不能串联。

（3）梯形图中，只能使用输入继电器的触点，而其线圈不能用程序控制，每个输入继电器的线圈都应该由对应的外部输入信号驱动。

（4）一般情况下，在同一程序的梯形图中某个编号的线圈只能出现一次。如果在同一程序中，同一编号的线圈使用两次及两次以上，称为“双线圈输出”。对于“双线圈输出”，有些 PLC 将其视为语法错误，绝对不允许；有些 PLC 则将前面的输出视为无效，只有最后一次输出有效。而有些 PLC，在含有跳转指令或步进指令的梯形图中允许双线圈输出。

如图 4-1a 所示，输出线圈 100.00 是单一使用，0.00 和 0.01 中的任何一个闭合，输出线圈 100.00 就会得电输出。图 4-1b 中，输出线圈 100.00 重复使用两次，这个梯形图在语法上是完全正确的，但是，由于 100.00 线圈重复使用，有效输出则为下面的 100.00，上面的 100.00 是多余无效的。也就是说 0.00 不管是闭合还是断开，都对 100.00 不起作用，100.00 是否得电输出取决于 0.01。

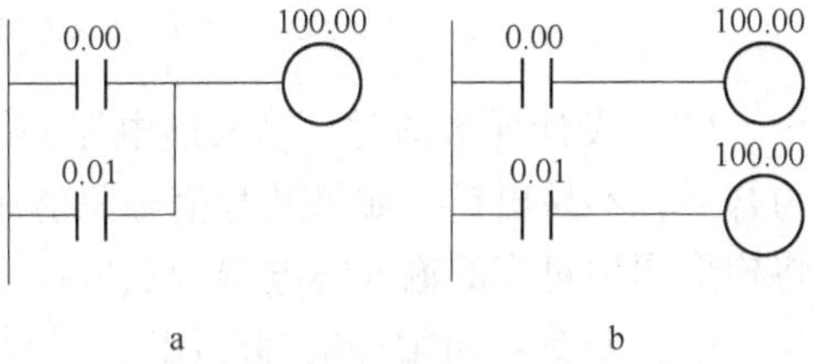

图 4-1　梯形图编程规则（一）
a—单线圈输出；b—双线圈输出

（5）有几个串联电路相并联时，串联触点多的支路应放在上方，如图 4-2a 所示。有

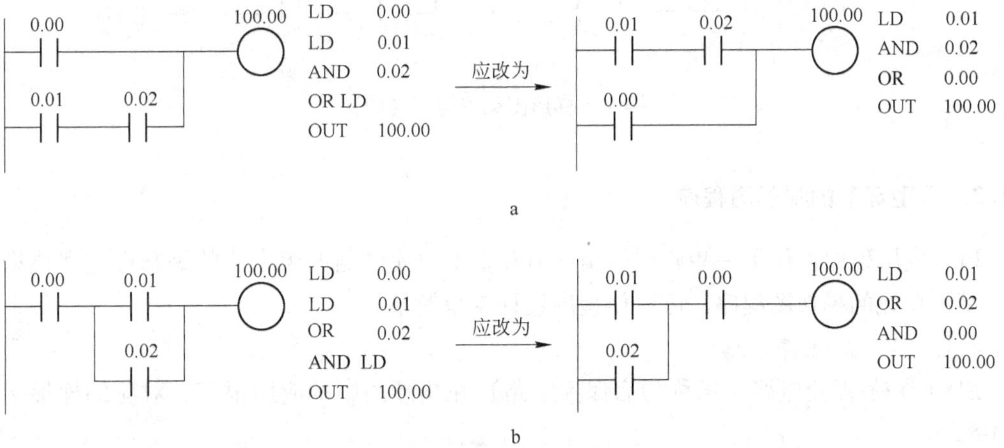

图 4-2　梯形图编程规则（二）
a—串联电路并联；b—并联电路串联

几个并联电路相串联时，应将并联触点多的回路放在左方，如图 4-2b 所示。这样可以减少程序所用语句。

（6）在梯形图中，不允许一个触点上有双向电流（即能流）通过（主控触点除外）。能流只能从左向右流动。对于这样的梯形图，应根据其逻辑功能作适当的等效变换，如图 4-3 所示。

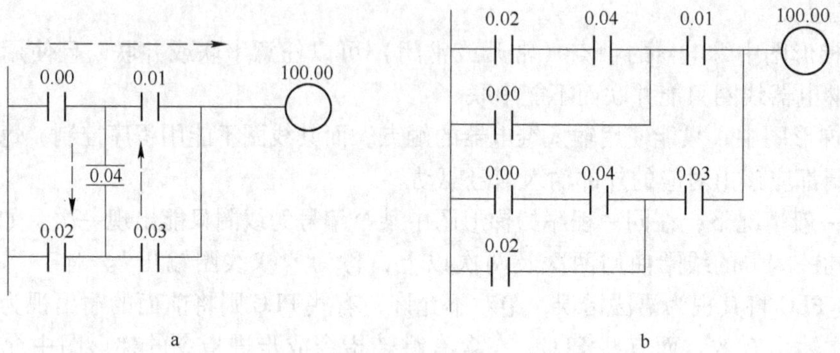

图 4-3　梯形图编程规则（三）

a—错误的梯形图；b—正确的梯形图

（7）设计梯形图时，输入继电器的触点状态全部按相应的输入设备为常开进行设计更为合适，不易出错。如果某些信号只能用常闭输入，可先按输入设备为常开来设计，然后将梯形图中对应的输入继电器触点取反（常开改成常闭、常闭改成常开）即可。

（8）遇到不可编程的梯形图时，可根据信号流向对原梯形图重新编排，再进行编程，如图 4-4 所示。

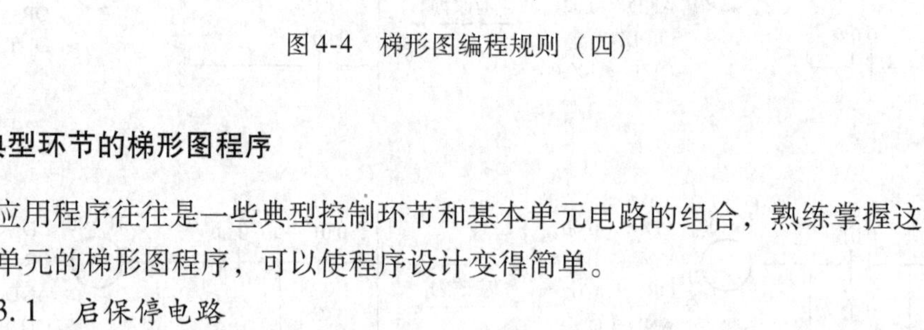

图 4-4　梯形图编程规则（四）

4.1.3　典型环节的梯形图程序

PLC 应用程序往往是一些典型控制环节和基本单元电路的组合，熟练掌握这些典型环节和基本单元的梯形图程序，可以使程序设计变得简单。

4.1.3.1　*启保停电路*

启动-保持-停止电路（简称为启保停电路）在梯形图中的应用很广，对应的梯形图见图 4-5a。

图 4-5a 中 0.00 为启动信号，0.01 为停止信号，它们持续为 ON 的时间一般都很短，启保停电路最主要的特点是具有“记忆”功能，按下启动按钮，0.00 常开触点接通，如

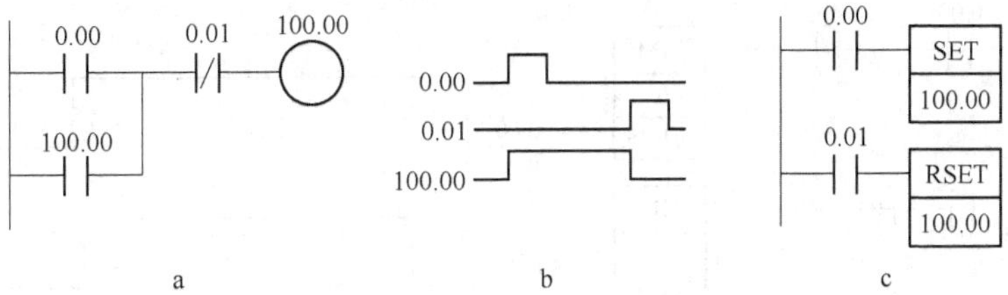

图 4-5 有记忆功能的电路
a—梯形图；b—时序图；c—置位/复位指令

果这时未按停止按钮，0. 01 常闭触点接通，100. 00 的线圈“通电”，它的常开触点接通，放开启动按钮，0. 00 常开触点复位，“能流”通过 100. 00 的常开触点和 0. 01 的常闭触点流过 100. 00 的线圈，100. 00 仍能保持 ON；这就是“自锁”或“自保持功能”。按下停止按钮，0. 01 的常闭触点断开，使 100. 00 线圈“断电”，其常开触点断开。在实际应用中，启动信号和停止信号可能由多个触点组成的串、并联电路提供。

这种记忆功能可用图 4-5c 所示置位（SET）指令和复位（RSET）指令来实现。当 0. 00 常开触点闭合时，执行置位指令，使 100. 00 得电并保持；当 0. 01 常开触点闭合时，执行复位指令，使 100. 00 失电。值得注意的是，在置位/复位电路中，控制复位的是 0. 01 的常开触点，而在启保停电路中，使 100. 00 失电的是 0. 01 的常闭触点。

4. 1. 3. 2 有互锁功能的电路

利用常闭触点保证多个线圈不会同时接通的功能称为互锁。如图 4-6 所示的梯形图就是可以实现互锁功能的电路。

当 100. 00 的线圈接通时，接于 100. 01 线圈回路中的 100. 00 常闭触点断开，使 100. 01 线圈不能被接通；反之，当 100. 01 的线圈接通时，接于 100. 00 线圈回路中的 100. 01 常闭触点断开，使 100. 00 线圈不能被接通。可应用于几个输出禁止同时动作的情况，如电动机正反转、抢答器设计等。

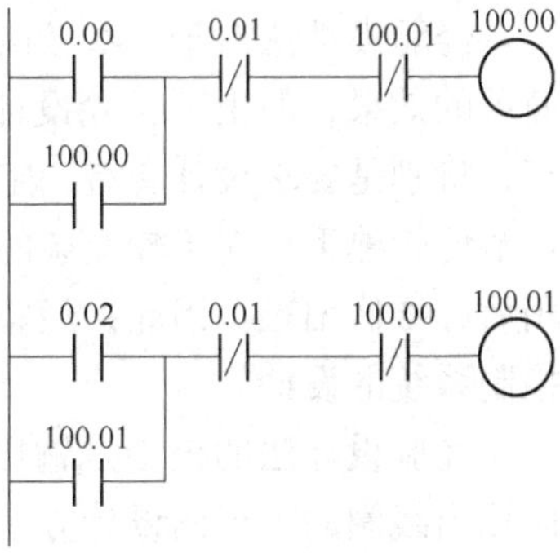

图 4-6 具有互锁功能的电路

4. 1. 3. 3 占空比可调的振荡电路（即闪烁电路）

闪烁电路可以产生特定的通/断间隔的时序脉冲，通常用它作为脉冲信号源，也可以代替传统的闪光报警继电器，作为闪光报警。闪烁电路实际上就是一个时钟电路。它可以是等间隔的通断，也可以是不等间隔的通断。通断时间由两个定时器设定，如图 4-7 所示。接通时间为 15s，由定时器 T1 设定，断开时间为 10s，由定时器 T0 设定，用 100. 00 作为输出端。

图 4-7 所示梯形图的工作原理为：当 0. 00 为“1”时，定时器 T0 开始计时，计时时间 10s 到时，T0 常开触点闭合，使定时器 T1 开始计时，同时输出 100. 00 线圈得电接通；计时时间 15s 到时，T1 常闭触点断开，使 T0 线圈失电，T0 常开触点复位，使 T1 线圈和 100. 00 线圈均复位；下一个扫描周期开始时，T0 重新开始计时。

CP1H 系列 PLC 自身有 1s 的时钟脉冲信号，也可以用它来驱动需要闪烁的指示灯。

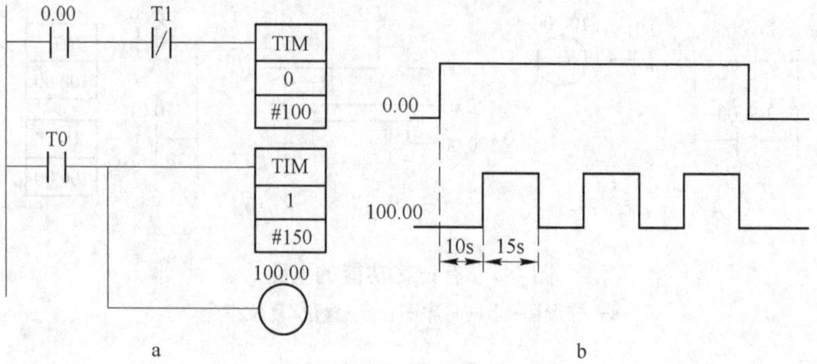

图 4-7 闪烁电路

a—梯形图；b—时序图

4.2 案例一：小车自动往返控制（一）——梯形图经验设计法

4.2.1 预备知识

经验设计法又叫试凑法，是设计者在掌握了一些典型控制环节和电路设计的基础上，根据被控对象对控制系统的具体要求，利用经验直接设计出梯形图，再进行必要的修改和完善。有时需要多次反复地调试和修改梯形图，才能得到一个较为满意的结果。

经验设计法对于一些较简单的控制系统的梯形图设计是比较有效的，可以收到快速、简单的效果，但由于经验设计法主要依靠设计人员的经验，因此对设计人员的要求比较高，特别是要求设计者有一定的实践经验，对工业控制系统和工业上常用的各种典型控制环节比较熟悉。对于较复杂的系统，经验设计法一般设计周期长，不易掌握，系统交付使用后，维修困难。因此，经验设计法一般只适合于比较简单的或与某些典型系统相类似的控制系统的设计。

经验设计法的核心是输出线圈，这是因为 PLC 的动作是从线圈输出的（可以称为面向输出线圈的梯形图设计方法）。其基本步骤如下。

（1）分解控制功能，画出输出线圈梯级。根据控制系统的工作过程和工艺要求，将要编制的梯形图程序分解成独立的子梯形图程序。以输出线圈为核心画输出位梯级图，并画出该线圈得电、失电和自锁条件。在画图过程中，注意程序启动、停止、连续运行、选择性分支和并发分支。

（2）建立辅助位梯级。如果不能直接使用输入条件逻辑组合作为输出线圈的得电和失电条件，则需要使用辅助编程元件、定时器或计数器以及功能指令的执行结果作为条件，建立输出线圈得电和失电条件。

（3）互锁条件和保护条件。互锁条件是可以避免同时发生互相冲突的动作，保护条件可以在系统出现异常时，使输出线圈动作，保护控制系统和生产过程。

在设计梯形图时，要注意先画基本梯形图程序，当基本梯形图程序的功能能够满足要求后，再增加其他功能。在使用输入条件时，注意输入条件是电平、脉冲还是边沿。调试时要将梯形图分解成小功能块调试完毕后，再调试全部功能。

4.2.2 案例说明

某小车控制系统示意图如图 4-8a 所示，BG1、BG2 为运料小车左右终点的限位开关。按下启动按钮 SF1，运料小车左行，左行碰到 BG1 后开始右行。当碰到 BG2 后左行，碰到 BG1 后又右行。这样不停地循环工作，直到按下停止按钮 SF2 为止。

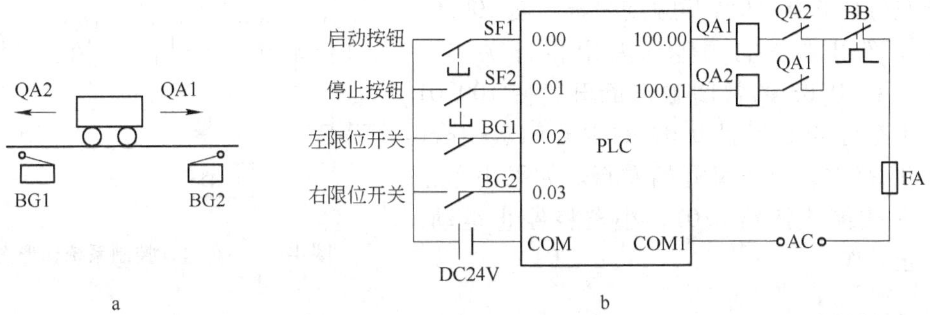

图 4-8 某小车自动控制系统示意图

a—示意图；b—I/O 接线图

4.2.3 解决方案

4.2.3.1 任务 1：I/O 地址分配

根据控制要求，明确输入/输出设备，确定 PLC 的 I/O 分配和 PLC 的外部接线等。本控制系统 I/O 分配表见表 4-1。

表 4-1 输入/输出设备及 PLC 的 I/O 分配

输入设备		PLC 输入元件	输出设备		PLC 输出元件
符 号	功 能		符 号	功 能	
SF1	启动按钮	0.00	QA1	左行接触器	100.00
SF2	停止按钮	0.01	QA2	右行接触器	100.01
BG1	左限位开关	0.02			
BG2	右限位开关	0.03			

根据控制要求和 I/O 分配表，可给出 PLC 的外部接线，如图 4-8b 所示。

4.2.3.2 任务 2：PLC 程序设计

因为该控制系统非常简单，故其 PLC 控制程序可以采用经验设计法来进行设计。根据控制要求，按照经验设计法步骤进行设计其梯形图程序。编写的时候请注意梯形图相关编程规则。

（1）根据控制要求，可得本系统有 2 个输出线圈——100.00 和 100.01。分别确定它们的得电（启动）、失电（停止）和自锁条件（利用启保停电路）。

（2）由于 2 个输出线圈的得电和失电条件均可以由输入信号得到，故不需要增加辅助位梯级。

（3）由于小车左行和右行是两个禁止同时发出的动作，故用各自的常闭触点串联在对方的回路中形成互锁。

其梯形图程序如图 4-9 所示。

4.2.3.3 任务 3：程序分析

按下启动按钮 SF1（0.00），100.00 得电，小车开始左行，碰到左限位开关 BG1（0.02）后，0.02 的常闭触点断开，使 100.00 失电，小车停止左行且 0.02 的常开触点闭合，使 100.01 得电，小车开始右行，碰到右限位开关 BG2（0.03）后，0.03 的常闭触点断开，使 100.01 失电，小车停止右行且 0.03 的常开触点闭合，使 100.00 得电，小车又开始左行。如果小车正在运行时按停止按钮 0.01，小车将停止运动，系统停止工作。

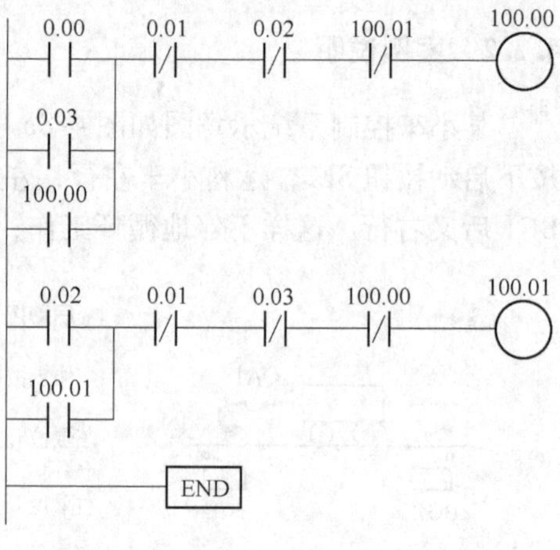

图 4-9 小车自动控制系统梯形图

4.2.4 知识进阶

经验设计法没有普遍的规律可以遵循，具有很大的试探性和随意性，对于不同的控制系统，没有一种通用的容易掌握的设计方法。而且往往需要经过多次反复修改和完善才能符合设计要求，所以设计的结果往往不是很规范，因人而异。

经验设计法一般适用于设计一些简单的梯形图程序或复杂系统的某一局部程序（如手动程序等）。如果用来设计复杂系统梯形图，则存在考虑不周，设计麻烦、设计周期长，梯形图的可读性差，系统维护困难等问题。

4.2.5 应用拓展

上述案例非常简单，输出线圈的得电和失电、自锁条件均可由输入信号得到，并不需要建立辅助位梯级。如果将上述案例的控制要求做如下修改：

某小车控制系统示意图如图 4-8a 所示，BG1、BG2 为小车左右终点的限位开关。按下启动按钮 SF1，小车左行，碰到左限位开关 BG1 后停止 20s 后开始右行。当碰到右限位开关 BG2 后停 15s 后左行，碰到 BG1 后又停止 20s 后开始右行。这样不停地循环工作，直到按下停止按钮 SF2。

根据上述控制要求，则输出线圈的得电和失电条件不能直接由输入信号得到，需建立辅助梯级，其 PLC 程序请读者自行分析。

4.3 案例二：小车自动往返控制（二）——梯形图“翻译”设计法

4.3.1 预备知识

PLC 的梯形图是在接触器-继电器控制系统的基础上发展起来的，两者思路非常相似，如果用 PLC 改造接触器-继电器控制系统，根据接触器-继电器线路图来设计梯形图是一条捷径。这是因为原有的继电器控制系统经过长期的使用和考验，已经被证明能完成系统要求的控制功能，而接触器-继电器控制线路图又与梯形图有很多相似之处，因此，可以将接触器-继电器控制线路图“翻译”成梯形图，即用 PLC 的外部硬件接线图和梯形图程序来实现接触器-继电器控制系统的功能，这种方法习惯上称为“翻译法”。

将接触器-继电器控制线路图转换为功能相同的 PLC 的外部接线图和梯形图的步骤如下。

（1）了解和熟悉被控设备的工艺过程和机械的动作情况，根据现有的继电器控制线路分析和掌握控制系统的工作原理。

（2）分析原控制系统有哪些控制信号（PLC 输入变量）和被控信号（PLC 输出变量），根据输入和输出设备的情况，进行 PLC 的 I/O 分配，画出 PLC 外部接线图；一般热继电器的触点也可作为 PLC 的输入，如果 PLC 的输入点不够用，也可以将热继电器的触点接在 PLC 外部驱动电路中。

（3）对照 PLC 的 I/O 端子接线图，将继电器电路图上的被控器件（如接触器线圈、指示灯、电磁阀等）换成接线图上对应的输出点的编号，将电路图上的输入装置（如传感器、按钮开关、行程开关等）触点都换成对应的输入点的编号。

（4）将继电器电路图中的中间继电器、定时器，用 PLC 的辅助继电器、定时器来代替（OMRON CP1H 系列 PLC 定时器只有通电延时型，但可以通过 4.1 节的相应方法进行编程处理，得到断电延时型或者其他应用型）。

（5）根据上述对应关系，将接触器-继电器控制回路“翻译”成对应的“准梯形图”，再根据梯形图的编程规则将“准梯形图”转换成符合语法的梯形图。对于复杂的控制电路，可以化整为零，先进行局部电路的转换，最后再综合起来。注意：在进行转换时，尤其要注意接触器-继电器控制回路中的常开和常闭触点与梯形图中的常开和常闭触点的关系，接触器-继电器控制电路中的常开触点不一定转换成梯形图中的常开触点，常闭触点也不一定转换成梯形图中的常闭触点。梯形图中的常开或常闭触点取决于 PLC 的外部物理输入点所采用的触点形式以及程序的控制功能。

（6）总体调试，交付使用。

4.3.2 案例说明

某小车控制系统示意图如图 4-8a 所示，BG1、BG2 为运料小车左右终点的限位开关。按下启动按钮 SF1，运料小车左行，左行碰到 BG1 后开始右行。当碰到 BG2 后左行，碰到 BG1 后又右行。这样不停地循环工作，直到按下停止按钮 SF2 为止。试用“翻译法”做出其 PLC 梯形图程序。

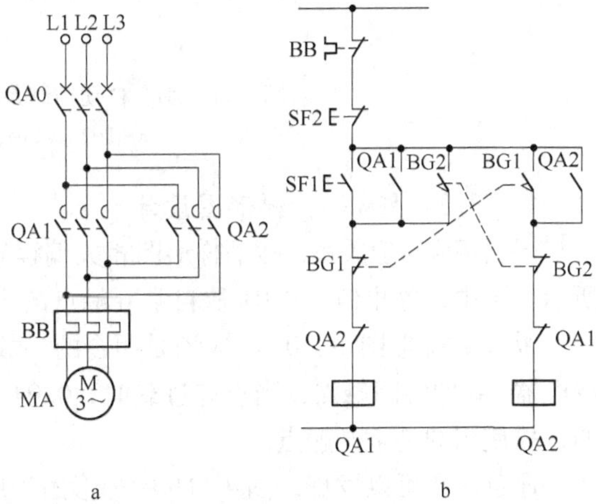

图 4-10 小车自动控制系统接触器-继电器控制回路图

a—主电路；b—控制回路

4.3.3 解决方案

4.3.3.1 任务 1：控制电路设计

分析控制系统控制要求，可以很容易得出其控制系统的接触器-继电器控制电路如图 4-10 所示。这是一个典型的自动往复控制回路。其工作过程和原理已在第 1 章讲述过，这里不再赘述。

4.3.3.2　任务 2：I/O 地址分配

分析本控制系统，可得出该控制系统有启动按钮 SF1、停止按钮 SF2、左/右限位开关 4 个输入信号，由于输入信号不多，热继电器触点可以占用 1 个输入点；输出信号有：小车左行和右行接触器 QA1 和 QA2。根据分析得到本控制系统的 I/O 分配如表 4-2 所示，其 PLC 外部接线图如图 4-11a 所示。

表 4-2　输入/输出设备及 PLC 的 I/O 分配

输入设备		PLC 输入元件	输出设备		PLC 输出元件
符　号	功　能		符　号	功　能	
SF1	启动按钮	0.00	QA1	左行接触器	100.00
SF2	停止按钮	0.01	QA2	右行接触器	100.01
BG1	左限位开关	0.02			
BG2	右限位开关	0.03			
BB	热保护信号	0.04			

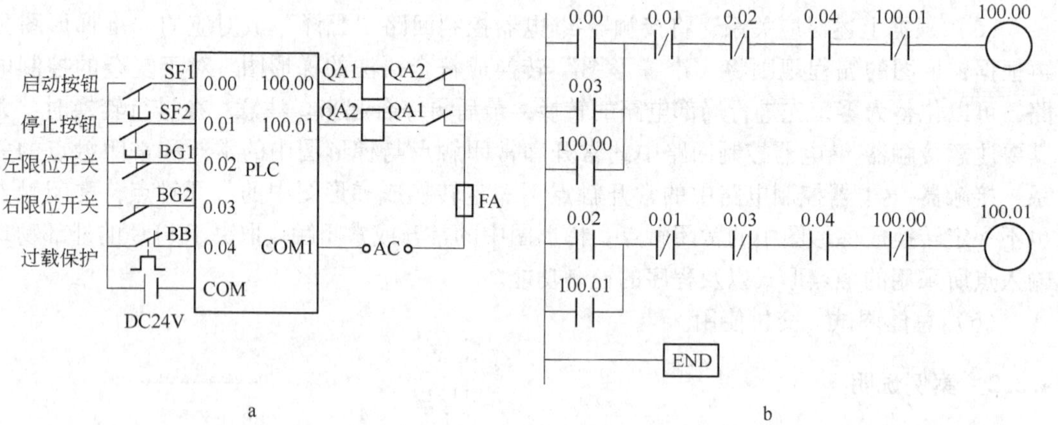

图 4-11　小车自动控制系统 I/O 接线图和梯形图
a—I/O 接线图；b—梯形图

4.3.3.3　任务 3：梯形图设计

根据相应对应关系，按照梯形图相关编程规则得到本控制系统的梯形图程序如图 4-11b 所示。图中，停止信号 0.01 取自常开触点的 SF2，当没有停止信号时，SF2 断开，0.01 为“0”状态，梯形图中，0.01 应该是闭合的，故用常闭触点。而过载保护信号 0.04 取自热继电器 BB 的常闭触点，当没有过载时，0.04 为“1”状态，梯形图中，0.04 应该是闭合的，故使用的是常开触点。

通过对比可以发现，图 4-11b 中梯形图程序和图 4-10b 中的控制回路的结构是类似的。

4.3.4　知识进阶

在设计时要注意梯形图和接触器-继电器控制线路的本质区别。接触器-继电器控制线路是由硬件组成的电路，而梯形图则是一种软件，是 PLC 图形化的程序。在接触器-继电器控制线路采用的是并行工作方式，而 PLC 采用的是串行工作方式。“翻译法”应注意以下问题。

（1）应遵守梯形图语言中的语法规定。如左母线与线圈之间一定要有触点，而线圈与右母线之间则不能有任何触点等。

（2）尽量减少 PLC 的输入信号和输出信号。可编程控制器的价格与 I/O 点数有关，减少 I/O 点数可以降低硬件费用。

（3）设立外部联锁电路。为了防止控制电动机正反转的两个接触器同时动作造成三相电源短路，应在 PLC 外部设置硬件联锁电路。图 4-10 中的 QA1 和 QA2 不能同时得电，除了在梯形图中设置与它们对应的输出位的线圈串联的常闭触点组成的联锁电路外，还在 PLC 外部设置了硬件联锁电路。如果在接触器-继电器控制线路中有接触器之间的联锁电路，在 PLC 的输出回路也应采用相同的联锁电路。

（4）梯形图的优化设计。为了减少语句表的指令条数，有几个串联电路相并联时，串联触点多的支路应放在上方。有几个并联电路相串联时，应将并联触点多的回路放在左方。

4.3.5 思考题

（1）如果热继电器触点不作为 PLC 的输入信号，又该如何处理呢？

（2）该如何将反接制动控制系统“翻译”成相应的 PLC 控制程序呢？

4.4 案例三：小车自动往返控制（三）——单序列的顺序控制设计法

4.4.1 预备知识

如果一个控制系统可以分解成几个独立的控制动作，且这些动作必须严格按照一定的先后次序执行才能保证生产过程的正常运行，这样的控制系统称为顺序控制系统，也称为步进控制系统。在工业控制领域中，顺序控制系统的应用很广，尤其在机械行业，很大一部分都是利用顺序控制来实现加工的自动循环。

顺序控制设计法是针对顺序控制系统的一种专门的设计方法。顺序控制设计法规律性很强，虽然编出的程序偏长，但程序结构清晰，可读性好，易检查，易修改。它是一种先进的设计方法，很容易被初学者接受，对于有经验的工程师，也会提高设计效率，程序的调试、修改和阅读也很方便。PLC 也提供了大量通用和专用的顺序控制编程元件，有的 PLC 还为用户提供了顺序功能图语言，在编程软件中生成顺序功能图后便完成了编程工作，所以目前顺序控制设计法应用非常广泛。

4.4.1.1 顺序功能图

A 顺序功能图概述

顺序功能图又称为状态转移图，它是描述控制系统的控制过程、功能和特性的一种图，也是设计 PLC 顺序控制程序的有力工具。顺序功能图并不涉及所描述的控制功能的具体技术，它是一种通用的技术语言，可以用于进一步设计和不同专业的人员之间进行技术交流之用。

在 IEC 的 PLC 编程语言标准（IEC 61131－3）中，顺序功能图被确定为 PLC 居首位的编程语言。我国也在 1986 年颁布了顺序功能图的国家标准（GB6988. 6—1986）。顺序功能图主要由步、有向连线、转换、转换条件和动作（或命令）组成。

a 步与动作

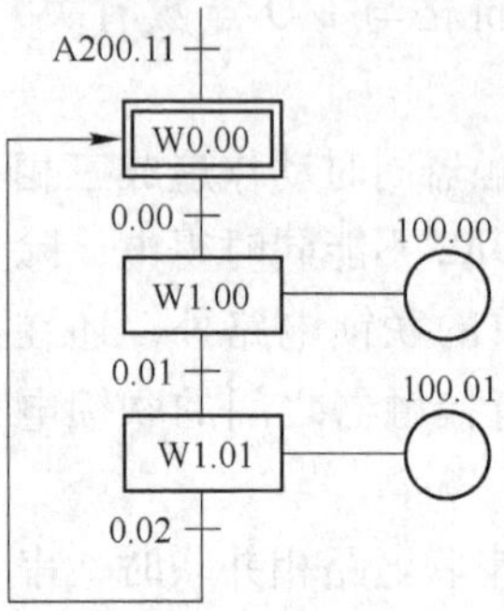

图 4-12 顺序功能图

（1）步。也称为一种状态，顺序功能图中用一个矩形框来表示步，方框内的编号表示该步的编号。如图 4-12 所示。编程时一般用 PLC 内部编程元件（常用内部辅助继电器，如果有状态器的 PLC 则用状态器，如西门子 S7-200 中用状态器 S）来代表各步，经常直接用代表该步的编程元件的元件号作为该步的编号，如 W0. 00 等；步是根据输出量的状态变化来划分的，在任何一步之内，各输出量的 ON/OFF 状态不变，但是相邻两步输出量的状态是不同的。步的这种划分方法使代表各步的编程元件的状态与各输出量的状态之间有着极为简单的逻辑关系。

1）初始步：与系统初始状态相对应的步称为初始步。初始状态一般是系统等待启动命令的相对静止的状态。初始步用双线方框表示，如图 4-12 中的 W0. 00 步。每个顺序功能图至少有一个初始步。

2）活动步与非活动步：当系统正处于某一步时，该步处于活动状态，称该步为“活动步”。否则称为“非活动步”。步处于“活动”状态时，相应的该步的动作被执行。若为保持型动作，则该步变为不活动时继续执行该动作，若为非保持型动作，则该步为不活动步时，动作也停止执行。步处于“非活动”状态时，相应的非保持型动作被停止执行。

（2）动作（或命令）。可以将一个控制系统划分为被控系统和施控系统，例如在数控车床系统中，数控装置是施控系统，而车床是被控系统。对于被控系统，在某一步中要完成某些“动作”；对于施控系统，在某一步中则要向被控系统发出某些“命令”。为了叙述方便，将命令或动作统称为“动作”。

在顺序功能图中，用矩形框中的文字或符号表示动作，该矩形框与相应步的符号相连。一个步被激活，能导致一个或几个动作或命令被执行。若某步为非活动步，对应的动作返回到该步活动之前的状态。如果某一步有几个动作，可以用如图 4-13 所示的两种画法来表示，但是图中并不隐含这些动作之间的任何顺序。

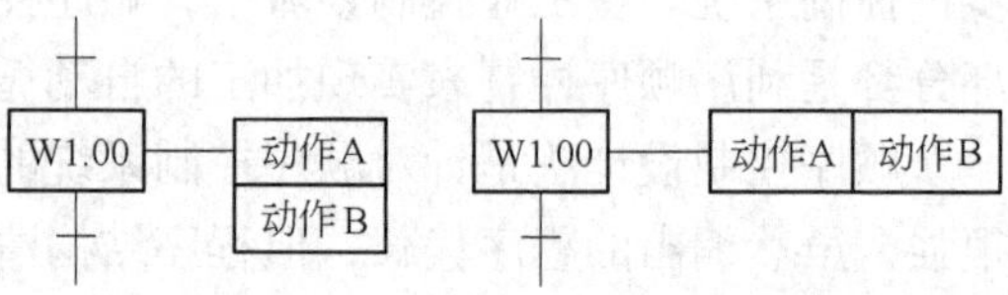

图 4-13 多个动作的表示

步并不是 PLC 的输出触点动作，而只是控制系统中的一个稳定状态。在这个状态，可以有一个或多个 PLC 的输出触点动作，也可以没有任何输出触点动作。

b 有向连线、转换和转换条件

（1）有向连线。在顺序功能图中，随着时间的推移和转换条件的实现，将会发生步的活动状态的进展，这种进展按有向连线规定的路线和方向进行。在画顺序功能图时，将代表各步的方框按它们成为活动步的先后顺序进行排列，并用有向连线将它们连接起来。步的活动状态的进展方向习惯是从上到下或从左到右，在这两个方向上的有向连线的箭头可以省略，否则应注明箭头方向。如果在画图时有向连线必须中断（例如在复杂的图中或用几个图来表示一个顺序功能图时），应在有向连线中断之处标明下一步的标号和所在的页数，例如步 20，10 页。

（2）转换。在功能图中，步的活动状态的进展是由转换来完成的，并与控制过程的发展相对应。转换是在步与步之间有向连线上用一个或多个与有向连线垂直的小短线来表示，转换将相邻两步分隔开。

（3）转换条件。使系统由当前步进入下一步的信号称为转换条件，它是与转换相关的逻辑条件，转换条件可以用文字语言、辑布尔代数表达式或图形符号标注在表示转换的小短线的旁边。如图 4-12 中从初始步 W0.00 转换到第一步 W1.00 的转换条件是 0.00，从步 W1.00 转换到步 W1.01 的转换条件是 0.01。转换条件 0.00 和 $\overline{0.00}$ 分别表示在逻辑信号 0.00 为“1”状态和“0”状态时转换实现。符号 0.00↑ 和 0.00↓ 分别表示 0.00 从 0→1 状态和从 1→0 状态时转换实现。使用最多的转换条件表示方法是布尔代数表达式，例如转换条件 $(0.00+0.01)\cdot\overline{T0}$。

B 顺序功能图的基本结构

a 单序列

单序列由一系列相继激活的步组成，其动作一个接一个地完成，每一步的后面仅有一个转换，每一个转换的后面只有一个步，如图 4-14a 所示。

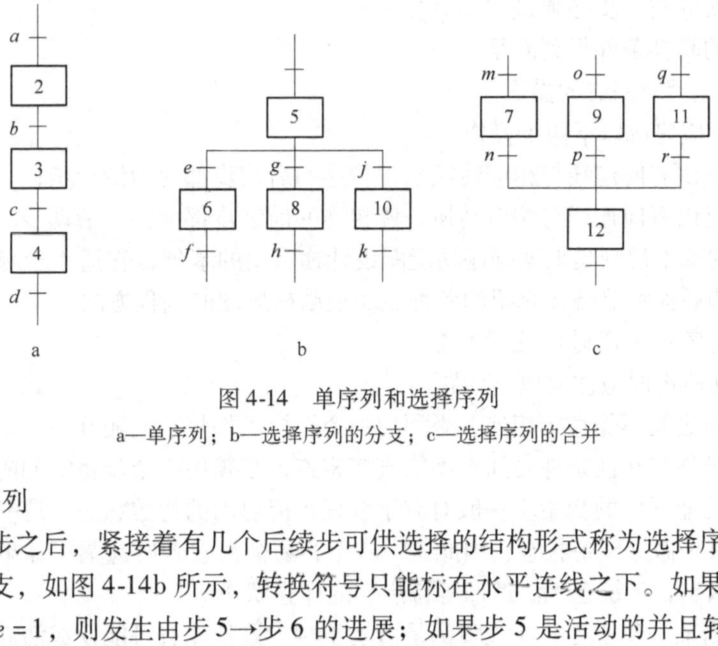

图 4-14 单序列和选择序列

a—单序列；b—选择序列的分支；c—选择序列的合并

b 选择序列

一个活动步之后，紧接着有几个后续步可供选择的结构形式称为选择序列；选择序列的开始称为分支，如图 4-14b 所示，转换符号只能标在水平连线之下。如果步 5 是活动的并且转换条件 $e=1$，则发生由步 5→步 6 的进展；如果步 5 是活动的并且转换条件 $g=1$，则发生由步 5→步 8 的进展；在某一时刻一般只允许选择一个序列。

选择序列的结束称为合并，如图 4-14c 所示。如果步 7 是活动步并且转换条件 $n=1$ 满足，则发生由步 7→步 12 的进展；如果步 9 是活动的并且转换条件 $p=1$，则发生由步 9→步 12 的进展；如果步 11 是活动的并且转换条件 $r=1$，则发生由步 11→步 12 的进展。

c 并行序列

当转换的实现导致几个序列同时激活时，这些序列称为并行序列。并行序列的开始称

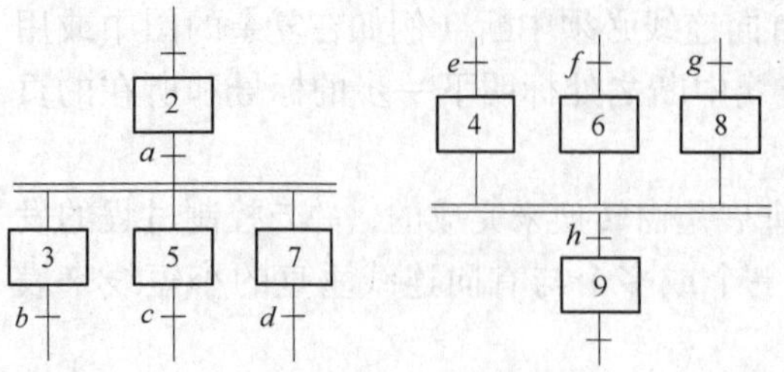

a　　　　　　　　b

图 4-15　并行序列
a—并行序列的分支；b—并行序列的合并

为分支，如图 4-15a 所示。当步 2 是活动步，并且转换条件 $a=1$ 满足时，则 3、5、7 这三步同时变为活动步，同时步 2 变为非活动步。为了强调转换的同步实现，其有向连线的水平部分用双线表示。步 3、5、7 被同时激活后，每个序列中活动步的进展将是独立的。在表示同步的水平双线上，只允许有一个转换符号。

并行序列的结束称为合并，如图 4-15b 所示。在表示同步的水平双线之下，只允许有一个转换符号。当直接连在双线上的所有前级步都处于活动状态，并且转换条件 $h=1$ 时，才会发生步 4、6、8 到步 9 的进展，即步 4、6、8 同时变为不活动步，而步 9 变为活动步。并行序列用来表示系统的几个同时工作的独立部分的工作情况。

C　顺序功能图中转换实现的基本规则

a　转换实现的条件

在顺序功能图中，步的活动状态的进展是由转换的实现来完成的。转换实现必须同时满足两个条件。

(1) 该转换的前级步必须是“活动步”；

(2) 相应的转换条件得到满足。

b　转换实现后应完成的操作

转换实现后应完成以下两个操作。

(1) 使所有由有向连线与相应转换条件相连的后续步都变为活动步；

(2) 使所有由有向连线与相应转换条件相连的前级步都变为不活动步。

转换实现的基本规则是根据顺序功能图设计梯形图的基础，它适用于顺序功能图中的各种基本结构和后面章节将要介绍的各种顺序控制梯形图的编程方法。

D　绘制顺序功能图时的注意事项

绘制顺序功能图时应注意以下问题。

(1) 步与步之间不能直接相连，必须用一个转换条件将它们隔开。

(2) 转换条件与转换条件之间也不能直接相连，必须用一个步将它们隔开。

(3) 顺序功能图中的初始步一般对应于系统等待启动的初始状态，这一步可能没有什么动作执行，只是做好预备状态，因此这一步很容易被初学者所遗漏；如果没有该步，就无法表示初始状态，系统也无法返回等待启动的停止状态。

(4) 只有当某一步所有的前级步都是活动步时，该步才有可能变成活动步。如果用没有断电保持功能的编程元件代表各步，则 PLC 开始进入运行方式时，各步均处于“0”状态，因此必须要有初始化信号，将初始步预置为活动步（一般用初始化脉冲 A200.11 将初始步置为活动步），否则顺序功能图中永远不会出现活动步，系统将无法工作。

(5) 自动控制系统应能多次重复执行同一工艺过程，因此在顺序功能图中一般应有由步和有向连线组成的闭环，即在完成一次工艺过程的全部操作之后，应从最后一步退回初始步，系统停止在初始状态（单周期操作，如图 4-12 所示），在连续循环工作方式时，应从最后一步返回下一工作周期开始运行的第一步（如图4-16所示）。换句话说，在顺序功能图中不能有“到此为止”的死胡同。

4.4.1.2 顺序控制设计法的基本步骤

采用顺序控制设计法进行程序设计的基本步骤及内容如下。

A 步的划分

步是根据输出量的状态变化来划分的，在任何一步之内，各输出量的ON/OFF状态不变，但相邻两步之间输出量的状态是不同的。

B 转换条件的确定

转换条件可以是外部的输入信号，如按钮、指令开关、限位开关的接通或断开等，也可以是PLC内部产生的信号，例如定时器、计数器触点的接通或断开等，转换条件还可能是若干个信号的与、或、非逻辑组合。

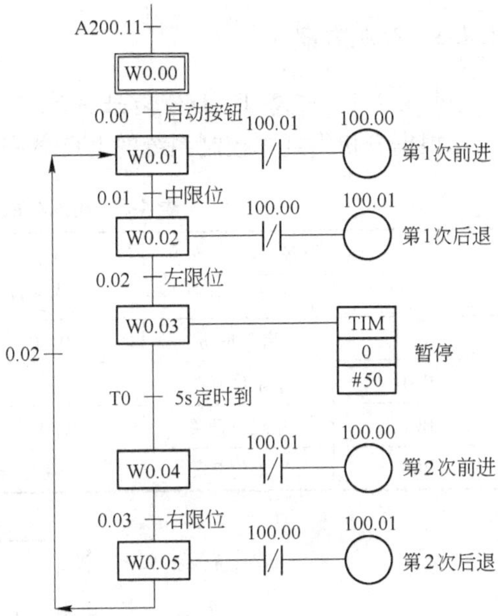

图4-16 小车自动控制系统

顺序控制设计法中用转换条件控制代表各步的编程元件，让它们的状态按一定顺序变化，然后用代表各步的编程元件去控制各输出继电器。

C 顺序功能图的绘制

根据以上分析和被控对象工作内容、步骤、顺序和控制要求画出顺序功能图。绘制顺序功能图是顺序控制设计法中最为关键的一个步骤。绘制顺序功能图的具体方法将在后面章节中做详细介绍。

D 梯形图的编制

如果PLC支持顺序功能图语言，则可直接使用该顺序功能图作为最终程序。但现在还有相当多的PLC（包括CP1H）没有配备顺序功能图语言，需将相应的顺序功能图转换为梯形图程序，才能被PLC认可。有关编程方式也将在后面章节介绍。

4.4.2 案例说明

某小车自动往返控制系统（图4-17），其控制要求是：

（1）按下启动按钮SF，电机MA正转，小车前进，碰到限位开关BG1后，电机MA反转，小车后退；

（2）后退碰到限位开关BG2后，小车停止运行。5s后，第2次前进，碰到限位开关BG3，再次后退；

（3）当后退再次碰到限位开关BG2后，小车停止。

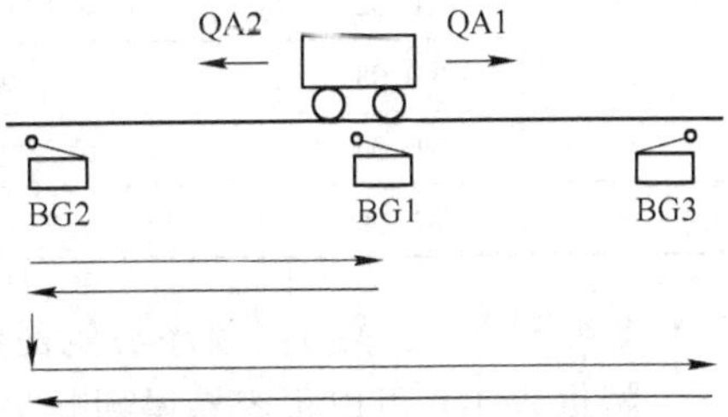

图4-17 某小车自动往返控制系统示意图

4.4.3　解决方案

4.4.3.1　任务1：I/O 地址分配

根据分析得到本控制系统的 I/O 分配如表4-3 所示，其 PLC 外部接线图见图4-18。

表4-3　输入/输出设备及 PLC 的 I/O 分配

输入设备		PLC 输入元件	输出设备		PLC 输出元件
符　号	功　能		符　号	功　能	
SF	启动按钮	0.00	QA1	前进接触器	100.00
BG1	中限位开关	0.01	QA2	后退接触器	100.01
BG2	左限位开关	0.02			
BG3	右限位开关	0.03			

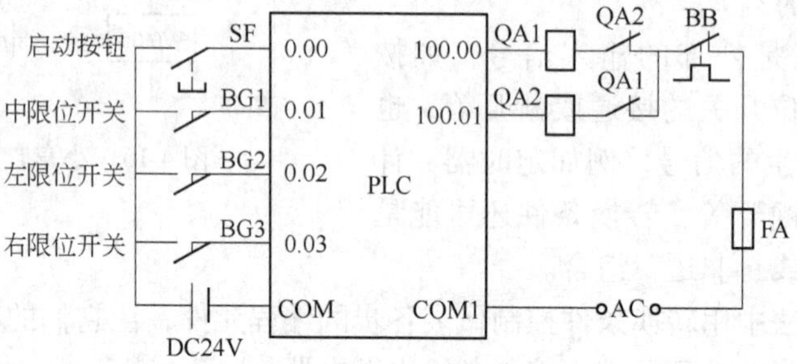

图4-18　I/O 接线图

4.4.3.2　任务2：步的划分

根据输出量的状态变化来进行步的划分，可将整个控制过程分为5步，再加上一个初始步。为了便于分析，可以作一个顺序控制表，如表4-4 所示（对于初学者而言，在设计时可以编一个控制系统的顺序功能表。但比较熟悉此设计方法后，该步可以省略。下面章节中将省略此步，如果读者认为有必要，请自行编制此表）。

表4-4　小车自动往返系统顺序控制表

步	元　件	动　作	转换条件
0	W0.00	PLC 上电做好准备	A200.11
1	W0.01	第1次前进（驱动100.00）	0.00
2	W0.02	第1次后退（驱动100.01）	0.01
3	W0.03	停止（驱动T0）	0.02
4	W0.04	第2次前进（驱动100.00）	T0
5	W0.05	第2次后退（驱动100.01）	0.03

（表右侧箭头：步5 —0.02→ 步0）

4.4.3.3　任务3：顺序功能图绘制

根据表4-4 可以很容易得到顺序功能图，如图4-19 所示。

4.4.3.4　任务4：梯形图转换

再用相应方法将顺序功能图转换为相应梯形图即可。具体方法见后面章节所述。

4.4.4 知识进阶

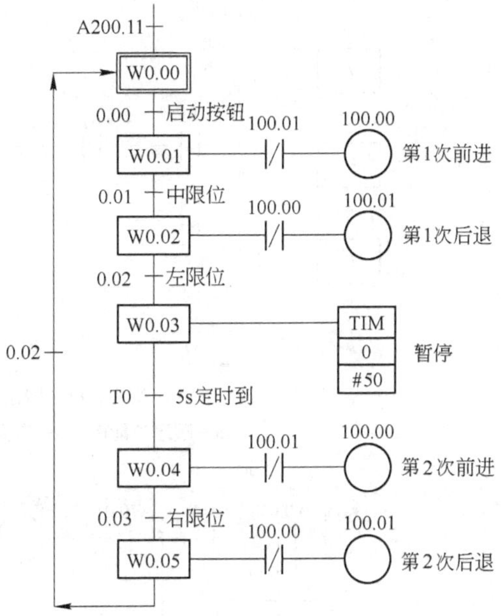

图 4-19 小车控制系统顺序控制图

根据顺序功能图设计出梯形图的方法有好几种。为了适应各厂家的 PLC 在编程元件、指令功能和表示方法上的差异，下面主要介绍使用启保停电路的顺序控制梯形图设计方法、以转换为中心的顺序控制梯形图设计方法、使用步进顺序控制指令的设计方法。

为了便于分析，我们假设刚开始执行用户程序时，系统已处于要求的初始状态（用初始化脉冲 A200. 11 将初始步置位），除初始步外，各步的编程元件均为“0”状态，为转换的实现做好准备。

4.4.4.1 使用启保停电路的编程方式

根据顺序功能图设计梯形图时，用辅助继电器来代表各步。某一步为活动步时，对应的辅助继电器为“1”状态，转换实现后，该转换的持续步变为活动步，前级步变为不活动步。由于转换条件大都是短信号，即它存在的时间比它激活的后续步为活动步的时间短，因此应使用有记忆（保持）功能的电路来控制代表各步的辅助继电器。属于这类的电路有启保停电路和具有相同功能的 SET、RSET 指令的电路。

这种编程方式仅使用基本的与触点和线圈有关的指令，如 LD、AND、OR、OUT 等。任何一种可编程控制器的指令系统都有这一类指令，所以又称为使用通用指令的编程方法，可以用于任意型号的可编程控制器。

使用启保停电路设计方法的关键是找出每一步的启动条件和停止条件。要使某一步为活动步，根据转换实现的基本规则：转换实现的条件是它的前级步为活动步，并且满足相应的转换条件，才能进行步的转换。在启保停电路中，总是将代表前级步的中间继电器的常开接点与转换条件对应的接点串联，作为代表后续步的中间继电器启动的条件。当后续步被激活，应将前级步关断，所以用代表后续步的中间继电器常闭接点串在前级步的电路中，作为它的停止条件。

如图 4-20a 所示，步 M_i 变为活动步的条件是 M_{i-1} 为活动步，并且转换条件 $X_i = 1$，在梯形图中则应将 M_{i-1} 和 X_i 的常开触点串联后作为控制 M_i 的启动电路，如图 4-20b 所示。当 M_i 和 X_{i+1} 均为“1”状态时，步 M_{i+1} 变为活动步，这时步 M_i 应变为非活动步，因此可将 $M_{i+1} = 1$ 作为使 M_i 变为“0”状态的条件，即将 M_{i+1} 的常闭触点与 M_i 的线圈串联。

这种设计方法也可以用 SET、RSET 指令来代替启保停电路，如图 4-20c 所示。

对于案例三，如果用启保停电路，其顺序功能图的梯形图则如图 4-21 所示。

由于步是根据输出状态的变化来划分的，所以顺序控制梯形图中输出电路的处理方法非常简单，可以分为以下两种情况。

（1）某一输出继电器仅在某一步中为“1”状态，如图 4-21 中的 T0 就属于这种情况，

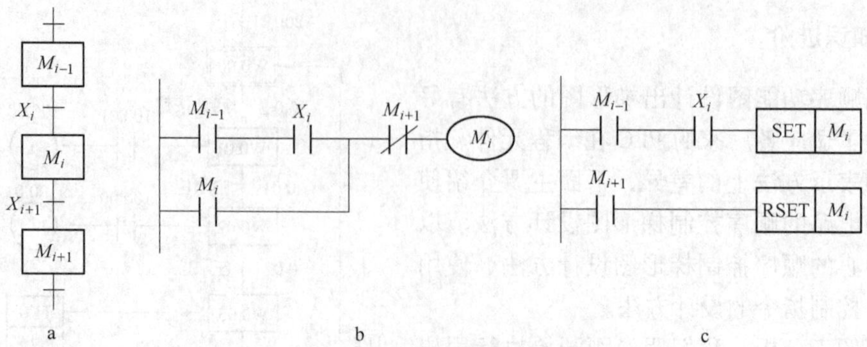

图 4-20　使用启保停电路的编程方式

a—顺序功能图；b—启保停梯形图；c—置位/复位梯形图

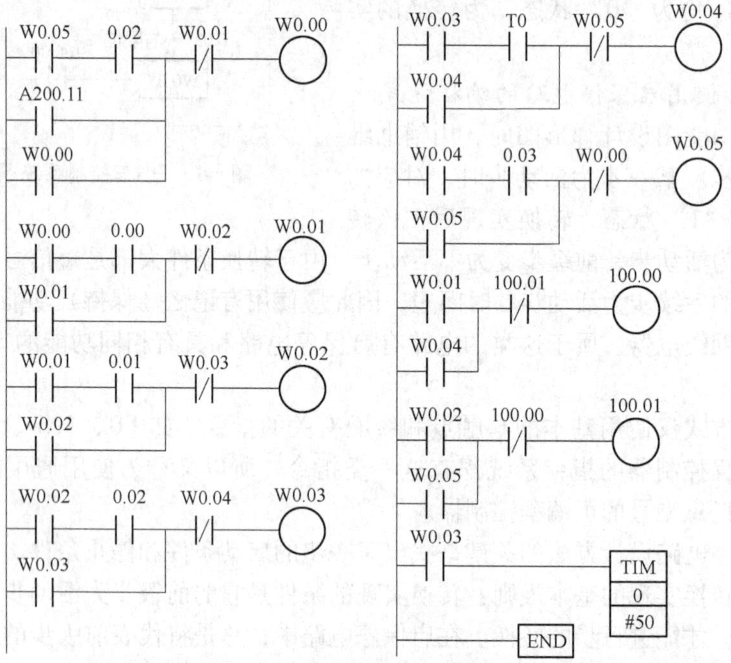

图 4-21　小车控制系统梯形图（一）

可以将 T0 的线圈与对应步的辅助继电器 W0. 03 的触点串联。

（2）某一输出继电器在几步中都为“1”状态，应将代表各有关步的辅助继电器的常开触点并联后，驱动该输出继电器的线圈。如图 4-21 中的 100. 00 在 W0. 01、W0. 04 两步中均为“1”状态，所以将 W0. 01 和 W0. 04 的常开触点并联后控制 100. 00 的线圈。注意，为了避免出现双线圈输出，不能将 100. 00 的线圈分别与 W0. 01、W0. 04 的线圈并联。

4. 4. 4. 2　使用以转换为中心的顺序控制梯形图设计方法

如图 4-22 所示为以转换为中心的编程方式设计的梯形图与顺序功能图的对应关系。图中要实现 M_i 步的转换必须同时满足两个条件：前级步为活动步（$M_{i-1}=1$）和转换条件满足（$X_i=1$）。所以用 M_{i-1} 和 X_i 的常开触点串联组成的电路来表示上述条件。这两个条件同时满足时，该电路接通时，完成两个操作，将后续步变成活动步（用 SET 指令将

M_i 置位）和前级步变为不活动步（用 RSET 指令将 M_{i-1} 复位）。这种编程方式与转换实现的基本规则之间有着严格的对应关系，用它编制复杂的顺序控制梯形图时，更能显示出它的优越性。

这种编程方法很有规律，每一个转换都对应一个 SET/RST 指令的电路块，有多少个转换就有多少个这样的电路块。

对于案例三，如果用以转换为中心的编程方式其顺序功能图的梯形图则如图 4-23 所示。

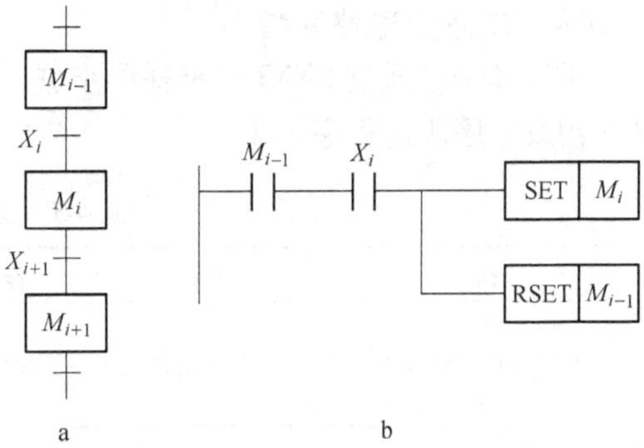

图 4-22 以转换为中心的编程方式
a—顺序功能图；b—梯形图

使用这种编程方式时，不能将输出继电器

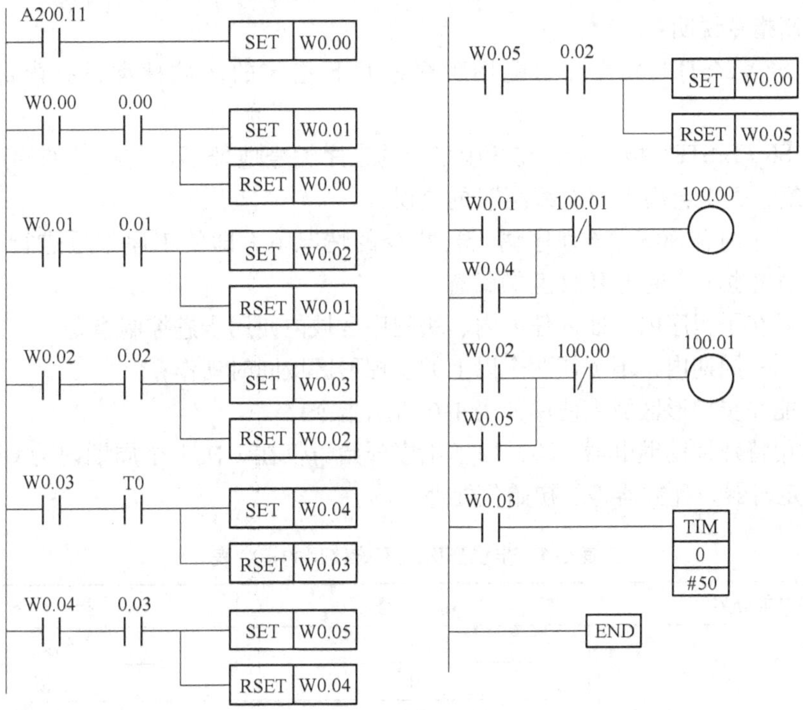

图 4-23 小车控制系统梯形图（二）

的线圈与 SET、RSET 指令并联，因为对应的串联电路的接通时间是相当短的，转换条件满足后前级步马上被复位，而输出继电器线圈至少应该在某一步活动的全部时间内接通。所以应根据顺序功能图，用代表步的辅助继电器的常开触点或它们的并联电路来驱动输出继电器的线圈。

4.4.4.3 使用步进控制指令的设计方法

许多 PLC 生产厂家都设计了专门用于编制顺序控制程序的指令和编程元件。例如西门子公司 S7-200 的 SCR 指令，三菱公司 FX 系列中的 STL 指令等。OMRON CP1H 系列 PLC 也有专门用于步进顺序控制的指令。利用它们，可以很方便地编制顺序控制梯形图程序。

A 工序步进控制指令

CP1H 中，通过 SNXT（步梯形步进）指令和 STEP（步梯形区域）指令的组合，见表 4-5 构成工序步进程序。

表 4-5 工序步进控制指令

指 令	作 用	工 序 图
SNXT（步梯形步进）指令	对进入下一工序的进度进行控制	
STEP（步梯形区域）指令	表示工序的开始，在其进入下一工序的条件成立之前，只反复实行该工序的程序	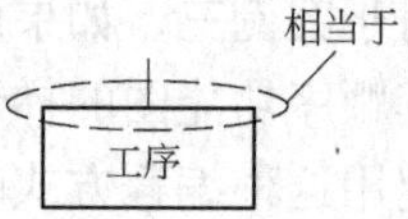

步进控制指令说明：

（1）在 SNXT/STEP 指令中，能用工序编号 S 指定的区域种类只有内部辅助继电器 WR；

（2）在 SNXT/STEP 指令中，在 S 中指定的工序编号地址不可与通常的梯形电路中使用的地址重复，否则会出现“双线圈”的错误；

（3）在工序内有 SBS（子程序调入）指令的情况下，即使工序编号进行 ON→OFF，子程序内的输出也不会变为 IL（互锁状态）；

（4）不可在子程序内、插入任务内、块程序区域内使用步进控制指令；

（5）在同一周期内，不可使两个以上的步梯形区域同时动作；

（6）不能在步梯形区域内使用如表 4-6 所示指令；

（7）常用特殊辅助继电器 A200.12（工序开始时仅在 1 次 1 个周期内为 ON）实现进入工序时的定时器、计数器等的初始化处理。

表 4-6 步梯形区域不能使用的指令表

各功能分类	助 记 符	指 令
时序控制	END	结束
	IL	互锁
	ILC	互锁区域
	JMP	转移
	JME	转移结束
	CJP	条件转移
	CJPN	条件非转移
	JMP0	多重转移
	JME0	多重跳到结束
子 程 序	SBN	子程序输入
	RET	子程序返回

B 案例三的梯形图程序

采用步进控制指令，案例三的梯形图程序如图 4-24 所示。

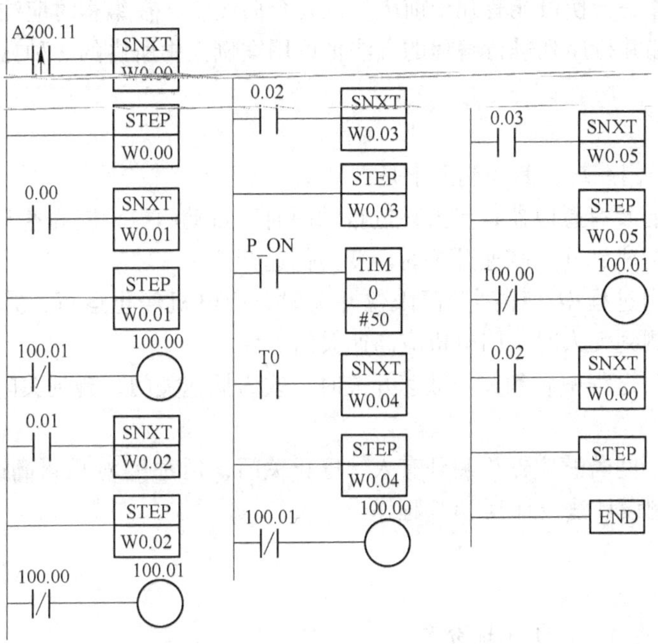

图4-24　小车控制系统梯形图（三）

PLC上电时进入运行状态，初始化脉冲A200.11接通1个扫描周期，使初始状态W0.00置位，初始步W0.00变为活动步。当转移条件0.00为ON时，步梯形步进指令SNXT使W0.00为OFF，W0.01为ON，推进到工序W0.01。STEP指令使工序W0.01从下一步骤开始。在梯形图的最后，当小车第2次后退到左限位开关BG2时停止运行，状态转移图回到初始状态W0.00，然后梯形区域完成。其中，P_ON为平时ON标志。

4.4.5 思考题

如果将上述案例控制要求改为：

（1）按下启动按钮SF，电机MA正转，小车前进，碰到限位开关BG1后，电机MA反转，小车后退；

（2）后退碰到限位开关BG2后，小车停止运行；5s后，第二次前进，碰到限位开关BG3，再次后退；

（3）当后退再次碰到限位开关BG2后，小车又开始前进；重复（1）~（2）动作，如此周而复始地循环。

这时候PLC控制系统程序又该如何设计呢？请读者自行思考。

4.5 案例四：自动门控制系统——选择序列的顺序控制设计法

4.5.1 预备知识

对选择序列和并行序列编程的关键在于对它们分支和合并的处理，转换实现的基本规则是设计复杂梯形图的基本准则。与单序列不同的是，在选择序列和并行序列的分支、合并处，某一步或某一转换可能有几个前级步或几个后续步，在编程时应注意这个问题。

对选择序列和并行序列进行编程的方法也可用案例三中所讲的 3 种方法来进行。

4.5.2　案例说明

PLC 控制自动门系统，其控制要求是：

（1）自动门前装有感应器，当人靠近自动门时，自动门电机应高速开门。

（2）高速开门碰到开门减速开关时，变为低速开门。

（3）低速开门过程中，碰到开门限位开关时，门电机停止运行，并开始延时。若在 0.5s 内感应器检测到无人时，门电机应高速关门。

（4）高速关门过程中碰到关门减速开关时，改为低速关门，碰到关门限位开关时门电机停止运行。

（5）在关门期间若感应器检测到有人，停止关门，延时 0.5s 后再高速开门。

试用顺序控制设计法设计其 PLC 程序。

4.5.3　解决方案

4.5.3.1　任务 1：I/O 地址分配

根据分析得到本控制系统的 I/O 分配如表 4-7 所示。

表 4-7　输入/输出设备及 PLC 的 I/O 分配

输入设备	PLC 输入元件	输出设备	PLC 输出元件
门感应器	0.00	高速开门	100.00
开门减速开关	0.01	低速开门	100.01
开门限位开关	0.02	高速关门	100.02
关门减速开关	0.03	低速关门	100.03
关门限位开关	0.04		

4.5.3.2　任务 2：步的划分

根据输出量的状态变化来进行步的划分，可将整个控制过程分为 6 步，再加上一个初始步。分别用 W0.01 ~ W0.06 去代表各步，初始步用 W0.00 表示。

4.5.3.3　任务 3：顺序功能图绘制

根据所划分的步做出其顺序功能图，如图 4-25 所示。

4.5.3.4　任务 4：梯形图转换

将顺序功能图转换为梯形图即可。

4.5.4　知识进阶

将选择序列和并行序列在顺序功能图转换成梯形图的设计方法也可用案例三中所讲的 3 种方法来进行。

4.5.4.1　使用启保停电路的编程方式

选择序列的分支是指一个前级步后面紧接着若干个后续步可供选择，各分支都有各自的转换条件。处理时，应将 *N* 个后续步对应的辅助继电器的常闭触点与该前级步的线圈串联，作为该步结束的条件。

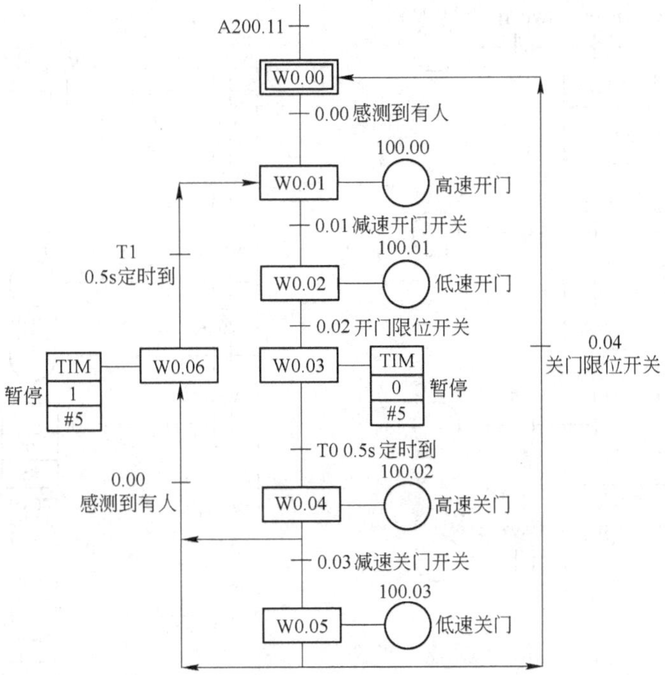

图4-25 自动门控制系统的顺序功能图

选择序列的合并是指几个选择分支在各自的转换条件成立时转换到一个公共步上。对于选择序列的合并，如果某一步之前有 N 个转换，即有 N 条分支进入该步，则控制代表该步的辅助继电器的启动电路由 N 条支路并联而成，各支路由某一前级步对应的辅助继电器的常开触点与相应的转换条件对应的触点或电路串联而成。

对于案例四，将其顺序功能图用启保停电路的编程方式设计成梯形图如图4-26所示。

图4-26中步W0.04后有一个选择序列的分支，设W0.04为活动步，当它的后续步W0.05或W0.06变为活动步时，它都应变为不活动步，所以将W0.05和W0.06的常闭触点与W0.04的线圈串联。步W0.05后也有一个选择序列的分支，设W0.05为活动步，当它的后续步W0.00或W0.06变为活动步时，它都应变为不活动步，所以将W0.00和W0.06的常闭触点与W0.05的线圈串联。步W0.06之前有一个选择序列的合并，当步W0.04为活动步，并且转换条件0.00 = 1，或者步W0.05为活动步，并且转换条件0.00 = 1，步W0.06都应变为活动步，所以控制该步的辅助继电器的启动条件应为W0.04·0.00 + W0.05·0.00，对应的启动电路由两条并联支路组成。步W0.00和步W0.01与步W0.06的情况相同，W0.00和W0.01均有2条分支进入，则W0.00和W0.01的启动电路均由2条支路并联而成，各支路由其前级步对应的辅助继电器的常开触点与相应的转换条件对应的触点串联而成。

4.5.4.2 仅有两步闭环的处理

如果在顺序功能图中仅有由两步组成的小闭环，如图4-27a所示，W0.03既是W0.02的前级步，又是它的后续步，对应的用启保停电路模式设计的梯形图程序如图4-27b所示。从梯形图中可以看出，W0.03线圈根本无法通电。解决的办法是：在小闭环中增设一

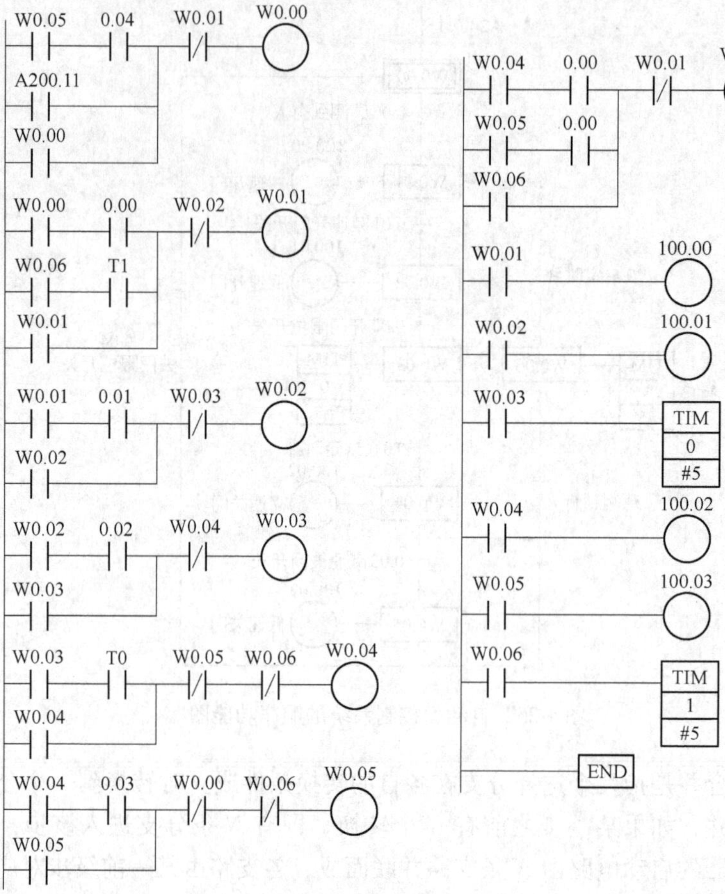

图 4-26 自动门控制系统梯形图（一）

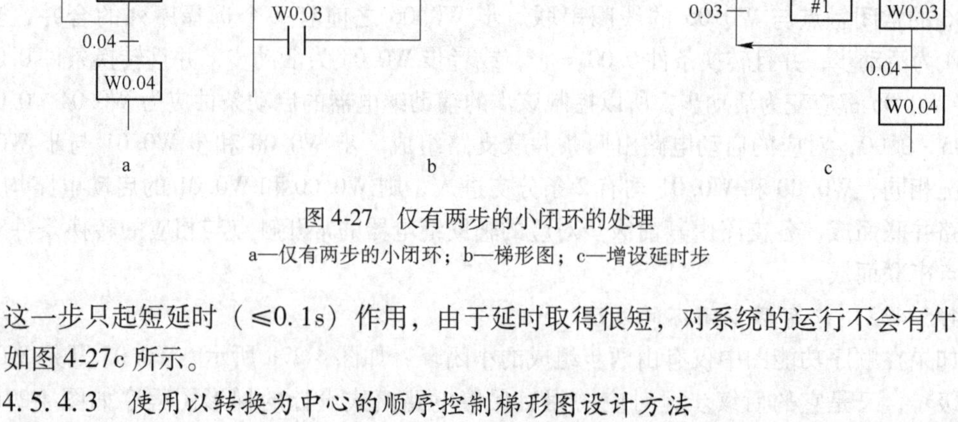

图 4-27 仅有两步的小闭环的处理

a—仅有两步的小闭环；b—梯形图；c—增设延时步

步，这一步只起短延时（≤0.1s）作用，由于延时取得很短，对系统的运行不会有什么影响，如图 4-27c 所示。

4.5.4.3 使用以转换为中心的顺序控制梯形图设计方法

选择序列的前级步和后续步都只有一个，故它的编程方法与单序列完全相同。每一个控制置位、复位的电路块都是由前级步对应的辅助继电器的常开触点和转换条件对应的触点组成的串联电路、一条置位指令和一条复位指令组成。

对于案例四，采用这种方法的梯形图如图 4-28 所示。它的编程方法和单序列完全一样，均按照从上到下，从左到右的顺序来进行。

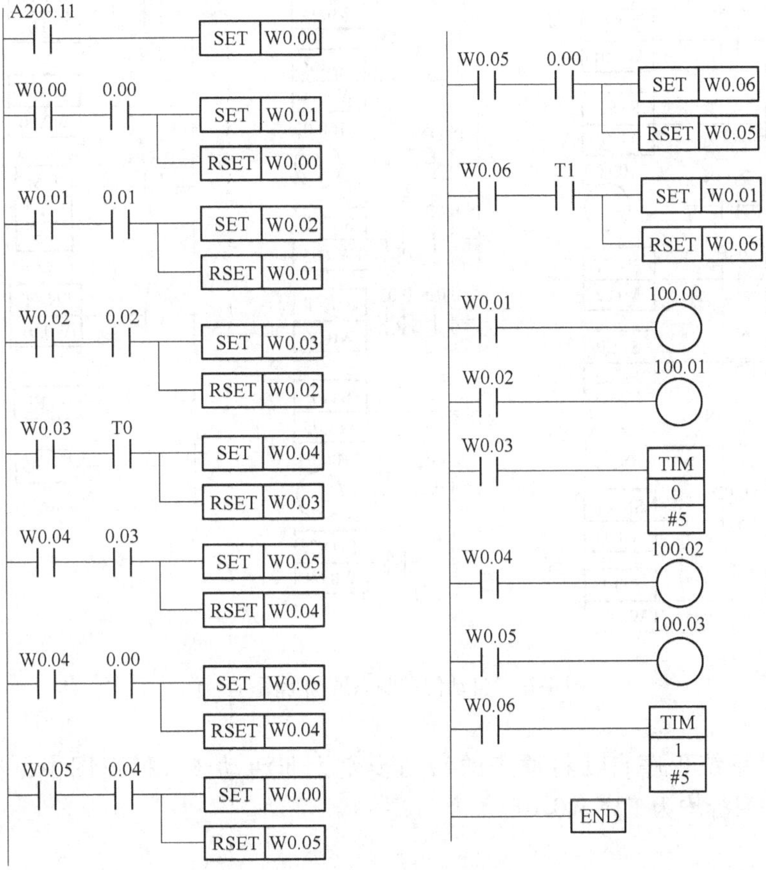

图 4-28 自动门控制系统梯形图（二）

4.5.4.4 使用步进控制指令的设计方法

分支处理：如果某一状态的后面有 N 条可选择的分支序列，则就有 N 条 SNXT（步梯形步进）指令分别指明各转移条件和转移目标的并联电路。

合并处理：没有必要特别留意选择序列合并如何处理，只要正确确定每一步的转移条件和转移目标，就能自然地实现选择序列的合并。

对于案例四，采用这种方法的梯形图如图 4-29 所示。

图 4-25 中，步 W0.04 后有一个选择序列的分支，当步 W0.04 为活动步，且转换条件 0.03 =1 时，将执行下面的序列；如果转换条件 0.00 =1，将执行左边的序列。梯形图中，分别有两条由 0.03 和 0.00 作为条件的 SNXT（步梯形步进）指令。步 W0.05 后也有一个选择序列的分支，处理方法同 W0.04。

步 W0.01 之前有一个由两条支路组成的选择序列的合并，当 W0.00 为活动步，转换条件 0.00 满足，或者步 W0.06 为活动步，转换条件 T1 得到满足，都将使步 W0.01 变为

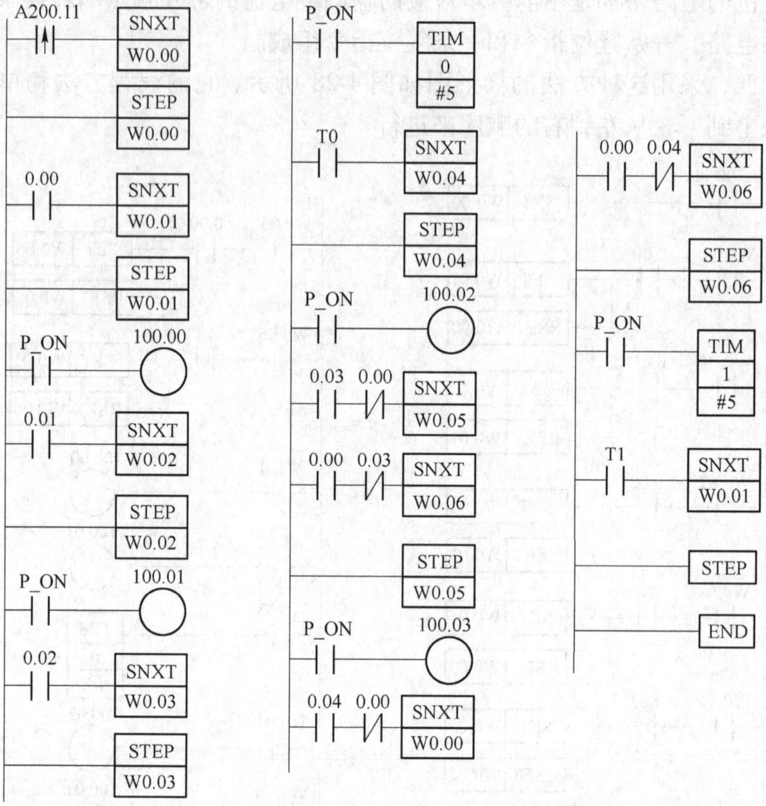

图 4-29　自动门控制系统梯形图（三）

活动步，同时系统程序自动将原来的活动步变为非活动步。梯形图中，步 W0. 00 和 W0. 06 的推进目标均为工序 W0. 01。

4. 6　案例五：十字路口交通灯控制——并行序列的顺序控制设计法

4. 6. 1　案例说明

试设计一个十字路口交通信号灯（图 4-30）动作的用户程序，其控制要求为按下启动按钮后，依下面顺序运行。

（1）南北向绿灯亮 20s，东西向红灯亮；

（2）20s 后，南北向绿灯闪烁 5 次每次通断各 0. 5s，此期间东西向红灯亮；

（3）闪 5 次后南北向绿灯灭，南北向黄灯亮 5s，东西向红灯仍然亮；

（4）南北向黄灯亮 5s 后熄灭，南北向换红灯亮，东西向换绿灯亮 30s；

（5）东西向绿灯 30s 后，闪 5 次每次通断各 0. 5s，此期间南北向红灯亮；

（6）闪 5 次后东西向绿灯熄灭，东西向黄灯亮 5s，南北向红灯仍然亮；

（7）东西向黄灯亮 5s 后，南北向换绿灯亮，东西向换红灯亮；如此不停地循环工作。

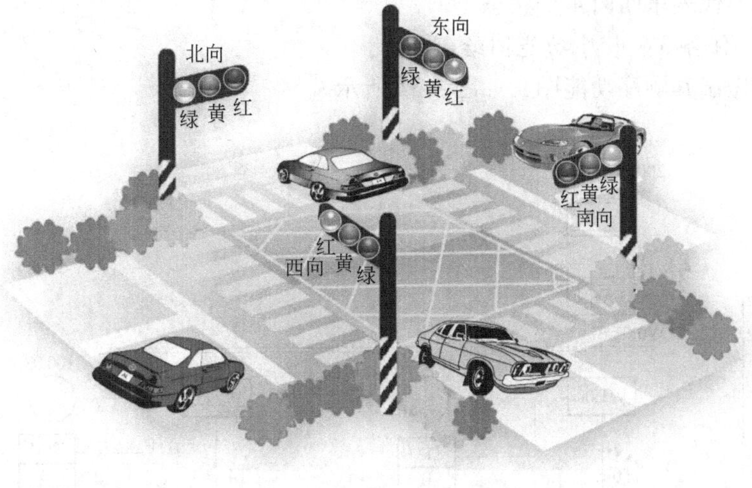

图 4-30　十字路口交通灯示意图

4.6.2　解决方案

分析其工作流程，可以发现南北绿灯亮、绿灯闪烁、黄灯亮的同时，东西红灯亮；反之东西绿灯亮、绿灯闪烁、黄灯亮的同时，南北红灯亮，这可以看成是两种并行的状态，可以采用并行序列编程方法。

4.6.2.1　任务 1：I/O 地址分配

根据分析得到本控制系统的 I/O 分配如表 4-8 所示。

表 4-8　输入/输出设备及 PLC 的 I/O 分配

输入设备	PLC 输入元件	输出设备	PLC 输出元件
启动按钮	0.00	南北红灯	100.00
		南北黄灯	100.01
		南北绿灯	100.02
		东西红灯	100.03
		东西黄灯	100.04
		东西绿灯	100.05

另外，本系统还需要辅助定时器：T0—南北绿灯 20s 定时，T1、T2—南北绿灯闪烁 0.5s 定时，T3—南北黄灯 5s 定时；T4—东西红灯 30s 定时，T5—东西绿灯 20s 定时，T6、T7—东西绿灯闪烁 0.5s 定时，T8—东西黄灯 5s 定时；辅助计数器：C0、C1—南北/东西绿灯闪烁 5 次计数。

4.6.2.2　任务 2：步的划分

根据题意来进行分析，东西向有 4 种输出状态，南北向也有 4 种输出状态。故各分为 4 步，再加上初始步。用 W0.00 表示初始步，W1.00 ~ W1.03 代表南北向 4 个状态，

W2.00～W2.03 代表东西向 4 个状态。

4.6.2.3 任务 3：顺序功能图绘制

根据分析做出其顺序功能图，如图 4-31 所示。

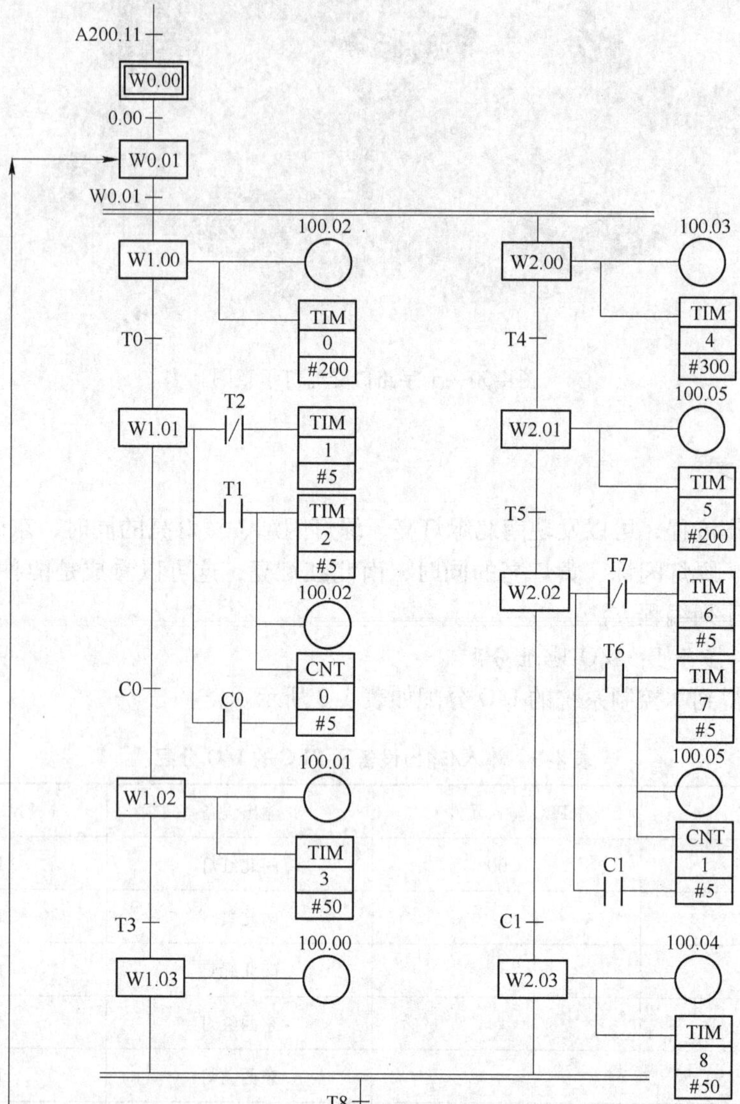

图 4-31 PLC 控制十字路口交通灯顺序功能图

4.6.2.4 任务 4：梯形图转换

将顺序功能图转换为梯形图即可。

4.6.2.5 设计说明

本案例中用 W0.00 代表初始步，W0.01 为一个虚设状态，以便程序循环执行过程中一旦状态转移条件满足，通过 W0.01 直接将 W1.03、W2.03 的“1”状态转移给 W1.00、W2.00。W1.00 这一分支代表南北向交通灯的状态，其中 W1.00、W1.01、W1.02、

W1.03 分别代表南北向绿灯亮 20s、绿灯闪烁 5 次、黄灯亮 5s 和红灯亮 4 个状态，W2.00 这一分支代表东西向交通灯的状态，其中 W2.00、W2.01、W2.02、W2.03 分别代表东西向红灯亮 30s、绿灯亮 30s、绿灯闪烁 5 次、黄灯亮 5s 4 个状态。

4.6.3 知识进阶

本案例将顺序功能图转换为梯形图的方法也可用案例三的 3 种方法，重点在于对并行序列分支和合并的处理。

4.6.3.1 使用启保停电路的编程方式

并行序列的分支是指当转换条件实现后，同时使多个后续步激活。为了强调转换的同步实现，水平连线用双线表示。

在图 4-31 中，当步 W0.01 处于活动状态，若转换条件 W0.01 = 1，则工步 W1.00、W2.00 同时启动，用转换条件 W0.01 和代表步 W0.01 的辅助继电器的常开触点组成的串联电路分别作为步 W1.00、W2.00 的启动电路。同时，步 W0.01 应变为不活动步。步 W1.00、W2.00 是同时变为活动步的，只需将 W1.00 或 W2.00 的常闭触点与 W0.01 的线圈串联即可。

并行序列的合并是指当前级步 W1.03、W2.03 都为活动步，且转换条件 T8 = 1 成立时，开通步 W0.01，同时关断步 W1.03、W2.03。应将步 W1.03、W2.03 和转换条件 T8 的常开触点串联，作为控制 W0.01 的启动电路。将 W0.01 的常闭触点分别与 W1.03、W2.03 的线圈串联作为它们的停止条件。

案例五采用这种方法设计的梯形图程序如图 4-32 所示。

4.6.3.2 以转换为中心的顺序控制梯形图设计方法

对于并行序列的分支，当转换条件实现后，同时有多个后续步激活。故应该用当前活动步的辅助继电器和条件继电器的常开触点串联，使后续步的辅助继电器同时置位来实现，同时，当前级步变为不活动步，用复位指令来实现。

并行序列的合并中，转换实现的条件是所有的前级步都是活动步和转换条件满足，所以应将所有的前级步的辅助继电器和转换条件继电器的常开触点串联，作为使后续步置位和使前级步辅助继电器复位的条件。

如图 4-31 所示，步 W0.01 后有一个并行序列的分支，当步 W0.01 是活动步并且转换条件 W0.01 =1 时，步 W1.00 和步 W2.00 应同时变为活动步，故用 W0.01 和 W0.01 的常开触点组成的串联电路块使 W1.00 和 W2.00 同时置位和使步 W0.01 复位，将 W0.01 变为非活动步。T8 对应的转换之前有一个并行序列的合并，该转换实现的条件是所有前级步（W1.03 和 W2.03）都是活动步，且转换条件 T8 =1，故应将 W1.03、W2.03、T8 的常开触点串联，作为使后续步 W0.01 置位和使 W1.03、W2.03 复位的条件。

案例五采用这种方法的梯形图如图 4-33 所示。

4.6.3.3 使用步进控制指令的顺序控制梯形图设计方法

分支处理：当前级步为活动步，且转换条件满足时，后续步同时变成活动步，同时开始工作。

合并处理：当前级步均为活动步且转换条件满足时，将实现并行序列的合并。

如图 4-31 所示，由 W1.00 ~ W1.03 和 W2.00 ~ W2.03 组成的两个序列是并行工作的，

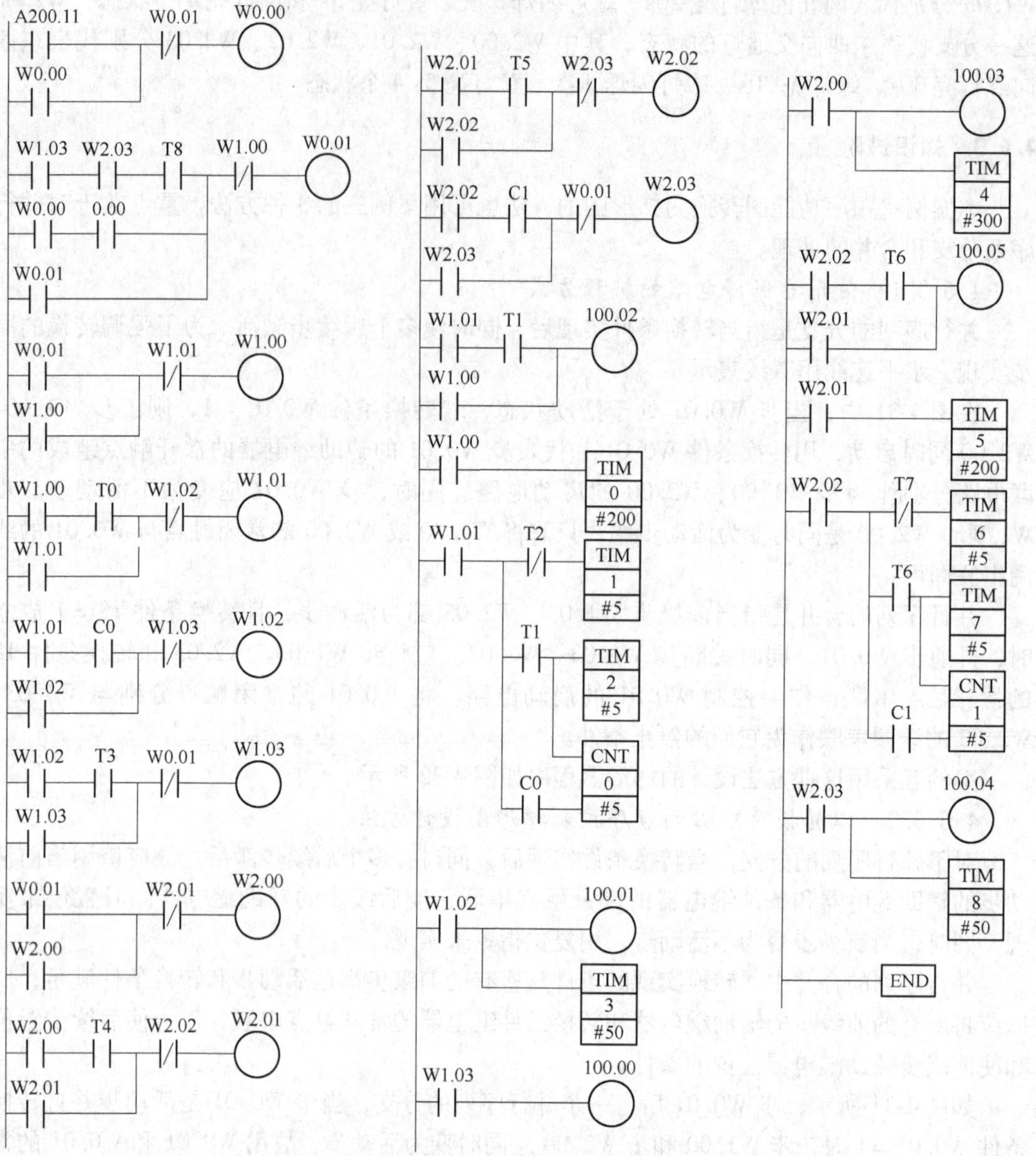

图 4-32　十字路口交通灯控制系统梯形图（一）

设计梯形图时应保证这两个序列同时开始和同时结束，即两个序列的第一步 W1.00、W2.00 应同时变为活动步，两个序列的最后一步 W1.03、W2.03 应同时变为非活动步。

步 W0.01 之后有一个两支路的并行序列的分支，当步 W0.01 是活动步，且转换条件 W0.01 =1 时，步 W1.00 和 W2.00 同时变为活动步，两个序列同时开始工作，在梯形图中，分别用两条均由常开触点 W0.01 作为条件的 SNXT（步梯形步进）指令。

步 W0.01 之前有一个并行序列的合并，当图中的转换条件 T =1 满足，且两个前级步 W1.03、W2.03 均为活动步时就可以实现并行序列的合并，后续步 W0.01 变为活动步，转换的前级步 W1.03、W2.03 同时变为非活动步，在梯形图中，通过 SNXT W0.01 的实行，

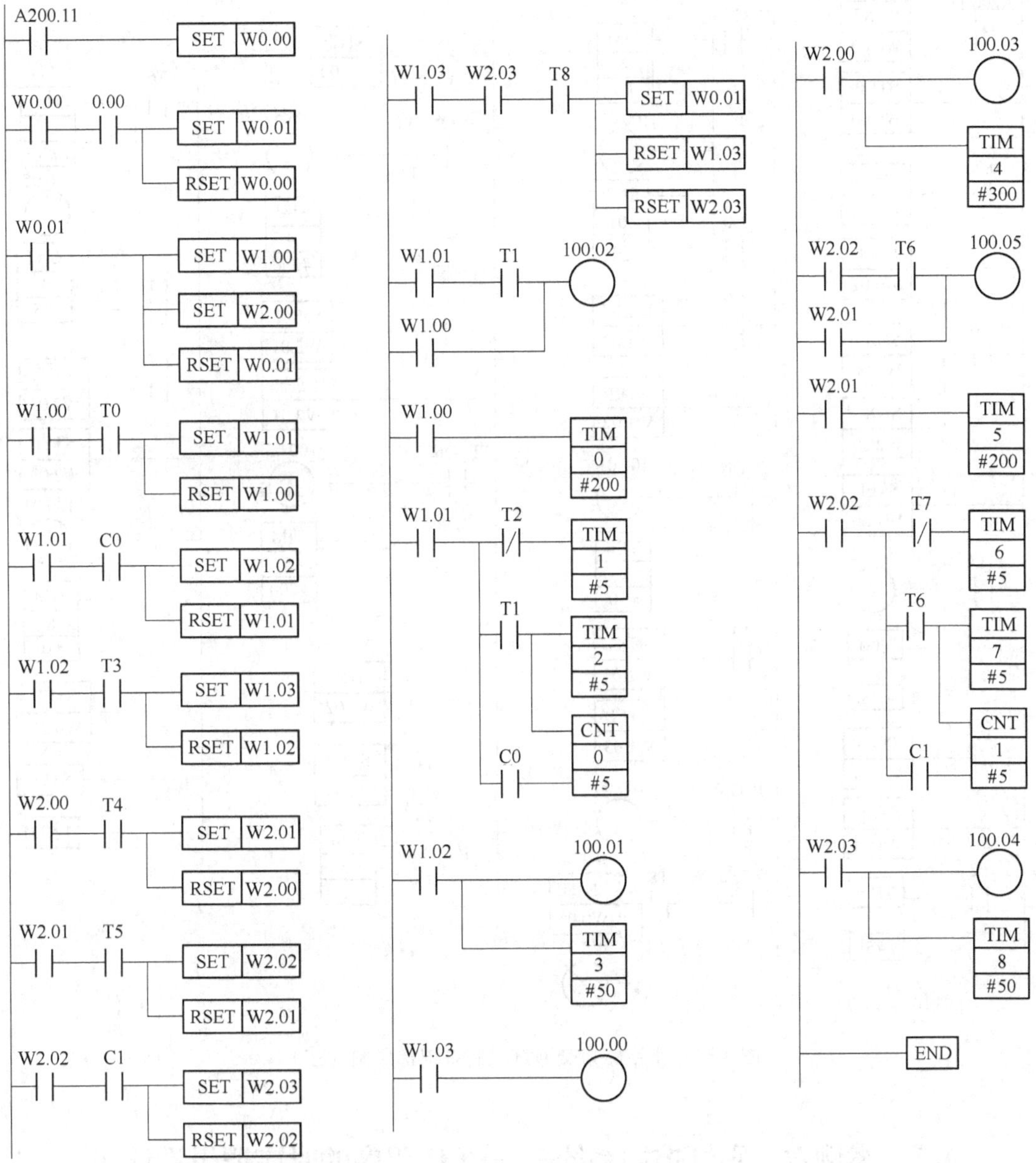

图 4-33　十字路口交通灯控制系统梯形图（二）

使步 W1. 03 的输出为 OFF，同时，W2. 03 的线圈也为 OFF，STEP W2. 03 在判断 W2. 03 线圈 ON→OFF 的关闭后，使步 W2. 03 的输出为 OFF。

案例五采用这种方法设计的梯形图程序如图 4-34 所示。

4. 6. 4　思考题

本案例可以用 PLC 自身的时钟脉冲来构成绿灯闪烁，该如何实现？另外，本案例也可以采用单序列来实现，又该如何实现呢？请读者自行思考。

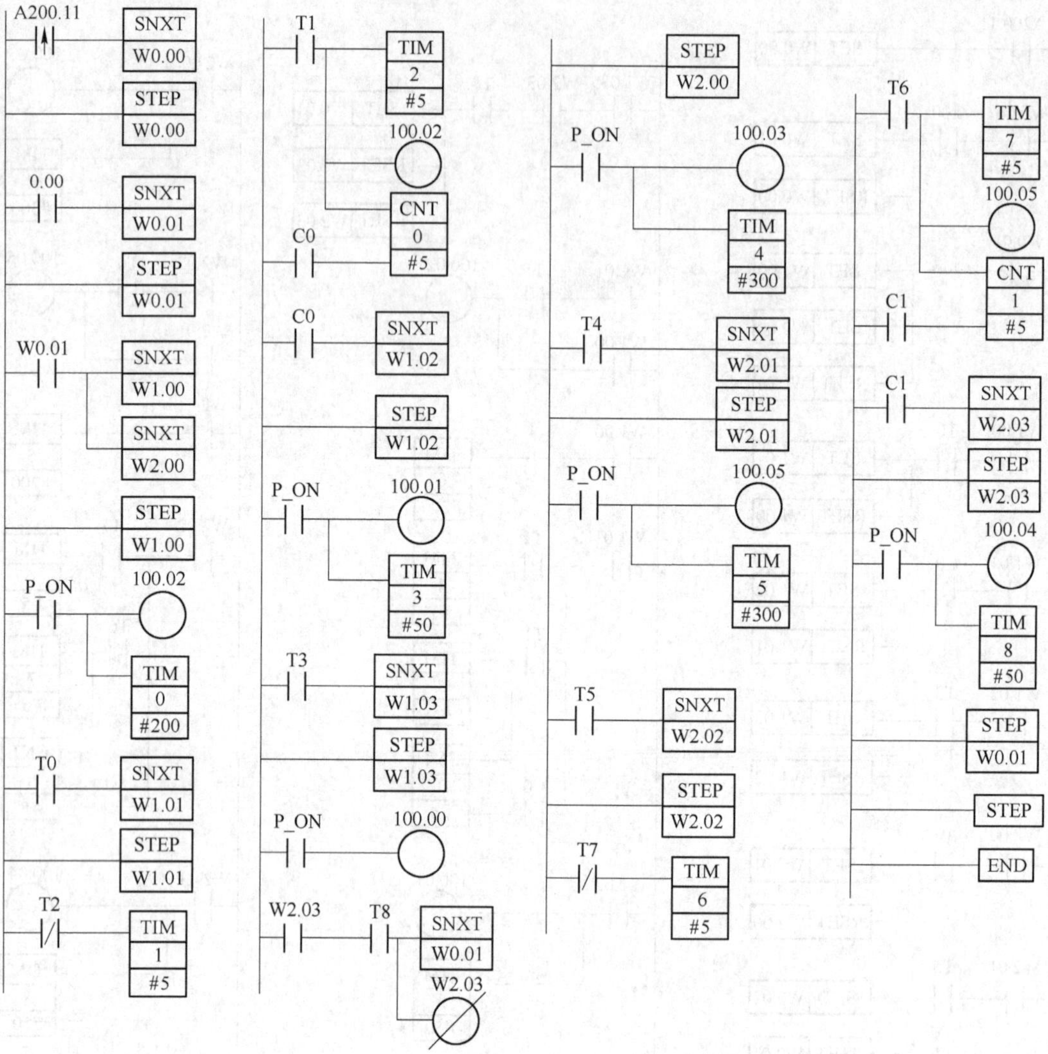

图 4-34 十字路口交通灯控制系统梯形图（三）

4.7 案例六：彩灯控制系统——PLC 程序的时序逻辑设计法

4.7.1 预备知识

时序逻辑设计法是逻辑设计方法中的一种。逻辑设计方法是以逻辑组合或逻辑时序的方法和形式来设计 PLC 程序，可分为组合逻辑设计法和时序逻辑设计法两种。由于组合逻辑设计法中需要详细绘制系统的状态转换表，当系统比较复杂时，列表会过于复杂，梯形图的检查和修改会出现困难，因此在这里仅介绍时序逻辑设计法。

4.7.1.1 逻辑函数与梯形图的关系

逻辑设计法的理论基础是逻辑代数。我们知道，逻辑代数中有 3 种基本运算“与”、“或”、“非”，逻辑函数与梯形图间是相对应的，可以直接转化。

图 4-35 所示为逻辑函数与梯形图的相关对应关系，其中图 4-35a 所示为多变量的逻辑“与”运算函数与梯形图，逻辑“与”所对应的梯形图是触点相串联；图 4-35b 所示为多变量的逻辑“或”运算函数与梯形图，逻辑“或”所对应的梯形图是触点相并联；图 4-35c 所示为多变量的逻辑“非”运算函数与梯形图，逻辑“非”所对应的梯形图是触点取反，即常开触点变为常闭触点；图 4-35d 所示为多变量的逻辑“或/与”运算函数与梯形图；图 4-35e 所示为多变量的逻辑“与/或”运算函数与梯形图。

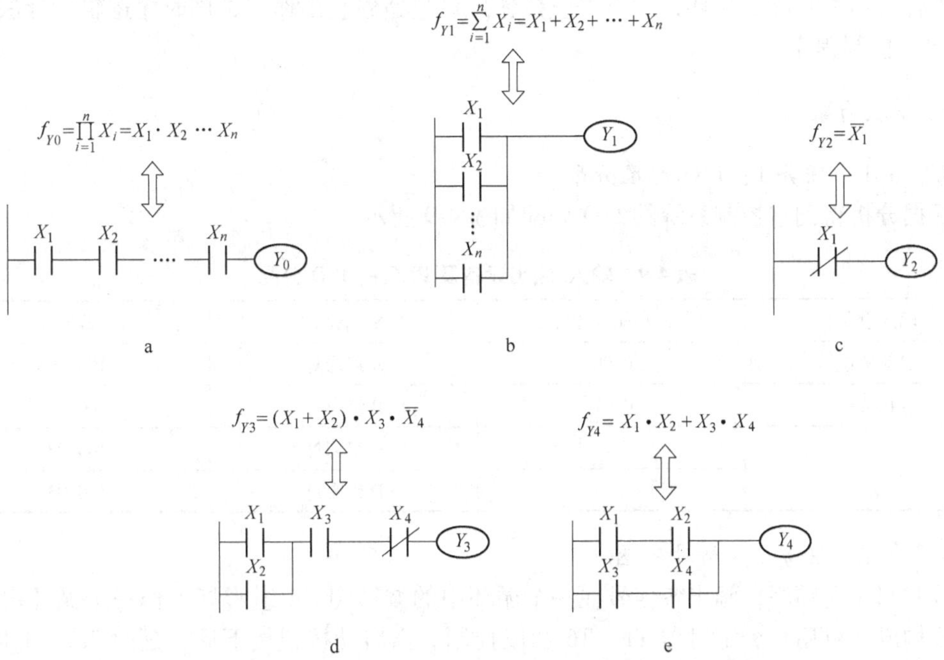

图 4-35 逻辑函数与梯形图

a—与运算；b—或运算；c—非运算；d—或/与运算；e—与/或运算

当一个逻辑函数用逻辑变量的基本运算表达式表达出来后，实现这个逻辑函数的梯形图也就确定了。

4.7.1.2 时序逻辑设计法

时序逻辑设计法又称为波形图设计法，适用于 PLC 各输出信号的状态变化有一定时间顺序的场合。一般来说，时序逻辑设计法应与经验设计法配合使用，否则将可能使关系过于复杂。系统复杂时，可将其动作分解，也可作为局部设计方法。

时序逻辑设计法的编程步骤为：

（1）根据控制要求，明确输入/输出信号的个数；

（2）明确各输入和各输出信号之间的时序关系，画出各输入和输出信号的工作时序图；

（3）将时序图划分成若干个时间区段，找出区段间的分界点，弄清分界点处输出信号状态的转换关系和转换条件；

（4）PLC 的 I/O、内部辅助继电器和定时器/计数器等进行分配；

（5）列出输出信号的逻辑表达式，根据逻辑表达式画出梯形图；

（6）通过模拟调试，检查程序是否符合控制要求，结合经验设计法进一步修改程序。

4.7.2 案例说明

某彩灯电路有A、B、C、D共4组彩灯，按下启动按钮后，它的工作过程为：①B、C、D暗，A组亮2s；②A、C、D暗，B组亮2s；③A、B、D暗，C组亮2s；④A、B、C暗，D组亮2s；⑤B、D两组暗，A、C组同时亮1s；⑥A、C两组暗，B、D两组同时亮1s；然后按①~⑥反复循环，按下停止按钮彩灯电路停止工作。试用时序逻辑设计法来设计其PLC控制程序。

4.7.3 解决方案

4.7.3.1 任务1：I/O地址分配

根据分析得到本控制系统的I/O分配如表4-9所示。

表4-9 输入/输出设备及PLC的I/O分配

输入设备	PLC输入元件	输出设备	PLC输出元件
启动按钮	0.00	A组彩灯	100.00
停止按钮	0.01	B组彩灯	100.01
		C组彩灯	100.02
		D组彩灯	100.03

4.7.3.2 任务2：画时序图

按时间先后顺序，画出各信号在一个循环中的波形图。4组彩灯工作一个循环由6个时间段构成，可用6个定时器T1~T6加以控制。当启动按钮按下后，延时2s，T1接通，再延时2s后T2接通，最后T6接通时将所有定时器（包括自己）线圈全部断开，从而又开始新的一个循环。为了使逻辑关系清晰，用辅助继电器W0.00作为运行控制继电器，当0.00=1、0.01=0时，W0.00=1（即按下启动按钮未按下停止按钮时，W0.00为“1”状态），如图4-36所示。

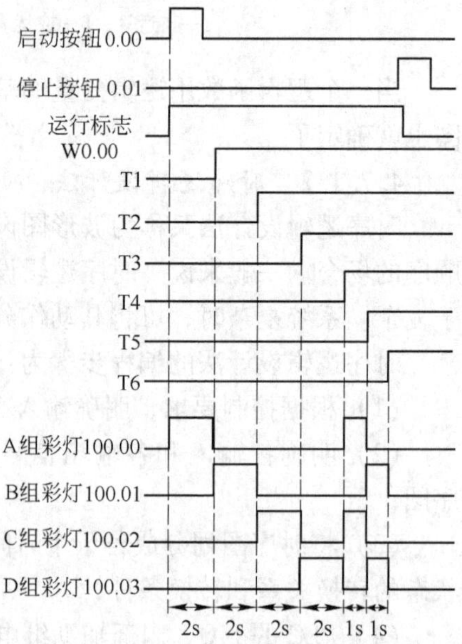

图4-36 4组彩灯时序图

4.7.3.3 任务3：列逻辑表达式

找出各信号状态的转换时刻和条件，列出输出信号的逻辑表达式。

A组彩灯 $100.00 = W0.00 \cdot \overline{T1} + T4 \cdot \overline{T5}$

B组彩灯 $100.01 = T1 \cdot \overline{T2} + T5 \cdot \overline{T6}$

C组彩灯 $100.02 = T2 \cdot \overline{T3} + T4 \cdot \overline{T5}$

D组彩灯 $100.03 = T3 \cdot \overline{T4} + T5 \cdot \overline{T6}$

4.7.3.4 任务4：画梯形图

根据逻辑表达式画出对应梯形图，如图4-37所示。最后，还应分析一下所画梯形图是否符合控制要求。

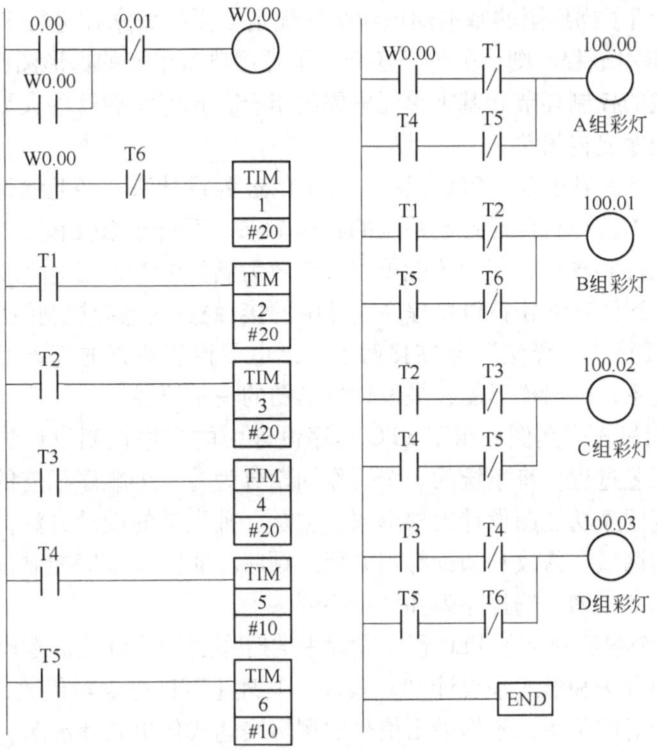

图4-37 4组彩灯控制系统梯形图

图4-37所示梯形图中，把T6的常闭触点串联在T1的线圈中，目的是使定时器T1～T6能周期性地进行工作。当定时器T6定时到时，其常闭触点断开，使T1线圈失电，接着T2～T6相继失电，一个工作周期结束。由于T6线圈失电，使得T6的常闭触点复位闭合，使T1的线圈重新得电，从而使T2～T6相继得电，开始下一个新的工作周期。

4.7.3.5 任务5：电路分析

T1～T6在每个时段开始时依次得电，开始定时，定时时间到，即该时段结束，其常闭触点断开、常开触点闭合。因此可以用相邻前一时段定时器的常开触点来点亮下一时段的灯，用本时段定时器的常闭触点，使该时段的灯熄灭。因此，定时器T1～T6的作用：①点亮下一时段的灯；②使该时段的灯熄灭；③启动下一时段定时器。

4.7.4 思考题

波形图设计方法对于按时间先后顺序动作的时序控制系统特别方便。前面案例五也可以采用这种设计方法来实现。请读者自行分析。

4.8 本章小结

根据被控对象的构成和控制要求编制用户程序是PLC应用开发中的主要任务，本章介绍了梯形图的编程规则、常用典型环节的PLC控制程序和PLC程序设计的4种方法，是该课程的重点章节。

4.1 节重点介绍了梯形图的基本知识和编程规则，要求大家在进行 PLC 程序设计时一定要遵守 PLC 的基本编程规则。另外，还介绍了常用典型单元的梯形图程序。PLC 应用程序往往是一些典型的控制环节和基本单元电路的组合，熟练掌握这些典型环节和基本单元的电路，可以使程序变得简单。

4.2 节通过一个案例介绍了 PLC 程序设计中的经验设计法。经验设计法是在一些典型电路的基础上，根据被控对象对控制系统的具体要求，不断地修改和完善梯形图，同时增加一些中间编程元件和触点，最后才能得到一个较为满意的 PLC 控制程序。

4.3 节通过一个案例介绍了 PLC 程序设计中的接触器-继电器控制线路“翻译法”。接触器-继电器控制线路“翻译法”是在接触器—继电器控制线路的基础上，根据继电器与 PLC 控制的对应关系，画出梯形图，是设计梯形图的一条捷径。

4.4 ~4.6 节通过 3 个案例介绍了 PLC 程序设计中的顺序控制设计法。顺序控制设计法是根据系统的工艺过程，将系统的一个工作周期分为若干个顺序相连的阶段，画出顺序功能图，然后根据顺序功能图设计出梯形图。它是一种先进的设计方法，不但能提高设计效率，而且程序的调试、修改和阅读都很方便。顺序功能图是顺序控制设计法的核心，它有三种主要结构：单序列、选择序列和并行序列。

4.7 节通过一个案例介绍了 PLC 程序设计中的时序逻辑设计法。逻辑设计法是经逻辑组合或逻辑时序的方法和形式来设计 PLC 程序，其理论基础是逻辑代数，逻辑函数和梯形图之间有着相关的对应关系，根据输出信号的逻辑表达式作出其梯形图。

习 题

4-1 梯形图的编程规则有哪些？

4-2 什么是顺序功能图，顺序功能图由哪些要素组成，它们在顺序功能图中如何表示？

4-3 顺序功能图有哪几种结构，各有什么特点？

4-4 顺序功能图转换实现的基本规则是什么？

4-5 用一个开关控制一盏灯。要求：开关闭合 3s 后灯亮，开关断开 5s 后灯灭。

4-6 用一个按钮控制一盏灯。要求：按钮按下后灯亮，5s 后灯自动熄灭。

4-7 用 PLC 设计一个先输入优先电路。电路的功能如下：

(1) 当未加复位信号时，这个电路仅接受最先输入的信号，而对以后的输入不接收；

(2) 当有复位信号时，该电路复位，可重新接收新的输入信号。

4-8 按一下启动按钮，灯亮 10s，暗 5s，重复 3 次后停止工作。试设计其梯形图。

4-9 如图 4-38 所示，旋转工作台用凸轮和限位开关来实现运动控制，在初始状态时，左限位开关为 ON，按下启动按钮后，电动机驱动工作台顺时针正转，转到右限位开关暂停 5s，定时时间到之后工作台开始反转，碰到左限位开关时工作台停止运行，系统回到初始状态。试用 PLC 实现该功能。

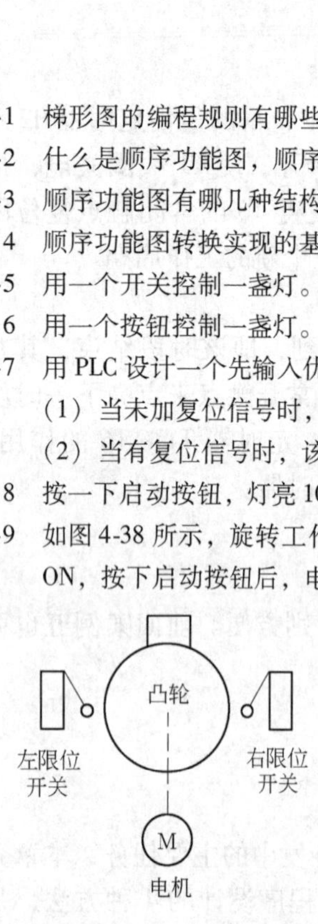

图 4-38 旋转工作台示意图

4-10 图 4-39 中的两条运输带顺序相连，按下启动按钮后，2 号运输带开始运行，10s 后 1 号运输带自动启动。按下停止按钮，停机的顺序与启动的顺序正好相反，间隔时间为 8s。画出顺序功能图并设计出梯形图。

4-11 有一种试剂由混料罐配制，如图 4-40 所示。混料罐有两个进料泵分别控制两种不同的液体材料进罐，有一个出料泵控制混合料成品出罐，还有一个搅拌泵将混合料搅拌均匀。在罐体侧面装有

3 个液位控制开关 BG1、BG2、BG3，分别检测罐内液位的低、中、高位信号。当罐内磁钢浮球到达与 BG1、BG2、BG3 齐平位置时，分别发出液位低、中、高信号。在初始状态时罐内是空的，各阀门均关闭。按下启动按钮后，打开阀 A，配方 1 液体流入罐内，液位到达中限位时，关闭阀 A，打开阀 B，配方 2 液体流入罐内。液面上升到高限位时，关闭阀 B，搅拌泵开始运行，搅拌液体，60s 后停止搅拌，打开阀 C，放出混合液体。当液面下降到下限位之后再过 5s，容器放空，关闭阀 C，打开阀 A，又开始下一周期的操作。按下停止按钮，待本循环结束后才停止操作，返回并停留在开始的状态。试用 PLC 实现该功能。

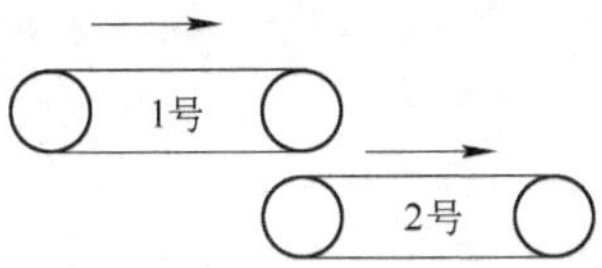

图 4-39　习题 4-10 的图

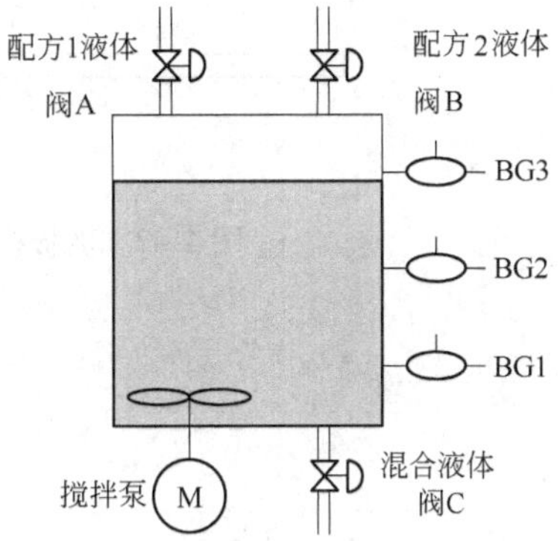

图 4-40　混合液体装置示意图

4-12　冲床的运动示意图如图 4-41 所示，初始状态时机械手在最左边，左限位开关为 ON；冲头在最上面，上限位开关为 ON，机械手松开。按下启动按钮，机械手夹紧，工件被夹紧并保持，2s 后机械手右行，直到碰到右限位开关，以后将顺序完成以下动作：冲头下行，冲头上行，机械手左行，机械手松开，延时 2s 后，系统返回初始状态，各限位开关和定时器提供的信号是相应步之间的转换条件。画出顺序功能图并设计出梯形图（要使用 3 种不同的编程方式将顺序功能图转换为梯形图）。

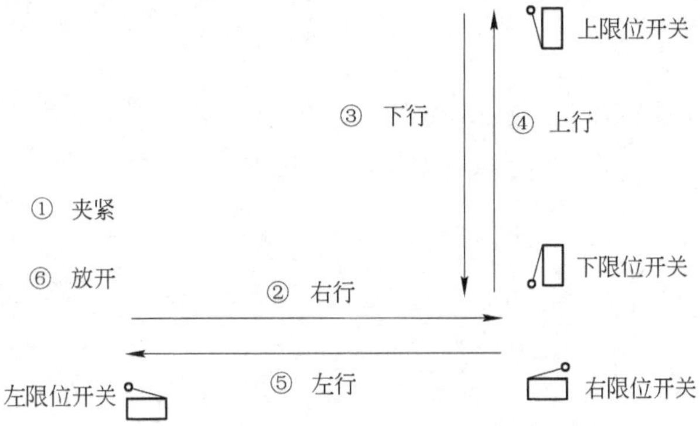

图 4-41　习题 4-12 的图

4-13　某剪板机的示意图如图 4-42 所示。开始时压钳和剪刀在上限位置，它们的上限位开关均为 ON。按下启动按钮后，工作过程如下：首先板料右行至右限位开关，然后压钳下行，压紧板料后，压力继电器为 ON，压钳保持夹紧，剪刀开始下行。剪断板料后，压钳和剪刀同时上行，它们分别碰到各自的上限位开关后，分别停止上行，都停止后，又开始下一周期的工作，剪完 10 块料后停止工作并停在初始状态。试用 PLC 来实现该功能。

4-14　某广告牌上有 6 个字，按下启动按钮后，每个字显示 1s 后六个字一起显示 2s，然后全灭。1s 后再从第一个字开始显示，重复上述过程。试用 PLC 实现该功能。

4-15　某信号灯控制系统的控制要求为：按下启动按钮时仅红灯亮，4s 后红灯灭、绿灯亮，6s 后绿灯和黄灯亮，再过5s后绿灯和黄灯灭、红灯亮，如此往复循环，直到按下停止按钮，则等本周期循环结束再停止。试用时序逻辑设计法设计其PLC控制系统图。

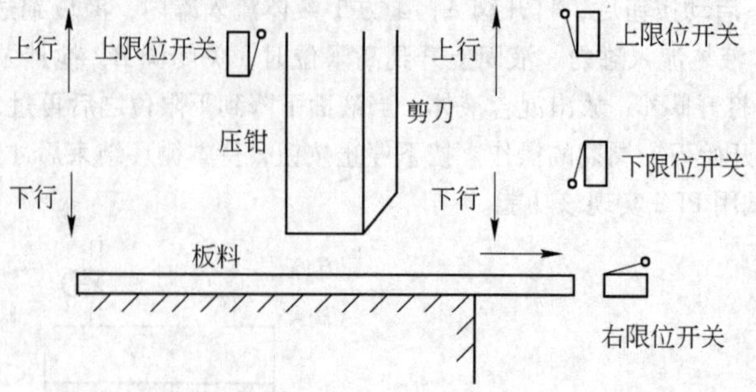

图4-42　剪板机控制系统示意图

5　OMRON CP1H 可编程控制器功能指令及其应用

本章要点

- 传送类指令的功能及使用方法
- 比较类指令的功能及使用方法
- 移位指令的功能及使用方法
- 数据处理指令和程序控制指令

5.1　案例一：喷水池花式喷水的控制——数据类软元件及传送类指令

5.1.1　预备知识

5.1.1.1　数据传送指令

CP1H 系列 PLC 提供多种数据传送指令，该类指令用来完成各存储单元之间一个或者多个数据的传送。表 5-1 是其指令名称、助记符、梯形图符号和一般功能。

表 5-1　数据传送指令

指令名称	助记符		梯形图符号	一般功能
字传送	单字	MOV（021） @MOV（021）	MOV S D S：传送数据 D：传送目的地 CH 编号	把源地址 S 中的数据传送到目标字 D 中。如果 S 是常数，可作为数据设定。当传送数据 S 的内容为 0000 时，等于标志 = 为 ON；当传送数据 S 的内容的最高位为 1 时，负数标志 N 为 ON。其他情况的上述标志都为 OFF
	双字	MOVL（498） @MOVL（498）	MOVL S D S：传送数据低位 CH 编号 D：传送目的地低位 CH 编号	把两个字 S 和 S+1 的数据传送到 D 和 D+1 中。指令执行后，D+1 和 D 的内容为 0000 时，等于标志 = 为 ON；当 D+1 最高位为 1 时，负数标志 N 为 ON。其他情况的上述标志都为 OFF
位传送	MOVB（082） @MOVB（082）		MOVB S C D S：传送源 CH 编号 C：控制数据 D：传送目的地 CH 编号	控制字 C 中最右边的两个数字（00～07 位）指定 S 中的传送源位，控制字 C 中最左边的两个数字（08～15 位）指定 D 的传送目标位。然后把 S 中指定位的内容复制到 D 字的指定的位中，D 的其余位不变。当 C 最左边或最右边的两个数字不在 00～15 内时，出错标志 ER 为 ON，其他情况下 ER 为 OFF

续表 5-1

指令名称	助记符	梯形图符号	一　般　功　能
数字传送	MOVD（083） @MOVD（083）	MOVD / S / C / D S：传送源 CH 编号 C：控制数据 D：传送目的地 CH 编号	将 S 中指定的数字（4 位）或多个数字传送到由 C 指定的目标数字位 D 中，按低位到高位的顺序写入。S 中要传送的第一个数字位、传送的数字个数和 D 接收数字的第一个数字位，分别由 C 中的第一（0～3 位）、第二（4～7 位）、第三（8～12 位）个数字决定。C 的前三个数字中任何一个不在指定范围（0～3）内时，出错标志 ER 为 ON，其他情况下为 OFF
多位传送	XFRB（062） @XFRB（062）	XFRB / C / S / D C：控制数据 S：传送数据低位 CH 编号 D：传送目的地低位 CH 编号	将 S 中指定的数字传送到 D 中的指定的数字位，S 中要传送数字的开始位、D 中接收数字的开始位、传送的数字位数分别由 C 中的第一位、第二位、第三和第四位决定。S 和 D 都是按高位到低位的顺序读取，最多可将 S+16 的内容送到 D+16 中（共 255 个连续位）
块传送	XFER（070） @XFER（070）	XFER / W / S / D W：传送 CH 编号 S：传送数据低位 CH 编号 D：传送目的地低位 CH 编号	W 是指定要传送的字的个数。W 的范围为 0000～FFFF。把从 S 开始的 W 个字（S～S（W－1））复制给从 D 开始的 W 个字（D～D（W－1））中。源字和目标字可以重复，因此，该指令可执行字移动操作。出错标志 ER 为 OFF

5.1.1.2　数据传送指令的应用

A　单字传送指令（MOV）、字取反传送指令（MVN）的应用

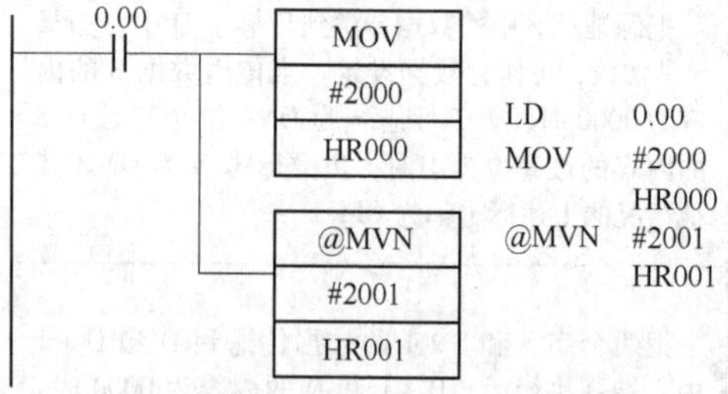

图 5-1　使用 MOV 和@MVN 指令的例子

图 5-1 中使用了 MOV 和@MVN 指令，0.00 是两个指令的执行条件。其中 MOV 是非微分型指令，如果 0.00 一直为 ON，则每个扫描周期 MOV 指令都执行。执行 MOV 指令时，把常数 2000 传送到通道 HR000 中去。@MVN 是微分型指令，它只在执行条件 0.00 由 OFF 变为 ON 时执行一次，此后，即使 0.00 一直为 ON，@MVN 指令也不再执行。执行@MVN 指令把常数 2001 按位求反后再送到 HR001 中。图 5-2 是执行 MOV 和 MVN 指令的示意图。

图 5-3 是使用 MOV 指令修改定时器设定值的程序。图中当 0.00 为 ON、0.01 为 OFF 时，执行一次 MOV 指令，将常数#100 传送到 D0000 中，所以 T0 的设定值为 10s，并开始计时，定时时间到，T0 的常开触点变为 ON，100.00 也变为 ON。

当需要改变定时器的定时值时，可令 0.00 为 OFF、0.01 为 ON，执行一次 MOV 指令，将常数#50 传送到 D0000 中，于是 T0 的设定值就变为 5s。

由本例可见，当 TIM 用通道设置其设定值时，在程序执行过程中可以改变其设定值，

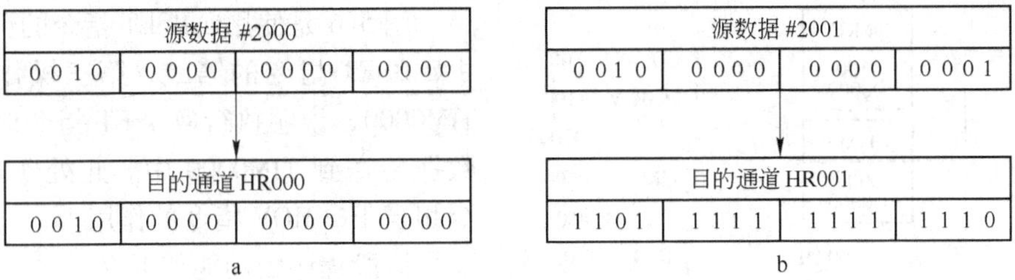

图 5-2 执行 MOV 和 MVN 指令

a—执行 MOV 指令；b—执行 MVN 指令

请注意这种用法。

B 双字节传送指令（MOVL）、双字节取反传送指令（MVNL）的应用

在图 5-4a 中，当 0.00 为 ON 时，将 D100 和 D101 的内容分别复制到 D200 和 D201 中，这是双字传送指令的应用程序，图 5-4b 则是双字取反传送指令的应用程序。

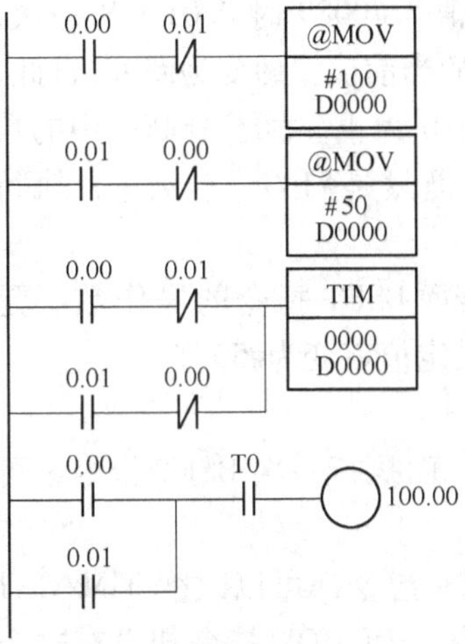

图 5-3 用 MOV 指令修改 TIM 的设定值

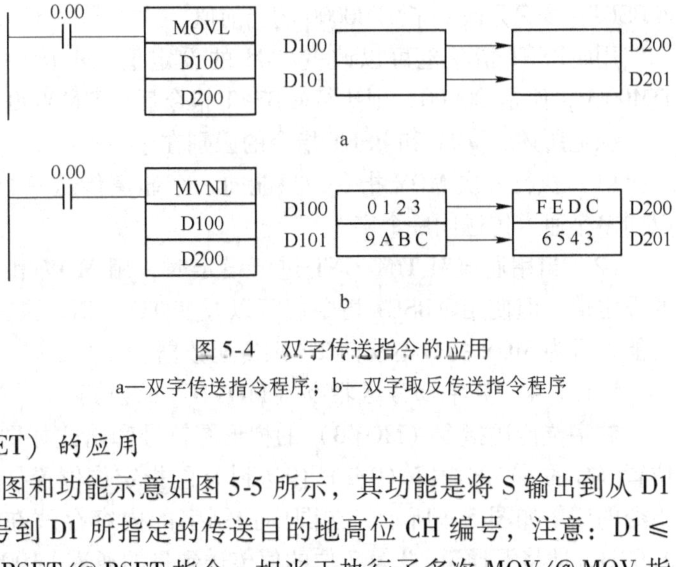

图 5-4 双字传送指令的应用

a—双字传送指令程序；b—双字取反传送指令程序

5.1.1.3 块设定指令（BSET）的应用

块设定指令（BSET）的梯形图和功能示意如图 5-5 所示，其功能是将 S 输出到从 D1 所指定的传送目的地低位 CH 编号到 D1 所指定的传送目的地高位 CH 编号，注意：D1≤D2，否则报错。可见，执行一次 BSET/@ BSET 指令，相当于执行了多次 MOV/@ MOV 指令。因此当用 BSET/@ BSET 指令向某个数据区传送#0000 时，可将该区清零。

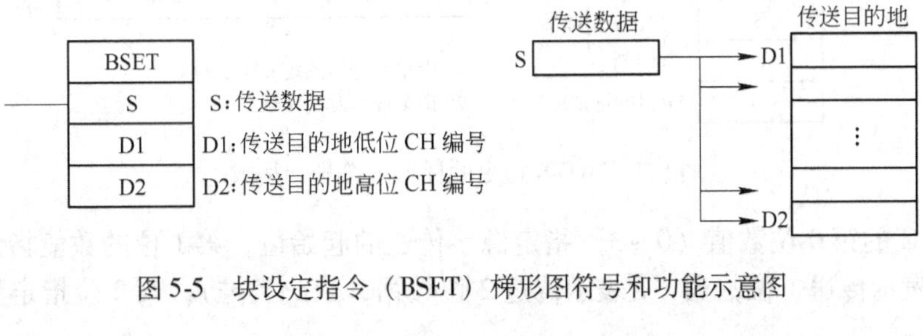

图 5-5 块设定指令（BSET）梯形图符号和功能示意图

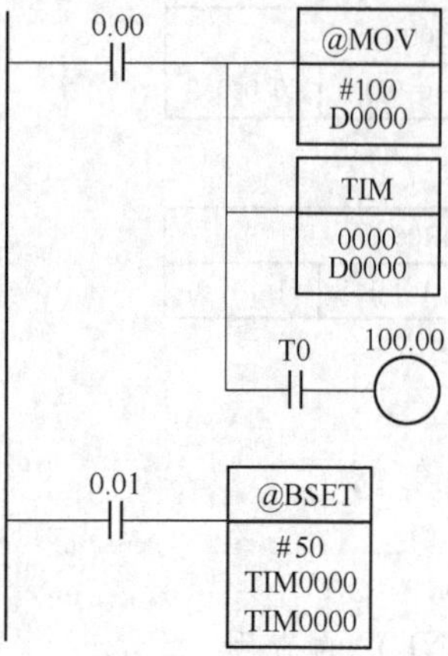


```
LD      0.00
@MOV    #100
        D0000
TIM     0000
        #50
AND     T0
OUT     100.00
LD      0.01
@BSET   #50
        TIM000
        TIM000
```

图 5-6　使用@ BSET 指令的例子

图 5-6 是使用@ BSET 指令的例子。图中@ BSET 指令的第二、第三操作数都是 TIM0000，说明执行@ BSET 指令时，只把数据传送到 TIM0000 中。此处@ BSET 指令相当于@ MOV 指令的作用。

该段程序的功能如下：

在 0. 01 为 OFF、0. 00 为 ON 时，执行一次 MOV 指令，将 # 100 传送到通道 D0000。自此定时器 TIM0000 就以设定值 10s 开始定时。经过 10s，TIM0000 的输出为 ON 且保持，使 100. 00 也变为 ON 且保持。

在程序执行过程中，当需要改变定时器 TIM0000 的当前值时，可通过触点 0. 01ON 一次，使@ BSET 指令执行来实现。例如，在 TIM0000 的当前值为#0089 时 0. 01 ON 一次，执行一次@ BSET 指令，将#50 传送到 TIM0000 中，TIM0000 的当前值立即变为#50。自此，TIM0000 的当前值从#50 开始每隔 0. 1s 减 1，直到当前值减为#0 为止。由于 D0000 中的数据没有改变，在下一次定时器 TIM0000 工作时，其定时值仍然是#100。本例中，执行@ BSET指令只是改变了 TIM0000 的当前值。

用@ BSET 指令也可以改变 TIM 的设定值。本例中，若@ BSET 指令的操作数不是 TIM0000，而是 D0000，则执行@ BSET 指令后，TIM0000 的设定值就变为#50 了。

综上所述，MOV 和 BSET 指令的区别在于：

（1）执行一次 MOV 指令，只能向一个通道传送一个字；而执行一次 BSET 指令，可以向多个通道传送同一个字。

（2）当用通道对 TIM/CNT 进行设定时，用 MOV 和 BSET 指令都可以改变 TIM/CNT 的设定值。但使用@ BSET 指令还可以改变 TIM/CNT 的当前值，而 MOV 指令却没有这个功能，因为 MOV 指令不能向 TC 区传送数据。

5. 1. 1. 4　数字位传送指令（MOVB）的应用

数字位传送指令（MOVB）的梯形图符号和格式如图 5-7 所示，功能是将 S 的指定位位置（C 的 n）的内容（0/1）传送到 D 的指定位位置（C 的 m），如图 5-8 所示。MOVB 指令的应用如图 5-9 所示，在图中控制字的内容存放在数据存储器 D200 中，控制字为 0A07H，即将源通道 D0 第 7 位的值传送到目的通道 D1000 的第 A 位。

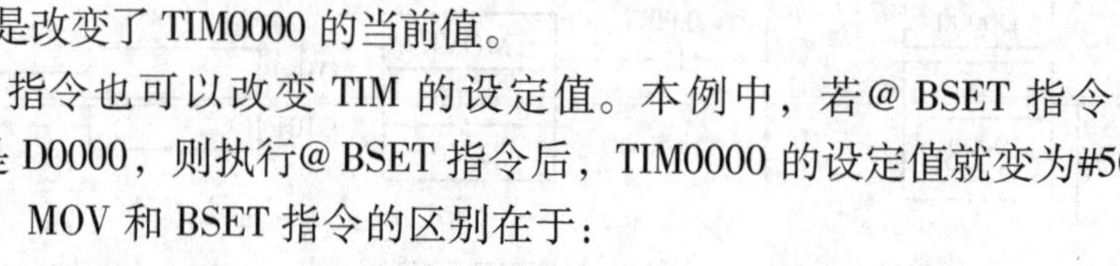

图 5-7　MOVB 指令的梯形图符号和格式

控制字 C 的第 0 位数值（0 ~ 3）指定源字传送的起始位，第 1 位的数值指定需要传送的位数（0 表示传送 1 位数据，1 表示传送 2 位数据，依此类推），第 2 位指定目标字中开

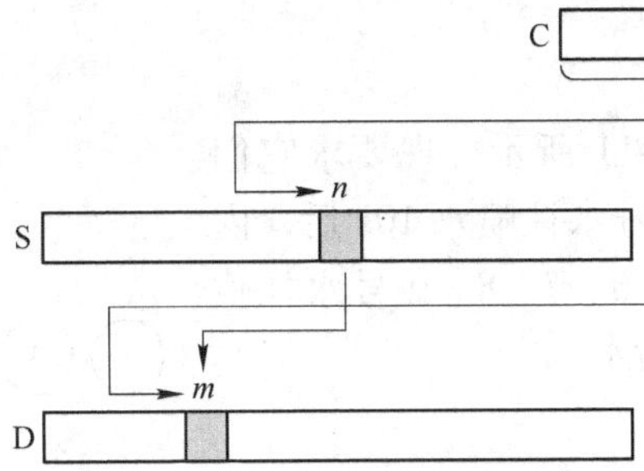

图 5-8 数字位传送指令（MOVB）的功能

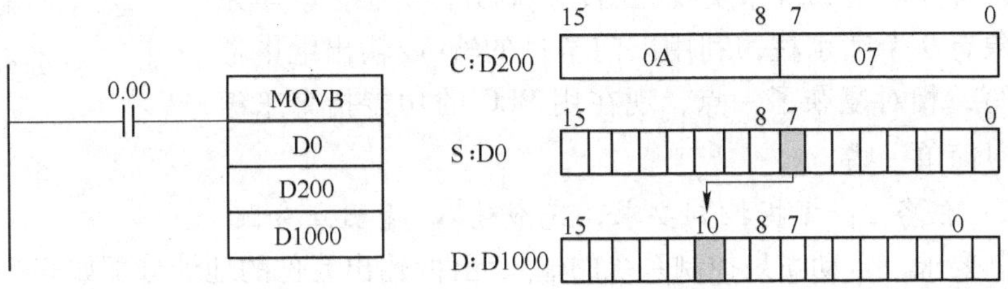

图 5-9 数字位传送指令（MOVB）的应用

始的接收位，最高位第 3 位始终置为 0（未用）。例如 C = 0211，则表示从 S 通道的第 1 位中的数据，传送到 D 通道的第 2 位中，而 S 的第 2 位数据则依次传送到 D 中的第 3 位中。图 5-10 是 C 为不同值时的数字传送示例。

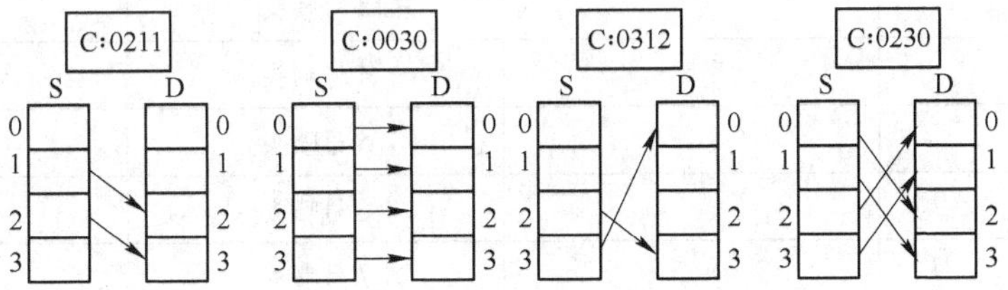

图 5-10 不同 C 值下的数字传送示例

5.1.2 案例说明

随着人们生活水平的提高，城市环境建设日益为人们所重视。喷泉作为一种观赏性很高的艺术水景，不断地出现在城市广场、居民小区、公园等场所。他不仅可以增加周围空气的湿度，减少空气中的尘埃，降低空气温度，更为人们增加了不少情趣。自动控制喷泉能自动且连续地改变其形态，呈现丰富多样的花形变化，从而给人以美好的视觉感受。

早期的喷泉由继电器控制，体积大、耗电多、寿命短、可靠性差、使用方便、接线繁琐、灵活性差，而 PLC 有着运算速度快、指令丰富、功能强大、可靠性高、使用方便、编程灵活、抗干扰能力强等特点。本案例用 PLC 代替传统的继电器控制，克服传统控制方法的不足。

5.1.3 喷水池花式喷水控制要求

有一喷水池，共9个喷水柱，如图5-11所示，现要求它们分3次喷水：按下启动开关，水池中央1号水柱喷水10s后，内圈2、3、4、5号水柱喷水10s；然后外圈6、7、8、9号水柱喷水10s；重复此过程，若断开开关，停止喷水。

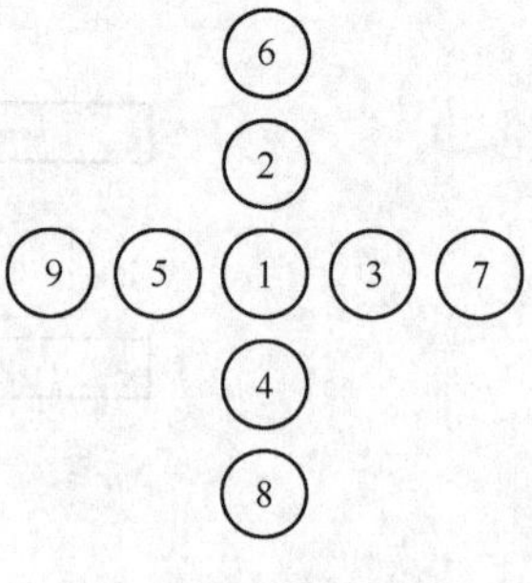

图5-11 喷水池水柱分布图

5.1.4 解决方案

5.1.4.1 任务1：分析控制要求

本控制系统要求用PLC来实现控制，控制方法有很多。本系统中控制对象有9个喷水柱，利用以前学过的输入/输出继电器和定时器编写，相对复杂了一点，现在用PLC的功能指令来编写，程序相对简单一些。

5.1.4.2 任务2：根据控制要求，完成输入/输出点分配

根据控制要求，自动喷泉控制系统的输入元件/输出元件的地址分配如表5-2所示。

表5-2 输入元件/输出元件的地址分配表

输入元件	输入地址	输出元件	输出地址
启动开关	0.00	1号喷头	100.00
		2号喷头	100.01
		3号喷头	100.02
		4号喷头	100.03
		5号喷头	100.04
		6号喷头	100.05
		7号喷头	100.06
		8号喷头	100.07
		9号喷头	101.00

5.1.4.3 任务3：PLC外部接线图

根据I/O点分配表，PLC的外部接线图如图5-12所示。

5.1.4.4 任务4：编写梯形图程序

根据控制要求，采用定时器指令和数据传送指令编写梯形图程序，如图5-13所示。

5.1.4.5 任务5：分析程序

本案例中采用了3个定时器指令，作为3个阶段的启动条件，分别控制第一个阶段1号喷水柱，第二个阶段2、3、4、5号喷水柱，第三个阶段6、7、8、9号喷水柱。另外我们采用了MOV指令，而不是继电器输出指令，共有9个喷水柱，分别接在PLC输出端100.00～100.07位和101.00位，分别对应2进制数的第0、1、2、3、4、5、6、7、8、9位，第一阶段对应的2进制数为000000001，第二阶段对应的2进制数为000011110，第三阶段对应的2

进制数为111100000，通过MOV指令将这3个2进制数传送到输出继电器，即可控制PLC的输出端的状态，控制9个喷水柱。

具体的执行过程：当按下启动开关0.00，MOV指令将16进制数01送到PLC的100通道，100.00位为1，1号喷水柱接通；同时定时器T0、T1开始定时，T0定时时间是10s，10s一到，定时器T0的常开触点闭合，MOV指令将16进制数1E送到100通道，100.01、100.02、100.03、100.04位为1，2、3、4、5号喷水柱接通；T2定时时间为20s，20s定时时间一到，MOV指令将16进制数E0送到100通道和16进制数01送到101通道，101.00、100.07、100.06、100.05位为1，6、7、8、9号喷水柱接通。此过程重复进行。

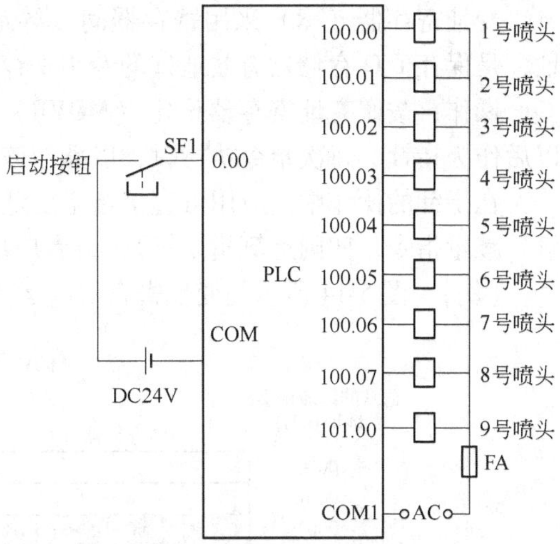

图5-12 PLC的I/O接线图

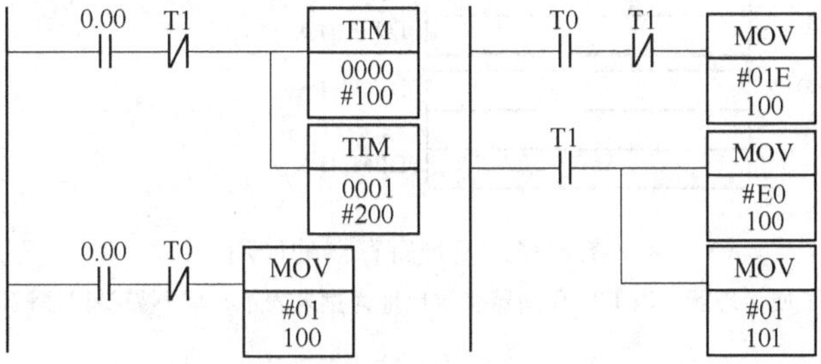

图5-13 梯形图程序

5.1.5 知识进阶

5.1.5.1 数据存储器（DM）

数据存储器（DM）通道编号为D00000～D32767。它在操作中不能按位进行读写，是只能以通道（字）为单位来读写的通用数据区域。但如应用TST（位测试）指令、TSTN（位测试否定）指令时，则可判断位的ON/OFF状态。

在电源复位（OFF→ON）或模式切换（程序模式↔运行模式/监视模式间的切换）时，数据存储器可保持数据。

数据存储器（DM）通道的分配为：D0～D19999为用户自行使用的可读写的通用数据，D20000～D29599用于高功能I/O单元，每单元占用100CH，D30000～D31599为CPU高功能用DM区域，每单元占用100CH，D31600～D32767为用户自行使用的可读写的通用数据。

另外，数据内存区域中下述区域作为Modbus-RTU简易主站功能的命令、响应的保存区域来使用。D32200～D32299：串行端口1使用；D32300～D32399：串行端口2使用。

5.1.5.2 变址寄存器（IR）

变址寄存器（IR）的地址号为IR0～IR15。

变址寄存器（IR）采用寄存器间接寻址，以该寄存器的内容作为 I/O 存储器有效地址，是保存 I/O 存储器有效地址的专用寄存器。变址寄存器（IR）不可被强制置位/复位。

操作：按照变址寄存器设定（MOVR）指令等，在寄存器 IR0 ~ IR15 上设定初始值，以后作为指针，每次指令执行时，以操作该指针的形式进行地址指定。

在指针的操作中，应用可直接指定变址寄存器的特定指令（变址寄存器设定指令，增量、减量指令，四则运算指令等），或者应用间接指定的偏移指令、自动增量/减量指令。

【例】 图 5-14 所示是变址寄存器的运用实例。

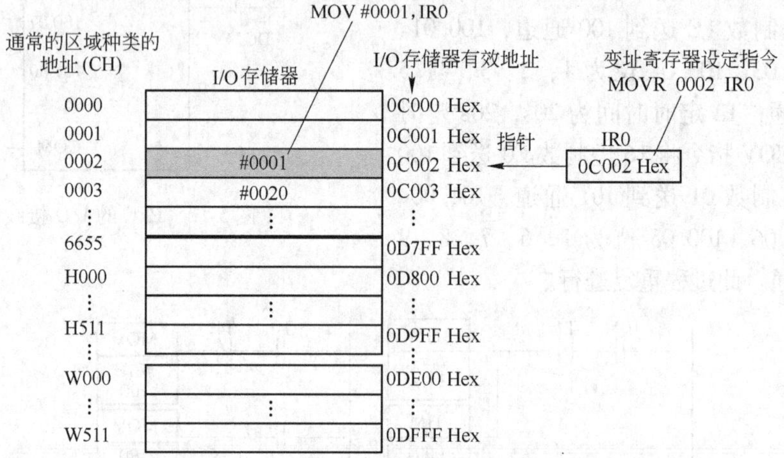

图 5-14 变址寄存器的使用

（在此，为了便于理解，以 I/O 存储器有效地址为例来表示，但不需要记住该地址的值）

MOVR 2 IR0　　　　将 2 CH 的 I/O 存储器有效地址保存到 IR0 中

MOV #0001，IR0　　向以 IR0 的内容作为 I/O 存储器有效地址的通道，传送#0001

MOV #0020 +1，IR0　向以 IR0 的内容作为 I/O 存储器有效地址的通道 +1，传送#0020

指令有以操作数为通道处理的指令及作为接点处理的指令。因此，在以变址寄存器的内容作为 I/O 存储器有效地址来使用的情况下，根据指令的不同变址寄存器的内容的含义也不同。

5.1.6 应用拓展

用 MOV 指令设定定时器定时时间，来编写该喷泉控制系统的梯形图，如图 5-15 所示。

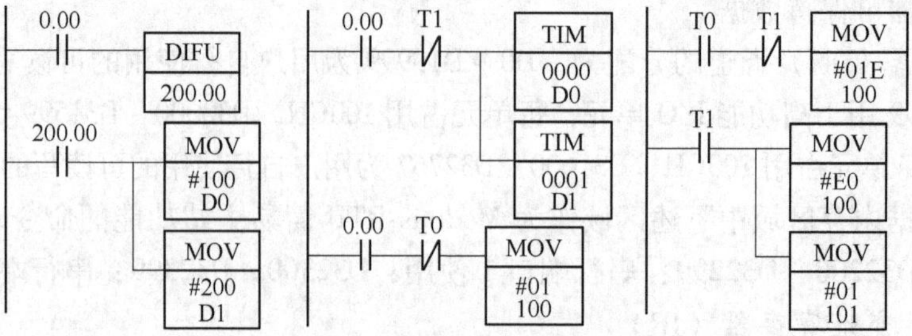

图 5-15 喷泉控制系统梯形图

5.1.7 思考题

（1）试使用 MOV 指令和定时器指令编写一个程序，将开关 0.00 闭合时，定时器定时 50s，当开关 0.01 闭合，定时器定时 20s。

（2）试使用 MOV 指令编写程序，使输出通道 100 的 8 个输出点以 2s 的周期交替闪烁。

5.2 案例二：七彩流水灯控制——比较指令及其应用

流水灯是利用彩灯对建筑物等进行装饰，达到烘托效果，流水灯电路也是 PLC 应用中一个比较典型的电路，它既可以实现灯光的发射型、收缩型，还可以实现电路的循环流动型。流水灯的控制方法有很多种，采用 PLC 中的定时器指令再结合其他的功能指令编写相应的控制程序非常方便。

5.2.1 预备知识

数据输入比较指令及其应用情况如下。

A 符号

数据输入指令的梯形图符号如图 5-16 所示。

B 功能

数据输入比较指令基本比较类型有 6 种，分别是 =、< >、<、< =、>、> =，如表 5-3 所示。对两个比较 CH 数据或常数进行无符号或带符号的比较，当比较数据 S1 和比较数据 S2 满足比较条件且比较结果为 TRUE 时，形成一个 ON 执行条件。

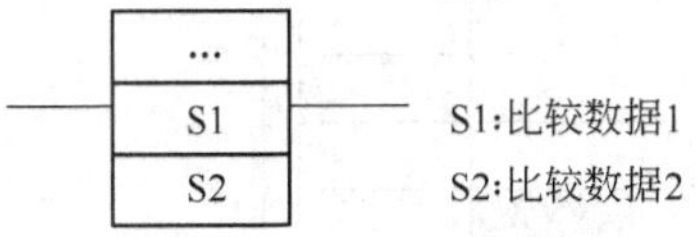

图 5-16 数据比较指令的梯形图符号

表 5-3 数据比较类型

符 号	功 能
=	等于
< >	不等于
<	小于
< =	小于等于
>	大于
> =	大于等于

C 应用

数据比较指令的应用如图 5-17 所示。

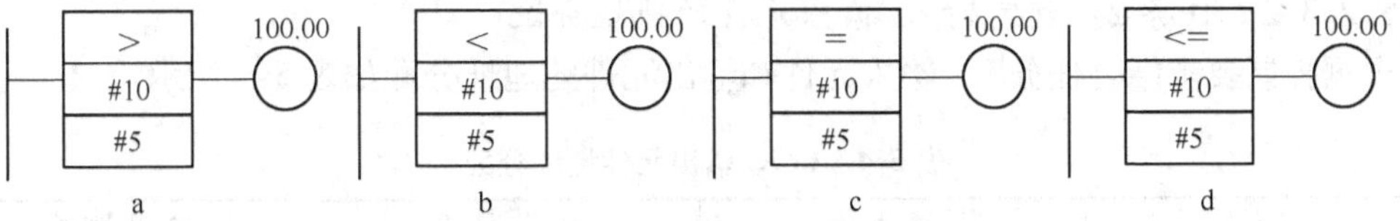

图 5-17 数据比较指令的应用梯形图

a—大于；b—小于；c—等于；d—小于等于

工作过程：

图 5-17a 中，比较数据 S1 = 10，比较数据 S2 = 5，比较类型是大于 >，当 S1 > S2 为 TRUE 时，输出 100.00 得电，当 S1 > S2 为 FALSE 时，输出 100.00 失电，很显然 10 > 5 是

TRUE，所以输出 100.00 得电。

图 5-17b 中，比较类型是小于 <，很显然 10 <5 是 FALSE，所以输出 100.00 失电。

图 5-17c 中，比较类型是等于 =，很显然 10 =5 是 FALSE，所以输出 100.00 失电。

图 5-17d 中，比较类型是小于等于 < =，很显然 10 < =5 是 FALSE，所以输出 100.00 失电。

D 操作数

比较数据 S1 和比较数据 S2 可以使用的操作数有 CIO 区、W 区、H 区、A 区、T 区、C 区、DM 区、常数、数据寄存器、使用变址寄存器间接寻址。

5.2.2 七彩流水灯控制要求

某大楼上有一组流水灯，由七种颜色的 LED 灯组成，七盏彩灯分别是 LED1、LED2、LED3、LED4、LED5、LED6、LED7，依次从左往右排列，通过轮流熄灭和点亮以达到美化和闪烁的效果。具体的工作过程：当按下启动开关，从左往右每个颜色的灯依次点亮 2s，然后一起亮 2s，然后全部熄灭，1s 后再从第一盏灯开始点亮，重复上述过程。

5.2.3 解决方案

5.2.3.1 任务 1：分析控制要求

根据控制过程分析，共有 7 个输出需要控制，整个控制过程的周期是 17s。为了便于理解，通过下面的方块图来显示每盏灯的熄灭和点亮的时间，灰色方块代表点亮，白色方块代表熄灭，如图 5-18 所示。

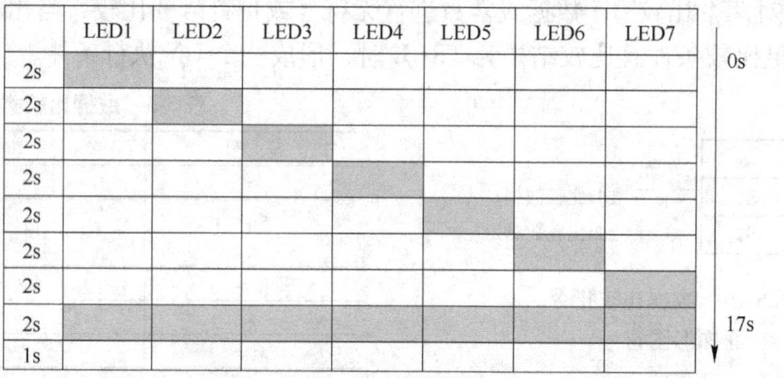

图 5-18 彩灯工作示意图

5.2.3.2 任务 2：确定输入/输出元件的地址分配

根据控制要求结合任务 1，输入元件和输出元件的地址分配如表 5-4 所示。

表 5-4 输入/输出元件地址分配

输入元件	输入地址	输出元件	输出地址
启动开关	0.00	LED1	100.00
		LED2	100.01
		LED3	100.02
		LED4	100.03
		LED5	100.04
		LED6	100.05
		LED7	100.06

5.2.3.3 任务3：完成PLC外部端子接线图

根据输入/输出元件的地址分配，完成PLC外部接线，如图5-19所示。

5.2.3.4 任务4：编写梯形图

利用定时器指令和数据输入比较指令编写本案例的梯形图如图5-20所示。

5.2.3.5 任务5：分析程序

该程序采用定时器指令和数据输入比较指令编写，非常清晰有调理，易于理解。程序中采用了定时器自复位的方法实现自动循环，定时器采用普通定时器，其工作原理是递减的，所以编写程序时，注意比较指令中比较数据S2的赋值。

程序工作过程：

当按下启动按钮0.00时，定时器开始定时，定时时间设定值为17s，当定时时间17s

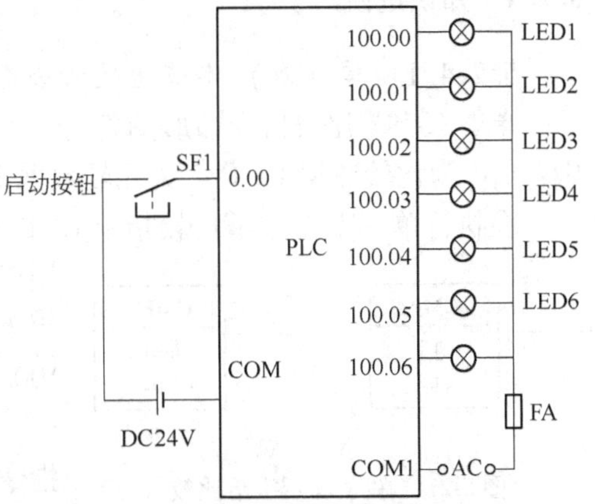

图5-19 PLC的I/O接线图

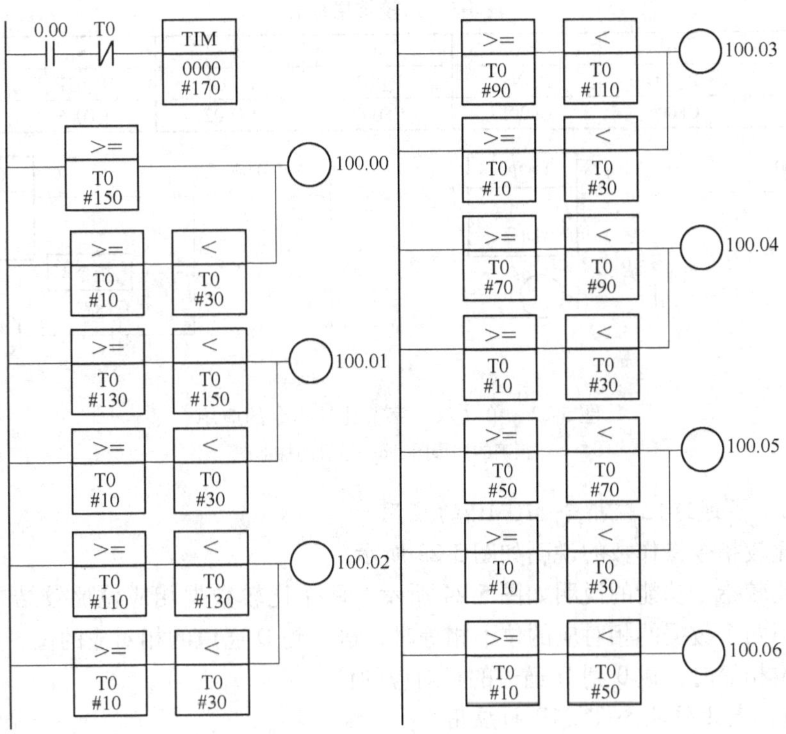

图5-20 七彩灯的梯形图程序

到，定时器T0自复位，又开始重新计时。定时器T0所赋的初值为170，定时器的工作原理是当接通启动开关，不断地减1，当减到0时，定时时间17s到。

前2s中，定时器的当前值在170～150之间变化，在此期间输出100.00得电；在第14～16s之间，输出100.00也得电，此时定时器的当前值在30和10之间。所以输出100.00在定时器取值两个区间170～150和30～10内是得电的，两区间是并联的关系，如梯形图所示，其他的输出分析类似。

5.2.4 知识进阶

5.2.4.1 单（双）字节比较指令 CMP（CMPL）

单、双字节比较指令梯形图符号如图 5-21 所示，其比较结果标志如表 5-5 所示。其中：Cp1 为比较数据 1，Cp2 为比较数据 2。

在执行单（双）字节比较指令 CMP（CMPL）时，其比较结果反映到状态标志中，可用于实现其他控制。如图 5-22a 所示，当状态标志为等于标志，则当 Cp1 = Cp2 时，等于标志和输出 100.00 将变为 ON。

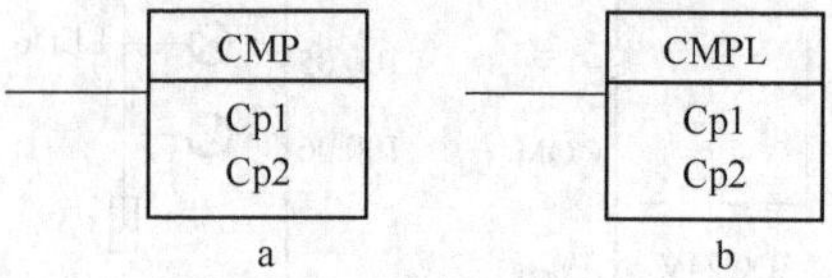

图 5-21 单（双）字节比较指令梯形图符号
a—单字节；b—双字节

值得注意的是，状态标志必须紧随 CMP（CMPL）指令之后，其间不能编写其他指令。这是因为其他指令的执行结果可能会使状态标志发生变化而导致错误，如图 5-22b 所示。

表 5-5 比较结果标志

结果标志	=	< >	<	< =	>	> =
符号地址	P_ EQ	P_ NE	P_ LT	P_ LE	P_ GT	P_ GE
实际地址	CF006	CF001	CF007	CF002	CF005	CF000

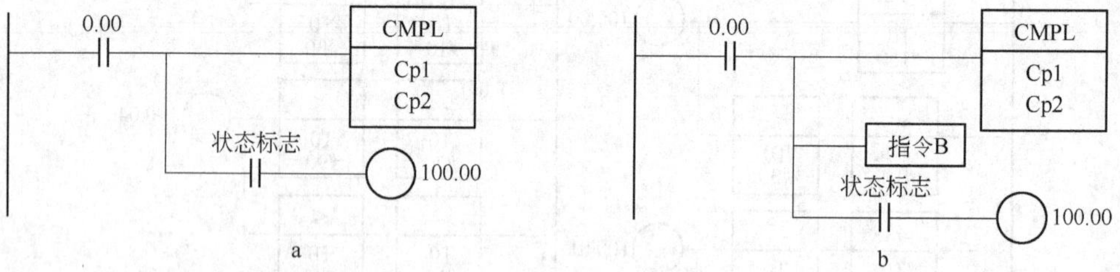

图 5-22 单（双）字节比较指令的应用
a—正确的梯形图；b—错误的梯形图

5.2.4.2 多通道比较指令 MCMP 的应用

多通道比较指令操作数的说明如图 5-23 所示。

多通道比较指令功能的说明如图 5-24 所示，两个比较数据相应位比较结果送 D 通道的相应位，当两个数据的相对应的位不相等时，送 1 到 D 通道的相对应的位，当两个数据的相对应的位相等时，送 0 到 D 通道的相对应的位。

5.2.4.3 表比较指令 TCMP 的应用

表比较指令 TCMP 操作数的说明如图 5-25 所示，功能的说明如图 5-26 所示。

5.2.4.4 块比较指令 BCMP 的应用

块比较指令 BCMP 操作数的说明如图 5-27 所示，功能的说明如图 5-28 所示。

在图 5-29a 中，当 0.00 为 ON 时，MOV 指令把#1450 传送到 D00000 中，再使用 BCMP 指令把 D00000 的值#1450 与 D00100 ~ D00131 的值进行比较。图 5-29b 是执行 BCMP 指令后的结果，比较块是 D00100 ~ D00131，在比较块 D00100 ~ D00131 中，D00000 的值#1450 只在 D00128 ~ D00129 的范围内，所以对应的结果字只有 D00214 为 1（ON），其他的都为 0（OFF）。

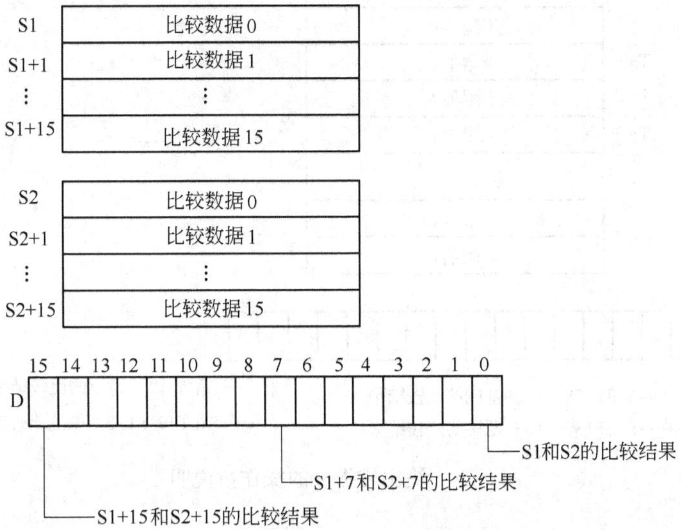

图5-23　多通道比较指令的操作数说明

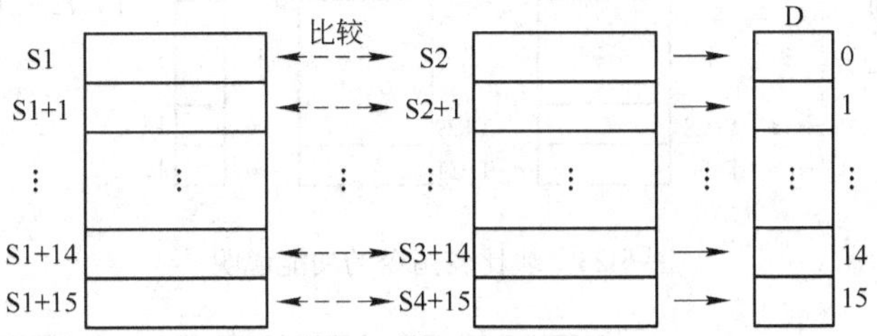

图5-24　多通道比较指令的功能说明

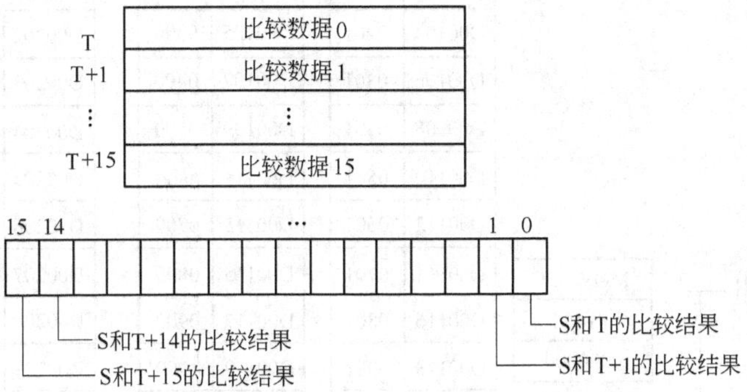

图5-25　表比较指令的操作数说明

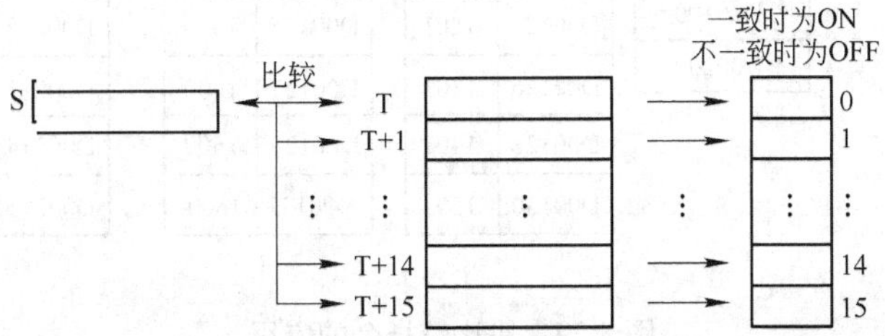

图5-26　表比较指令的功能说明

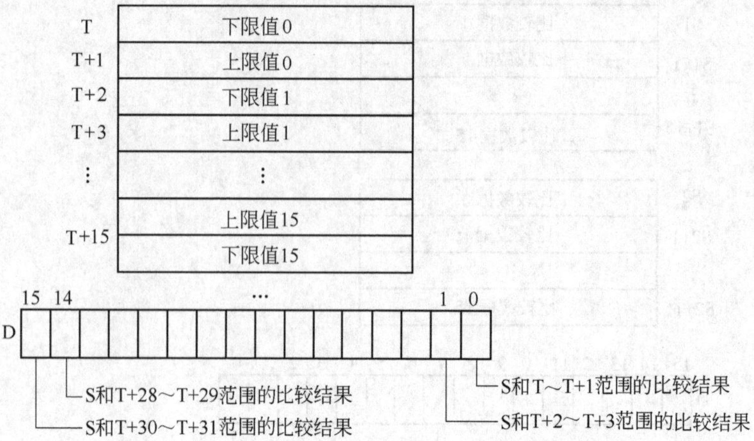

图 5-27　块比较指令的操作数说明

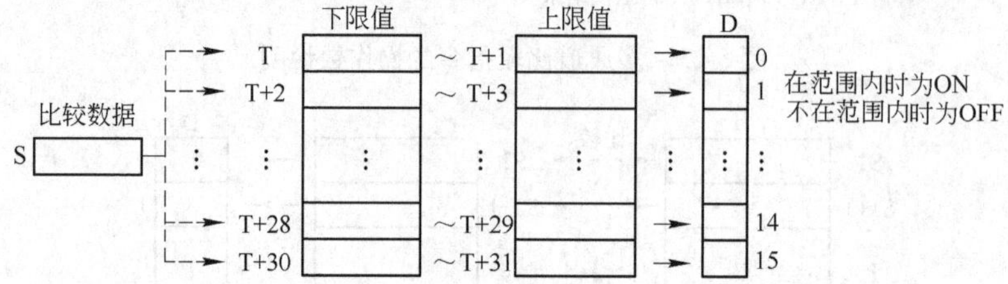

图 5-28　块比较指令的功能说明

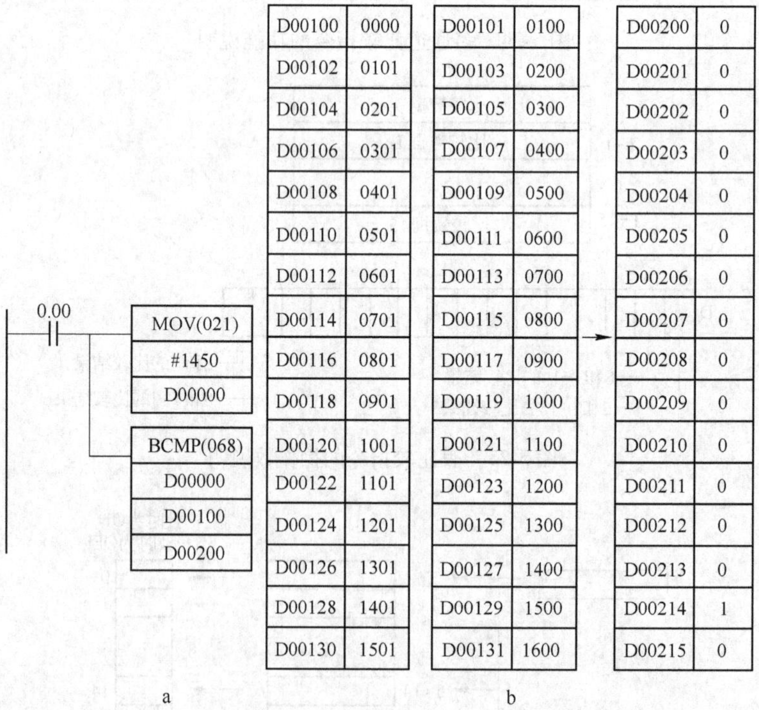

图 5-29　块比较指令的应用

a—BCMP 的应用示例；b—BCMP 的比较说明

5.2.5 应用拓展

下面这个例子是在任何时候都可以容纳50辆车的停车场，如图5-30a所示。两个与PLC输入端连接的传感器用于跟踪这个停车场的车辆进出情况，BG1用于探测进入停车场

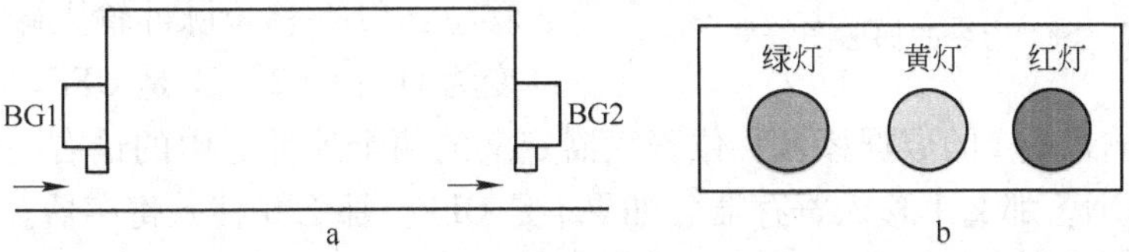

图5-30 停车场和控制盘示意图
a—停车场；b—控制盘

的车辆的数量，BG2用于探测离开停车场的车辆的数量。当这个停车场停满时，报警器将接通，增加一条指令使计数器在超出计数范围不能计数，即大于50和小于0。同时设计中还带有一个控制盘，如图5-30b所示，按照下面的要求显示该场所车辆的数量。

当该场所车辆的数量少于40，绿灯就会亮；当该场所车辆的数量介于40与49之间，黄色灯就会亮；当该场所车辆满时，红灯就会亮。

根据案例的控制要求，结合已经学习过的比较指令和计数器指令，编写的梯形图控制程序，如图5-31所示。

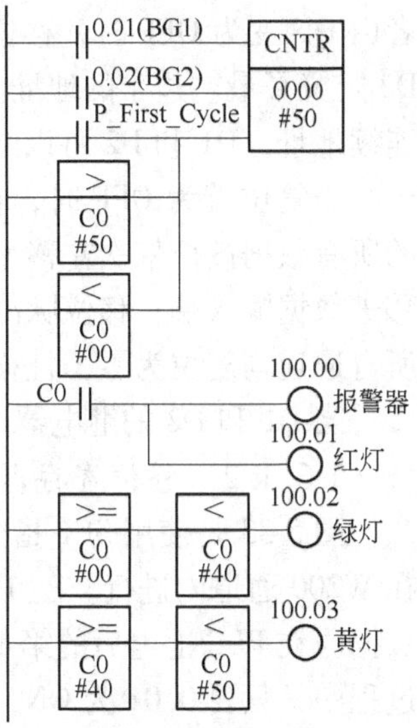

图5-31 停车场的梯形图程序

5.2.6 思考题

试用数据比较指令编写一个程序，控制要求如下：某小区有个喷泉，共有1、2、3、4、5、6号6个喷头，在程序的控制下，每个喷头喷水1s；然后1、2号，3、4号，5、6号喷头分三组依次喷水10s；接着1、2、3号，4、5、6号喷头分两组依次喷水10s，最后6个喷头一起喷水20s后全停止。10s后再从第一个喷头开始喷水，重复上述过程。试用PLC实现该功能。

5.3 案例三：PLC在冰淇淋机控制器中的应用——数据移位指令及其应用

数据移位指令较多，常用的数据移位指令有移位（SFT）、左右移位（SFTR）和字移位（WSFT）指令。

5.3.1 预备知识

5.3.1.1 移位寄存器指令

CP1H系列的PLC提供了一条移位寄存器指令，其助记符为SFT，相当于一个串行输入的移位寄存器，梯形图符号如图5-32所示。其功能描述如下。

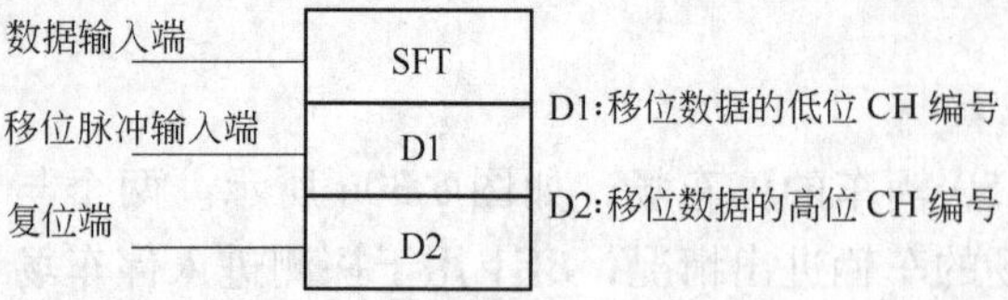

图 5-32 SFT 指令的梯形图符号

SFT（10）有 3 个输入条件控制，分别是 I（input）数据输入端、P（pulse）移位脉冲输入端和 R（reset）复位端。

SFT 指令必须满足两个条件才能执行移位：(1) 移位脉冲输入端 P 必须由 OFF 变为 ON；（2）R 是 OFF。这两个条件都满足了，数据输入端 I 的数据移入移位寄存器定义的两个地址之中的最右一个位。也就是说，如果 I 是 ON，那么 1 移入寄存器，如果 I 是 OFF，那么 0 移入寄存器。当 1 移入寄存器，寄存器中当前所有的位依次左移，最左边的位丢失。

移位脉冲输入端 P 的作用类似于微分指令，也就是说仅仅当执行条件 P 由 OFF 变为 ON 时，数据输入端 I 的数据才能被移入移位寄存器。如果移位脉冲输入端 P 没有变化或者由 ON 变为 OFF 时，移位寄存器的值不受影响。D1 定义了移位寄存器最右边字的地址，D2 定义了最左边字的地址。移位寄存器包括这两个字的地址和这两个字之间所有的字的连续地址。D1 和 D2 可以是相同的地址，这样就构建了一个 16 位的移位寄存器。

当复位端为 OFF 时，在移位脉冲输入端的每个脉冲的上升沿时刻，D1 到 D2 通道中的所有数据按位依次左移 1 位。D2 通道中数据的最高位溢出丢失，D1 通道中的最低位则移进数据输入端；移位脉冲输入端没有移位脉冲则不移位；当复位端为 ON 时，D1 到 D2 所有通道均复位为零，且移位指令不执行。

当 D1 和 D2 的继电器地址不在可用数据区时，ER 位为 ON，其他情况下为 OFF。

5.3.1.2 移位寄存器指令（SFT）的应用

图 5-33 是使用 SFT 指令的例子。SFT 指令的首通道和末通道都是 W200，说明移位是在 W200 通道内进行。P_ 1s 产生的秒脉冲作为移位脉冲，0.00 的 ON、OFF 状态作为输入数据。在 PLC 上电后的第 1 个扫描周期由 P_ First_ Cycle 对移位寄存器进行复位。在移位过程中，只要 0.01 为 ON，移位寄存器即复位。下面结合图 5-33c 所示的工作波形说明执行 SFT 指令的移位过程。

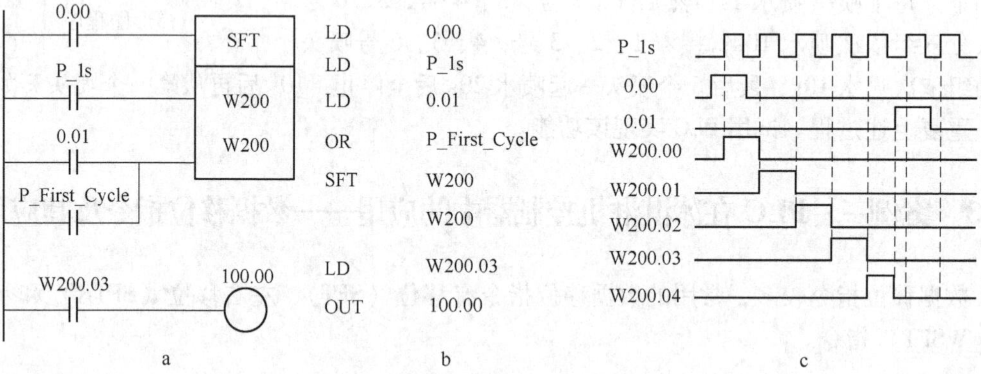

图 5-33 SFT 指令应用例子

a—梯形图；b—助记符；c—波形图

PLC 上电之初，W200 通道内各位均为 OFF。当 0.01 为 OFF 后，在移位脉冲输入端的第 1 个移位脉冲上升沿时刻，0.00 的 ON 状态移入 W200.00，使 W200.00 变为 ON，

W200.00 原来的 OFF 态移入 W200.01，以此类推。在第 2 个移位脉冲前沿时刻，由于 0.00 已为 OFF，所以 W200.00 位 OFF，而 W200.00 原来的 ON 状态移入 W200.01，以此类推。在第 4 个移位脉冲前沿时刻，W200.03 变为 ON，使 100.00 为 ON。在第 5 个移位脉冲时 W200.04 为 OFF，100.00 也变为 OFF。在第 6 个移位脉冲到来之前，0.01 为 ON，将 W200 通道全部复位。

5.3.2 冰淇淋机控制器案例说明

由于近年来城镇居民家庭冷藏设备的普及，生活水平的提高，尤其是在夏天，冰淇淋是家中不可缺少的零食。冰淇淋（ice cream）是以饮用水、牛奶、奶粉、奶油、食糖等为主要原料，加入适量食品添加剂，经混合、灭菌、均质、老化、凝冻、硬化等工艺而制成的体积膨胀的冷冻食品，冰淇淋口感细腻、柔滑、清凉，是一种高档的发泡雪糕。下面我们通过简化冰淇淋的加工步骤，来学习移位指令及其应用。

冰淇淋机器工作共有 4 个步骤：

（1）检查蛋筒是不是合格的，例如，开裂、烂了等等；

（2）往蛋筒里添加冰淇淋；

（3）往冰淇淋上加一层巧克力；

（4）往巧克力上添加一些颜色漂亮、味道香甜的小颗粒。

加工冰淇淋之前，必须检查蛋筒是否符合要求。如果冰淇淋蛋筒是烂的或者开裂的，很显然不能添加冰淇淋和其他东西，所以我们必须跟踪这个蛋筒，通知机器不要向这个蛋筒加注原料。

冰淇淋的加工过程如图 5-34 所示。

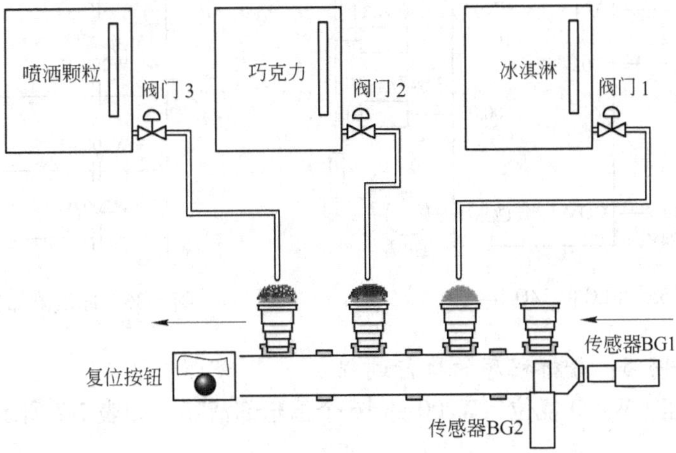

图 5-34 冰淇淋加工的示意图

5.3.3 解决方案

5.3.3.1 任务 1：分析控制要求

根据案例的控制要求，我们分析整个控制过程。在蛋筒随着传动进入机器前，我们通过传感器 BG1 检查蛋筒是否符合要求，该传感器与 PLC 的输入端相连。如果是合格的产品，传感器 BG1 则会发送一个 ON 信号；如果蛋筒是不合格的，传感器 BG1 则会发送一个 OFF 信号。传感器 BG2 也与 PLC 输入端相连，发送移位脉冲信号，控制蛋筒向下移动。通过使用刚刚介绍的移位寄存器指令，就可以实现该项目的控制。

5.3.3.2 任务 2：确定输入/输出元件地址的分配

根据控制要求和示意图，我们可以很清楚地看到，冰淇淋的生产过程中共有 3 个输入信号和 3 个输出信号，所以输入元件和输出元件的地址分配如表 5-6 所示。

表 5-6 输入/输出元件地址分配

输入元件	输入地址	输出元件	输出地址
传感器 BG1	0.00	1 号喷洒阀门	100.00
传感器 BG2	0.01	2 号喷洒阀门	100.01
复位按钮	0.02	3 号喷洒阀门	100.02

5.3.3.3 任务 3：完成 PLC 外部接线

根据控制要求和输入/输出元件的地址分配表，完成 PLC 的外部接线图，如图 5-35 所示。

5.3.3.4 任务 4：设计梯形图控制程序

根据控制要求和输入/输出元件地址分配表，编写的梯形图程序如图 5-36 所示。

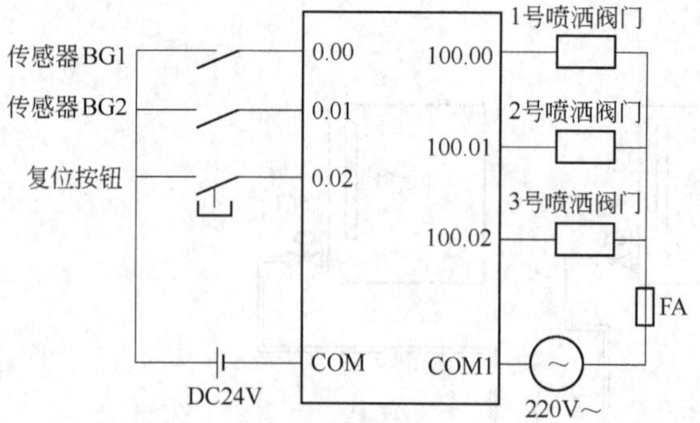

图 5-35 PLC 的 I/O 接线图

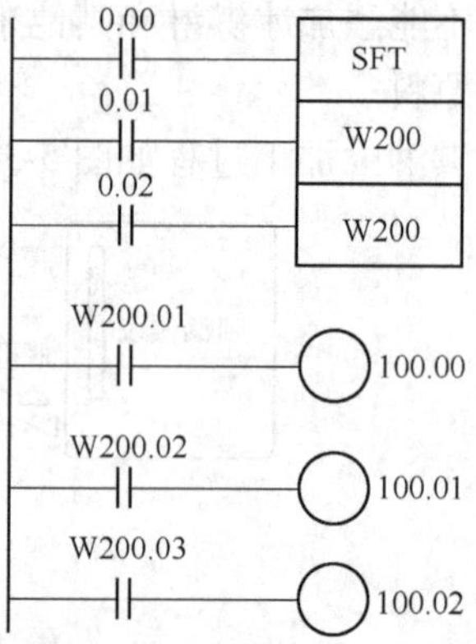

图 5-36 冰淇淋加工梯形图程序

5.3.3.5 任务 5：分析程序的执行过程

按下复位按钮，W200 复位，W200 的 16 个位全部清零，如表 5-7 所示。

表 5-7 W200 的 16 位复位状态表

15	14	13	12	11	10	9	8	7	6	5	4	3	2	1	0
0	0	0	0	0	0	0	0	0	0	0	0	0	0	0	0

当传感器 BG1 前面进入的是一个合格的蛋筒，传感器 BG1 的状态为 ON，位 W200.00 在移位脉冲 0.00 的上升沿变为 1。当移位脉冲输入端产生一个脉冲时，数据输入端的状态传送到位 W200.00。寄存器状态发生改变，变为如表 5-8 所示。

表5-8 W200的16位状态表（1）

15	14	13	12	11	10	9	8	7	6	5	4	3	2	1	0
0	0	0	0	0	0	0	0	0	0	0	0	0	0	0	1

随着传送系统继续传送，另外一个蛋筒到达了传感器BG1的前边，如果这个蛋筒是不合格的，检测传感器BG1仍然为OFF状态，移位脉冲输入端产生另外一个脉冲信号。W200.00位原来的1状态传送到位W200.01，位W200.01原来的状态传送到位W200.02，位W200.02原来的状态传送给位W200.03，高位依此类推，此时数据输入端传感器BG2的状态0传送给位W200.00。寄存器状态发生改变，变为如表5-9所示。

表5-9 W200的16位状态表（2）

15	14	13	12	11	10	9	8	7	6	5	4	3	2	1	0
0	0	0	0	0	0	0	0	0	0	0	0	0	0	1	0

现在寄存器显示的结果是位W200.01为1，梯形图表明输出100.00得电，阀门1接通，冰淇淋加入蛋筒。随着传送带继续运行，另外一个蛋筒到达检测传感器BG1的前方，如果这个蛋筒是完好的，传感器是ON状态。移位脉冲输入端产生移位脉冲信号，位W200.00的状态传送到位W200.01，位W200.01原来的状态移位到位W200.02，位W200.02的状态移入位W200.03，数据输入端的新状态移入到位W200.00。寄存器状态发生改变，变为如表5-10所示。

表5-10 W200的16位状态表（3）

15	14	13	12	11	10	9	8	7	6	5	4	3	2	1	0
0	0	0	0	0	0	0	0	0	0	0	0	0	1	0	1

因为寄存器显示位W200.02现在的状态是1，从梯形图可以看出输出100.01得电，阀门2接通，巧克力将加入蛋筒。若位W200.01是不合格蛋筒的状态，输出100.00保持是OFF状态，冰淇淋不会加入蛋筒。随着传送带继续运行，又一个蛋筒出现在传感器BG1的前面，如果这个蛋筒是合格的，传感器BG2将会接通，移位脉冲输入端产生移位脉冲。位W200.00的原来的状态移位到位W200.01，位W200.01原来的状态移位到位W200.02，位W200.02的状态移入位W200.03，数据输入端的新状态移入到位W200.00。寄存器状态发生改变，变为如表5-11所示。

表5-11 W200的16位状态表（4）

15	14	13	12	11	10	9	8	7	6	5	4	3	2	1	0
0	0	0	0	0	0	0	0	0	0	0	0	1	0	1	1

因为寄存器显示的结果是位W200.03是ON状态，程序的结果使输出100.02得电，阀门3接通，喷洒的甜点颗粒加入蛋筒。因为位W200.02现在的状态是不合格的蛋筒的状态，所以输出100.01是断开的状态，此时不加巧克力到蛋筒。寄存器显示位W200.01的状态是1（ON），梯形图执行的结果应该是输出100.00接通，冰淇淋加入这个蛋筒。随着传送带继续运行，又一个蛋筒出现在传感器的前面，但是这一个蛋筒是不合格的，传感器将会关断，移

位输入又会产生一个移位脉冲。位 W200.00 的原来的状态移位到位 W200.01，位 W200.01 原来的状态移位到位 W200.02，位 W200.02 的状态移入位 W200.03，数据输入端的新状态移入到位 W200.00。寄存器状态发生改变，变为如表 5-12 所示。

表 5-12 W200 的 16 位状态表（5）

15	14	13	12	11	10	9	8	7	6	5	4	3	2	1	0
0	0	0	0	0	0	0	0	0	0	0	0	0	1	1	0

上面的运行过程继续，移位寄存器的每一位移位都是在移位脉冲的上升沿控制下进行的。

5.3.4 知识进阶

5.3.4.1 *左右移位寄存器（SFTR）指令*

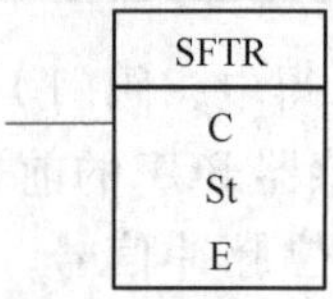

图 5-37 SFTR 指令的梯形图符号

左右移位寄存器（SFTR）指令的梯形图符号如图 5-37 所示。

5.3.4.2 *左右移位寄存器（SFTR）指令的应用*

图 5-38 是使用 SFTR 指令的例子。图中 0.04 是 SFTR 指令的执行条件，W200 是控制通道，DM 00000 ~ DM 00001 组成可逆移位寄存器。当 0.04 为 ON 时，SFTR 指令执行移位操作；当 0.04 为 OFF 时，SFTR 指令不执行，此时控制通道的控制位不起作用，1200 ~ 1201 及 CY 位的数据保持不变。

控制通道 W200 的第 12 ~ 15 位的状态是由 0.00 ~ 0.03 控制的，其作用是：

（1）若 0.00 为 ON，则 W200.12 为 1，执行左移位操作；若 0.00 为 OFF，则 W200.12 为 0，执行右移位操作。

（2）若 0.01 为 ON，则 W200.13 为 1，即输入数据为 1；若 0.01 为 OFF，则 200.13 为 0，即输入数据为 0。

此处以 0.02 的微分信号作为移位脉冲。每当 0.02 由 OFF 变为 ON 时，W201.00 和 W200.14 都会 ON 一个扫描周期，由此形成移位脉冲。如果直接以 0.02 作为移位脉冲，当 0.02 为 ON 时，每个扫描周期都要执行 1 次移位，这将造成移位失控。

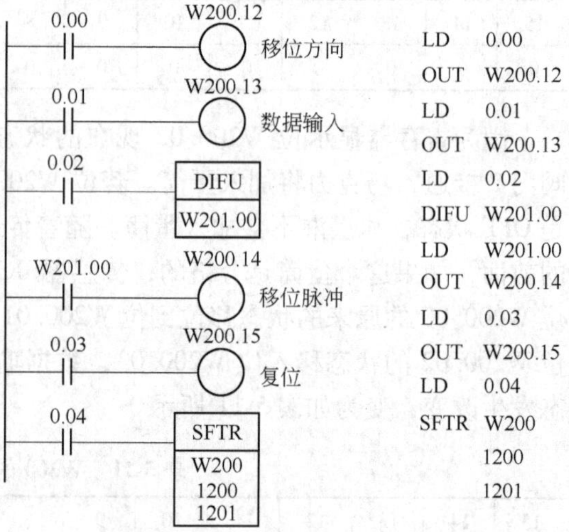

图 5-38 使用 SFTR 指令的例子

若 0.03 为 ON，则 W200.15 为 ON，可逆移位寄存器 1200 ~ 1201 及 CY 位清 0；若 0.03 为 OFF，则 W200.15 为 OFF，此时根据 W200.12 的状态将执行左移或右移操作。

当 W200.15 为 OFF，0.04 为 ON，执行左移或右移操作时，其移位过程如下。

（1）若 W200.12 为 1，每当 0.02 由 OFF 变为 ON 时刻，1200 ~ 1201 中的数据按位依次左移一位。W200.13 的状态进入 1200.00，1201.15 的数据进入 CY 位。

（2）若 W200.12 为 0，每当 0.02 由 OFF 变为 ON 时刻，1200 ~ 1201 中的数据按位依

次右移一位。W200. 13 的状态进入 1201. 15，1200. 00 的数据进入 CY 位。

5.3.5 应用拓展

设计一段洗刷汽车程序，该程序包含 3 个步骤，分别是喷洒肥皂水、冲洗和打蜡。当有汽车经过洗车刷时，该控制程序能够执行和完成以上 3 个步骤，该程序中每个步骤就是 1 个输出。具体的控制要求如下：传感器 BG1 检查车辆的存在；传感器 BG2 发移位脉冲，保证车辆移向下一个位置；复位开关 SF3 用于起初寄存器。

假定物品的移动程序已经编写了，这里只需要编写一个移位寄存器程序。

PLC 外部接线图和梯形图程序如图 5-39 所示。

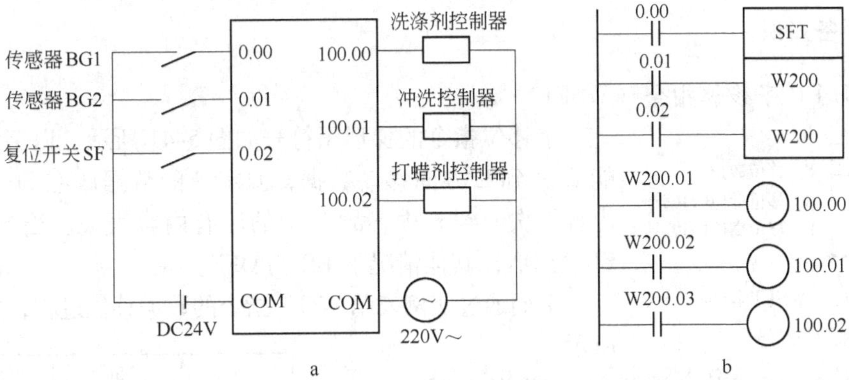

图 5-39　洗刷汽车控制系统

a—I/O 接线图；b—梯形图

5.3.6 思考题

以下是喷漆室喷漆的控制系统，如图 5-40 所示，具体的控制要求为：物品通过喷漆室依次从左往右移动，当物体在两个喷枪中任何一个喷枪之前时，输出（喷枪）接通给物体喷漆。如果喷枪的前面没有物体，喷枪不能接通。每次固定夹经过接近开关 Prox1 时，接近开关 Prox1 接通。接近开关 Prox2 检测物品固定器上是否有物品存在。控制器和限位

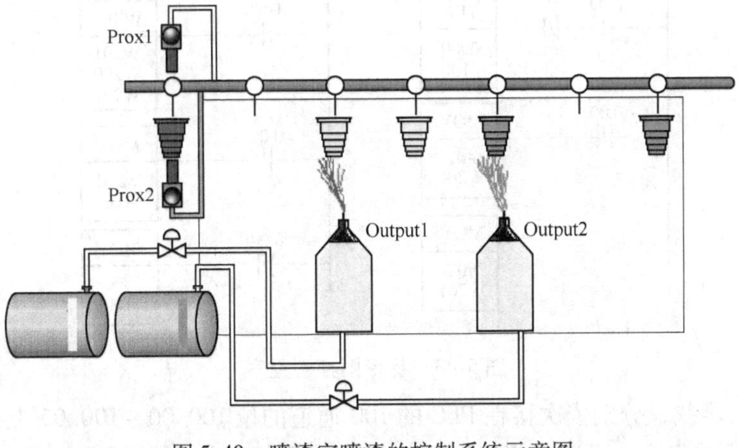

图 5-40　喷漆室喷漆的控制系统示意图

开关都安装在喷漆室的外面，以防止电气危害。编写一个程序，使用移位指令来实现上述要求，使用一个复位开关使寄存器复位。假定物品的移动程序已经编写了，这里只需要编写一个移位寄存器程序。

5.4　案例四：智能型打鼓音乐控制器的设计——字移位控制指令及其应用

目前市场上有很多音乐控制器，有音乐喷泉、音乐彩灯等，彩灯的闪烁随着音乐的节奏变化而变化，从而达到灯光追逐音乐、活跃气氛的目的，也是美化生活环境的一种方法。

5.4.1　预备知识

5.4.1.1　字移位指令（WSFT）

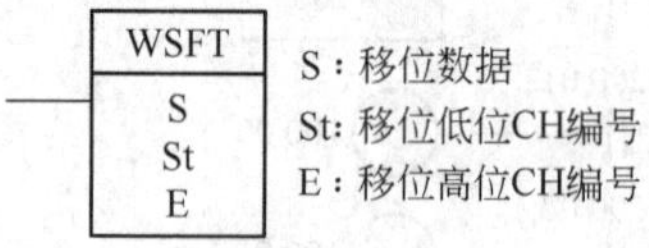

图 5-41　WSFT 指令梯形图符号

字移位指令的梯形图符号如图 5-41 所示。以字为单位只能从 St 到 E 方向移动数据，源字 S 的数据放在 St 中，St 的内容依次放到 E 中，故 E 中的原有内容丢失。当 St > E 时，ER 为 ON；其他情况下 ER 为 OFF。

下面通过实例表示 WSFT 指令的数据移位过程，如图 5-42 所示。

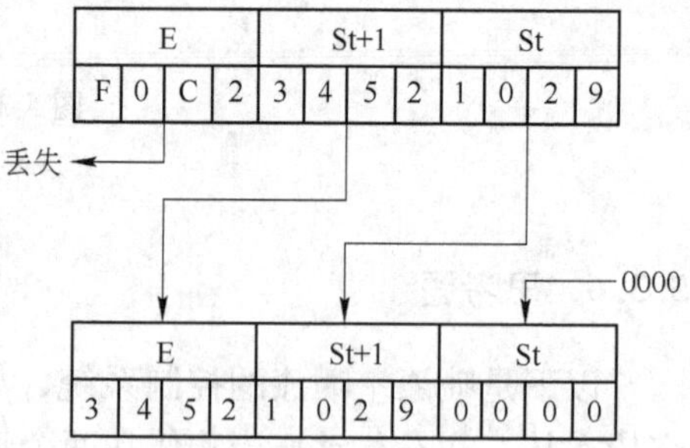

图 5-42　WSFT 指令的执行过程

5.4.1.2　字移位（WSFT）指令的应用

使用 WSFT 指令，编写一段程序，控制接在输出端 100 通道的彩灯，当开关闭合时，仅仅使接在 100.00 和 100.01 端子的两盏灯轮流点亮，周期是 20s；当断开开关时，所有灯熄灭，梯形图控制程序如图 5-43 所示。

5.4.2　智能型打鼓音乐控制器控制要求

该打鼓音乐控制器共有 0 号、1 号、2 号、3 号、

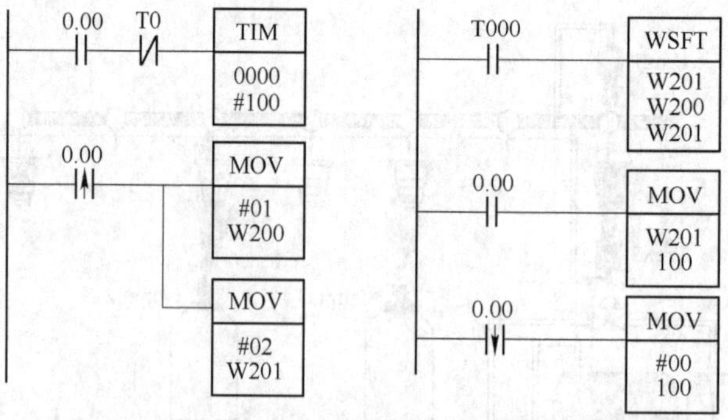

图 5-43　梯形图控制程序

4 号和 5 号 6 根琴弦，分别依次接在 PLC 的 100 通道的位 100.00 ~ 100.05 上，通过控制接通 6 根琴弦的不同组合，可以获得悦耳的音乐声，具体的控制时序图如图 5-44 所示。该

控制器只有一个控制开关，要求用字移位指令编写控制程序。

5.4.3 解决方案

5.4.3.1 任务1：分析控制要求，确定解决方案

本案例只有1个控制开关，接在PLC的输入端，6根琴弦接在PLC的输出端。每间隔5s，改变1次乐音，总周期是30s，可以分析出需要用到定时器的自复位。CP1H的100输出通道，共有8个位，本案例只用到了6个。本案例要求用字移位指令来实现，必须结合传送指令才能实现。传送指令在本题目的作用是传送数据，6根琴弦的状态分别用0和1表示，没有用到的位100.06和位100.07的状态为0，这样8个位对应的2进制数组成8位2进制数字，转换成16进制数，转换过程如下：

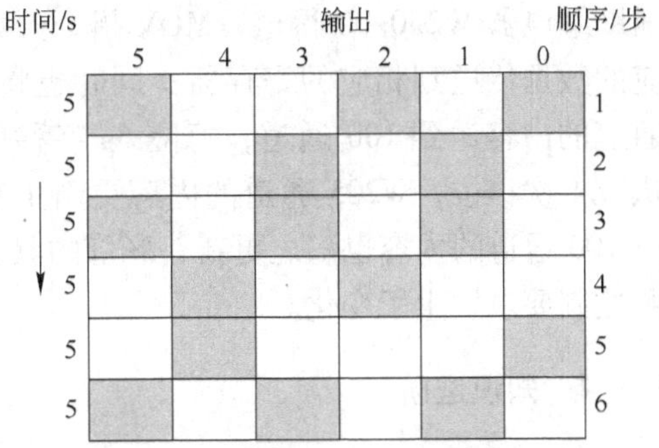

图5-44 打鼓音乐控制器控制时序图

第1个5s，6根琴弦的状态位100101，对应的16进制数为25；

第2个5s，6根琴弦的状态位001010，对应的16进制数为09；

第3个5s，6根琴弦的状态位101010，对应的16进制数为2A；

第4个5s，6根琴弦的状态位010100，对应的16进制数为14；

第5个5s，6根琴弦的状态位010001，对应的16进制数为21；

第6个5s，6根琴弦的状态位101010，对应的16进制数为2A。

通过传送指令将每个时间段对应的数据及时传送到输出100通道，就可以实现控制要求。

5.4.3.2 任务2：确定输入/输出元件的地址分配

根据控制要求，输入/输出元件的地址分配如表5-13所示。

表5-13 输入/输出元件地址分配表

输入元件	输入地址	输出元件	输出地址
启动开关	0.00	1号琴弦	100.00
		2号琴弦	100.01
		3号琴弦	100.02
		4号琴弦	100.03
		5号琴弦	100.04
		6号琴弦	100.05

5.4.3.3 任务3：完成PLC的外部接线

根据控制要求和输入/输出元件地址分配，PLC的外部接线如图5-45所示。

5.4.3.4 任务4：编写梯形图控制程序

根据控制要求，经过分析，编写的梯形图控制程序如图5-46所示。

5.4.3.5 任务5：分析程序的执行过程

当按下启动开关0.00，定时器开始定时，在0.00接通的瞬间（接通信号上升沿），

辅助继电器 W250.00 得电，MOV 指令开始将相应的数据传送到相应的寄存器；同时也将 W205 通道的内容送到 100 通道，每隔 5s 字移位指令执行 1 次移位，W205 通道的内容更新 1 次，输出 100 通道的内容也随之更新，彩灯的状态也按照控制要求发生了变化。

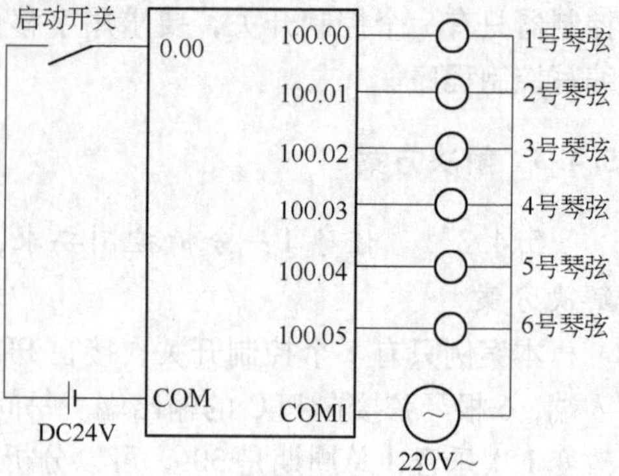

图 5-45　PLC 的 I/O 接线图

5.4.4　知识进阶

字移位指令（@ WSFT）的应用：图 5-47 是使用@ WSFT 指令的例子。图 5-47b 只画出执行 1 次@ WSFT 指令前后 HR000 和 HR001 两个通道的状态。

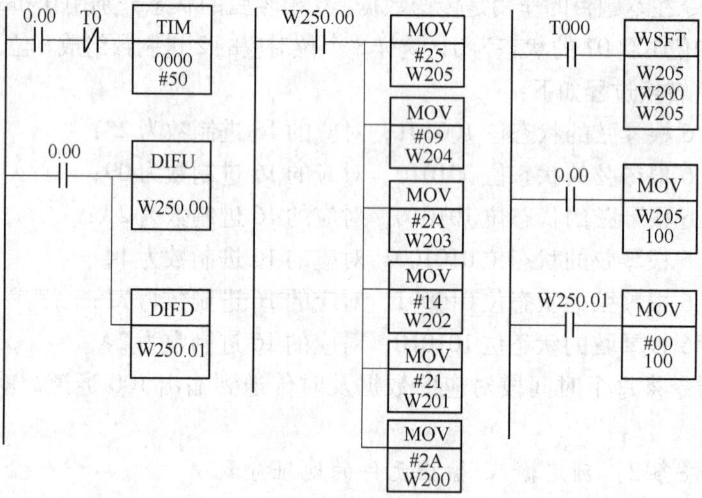

图 5-46　梯形图控制程序

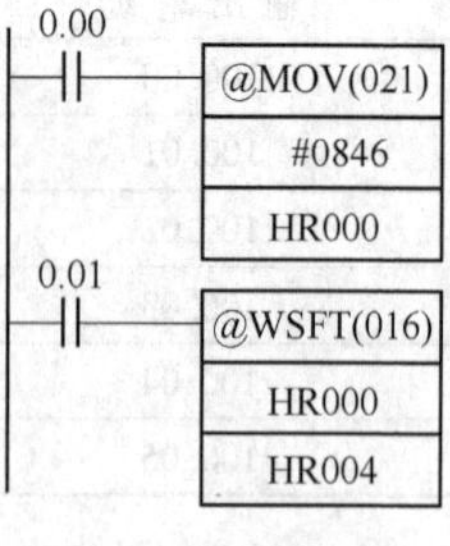

a

	HR001 15～12	11～08	07～04	03～00	HR000 15～12	11～08	07～04	03～00
移位前	0000	0000	0000	0000	0000	1000	0100	0110

	HR01 15～12	11～08	07～04	03～00	HR000 15～12	11～08	07～04	03～00
移位一次	0000	1000	0100	0110	0000	0000	0000	0000

b

```
LD          00000        LD           00001
@MOV(021)                @WSFT(016)
            #0843                     H000
            H000                      H004
```

c

图 5-47　使用@ WSFT 指令的例子

a—梯形图；b—指令执行的结果；c—助记符

图 5-47 中，当 0.00 由 OFF 变为 ON 时，执行 1 次 MOV 指令，向 HR000 中传送数据

#0846。每当0.01由OFF变为ON时，执行1次@WSFT指令。可以推知，经过执行4次@WSFT指令，#0846就被移到HR004中，而HR000～HR003全部为0000。

在使用移位指令时，要根据以下几方面的需要，选择不同的移位指令：

（1）需要位移位、数字移位，还是字移位。

（2）需要单向移位，还是循环移位。

（3）是否需要标志位CY参与移位。

【例】 用可逆移位寄存器实现彩灯控制。

用可逆移位寄存器指令实现彩灯控制的梯形图，如图5-48所示。它用可逆移位寄存器的1200.00～1200.07通过100.00～100.07控制外接8盏彩灯。可逆移位寄存器的控制字为W200（通道）。其中，移位方向输入位W200.12由外接开关0.01控制；数据输入位W200.13由常开开关（P_ ON）控制；脉冲输入位W200.14由外接开关0.00控制定时器T0，产生周期为2s的脉冲信号作为1300.00的控制信号，即在脉冲上升沿到来时1300.00

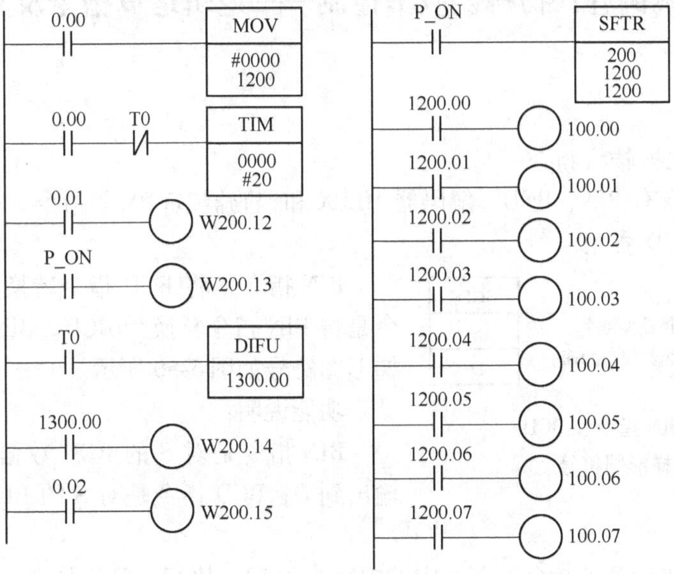

图5-48 彩灯控制梯形图

有效，使W200.14产生1个移位脉冲输入，控制可逆移位寄存器的移位；复位位W200.15由外接开关0.02控制。

程序开头使用MOV（021）指令，利用它对可逆移位寄存器的移位通道1200首先清零，目的是使外接的8盏彩灯全部熄灭。

0.01用于控制彩灯移动的方向。当0.01为ON时，彩灯左移，100.00～100.07依次亮；当0.01为OFF时，彩灯右移100.07～100.00依次点亮。当0.02为ON时，可逆移位寄存器复位。

5.4.5 思考题

十字路口交通灯控制要求使用顺序控制指令实现。开始时主干道上的红灯熄灭，从干道的红灯亮，时序图如图5-49所示。要求：使用顺序控制指令编写程序，实现十字路口交通灯的控制。

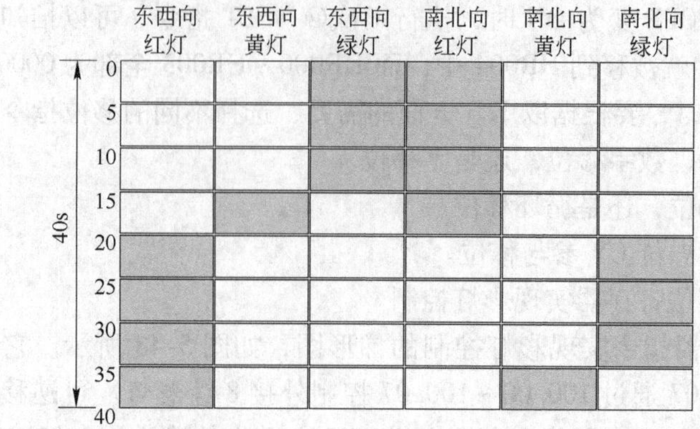

图 5-49 交通灯的时序图

5.5 案例五：物料供应车控制——逻辑运算指令及其应用

5.5.1 预备知识

5.5.1.1 数据转换指令

数据转换指令有 BIN、BCD、解码器 MLPX 和编码器 DMPX 等指令。

A BIN、BCD 指令

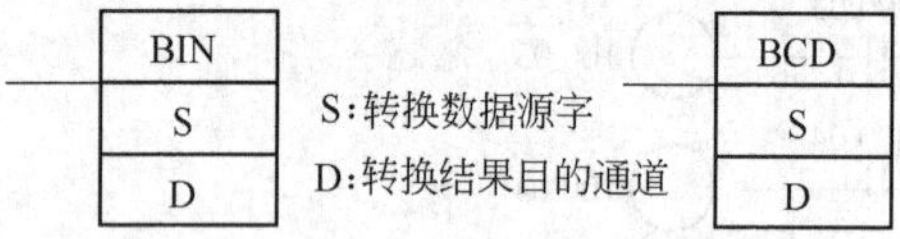

图 5-50 BIN 指令和 BCD 指令的梯形图符号

BIN 指令是将 BCD 指令转换为 BIN，BCD 指令是将 BIN 指令转换为 BCD。BIN 和 BCD 的指令梯形图符号如图 5-50 所示。

功能说明：

BIN 指令是对 S 的 BCD 数据进行 BIN 转换，输出到 D；BCD 指令是对 S 的 BIN 数据进行 BCD 转换，输出到 D。

例如：如果执行 BIN 指令，若 S 中的内容为 3452，执行完 BIN 指令后，D 中的内容为 0D7C。

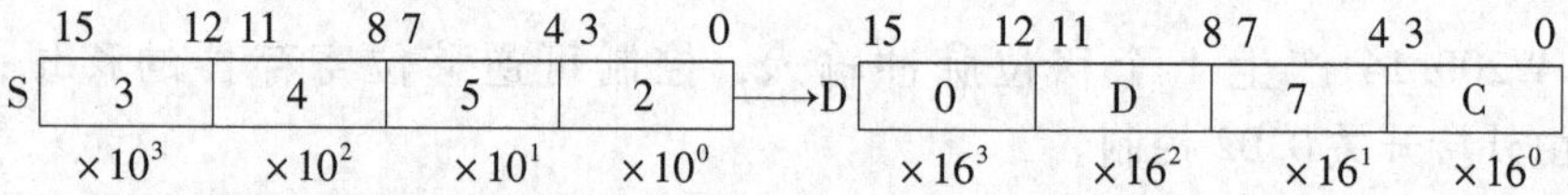

例如：如果执行 BCD 指令，若 S 中的内容为 10EC，执行完 BCD 指令后，D 中的内容为 4332。

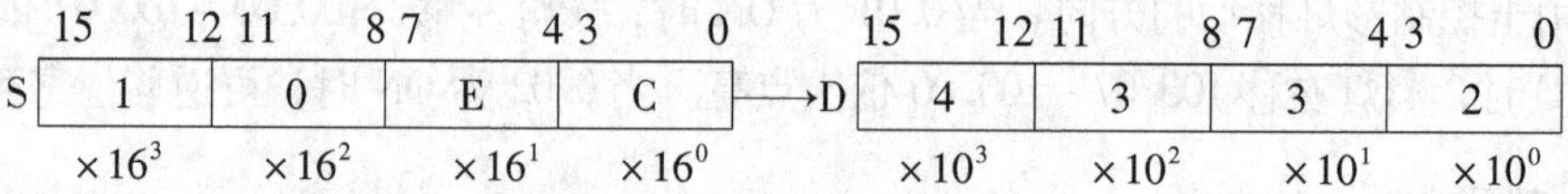

B MLPX 指令

解码器 MLPX 指令是读取指定通道的指定位（或指定字节），在指定通道的相应位输出 1，在其他位输出 0，其梯形图符号如图 5-51 所示。

下面通过一个简单的例子，如图 5-52 所示，来说明该指令的工作原理。

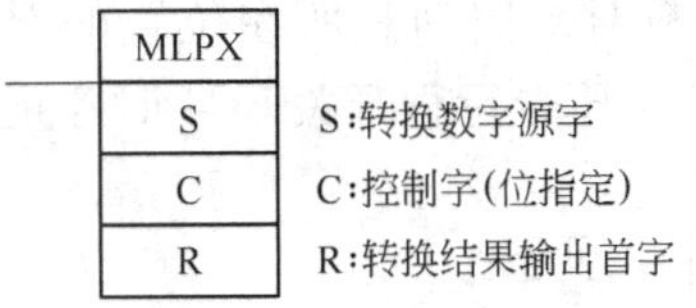

图 5-51 MLPX 指令符号

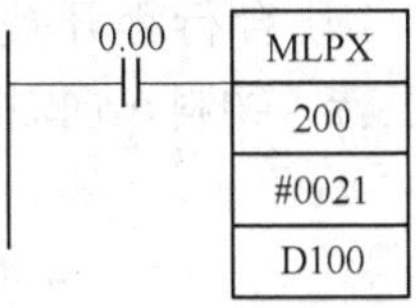

图 5-52 MLPX 应用实例

假定原通道 S（200）中的数据是 FA60；控制字 K 为 0021，其 0～3 位表示解码时源通道的开始位，“1”表示从 S 通道的第 1 个数字开始解码，4～7 位表示解码对象的位数，“2”表示对 200 通道的 3 个数据位解码；其作用是根据源通道中的数据“FA6”将目的通道相应 D102 的第 15 位、D101 的第 10 位、D100 的第 6 位置 1，具体的解码过程如图 5-53 所示。

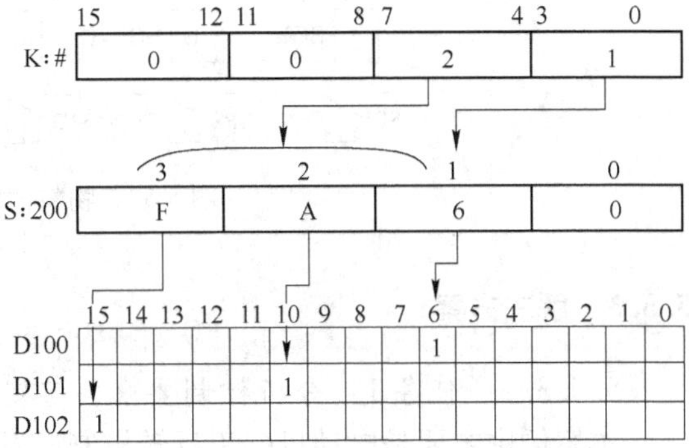

图 5-53 解码器的解码过程

5.5.1.2 逻辑运算指令及应用

常用的逻辑运算指令有字逻辑与 ANDW、字逻辑或 ORW 和字异或 XORW 指令，其梯形图符号如图 5-54 所示，这些指令的应用较简单，都是将 I1 和 I2 两个通道的数据进行逻辑运算后，结果送到指定的通道，逻辑运算指令的应用如图 5-55 所示。

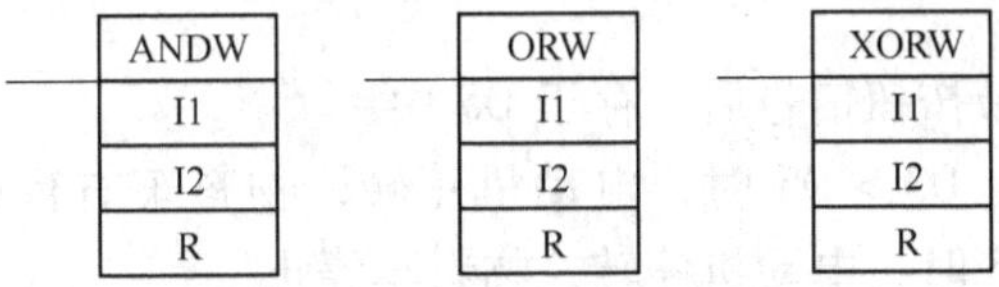

图 5-54 ANDW、ORW 和 XORW 指令的梯形图符号

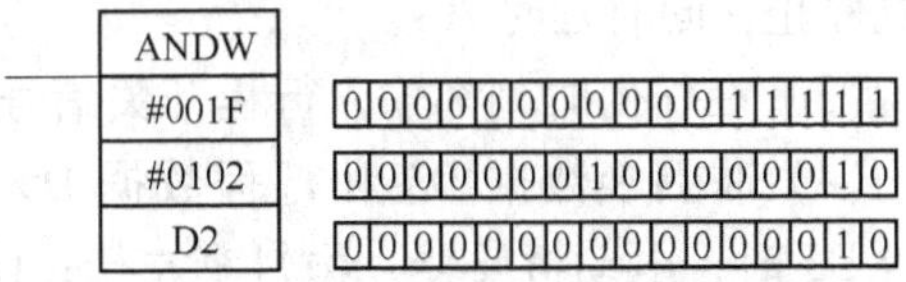

图 5-55 ANDW 指令的应用

5.5.1.3 四则运算指令

加减乘除就是四则运算，细分又分为 BIN、BCD、浮点等运算。BIN 四则运算指令的梯形图符号如图 5-56 所示，功能就是将 S1 和 S2 单元的数进行四则运算，结果存在 D 单元中。

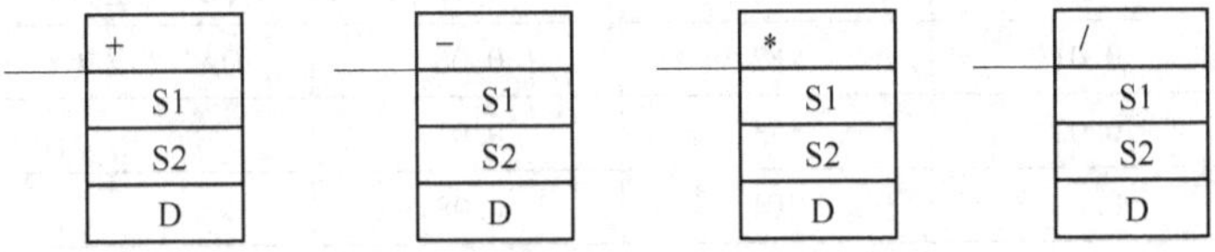

图 5-56 BIN 四则运算指令的梯形图符号

5.5.2 物料供应车控制案例说明

物料供应车运行示意图如图 5-57 所示，物料供应车有 3 个状态：向右运动、向左运动、停止。BG 为物料车所处各工位的行程开关，SF 为各工位招呼物料车的召唤按钮。若

物料车在 A 位，压合行程开关 BG1，当 D 位需要物料时，按动其所在位置的召唤按钮 SF4，电动机正转，物料车向右运动，一直运动到 D 位，压合行程开关 BG4 时停止。

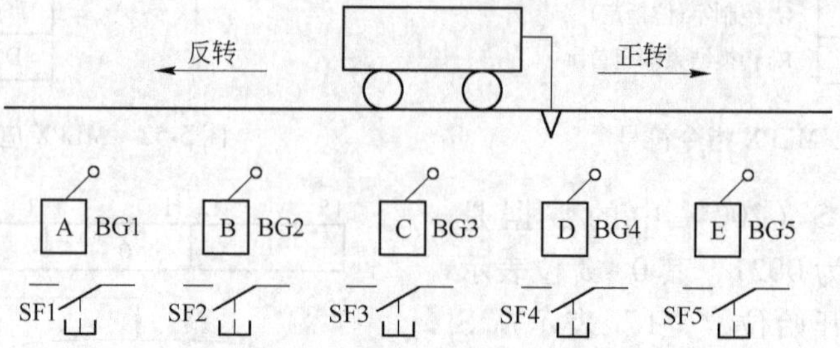

图 5-57　物料供应车运行示意图

5.5.3　解决方案

5.5.3.1　任务1：分析控制要求，确定解决方案

本案例中主要是电动机的正反转控制以及实现正反转控制的条件。基本思路是读入召唤信号并保持；将召唤信号和行程开关状态比较，根据比较的结果来控制电动机的正转、反转和停止；在物料车运动到指定位置时，启动定时器，延时 20s，在此期间不送新的数参加比较。具体的过程如下。

(1) 输入召唤按钮信号，暂存于 D1，保证电动机运行时，也能读入按钮信号。

(2) 在条件成立时，将 D1 的信号从 05 ~ 09 位移位到 00 ~ 04 位，存于 D3，条件是电动机停止，同时延时 20s。

(3) 在任何时刻都输入行程开关信号，屏蔽按钮信号后，存于 D5 中。

(4) 将召唤数据 D3 和行程数据 D5 比较，D3 > D5 时，电动机正转，物料车右行；D3 < D5 时，电动机反转，物料车左行；D3 = D5 时，电动机停转，物料车停止。

(5) 电动机停止后启动定时器。

5.5.3.2　任务2：完成 I/O 元件地址分配

根据控制要求，分析该控制系统的 I/O 分配如表 5-14 所示。

表 5-14　物料供应车 I/O 分配表

输入元件	地　址	输入元件	地　址	输出元件	地　址
BG1	0.00	SF1	0.05	QA1（正转）	100.00
BG2	0.01	SF2	0.06	QA2（反转）	100.01
BG3	0.02	SF3	0.07		
BG4	0.03	SF4	0.08		
BG5	0.04	SF5	0.09		

5.5.3.3　任务3：完成 PLC 外部接线

根据控制要求，分析整个控制过程，完成 PLC 的外部接线图，如图 5-58 所示。

5.5.3.4　任务4：编写梯形图程序

根据要求编写的梯形图程序，如图 5-59 所示。

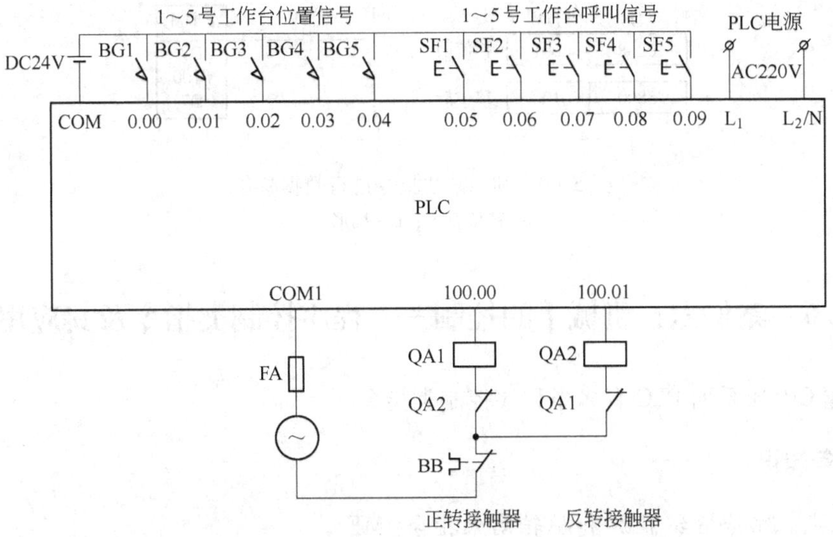

图 5-58　物料车控制系统 PLC 与外围设备连接图

5.5.3.5　任务5：分析程序

根据案例的控制要求，读入召唤信号并能保持；将召唤信号和行程开关状态比较，根据比较的结果来控制电动机的正转、反转和停止；在物料车运动到指定位置时，启动定时器，延时 20s，在此时间内不送新的数参加比较，具体过程为：

启动第 1 个扫描周期，将#20 送入 D3 通道，将召唤按钮信号暂存于 D1 中，保证电动机运行时，也能读入按钮信号。当有召唤信号输入时，将 D1 中的信号从 05～09 位移位到 00～04 位，存于 D3 中，同时电动机停止，延时 20s。电动机停止时，将输入行程开关信号、屏蔽按钮信号存于 D5 中。

将召唤数据 D3 和行程开关信号 D5 进行比较，当 D3 > D5 时，电动机正转，物料车右行；当 D3 < D5 时，电动机反转，物料车左行；当 D3 = D5 时，电动机停转，物料车停止。

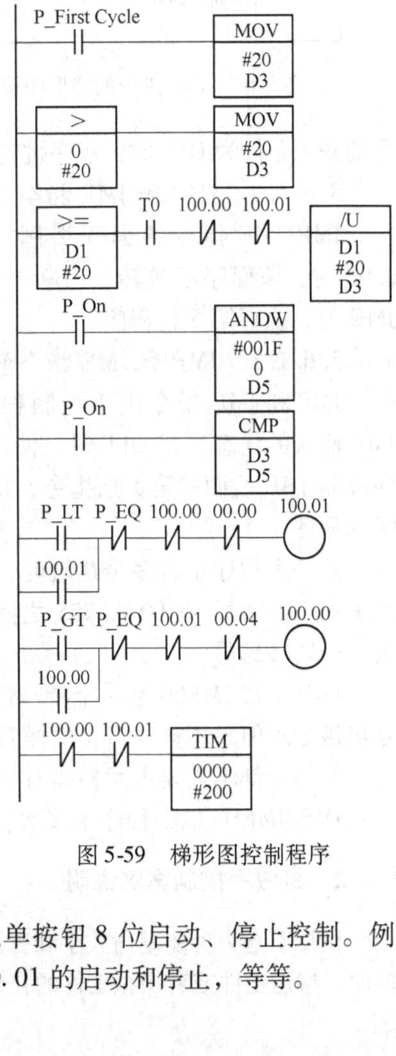

图 5-59　梯形图控制程序

5.5.4　知识进阶

用乘除法指令进行数据移位，如图 5-60 所示。

5.5.5　思考题

一个按钮实现双按钮的作用，要求用 8 个输入按钮分别控制 8 个输出，利用比较指令和逻辑运算指令实现单按钮 8 位启动、停止控制。例如：0.00 按钮控制 100.00 的启动和停止，0.01 控制 100.01 的启动和停止，等等。

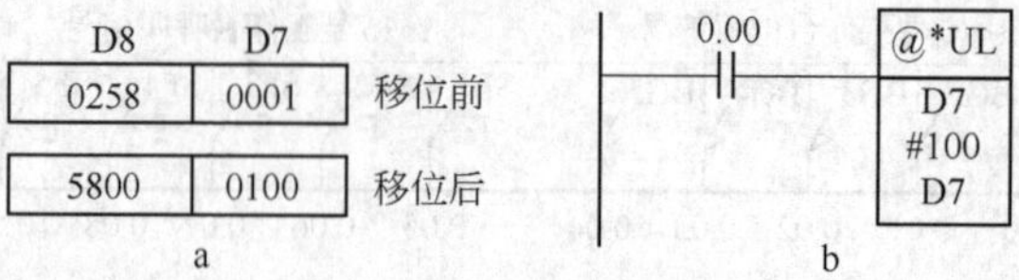

图 5-60 利用乘法指令进行数据移位
a—移位要求；b—梯形图

5.6 案例六：机械手的控制——程序控制类指令及其应用

欧姆龙 CP1H 系列 PLC 有多条程序控制类指令。

5.6.1 预备知识

5.6.1.1 跳转指令 JMP 和跳转结束指令 JME

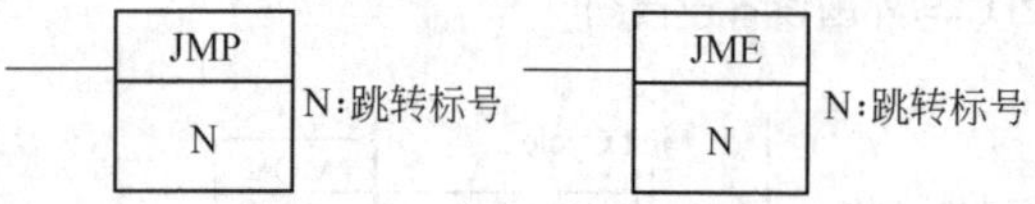

图 5-61 JMP 指令的梯形图符号

跳转指令 JMP 和跳转结束指令 JME 的梯形图符号如图 5-61 所示。JMP 和 JME 指令一起实现程序的跳转，JMP 指令定义跳转的起点，JME 指令定义跳转的目的地。当 JMP 指令的输入条件为 ON 时，没有跳转；当 JMP 指令的输入条件为 OFF 时，程序跳转到与该跳转指令 JMP 具有相同编号的 JME 处，执行程序。

5.6.1.2 JMP 和 JME 指令的应用

JMP/JME 指令的编程举例如图 5-62 所示。当接通开关 0.00 时，该程序不跳转；当断开开关 0.00 时，该程序跳转到 JME 处，执行第 5 行程序。

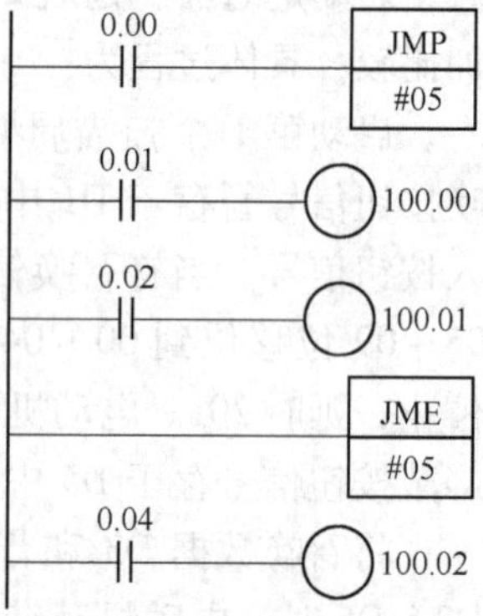

图 5-62 JMP 和 JME 指令的应用

5.6.1.3 JMP 和 JME 指令的特点

JMP 和 JME 指令用于控制程序的跳转。当 JMP 条件（即 JMP 输入的状态）是 OFF 时，使用 JMP 和 JME 的分支程序就转向控制 JME 后面的第 1 条指令，也就是说跳过了 JMP 和 JME 之间的程序。

当一个程序中有多个跳转时，就用跳转编号 *N* 来区分不同的 JMP/JME 对。在 00 和 255 之间的任何一个两位数都可以作为一个跳转编号。

JMP00 和 JME00 是一个特殊情况。当 JMP00 和 JME00 之间的指令被跳过时，这些指令仍被处理但是不被执行，这样就需要占用扫描时间。在 00 以外跳转编号的 JMP 和 JME 之间的指令都不需要占用扫描时间，可以全部跳过。

JMP/JME 可以在程序中多次使用，但是非零跳转编号在程序中只能使用一次。

5.6.2 机械手控制案例说明

机械手是一种能模仿人手和臂的某些动作功能，用以按预定程序轨迹及其他要求，实现抓取、搬运工件或者操纵工件的自动化装置。机械手虽然目前还不如人手灵活，但是它具有能不断重复工作和劳动、不知疲倦、不怕危险、抓举重物的力量比人手大等特点，因此机械手受到了各行各业的重视，近年来，机械手在各种自动化生产线上得到广泛的应用。

5.6.3 控制要求

本例中的机械手有水平和垂直两种移动，它的主要任务是将一个工件从一个位置搬运到另一个位置，其动作由电磁液压缸完成。该电磁液压缸的特点是当某一个线圈通电时，就发生相应动作，直到线圈断电时动作才结束。

当机械手在原点（0）位置时，机械手完成搬运工件的动作，顺序为：下降→抓紧工件→上升→右移→下降→松开工件→上升→左移→返回原点。为使动作到位，在整个机械手中设置了上、下、左、右 4 个行程开关和 1 个无工件检测的光电开关。

除此之外，机械手还设置了停止开关、连续开关和手工操作按钮。停止开关可以在任何一步时停止执行，返回到原点；连续开关接通时，可使机械手连续运行，否则只运行 1 个周期就停止；手工操作按钮允许手工操作机械手的各步动作，而且行程开关在手工操作到位时，可停止机械手的动作。因此，机械手可分为手动操作和自动操作两种方式。本案例是为了介绍程序控制指令，重点完成手动操作程序和自动操作程序的切换，手动操作程序和自动操作程序在这里不做详细讲解。

5.6.4 解决方案

5.6.4.1 任务 1：分析题目

该案例由 3 部分组成：控制程序、手动程序和自动程序。控制程序用来完成手动程序和自动程序之间的切换，所以要用跳转指令来实现。

5.6.4.2 任务 2：完成 I/O 分配

本案例的输入/输出元件的地址分配如表 5-15 所示。

表 5-15 机械手的输入/输出元件地址分配表

输入元件	地址	输出元件	地址
启动按钮	0.00	下降线圈	100.02
下行程开关	0.01	抓紧线圈	100.03
上行程开关	0.02	上升线圈	100.04
右行程开关	0.03	右移线圈	100.05
左行程开关	0.04	左移线圈	100.06
无工件检测开关	0.05	原点线圈	100.07
停止按钮	0.06		
手动选择开关	0.07		
单步执行开关	0.08		
单周期执行开关	0.09		
连续/不连续切换开关	1.00		
手动左/右开关	1.01		
手动抓/松开关	1.02		
手动上/下开关	1.03		
复位开关	1.04		

5.6.4.3 任务3：编写梯形图程序

梯形图程序主要有3部分，图5-63为机械手的控制程序，图5-64为机械手的手动程序，而图5-65为机械手的自动程序。

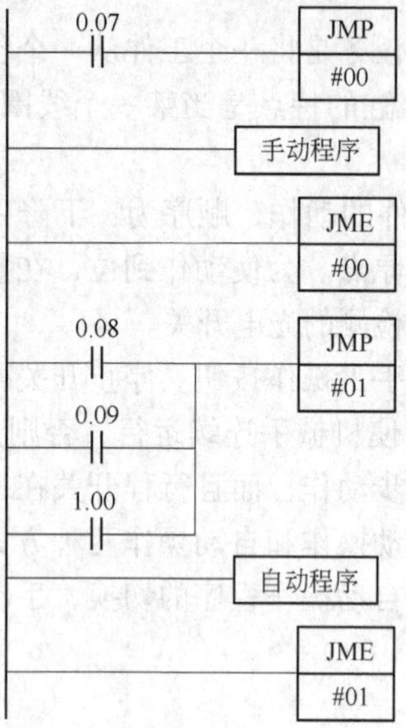

图5-63 控制程序

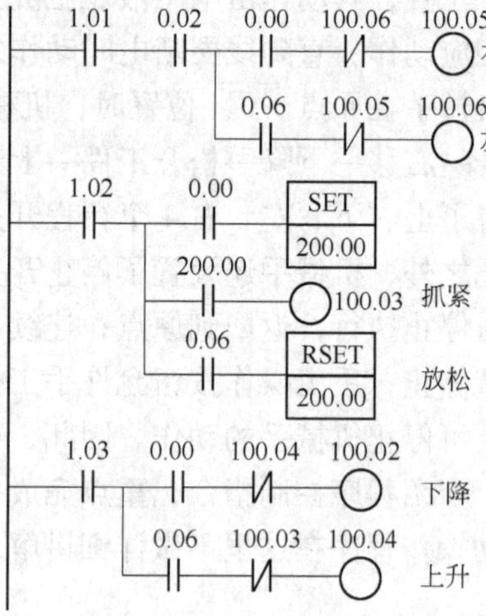

图5-64 手动程序

5.6.4.4 任务4：分析程序

在控制程序中，使用了跳转指令JMP（004）/JME（005）控制手动操作与自动操作之间的切换。当0.07为ON时执行手动程序，否则跳转去执行自动程序。在自动程序中，0.08、0.09和0.10分别用于选择单步、单周期和连续的运行方式，当选择其中一种运行方式后，需将其对应的执行条件置ON。当选择连续运行方式时，辅助继电器200.02接通，程序可自动循环。

5.6.5 知识进阶

5.6.5.1 互锁指令IL和互锁清除指令ILC

互锁指令IL和互锁清除指令ILC的梯形图符号如图5-66所示，IL需要启动条件，ILC不需要启动条件，互锁指令IL和互锁清除指令ILC是用来控制程序流向的。

（1）不论IL的输入条件是ON还是OFF，CPU都要对IL和ILC之间的程序进行扫描。

（2）只有IL的执行条件为ON时，IL和ILC之间的程序被执行，否则不执行。

（3）IL指令和ILC指令可以成对使用，也可以多个IL指令配一个ILC指令，但是不允许嵌套使用。

其应用如图5-67所示，当0.00为ON时，IL和ILC之间的程序执行，100.00和100.01的状态取决于左边0.01、0.02、0.03的状态。当0.00为OFF时，IL和ILC之间的程序不执行，不论0.01、0.02、0.03的状态是ON还是OFF，100.00和100.01都是OFF。

5.6.5.2 结束指令END

结束指令的梯形图符号如图5-68所示，其功能是结束该指令后面的所有指令的执行。

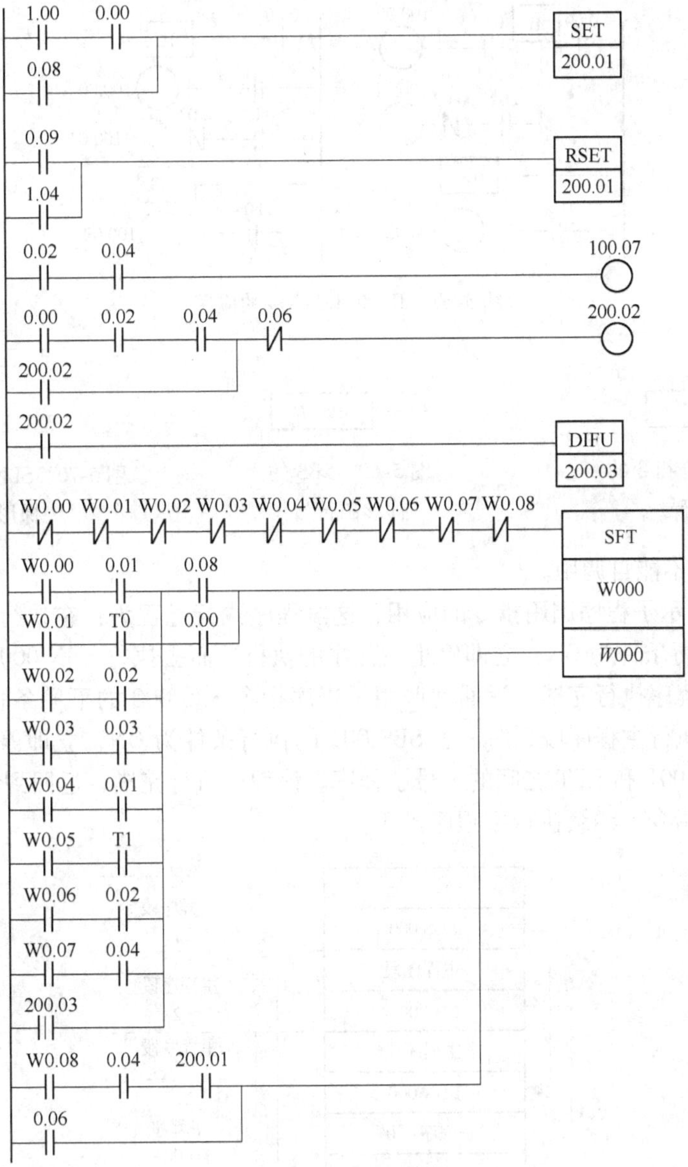

图 5-65　自动程序

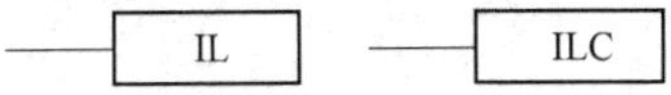

图 5-66　IL 和 ILC 梯形图符号

5.6.5.3　子程序调用指令 SBS 和子程序定义指令

子程序调用指令的梯形图符号如图 5-69 所示，其功能是当执行条件为 ON 时，调用标号为 N 的子程序。

子程序定义指令的梯形图如图 5-70 所示，SBN 定义子程序 N 的开始，RET 指令定义子程序的结束。

使用子程序调用指令应注意：

（1）SBS 指令必须在满足条件的前提下，才能调用子程序。

（2）子程序段必须用 SBN/RET 来定义。

（3）子程序必须放在主程序之后，指令 END 之前。

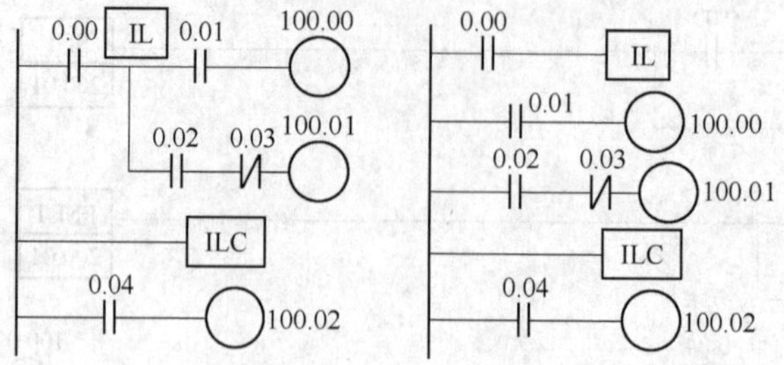

图 5-67 IL 和 ILC 指令的应用

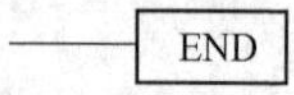

图 5-68 END 指令的梯形图符号

图 5-69 SBS 的梯形图符号

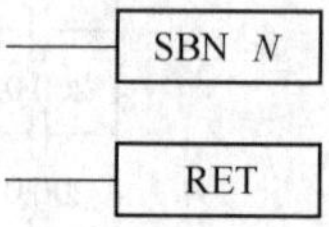

图 5-70 SBN 和 RET 指令的梯形图符号

（4）子程序不能自调用。

如图 5-71 所示子程序调用指令的应用，这段程序执行过程为：在执行主程序段 1 时，若 SBS 000 的执行条件为 ON，立即停止主程序的执行，而去执行 SBN 000 和 RET 之间的 0 号子程序。该程序执行完毕，返回到调用子程序指令 SBS 000 的下一条指令，继续执行主程序段 2。在执行主程序段 2 时，若 SBS 001 的执行条件为 ON，立即停止执行主程序，而转去执行 SBN 001 和 RET 之间的 1 号子程序。该程序执行完毕，返回到调用子程序 SBS 0001 DE 下一条指令，继续执行主程序段 3。

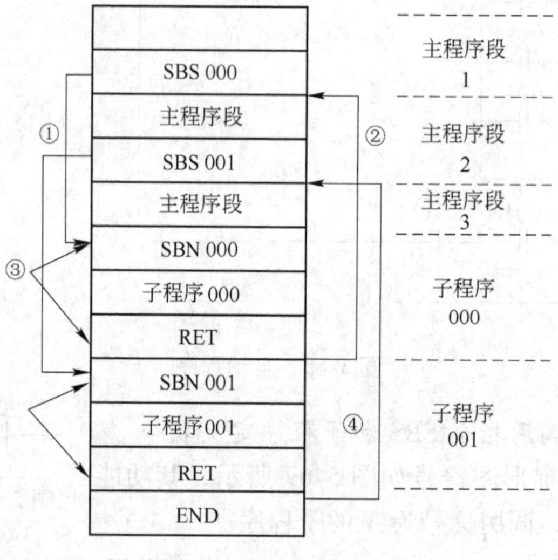

图 5-71 子程序调用指令的应用

5.6.6 应用拓展

参考图 5-72 所示的梯形图，输入这个程序并下载到 PLC，按照以下要求改变程序：使用适当的程序控制指令，当开关 0.08 闭合时，仅仅 1 ~ 3 行程序不被扫描。修改过的程序如图 5-73 所示。

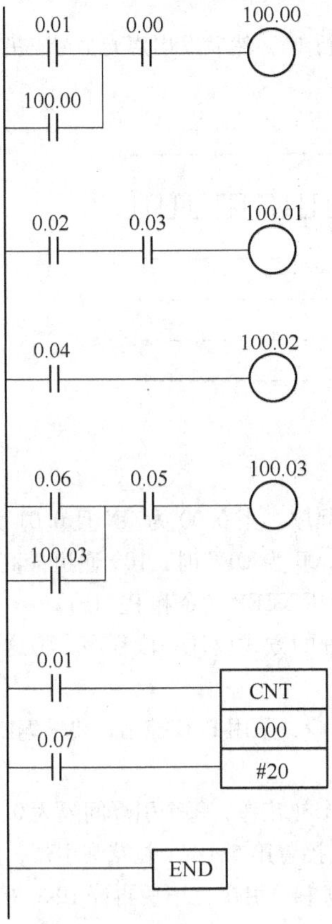

图 5-72　程序实例

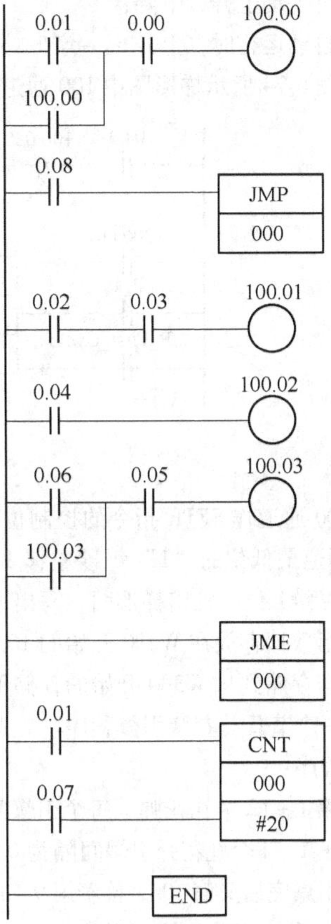

图 5-73　梯形图

5.6.7　思考题

按下面的要求，用 JMP/JME 指令编写一个程序。当闭合控制开关时，灯 1 和灯 2 亮，经过 10s 两灯均灭。当断开控制开关时，灯 3 和灯 4 开始闪烁（亮 1s、灭 1s），经过 10s 两灯均灭。

5.7　本章小结

本章重点介绍了 PLC 中常用的功能指令，功能指令相对于基本指令稍微复杂了一些。要求重点掌握传送类指令、比较类指令、移位指令、数据处理指令和程序控制指令。通过案例介绍了这些功能指令的特点、功能和使用方法。

习　题

5-1　4 台电动机相隔 20s 启动，各运行 1min 停止，循环往复。试使用传送比较指令完成控制要求。

5-2　请用跳转指令实现某设备的转速控制：按钮 SF1 为增速按钮，按钮 SF2 为减速按钮，该设备的转速共有 5 个级别，分别是：v_1、v_2、v_3、v_4、v_5（从低到高），按一次 SF1 或 SF2，提高或降低一级。

5-3　电动葫芦起升机构的动负荷试验，试设计用 PLC 控制的程序，控制要求如下：

（1）可手动上升、下降；

（2）自动运行时，上升6s→停7s→下降6s→停7s，反复运行1h，然后发出声光信号，并停止运行。

5-4 画出图5-74所示梯形图中100通道各输出位的波形图。

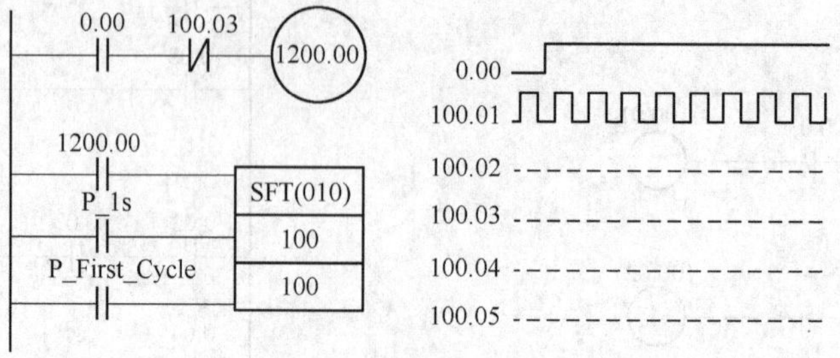

图5-74 习题5-4的图

5-5 用1200通道作SFTR指令的控制位，设计一个可逆寄存器程序。当0.00为ON且0.01为OFF时，100通道最低位的“1”每秒左移1位；当0.01为ON且0.00为OFF时，100通道最高位的“1”每秒右移1位。画出梯形图，写出语句表（建议：可配合使用KEEP指令和P_ 1s）。

5-6 有一组数据存放在W200开始的10个字节中，采用间接寻址的方式设计一段程序，将这10个字节的数据存储到从W300开始的存储单元中。

5-7 设计一个节日礼花弹引爆程序。礼花弹用电阻点火引爆器引爆，采用PLC控制，要求编制以下两种控制程序：

（1）第1~12个礼花弹，每个引爆间隔为0.1s；第13~16个礼花弹，每个引爆间隔为0.2s。

（2）第1~4个礼花弹引爆间隔为0.1s，引爆完毕后停10s；接着第5~8个礼花弹引爆，间隔0.1s，引爆完后又停10s；接着第9~12个礼花弹引爆，间隔0.1s，引爆完毕后再停10s；接着第13~16个礼花弹引爆，间隔0.1s。

5-8 设计一个6位抢答器电路，当某一位抢答成功时，显示出该位号码，试画出梯形图程序。

5-9 用高速计数器控制指令分别编写一个能实现下列控制要求的程序，并进行必要的设定。画出梯形图，写出语句表。

（1）当高速计数器的当前值为1500时，启动电动机A运行5min后自停；当高速计数器的当前值为15000时，启动电动机B并运行10min后自停。

（2）当高速计数器的当前值大于25500而小于25550时，停止升降机的运行。

6　编程软件及其使用

本章要点

- 编程软件的使用

PLC 常用的编程方式主要有手持编程器编程和计算机软件编程两种。手持编程器连接在 PLC 的 CPU 单元上，主要应用于早期 PLC 的编程以及现场的调试。随着 PLC 技术的快速发展，特别是 PLC 通信功能的扩展，一种更为简易且人性化的编程方式——计算机辅助编程，已成为人们普遍采用的编程、调试和仿真手段，并且逐步形成了 PLC 编程领域的标准（IEC61131－3），本章概述 OMRON 公司的工业自动化软件工具包 CX-One 的组成，通过案例详细介绍 PLC 编程工具 CX-Programmer 的安装和使用。

6.1　编程软件概述

CX-Programmer 是一个用于对 OMRON 各系列 PLC 建立程序，进行测试和维护的工具，对 CP1H 型 PLC 编程应安装 6.0 以上版本。

6.1.1　CX-Programmer 的功能特点

CX-One 中用户最常使用的是 PLC 的编程软件 CX-Programmer，为了方便用户操作和使用，CX-Programmer 设置了许多功能，能够使用户直观、高效地编辑、监视、调试和运行程序，并且随着版本的升级，也越来越多地体现了人性化的设计。它主要有以下基本功能。

（1）平台的移植性。CX-Programmer 是支持 OMRON 所有类型 PLC 的统一开发平台，并且提供不同型号 PLC 程序的转换，以及早期编程软件文件到 CX-Programmer 文件的转换，上下兼容，具有很好的可移植性。

（2）语言的通用性。CX-Programmer 编程语言符合 IEC61131—3 标准（注解），支持 LD（梯形图）、FB（功能块）以及 ST（结构化文本）编程语言。IEC61131—3 标准是由国际电工委员会（IEC）制定的。它也是国际可编程控制器（PLC）的标准。

（3）编程的易用性。CX-Programmer 提供离线程序编制、在线程序修改以及离线仿真等功能，软件能够对程序进行清晰的注释、错误查找和定位并且可以在线对 PLC 的数据进行监视和修改。最新改进的功能块使得编程逻辑和运算更加方便和容易实现，并且提供功能块嵌套。

（4）调试的人性化。CX-Programmer 程序调试工具能够使用户更快地对程序逻辑进行调试和仿真，并且提供设置断点、单步调试、连续单步调试以及连续调试等多种调试工具。

（5）程序的安全性。CX-Programmer 针对高端机型提供 8 位密码保护，并且通过解密次数和时间锁死来保证用户开发程序的权益，同时针对特殊的需要提供了功能块的单独加密功能。

6.1.2 CX-Programmer 的启动

在装有 CX-One 编程软件的计算机上，可以通过"开始"菜单，选择"程序"中的 OMRON 程序组启动 CX-Programmer，CX-Programmer 启动操作以及启动后的界面如图 6-1 所示。或者双击"CX-Programmer"图标，编程软件被启动，显示 CX-Programmer 的程序窗口。

6.1.3 CX-Programmer 窗口元素

CX-Programmer 窗口元素如图 6-2 所示。

6.1.3.1 工程工作区

工程工作区为树形目录，通过隐藏和展开可以显示用户所建立 PLC 对象的类型、网络属性、I/O 硬件组态、PLC 特定设置、全局和局部符号、时钟、内存区块、程序结构以及功能块结构等。通过工程工作区，用户可以对所建立的 PLC 对象有一个全局的视图，可以方便地对 PLC 的属性以及程序进行修改、分段以及重命名等操作，如图 6-3 所示。

（1）符号。符号是用来表示地址、数据的标识符，相当于给程序中的地址、数据取个易懂的名字。在编程中使用符号，可以简化编程、增强程序的可读性，方便对程序的维护和存档。在 CX-Programmer 中符号分为全局符号和本地符号。其中，一个 PLC 工程下各个程序都可以使用的符号叫做全局符号；而为某一程序专门定义的符号叫做本地符号，本地符号只能在该程序中使用。

（2）IO 表和单元设置。用于对 PLC 硬件配置的模块，如开关量输入/输出模块、模拟量模块以及各种网络通信模块等进行组态，并对各种特殊模块的功能进行相应的设置。

（3）设置。用于对 PLC 的各种运行或者通信等参数进行设置，设置完成必须传送给 PLC，一般情况下，传送完成后必须将 PLC 断电后再次上电，设置才能生效。

（4）内存。通过双击 PLC 内存图标可以在线查看、编辑以及监视 PLC 内存地址的状态以及实时值。并可以将事先设定好的数据下载给 PLC 内存区或者从 PLC 内存区下载后进行保存。

（5）段。双击以打开梯形图编辑区，用于编写或者修改梯形图程序。

（6）功能块。用于加入用户需要的系统功能块或者自己编写功能块，以便程序的引用。

6.1.3.2 菜单工具栏区

用户可以通过菜单和工具栏进行软件的各项操作。工具栏提供了快捷的常用功能操作按钮，通过菜单中的【视图】→【工具栏】可以根据用户的实际需要开启和关闭相应的工具栏，通过鼠标拖动可以改变工具栏在窗口中布局的位置。主要工具栏有：

（1）标准工具栏。标准工具栏具有新建、打开、保存，比较程序，打印、打印预览，剪切、复制、粘贴，撤销、恢复，查找、替换、全体替换，关于、帮助等快捷按钮，如图 6-4 所示。

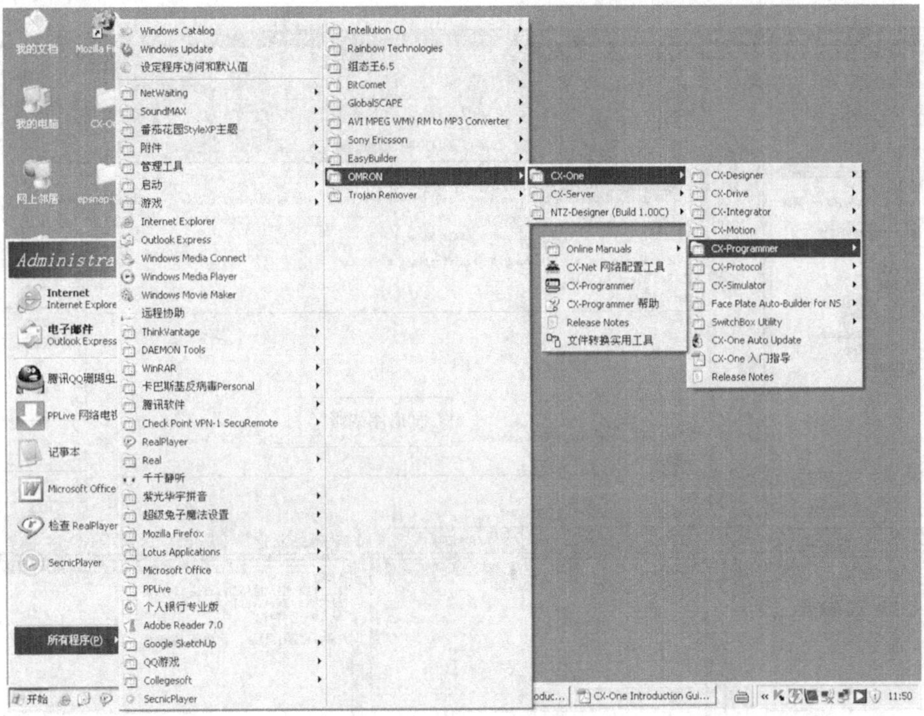

a

b

图 6-1　启动 CX-Programmer

a—CX-Programmer 启动操作；b—CX-Programmer 界面窗口

（2）PLC 工具栏。PLC 工具栏具有在线工作、切换 PLC 监视状态、在线模拟、自动

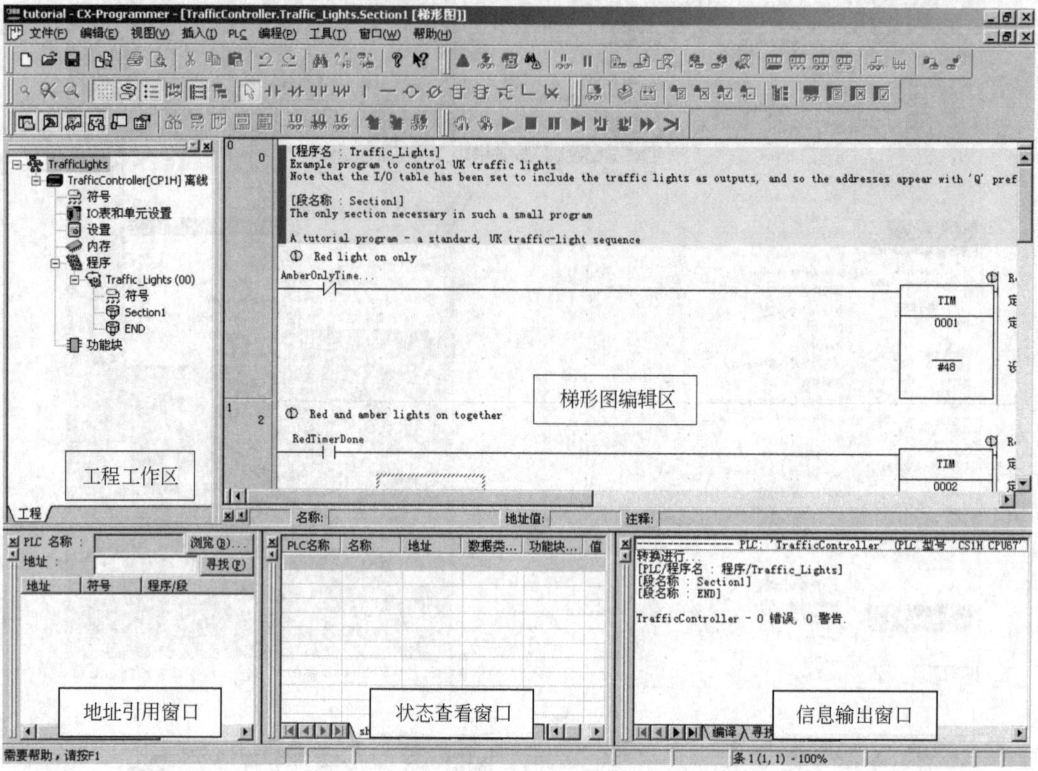

图 6-2 CX-Programmer 窗口元素

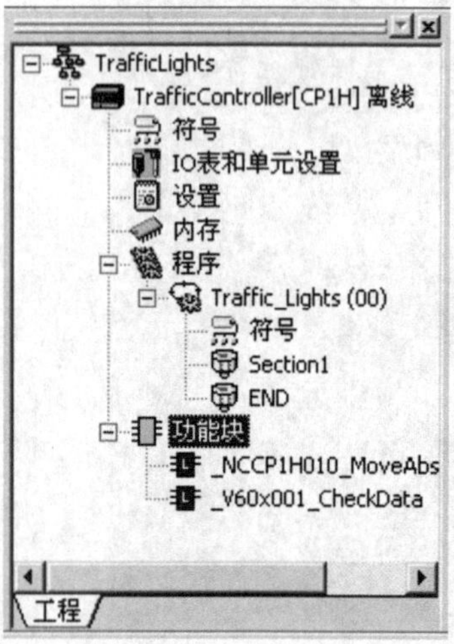

图 6-3 工程工作区

在线，切换暂停监视状态、暂停，下载工程、上载工程、比较工程，下载任务、上载任务、比较任务，编程模式、调试模式、监视模式、运行模式，微分监视器、数据跟踪，设置密码、释放密码等快捷按钮，如图 6-5 所示。

PLC 具有编程、监视和运行 3 种工作模式。PLC 处于编程模式时，可以对 PLC 进行相应的设置，此时，PLC 不执行其程序，用户可以下载程序和改变数据；PLC 处于监视模式时，允许用户对运行的程序进行监视和编辑；PLC 在运行模式下可执行当前的用户程序，并可对程序进行测试和调试，PLC 处于此模式时，CX-Programmer 不能进行写操作。

（3）梯形图工具栏。梯形图工具栏具有缩小、适合大小、放大，切换网格、显示注释、显示条注释列表、以段/条显示、显示程序段注释、多重互锁映射，选择、常开接点、常闭接点、常开触点、常闭触点、纵线、横线、常开线圈、常闭线圈、输入指令、功能块调用、设置功能块参数、线连接模式、线删除模式等快捷按钮，如图 6-6 所示。

（4）程序工具栏。具有切换窗口监视，指定程序编译、PLC 所有程序编译，开始在线

图 6-4 标准工具栏

图 6-5 PLC 工具栏

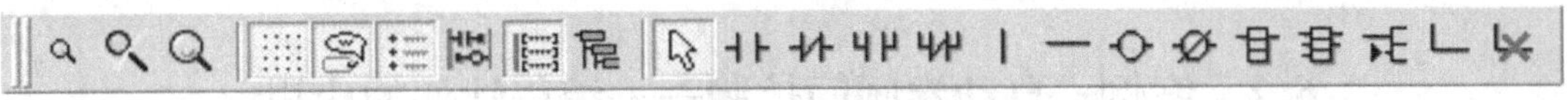

图 6-6 梯形图工具栏

编辑、取消在线编辑、发送在线编辑、转到在线编辑条，段/条管理器；只读模式、开始只读模式下在线修改、取消修改、保存修改等快捷按钮，如图 6-7 所示。

图 6-7 程序工具栏

（5）查看工具栏。具有切换工程工作区、切换输出窗口、切换查看窗口、显示地址引用工具、切换功能块实例查看器、显示属性，交叉引用表、查看本地符号、查看梯形图、查看助记符、I/O 注释，十进制监视、带符号十进制监视、十六进制监视，显示上一级、显示下一级、监视功能块实例等快捷按钮，如图 6-8 所示。

图 6-8 查看工具栏

（6）模拟调试工具栏。具有设置/清除断点、清除所有断点、运行、停止、暂停、单步运行、走入函数、走出函数、连续单步运行、扫描运行等快捷按钮，如图 6-9 所示。

图 6-9 模拟调试工具栏

6.1.3.3 梯形图编辑区

用于用户编辑、修改和显示梯形图程序，通过鼠标右键，用户可以方便地为梯形图进行条注释、段注释、指令注释等。同时可以通过工具栏或者菜单操作，方便地在梯形图和助记符之间进行切换，方便不同习惯的用户使用。

6.1.3.4 信息输出窗口

主要显示由程序编译产生的输出信息，如错误、警告等信息，用户通过双击这些信息可以很快定位到梯形图编辑区，方便用户查看、修改错误和警告的程序段。同时输出窗口还可显示在工程文件内对特定内容进行查找以及所输出的结果，还可显示文件或者程序发送的结果。

6.1.3.5 地址引用窗口

地址引用窗口可以用来进行方便的定位。当选择了梯形图中的某一地址后，再单击地址引用窗口快捷按钮，将会在 PLC 程序中所有用到该地址的地方，作出相应的标记。

6.1.3.6 查看窗口区

查看窗口区用来实时显示和监控 PLC 在运行过程中内存器的值，用户可以通过从梯形图或者符号表中拖拉或者直接在【查看窗口区】键入所需要监视的 PLC 地址到【查看窗口区】，以进行对 PLC 程序有效快捷的调试。

6.2 案例：自动卷闸门控制——编程软件的应用

下面以自动卷闸门为例，其示意图如图 6-10 所示，来介绍 CX-One 编程软件的使用方法。控制要求：

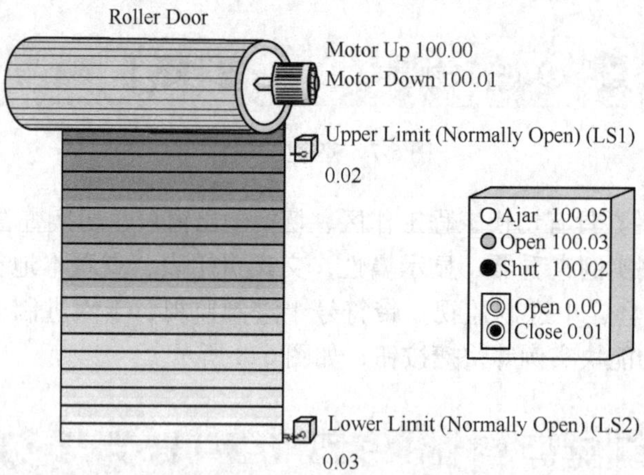

图 6-10 自动卷闸门示意图

（1）Close、Open 按钮用于控制卷闸门的开和关动作，两个按钮只要被释放，都不能完成相应的动作；

（2）当按下 Open 按钮时，门向上卷动，直到全部打开为止，当松开时，向上卷的动作将停止；如果松开该按钮或者上限位开关闭合，卷闸门的向上卷动立刻停止；

（3）当按下 Close 按钮时，门向下卷动，直到全部关上为止，当松开时，向下卷的动作将停止；如果松开按钮或者下限位开关闭合，卷闸门的向下卷动立刻停止；

（4）如果门已经全部打开，按 Open 按钮，电动机不会得电正转；如果门已经全部关上，按 Close 按钮，电动机也不会得电反转。

经过分析，输入元件有 4 个，分别是：Open 按钮、Close 按钮、上限位传感器和下限位传感器，4 个输入元件依次接在 PLC 的输入端 0.00、0.01、0.02 和 0.03；输出元件有 5 个，分别是电动机正转接触器、电动机反转接触器、完全关闭指示灯、完全打开指示灯和半开状态指示灯，分别接在 PLC 的输出端 100.00、100.01、100.02、100.03 和 100.04，其 I/O 分配如表 6-1 所示。

表 6-1 自动卷闸门的 I/O 分配表

名称	地址	注释	名称	地址	注释
I0	0.00	Open 按钮	Q0	100.00	MOTOR UP
I1	0.01	Close 按钮	Q1	100.01	MOTOR DOWN
I2	0.02	上限位开关 LS1			
I3	0.03	下限位开关 LS2			

6.2.1 创建新工程与设置

CX-Programmer 不仅仅是一个编程工具，使用 CX-Programmer 可以根据应用的实际情况创建一个全局的工程，包括硬件组态、程序编制、通信模式以及 CPU 和特殊模块的参数设置等。

（1）新建一个应用工程。具体操作：单击标准工具栏【新建】按钮，将弹出新建工程对话框，根据对话框的要求，选择所使用 PLC 的型号（如 CP1H），与计算机连接的通信模式，即网络类型（如 ToolBus），并且根据实际的应用命名。

（2）在选择了 PLC 的型号后，还需确定所选定型号的 CPU 类型。点击【设置】按钮，将弹出 CPU 类型对话框，如图 6-11 所示。

（3）在选择了网络类型，如 ToolBus 后，还需确定具体的通信格式（如 COM 端口、波特率等参数）。点击【设置】按钮，将弹出网络类型设置对话框，如图 6-12 所示。

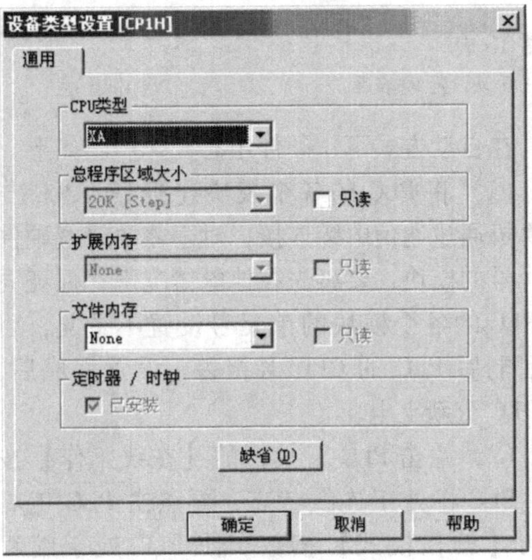

图 6-11 设置 CPU 类型

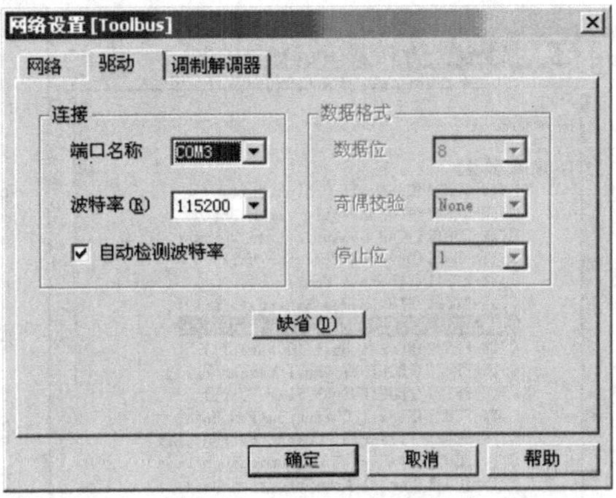

图 6-12 设置通信格式

6.2.2 硬件组态（设置 IO 表）

创建了一个新工程后，需设置 IO 表，也称之为硬件组态。即根据 PLC 实际安装的各种功能单元模块，利用工具软件进行组态，且与实际硬件的型号、连接顺序以及硬件设置一致。

双击工程工作区的【IO 表和单元设置】将弹出 PLC IO 表对话框，如图 6-13a 所示。对于 OMRON PLC，硬件组态分为手动和自动两种方式。

在手动方式下，通过选择与硬件一致的模块、排列顺序以及硬件设置来设置 IO 表。要添加一个模块，双击主机架展开目录下的【空槽】，将弹出选择单元对话框，如图 6-14 所示。这里我们分别选择两个模块：以太网模块（型号 CJ1W-ETN21）和现场总线模块（型号 CJ1W-DRM21），选择后的 IO 表如图 6-13b 所示。

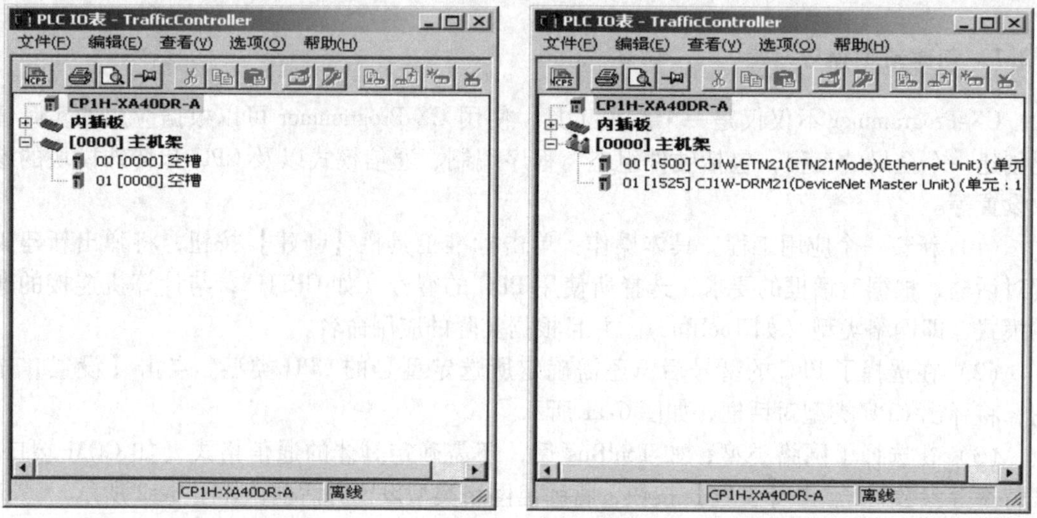

a　　　　b

图 6-13　设置 IO 表

a—手动设置 IO 表前；b—手动设置 IO 表后

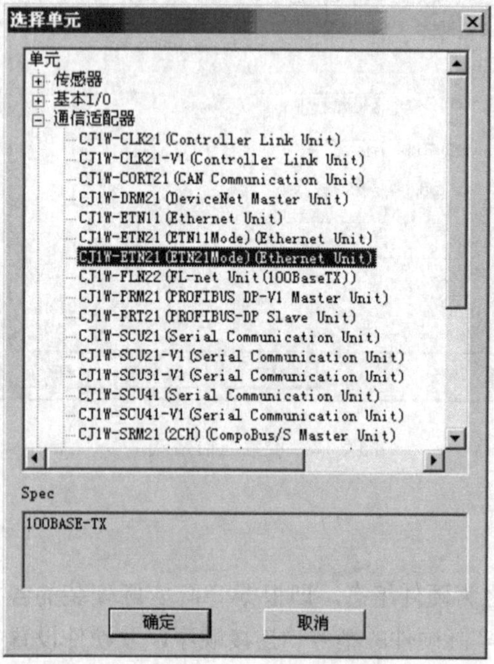

图 6-14　选择硬件单元对话框

在自动方式下，硬件组态操作步骤如下。

（1）将 PLC 的各个模块连接好，PLC 与计算机通过通信电缆连接，对于需要设置硬件单元号的模块，要事先在掉电情况下，保证同一 PLC 的各个模块的单元号设置不重复，否则上电后 PLC 的 CPU 会报警。设置完成后，将 PLC 重新上电。

（2）点击 PLC 工具栏的【在线工作】按钮，PLC 将处于连线状态，再点击 PLC 工具栏的【编程模式】按钮，使 PLC 处于编程状态。

（3）双击打开【IO 表和单元设置】对话框，依次选择【选项】→【创建】，PLC 系统将被初始化，并自动读取 PLC 硬件模块及其硬件设置，如图 6-15 所示。

在设置了 IO 表后，还需要对特殊的模块进行设置，如模拟量模块、通信模块等。下面用以太网模块为例予以介绍。

双击 IO 表中的以太网模块【CJ1W-ETN21】，弹出以太网模块设置对话框，根据实际应用我们需要设置 IP 地址、FTP 以及 Email 等，具体设置如图 6-16 所示，设置完成后，在连线状态下将设置传送给 PLC 即可。其他模块的设置具体对待，在此不作赘述。

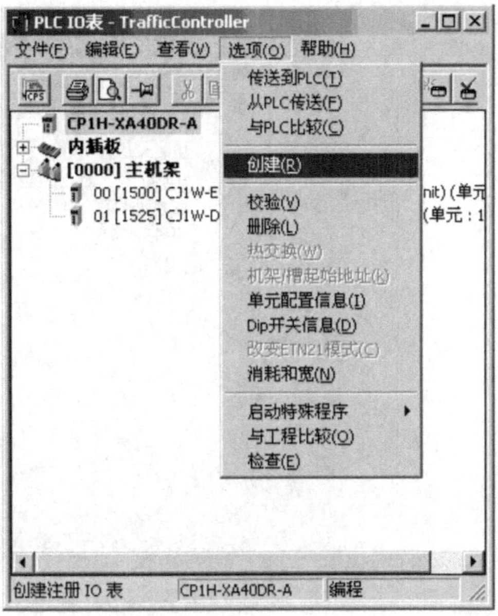

图 6-15 自动创建 IO 表

6.2.3 PLC 设置

根据 PLC 的实际应用需要，用户可能要对 PLC 进行不同的设置。具体操作：双击工程工作区的【设置】，在弹出的 PLC 设定对话框中进行设置，如图 6-17 所示。

PLC 设定对话框将会根据工程所对应的 PLC 的型号不同而有所差别。以 CP1H 为例，对常用的几项设置进行叙述。

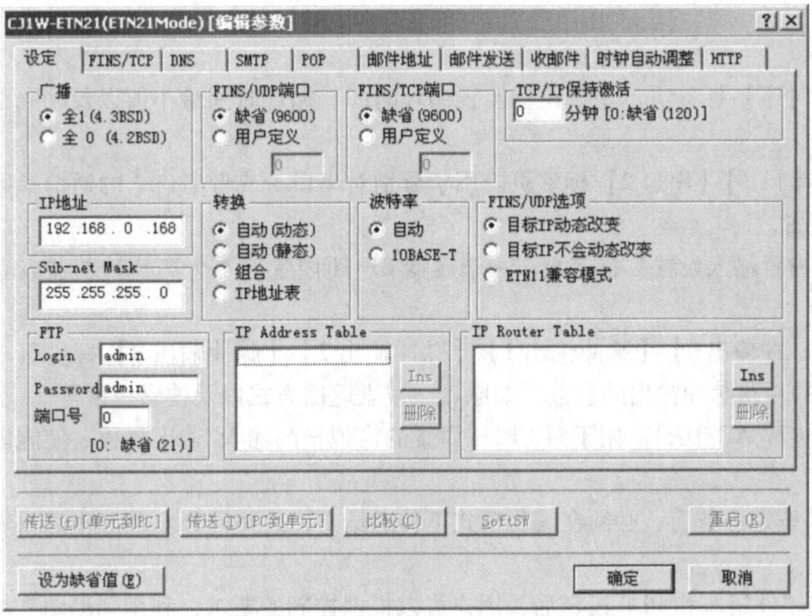

图 6-16 硬件模块参数设置对话框

（1）【启动】标签页。用于设置 PLC 启动时是否保持强制状态保持位以及 IOM 保持位的状态，同时，该页可以设置在 PLC 启动时的操作模式为编程模式、监视模式、运行模式还是使用编程器模式。

（2）【设置】标签页。用于设置 CPU 在特定情况下的执行处理，对特殊指令，如表数据处理指令、字符串数据处理指令等，是否进行后台操作以及对功能块内通信进行相应的

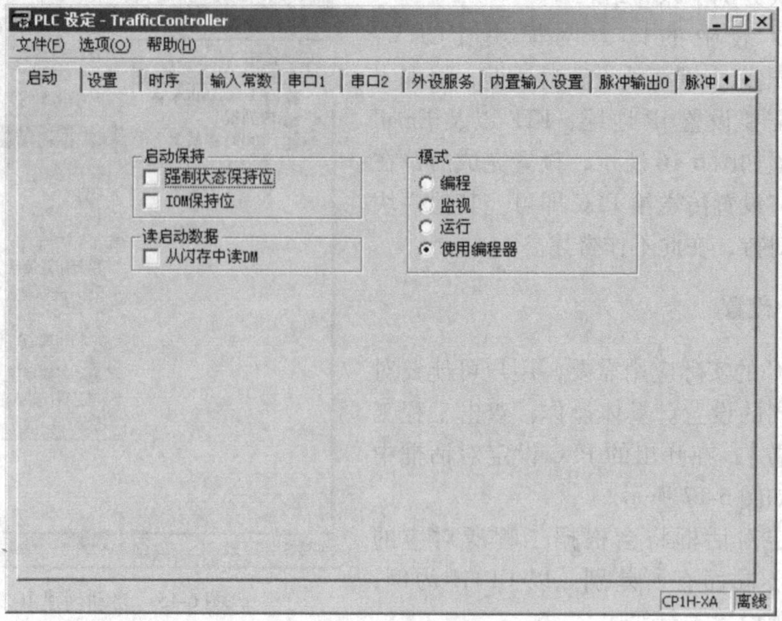

图 6-17 PLC 设定对话框

设置。

(3)【时序】标签页。用于设置监视循环时间、循环时间最小值以及间隔定时中断的时间间隔等。

(4)【串口 1】【串口 2】标签页。用于分别对串口 1 或者串口 2 的通信参数、通信模式等进行设置。

(5)【内置输入设置】标签页。用于设置 CP1H 内置的 4 个高速计数器或者中断输入的参数等。

(6)【脉冲输出 0】【脉冲输出 1】【脉冲输出 2】【脉冲输出 3】标签页。用于设置 CP1H 内置的 4 路脉冲输出的参数，如原点、搜索返回方式以及搜索速度等。

(7)【内建 AD/DA】。用于对 CP1H 内置的模拟量的输入/输出量程、使能以及精度等进行设置。

对 PLC 设定参数后，必须在编程模式下传送给 PLC，并且 PLC 需断电后重新上电，设置才会生效。

在完成硬件组态和 PLC 设定后，用户可以根据控制的要求，利用梯形图工具栏上面的快捷按钮在梯形图编辑区进行程序编写，如图 6-18 所示。梯形图程序由程序、光标、段、条、步、母线、元素、注释等几部分组成。

(1) 程序。也称为任务，根据实际应用可以将每一个主要的功能人为化为一个程序或者任务，分为循环任务、中断任务等。

(2) 光标。一个显示在梯级里面的当前位置的方形块，光标的位置随时显示在状态栏。

(3) 段。每个程序根据功能可以划分为多个程序段并且单独命名以加强程序的

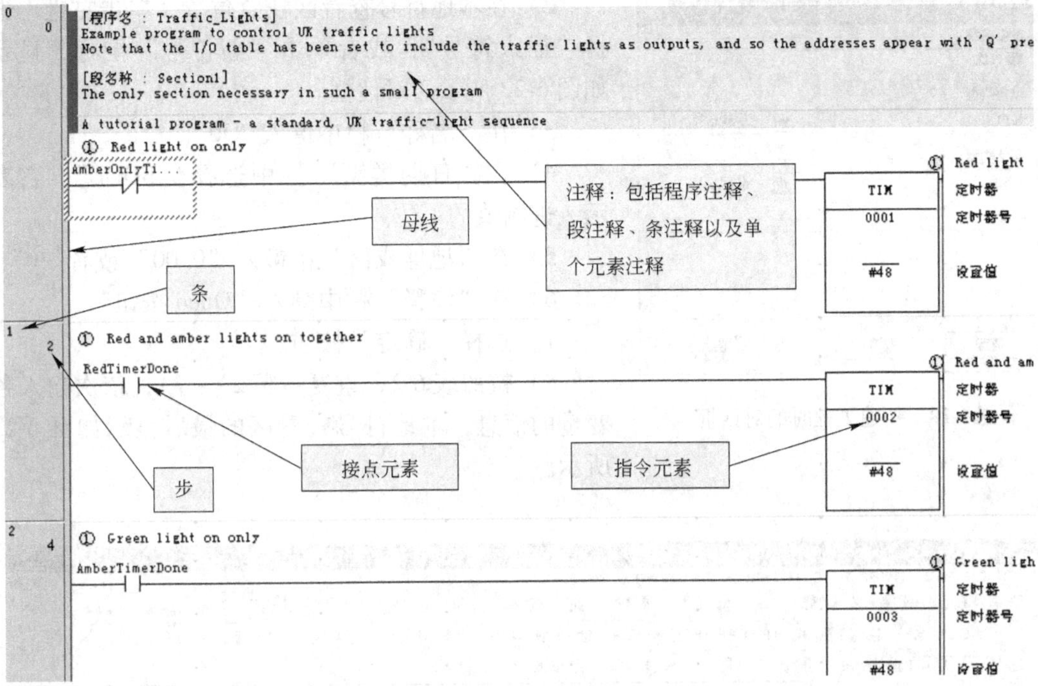

图 6-18　梯形图编辑

管理。

（4）梯级（条）。梯形图程序的逻辑单元，如图 6-18 所示，每一段可包含多个梯级（条），每个梯级（条）都具有编号。

（5）步。每个接点元素和指令元素包含一步或者多步。

（6）母线。母线有左母线和右母线。左母线是指梯形图的起始母线，每一个逻辑行必须从左母线画起，梯级的最右边是右母线。右母线是否显示可以设定。

（7）梯级边界。指左母线左边的区域，其中左列数码为梯级（条）编号，右列数码为该梯级的首步编号，如图 6-18 所示。

（8）元素。包括各种接点以及指令，如图 6-18 所示。

（9）注释。为了提高程序的可读性，可以分别对整体程序、段、条以及元素加以注释。

6.2.4　编写程序

6.2.4.1　编写程序方法一

（1）打开编程界面。首先，根据控制要求，分析输入元件和输出元件之间的逻辑关系，具备清晰的思路开始编程。在桌面上点击 CX-Programer 图标，打开编程界面，单击左上角文件，选择【新建】，出现如下界面，选择 PLC 的型号和通信网络，如图 6-19 所示。

设置完成以后，出现如图 6-20 所示的界面；可以在白色的界面内（编程区）编写程序。

（2）生成符号。

1）在工具栏中选择“查看本地符号”图标，显示如图 6-21 所示的界面。

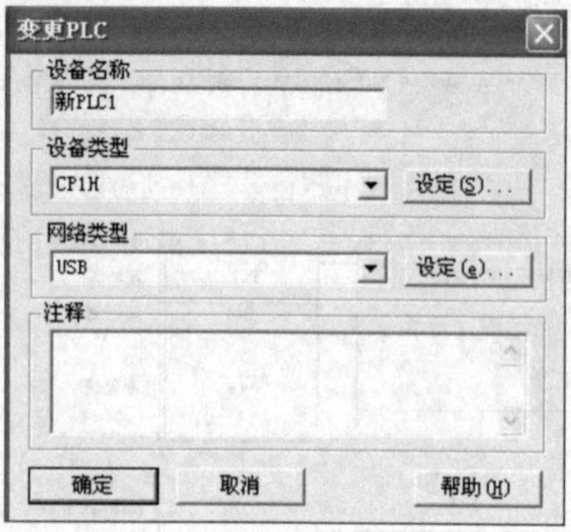

图 6-19 新建工程时的对话框

2）在本地符号查看区任意位置，单击右键，选择“插入符号”；或者单击“新符号”图标，显示如图 6-22 所示的对话框。

3）在“名称”栏中键入“I0”。

4）在“日期类型”栏中选择“BOOL”，它表示 2 进制值的 1 位。

5）在“地址或值”中键入“0. 00”或者“0”。

6）在“注释”栏中键入“Open 按钮”。

7）选择“确定”按钮。

8）按照表 6-2，重复步骤 2）~7），依次输入各变量的信息，本地符号查看区的最后显示如图 6-23 所示。

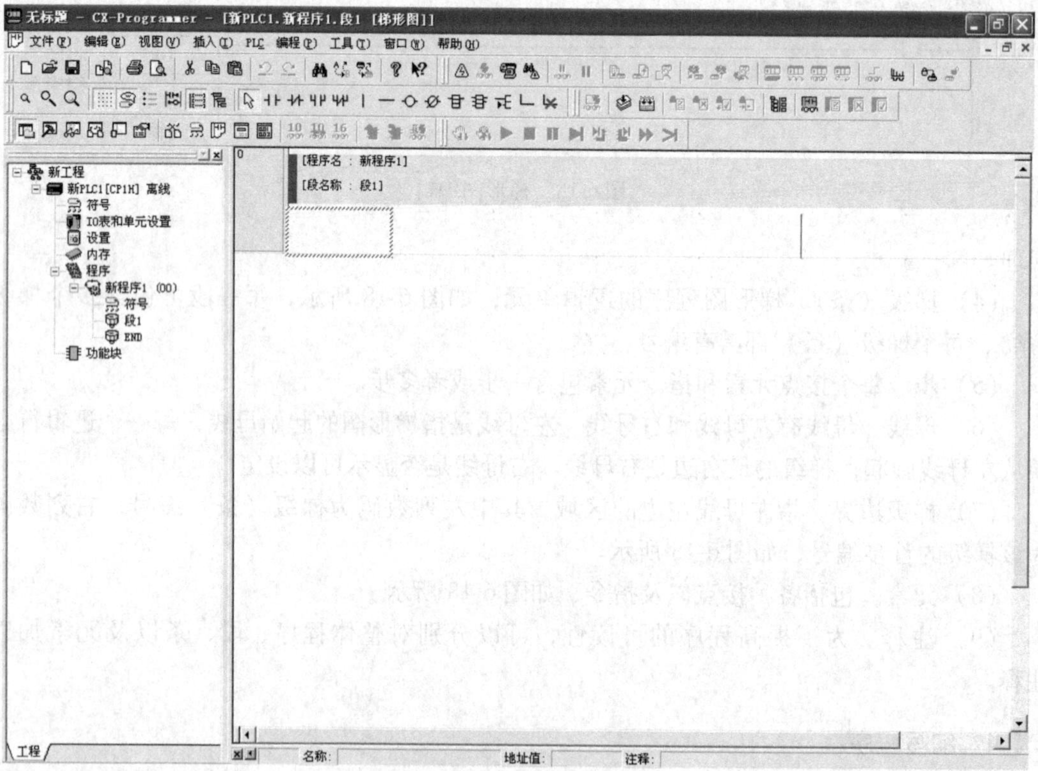

图 6-20 新建工程保存后的显示界面

（3）建立梯形图程序。按照以下步骤来完成一个梯形图程序。

1）确认设置正确，打开了编程界面，如图 6-24 所示。

2）左键单击工具栏中的“新接点”图标，放在梯形图光标所在的位置，再单击左键，出现“新接点”对话框。

3）选择列表栏中的“I0”，然后选择“确定”按钮，出现编辑注释“Open 按钮”，

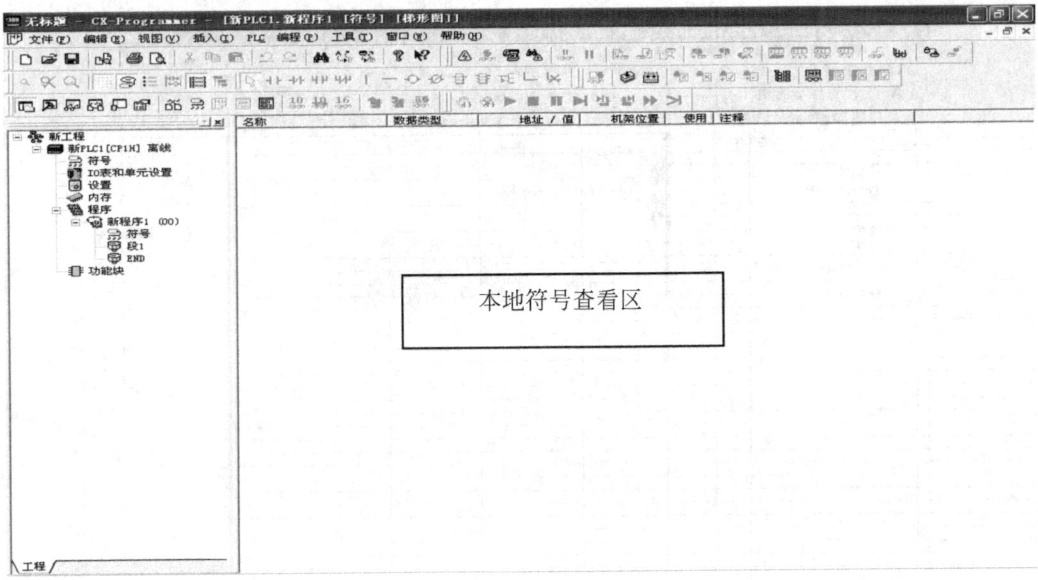

图 6-21 本地符号查看区

再次按“确认”按钮，将显示第一个常开触点，同时光标右移，如图 6-24 所示。注意：现在在本条左侧将显示一个红色的记号，这表明该条梯形图还没有完成。

4）左键单击工具栏中的“新常闭触点”图标，放在梯形图光标所在的位置，再单击左键，出现“新常闭触点”对话框。

5）选择列表栏中的“I1”，然后选择“确定”按钮，出现编辑注释“Close 按钮”，再次按“确认”按钮，将显示第 1 个常开触点，同时光标右移，如图 6-25 所示。

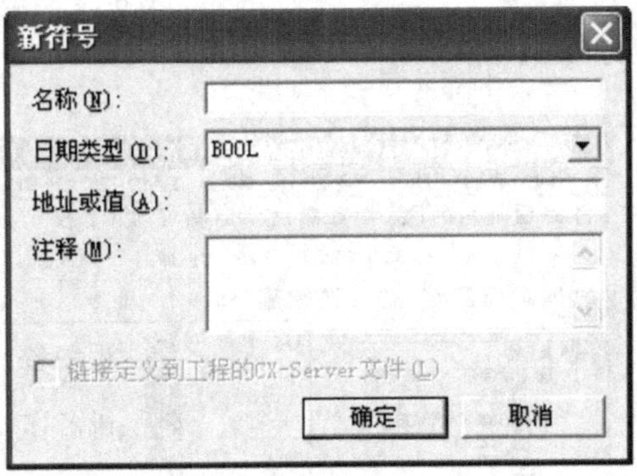

图 6-22 插入新符号对话框

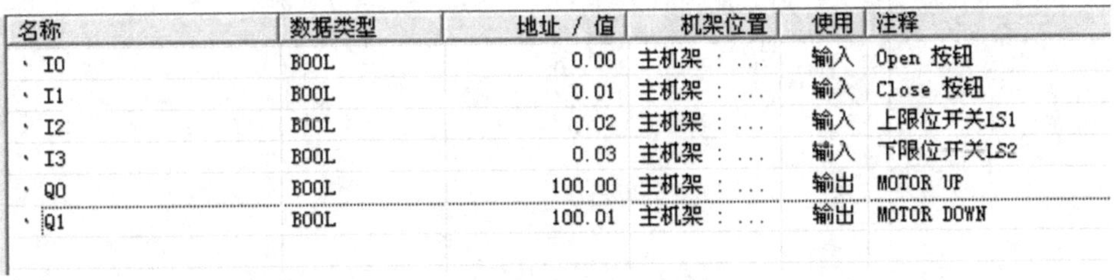

名称	数据类型	地址 / 值	机架位置	使用	注释
I0	BOOL	0.00	主机架 : ...	输入	Open 按钮
I1	BOOL	0.01	主机架 : ...	输入	Close 按钮
I2	BOOL	0.02	主机架 : ...	输入	上限位开关LS1
I3	BOOL	0.03	主机架 : ...	输入	下限位开关LS2
Q0	BOOL	100.00	主机架 : ...	输出	MOTOR UP
Q1	BOOL	100.01	主机架 : ...	输出	MOTOR DOWN

图 6-23 本地符号输入结果

6）重复第 4）、5）两步，输入常闭接点“I2”。

7）左键单击工具栏中的“新线圈”图标，放在光标处，再单击左键，出现新线圈对话框。选择列表栏中的“Q0”，然后选择“确定”按钮，出现编辑注释“MOTOR UP”，

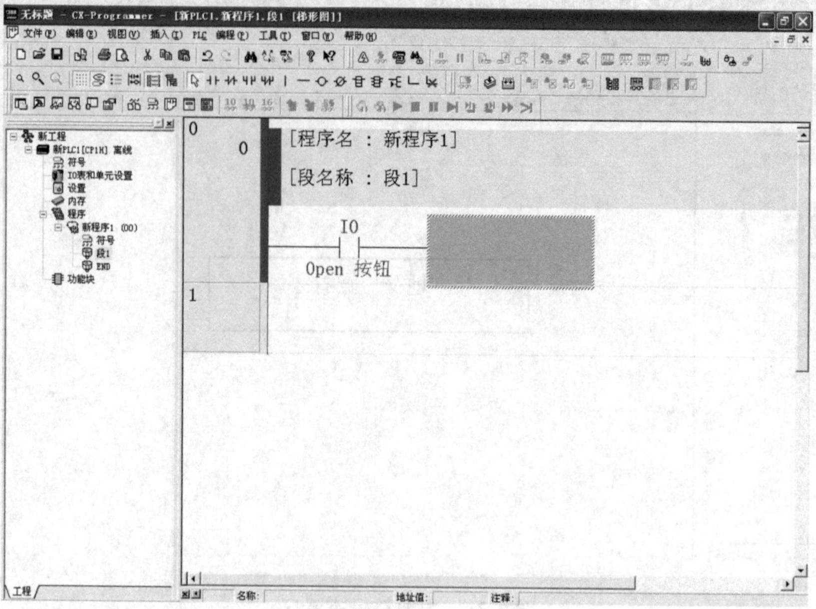

图 6-24 编写部分程序的显示界面

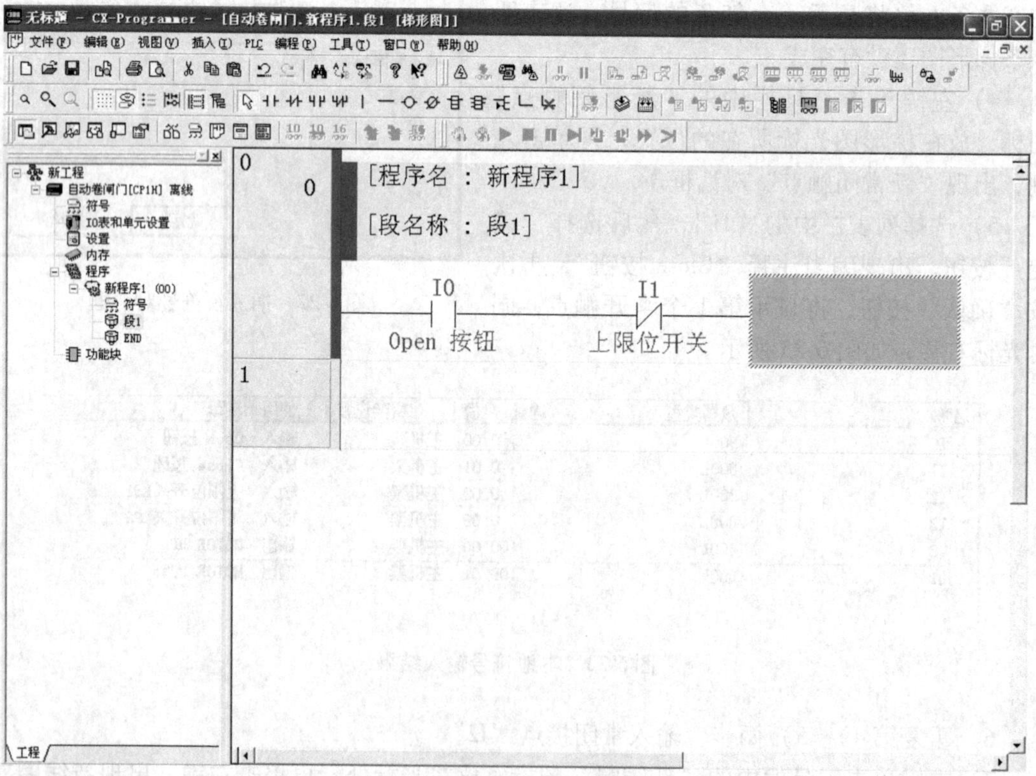

图 6-25 加入新常闭接点后的界面

再次按下“确认”按钮，将显示该线圈，如图6-26所示。在左边的灰条内显示该条梯形图的条号和该条梯形图内首个元件的步号。上面的黄条内显示的是该梯形图的程序名和该段的段名。

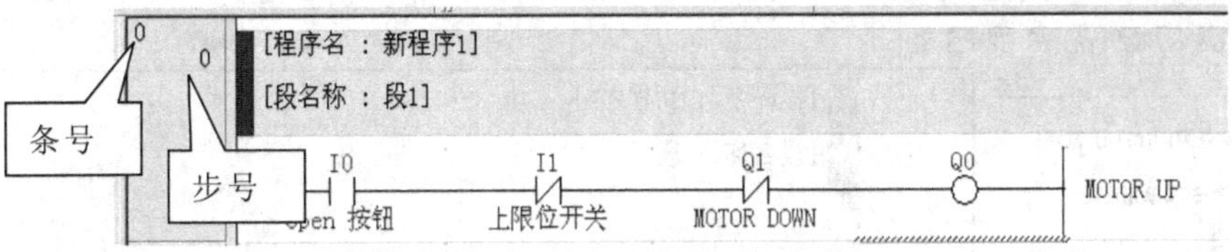

图6-26 以符号地址表写的程序

从上面梯形图建立的过程中可以看到，用CX-Programmer建立梯形图非常方便，基本上就一个画图的过程，读者还可以利用工具条上的其他工具建立这个梯形图。

（4）查看助记符程序。单击工具栏中的“查看助记符”图标，可以查看该程序的助记符表示形式，如图6-27所示。

条	步	指令	操作数	值	注释
0	0	LD	I0		Open 按钮
	1	ANDNOT	I1		上限位开关
	2	ANDNOT	Q1		MOTOR DOWN
	3	OUT	Q0		MOTOR UP

图6-27 程序的助记符表示形式

（5）编译程序。如果一条梯形图中出现错误，在该条梯形图的左边将出现一道红线。编完程序后，单击工具栏上的“编译程序”图标，能将程序中所有的错误显示在输出窗口的编译标签下面。如：上面梯形图中输出线圈若缺少标号和注释，在“输出窗口”就会出现如图6-28所示的错误信息。

（6）保存工程。在程序编译正确后，再一次保存工程。若编写的程序较长，应在编写的过程中，不断地保存。CX-Programmer程序文件保存的文件格式主要有如下几种。

1）CXP：工程文件。主要PLC工程项目包括梯形图程序以及相应的参数等。

2）OPT：工程参数文件。

3）BAK：工程文件的备份。

4）CXT：一种基于文件格式的CX-Programmer文件。

5）MAC：一种含有键盘映射的文件。

6）CXO：一种包含有在选项窗口和查看窗口生成的设置信息的文件。

6.2.4.2 编写程序方法二

在编写梯形图程序时，也可不生成符号，直接用实际地址编写，下面介绍用这种方法编写自动门的程序。

（1）确认打开编程界面。

（2）左键单击工具栏中的“新接点”图标，放在梯形图光标所在的位置，再单击左键，出现“新接点”对话框。

（3）在“新接点”对话框中，输入“0.00”，然后选择“确定”按钮，在“编辑注释”栏键入“Open 按钮”（注释也可以为空），再次按“确认”按钮，将显示第一个常开

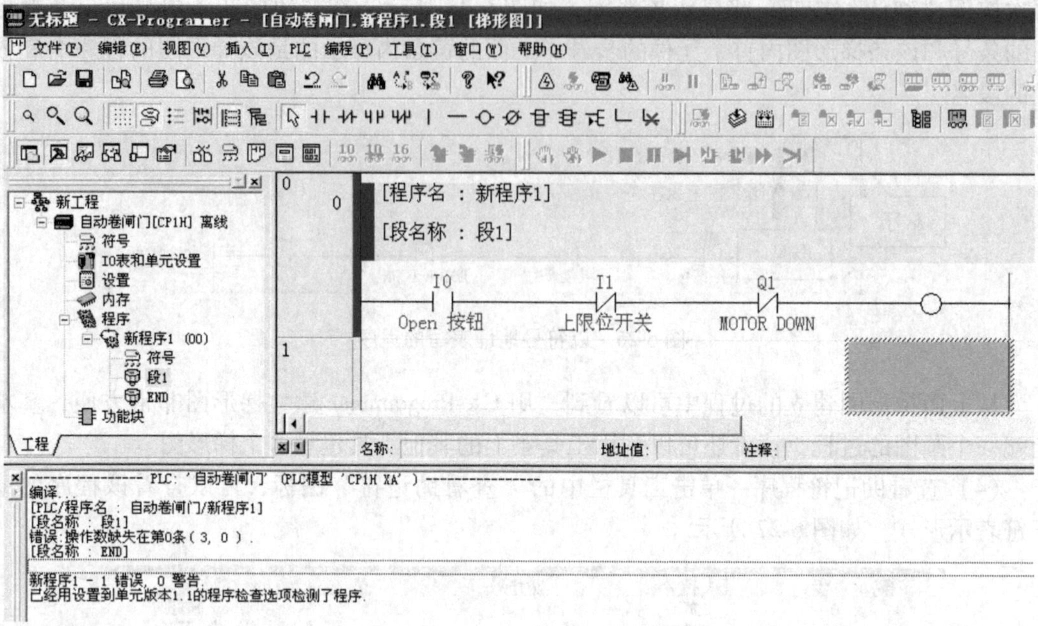

图 6-28 输出窗口显示的错误细目

触点，同时光标右移。

（4）左键单击工具栏中的“新常闭触点”图标，放在梯形图光标所在的位置，再单击左键，出现“新常闭触点”对话框。

（5）在“新常闭接点”对话框中，输入“0.01”，然后选择“确定”按钮，在“编辑注释”栏键入“上限位开关”（注释也可以为空），再次按“确认”按钮，将显示第一个常开触点，同时光标右移。

（6）重复第（4）、（5）两步，完成其他部分的编写。

（7）将光标移到最右边，左键单击工具栏中的“新线圈”图标，放在光标处，再单击左键出现“新线圈”对话框，在对话框中键入“100.00”，然后选择“确定”按钮，在“编辑注释”栏中键入“MOTOR UP”，再选择“确认”按钮，将显示该线圈，如图 6-29 所示。

元件上方出现的是该元件的实际地址，“I”表示输入地址，“Q”表示输出地址，下方出现的是该元件的注释。该程序的助记符表示形式如图 6-30 所示。

6.2.5 调试程序

程序编译只能检查程序的错误，当程序编写完成之后，必须把计算机和 PLC 通过通讯线连接，将程序下载到 PLC，进行调试，检查用户编写的程序是否符合实际要求，具体的操作步骤如下。

（1）下载程序。

1）选择工具栏中的“在线工作”图标，与 PLC 进行连接。将出现一个确认对话框，选择“确认”按钮，若设置、连接、通信等一切正常，由于在线时一般不允许编辑，梯形

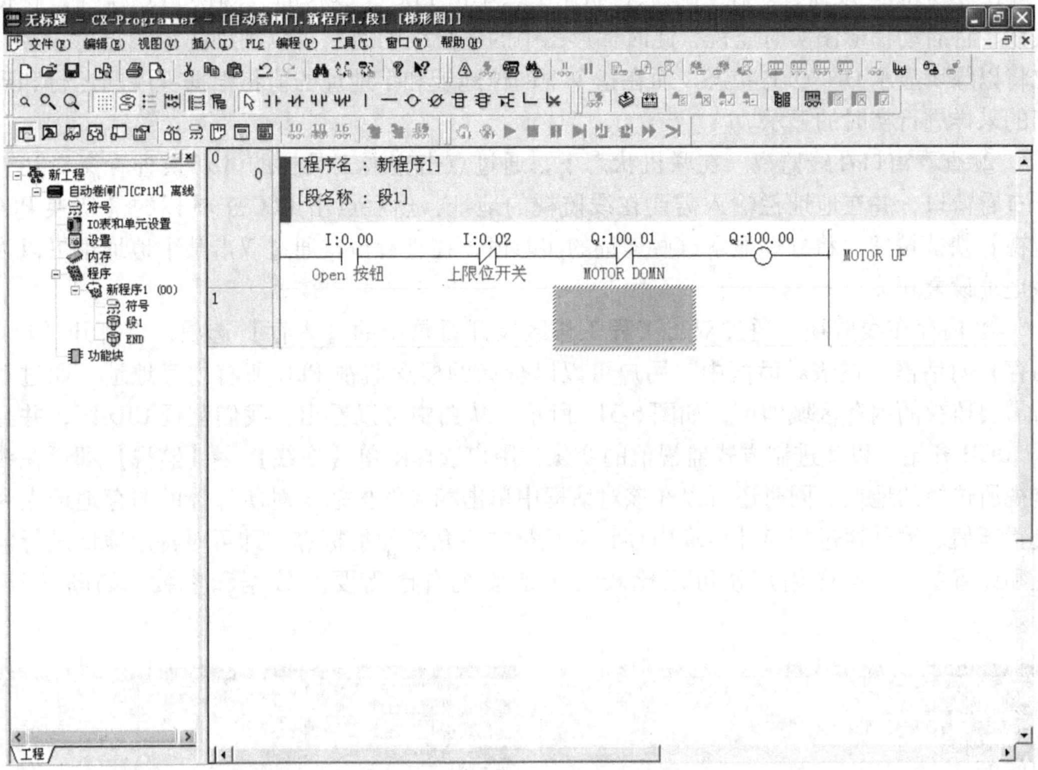

图 6-29　以实际地址编写的梯形图

条	步	指令	操作数	值	注释
0	0	LD	I:0.00		Open 按钮
	1	ANDNOT	I:0.02		上限位开关
	2	ANDNOT	Q:100.01		MOTOR DOWN
	3	OUT	Q:100.00		MOTOR UP

图 6-30　以实际地址编写的助记符程序

图界面将变成灰色。

2）选择工具栏里面的“编程模式”图标，把 PLC 的操作模式设为“编程模式”。如果未作这一步，那么 CX-Programmer 在下载程序前，将自动把 PLC 设置成此模式。

3）选择工具栏上面的“传送到 PLC”图标，将显示下载选项对话框，选择相应的传送内容，单击“确认”按钮。

（2）在线监视与编辑。进行联机操作，并且下载 PLC 工程后，用户就可以通过 CX-Programmer 编程工具对 PLC 进行在线监视与编辑。

1）在线监视。在线监视是编程人员验证和确认程序以及 PLC 现场状况的一个不可缺少的工具。通过在线监视，用户可以实时地监视 PLC 整个程序在现场条件下的运行过程以及重要变量和参数在整个运行过程中的状态值，可方便的优化程序和调整现场的各种重要参数。CX-Programmer 提供了强大的在线监视功能，可以分别进行梯形图在线监视、查看窗口在线监视、内存在线监视、开关盒（SwitchBox）监视、数据跟踪等。

① 梯形图在线监视。在 PLC 联机状态下，单击 PLC 工具栏的【切换 PLC 监视】快捷按钮，将启动梯形图实时监视，此时梯形图中的电流线的通断将以辅助的绿线显示，接点也将以绿块显示 ON/OFF 状态，而在指令中的位地址和字地址的值将根据程序的运行和现场的采样进行实时的显示。

② 查看窗口在线监视。在联机状态下，通过点击查看工具栏的【切换查看窗口】打开查看窗口，并在地址栏输入需要在线监视的地址，然后点击 PLC 工具栏的【切换 PLC 监视】快捷按钮，将立即显示这些地址的实时值，在查看窗口通过双击某个地址也可以为该地址设置新值。

③ 内存在线监视。通过双击工程工作区展开目录中的【内存】选项，将打开【PLC 内存】对话框，在该对话框中，用户可以以全局的概念监视 PLC 所有内存地址，通过双击需要监视的内存区域即可，如图 6-31a 所示，从图中可以看出，我们监视 CIO 区，并且从 10CH 开始，以 2 进制方式监视值的变化，用户选择菜单【在线】→【监视】即可在线监视所选择的地址。同时还可以在该对话框中单击相应的按钮，对所选择的内存地址人为设置新值。另外通过切换【PLC 内存】对话框左下角的地址标签，即可对特定地址进行监视和设置新值，这样用户就可以比较集中地监视自己需要的数据和参数，如图 6-31b 所示。

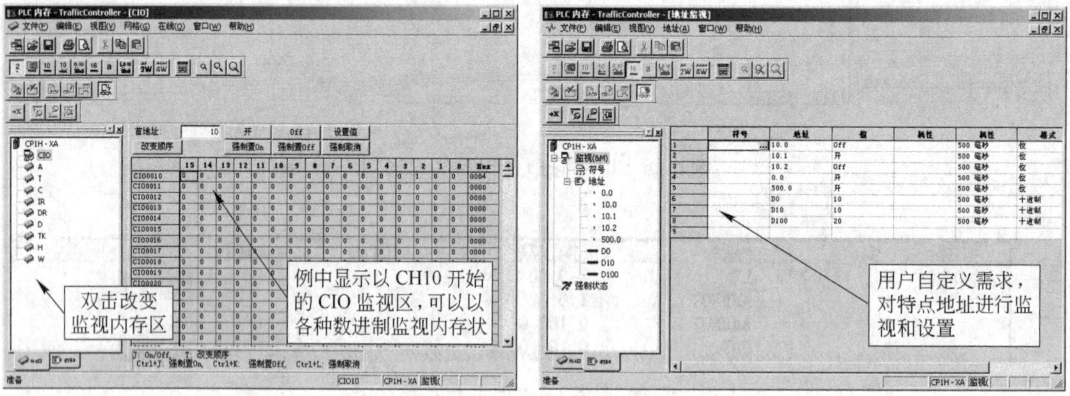

a　　　　　　　　　　　　b

图 6-31　内存区在线监视

a—内存地址监视；b—特定地址监视

2）在线编辑。虽然 PLC 在线工作后，梯形图界面已经变成灰色，以防止被直接编辑，但还是可以选择在线编辑特性来修改梯形图程序。当使用在线编辑功能时，应使 PLC 运行在“监视”模式下面。在“运行”模式下进行在线编辑是不可能的。使用以下步骤进行在线编辑。

① 拖动鼠标，选择要编辑的梯形图程序。

② 在工具栏中选择“在线编辑条”图标。条的背景将改变，表明其现在已经是一个可编辑区，此区域以外的条不能被改。

③ 编辑程序。

④ 当编辑程序以后，在工具栏中选择“发送在线编辑修改”图标，所编辑的内容将被检查并且传送到 PLC。

⑤ 一旦被修改过的程序被传送到 PLC，编辑区域再次变成只读。

3）程序运行。程序调试正常后，可以选择运行模式，使 PLC 工作在运行状态。当 PLC 在线运行时，在梯形图工作区以绿色线条形象地显示程序云的状态。

6.2.6　在线仿真

用户在编辑完程序和系统配置后，一般要对整个应用逻辑和运行状况进行仿真，以确认程序的正确性。仿真就是在 CX-Programmer 和实际 PLC 主机不建立联机的情况下，利用仿真软件在计算机平台上对程序的正确性和可靠性进行类似实际现场状况的模拟、调试以及监视的一种过程。OMRON 公司提供的仿真软件为 CX-Simulator，整合在 CX-One 之中。

使用 CX-Simulator 仿真器的步骤如下。

（1）点击 PLC 工具栏中的【在线模拟】按钮，将启动 CX-Simulator 仿真器，并显示下载选项窗口，用户可以根据自己的要求选择相应的内容下载进行仿真，如图 6-32 所示。

（2）下载完成后，CX-Programmer 将处于类似联机状态，并且梯形图编辑区将显灰不能编辑。为了顺利实现在线仿真，需要人为定制程序的运行条件。

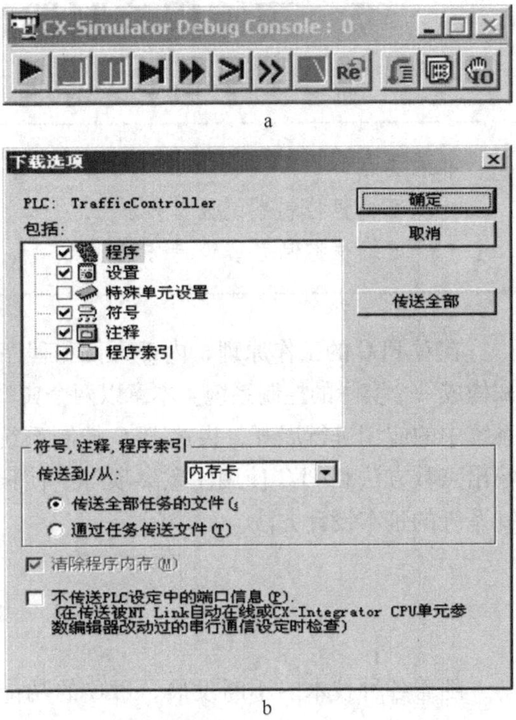

图 6-32　启动仿真器

a—CX-Simulator Debug Console；b—下载选项对话框

6.3　本章小结

正确使用编程软件是进行 PLC 程序设计的基础，本章通过一个案例分析了编程软件的使用方法。6.1 节对编程软件进行了简单介绍。6.2 节通过一个具体案例来说明编程软件的使用方法。

习　题

6-1　熟悉和了解 OMRON PLC 编程环境以及 CX-Programmer 的各种操作。

6-2　以 CP1H 机型为例，完成本案例中自动卷闸门的控制程序用 CX-Programmer 进行编程，并运用仿真软件 CX-Simulator 进行调试实现。

7　可编程控制器控制系统设计与应用

本章要点

- 可编程控制系统设计步骤
- 可编程控制系统设计方法

在对 PLC 的工作原理、内部元件和程序设计方法有了一定了解后，我们就可以用 PLC 来构成一个实际的控制系统。本章以两个典型案例——PLC 在开关量控制系统和模拟量控制系统中的应用进行展开，讲述 PLC 控制系统的软、硬件设计步骤，PLC 选型、减少输入/输出点数方法和 PLC 使用注意事项等。使读者通过本章的学习，掌握 PLC 应用于工业控制系统的基本设计方法。

7.1　概　　述

随着各种技术的不断发展，PLC 的功能越来越强大，它可以适用于各种工业控制场合。在实际工程应用中，必须针对具体的工程应用进行细致的分析，将各种应用功能和实际现场可能遇到的问题都考虑进去。然后选择相适应的 PLC 以及扩展模块，进行系统硬件和软件的设计。

7.1.1　可编程控制系统设计

7.1.1.1　PLC 控制系统设计的基本原则

PLC 应用系统设计包括硬件设计和软件设计两个方面。任何一种电气控制系统都是为了实现被控对象（生产设备或生产过程）的控制要求和工艺需要，从而提高产品质量和生产效率。因此在进行 PLC 应用系统的设计开发过程中，应遵循以下原则。

（1）最大限度地满足被控对象的控制要求。充分发挥 PLC 功能，最大限度地满足被控对象的控制要求，是设计 PLC 控制系统中最重要的一条原则。这就要求设计人员在设计前要深入现场进行调查研究，收集现场资料。同时要注意和现场工程管理和技术人员及操作人员紧密配合，拟定控制方案，共同解决设计中的重点问题和疑难问题。

（2）在满足控制要求的前提下，力求使控制系统简单、经济、使用与维修方便。监控参数、精度要求以满足实际需要为准，不宜盲目追求自动化和高指标，力求使控制系统简单、经济，使用及维修方便，并降低系统的复杂性和开发成本。

（3）保证 PLC 控制系统运行安全、稳定、可靠。这就要求设计者在系统总体设计、元器件选择、软件设计上要全面考虑，以确保控制系统安全、可靠。

(4) 能适应发展的需要。在设计 PLC 控制系统时，要适当考虑生产发展和工艺改进的需要，在选用 PLC 时，在 I/O 点数和内存容量上适当留有余地，以满足今后系统发展和完善的需要。

(5) 软件设计方面。软件设计方面主要是指编写用户程序，要求程序结构清楚，动作可靠，可读性强，程序简短，占用内存少，扫描周期短。

7.1.1.2 PLC 控制系统设计与调试的步骤

PLC 控制系统设计与调试可按图 7-1 所示的基本步骤来进行。

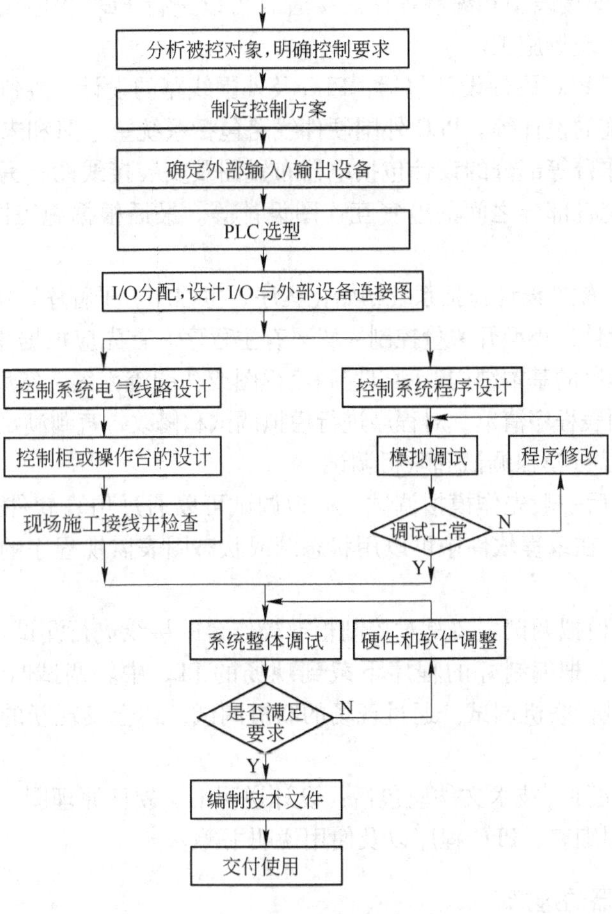

图 7-1 PLC 控制系统的设计流程图

(1) 分析被控对象，明确控制要求。在进行系统设计之前，要深入现场调查研究，熟悉被控对象，这一步是系统设计的基础。设计前应全面详细地了解被控对象的全部功能，例如机械部件的动作顺序、动作条件、必要的保护与联锁，系统要求哪些工作方式（如手动、自动、半自动和单步等），设备内部机械、液压、气动、仪表、电气几大系统之间的关系，PLC 与其他设备（如其他 PLC、计算机、人机界面等）之间的关系等信息。

(2) 制定控制方案。在分析被控对象的基础上，根据 PLC 的技术特点，与继电器-接触器控制系统、DCS 系统、微机控制系统等进行比较，优选控制方案。PLC 最适合的控制对象是：输入/输出以开关量为主，控制系统环境条件很差，但又对安全性、可靠性有较高要求，控制对象工艺流程比较复杂，有较大的工艺变化或控制系统扩充的可能性的工业控制系统。

（3）确定外部输入/输出设备。根据生产设备现场需要，确定控制按钮、行程开关、接触器、电磁阀、信号灯以及其他执行器等各种输入/输出设备的型号、规格、数量。

（4）PLC 选型。选择 PLC 机型时应考虑厂家、性能结构、I/O 点数、存储容量、特殊功能等因素。

（5）分配输入/输出点地址，并设计 PLC 与外围设备之间的连接图。根据所选的 PLC 的型号，列出输入/输出设备与 PLC 的 I/O 端子的对照表，并绘制出 PLC I/O 端子和外部输入/输出设备之间的接线图和编制程序。接着就可以进行 PLC 程序设计，同时进行控制柜或操作台的设计和现场施工。

（6）硬件设计。PLC 硬件设计包括：PLC 及外围线路的设计、控制柜和操作台等部分的设计和抗干扰措施的设计等。PLC 外围硬件线路包括系统主电路和未进入 PLC 的控制电路等；控制柜和操作台等部分的设计包括电器布置图及安装接线图；另外还需要考虑抗干扰措施的设计和系统各部分之间的电气互连图设计等。最后根据施工图纸进行现场接线，并进行详细检查。

（7）软件设计。软件设计包括系统初始化程序、主程序、子程序、中断程序、故障应急措施和辅助程序的设计，小型开关量控制一般只有主程序。首先应根据总体要求和控制系统的具体情况，确定程序的基本结构，画出控制流程图或功能流程图，然后设计出梯形图，再根据梯形图编写语句表程序清单，对程序进行模拟调试和修改，直到满足控制要求为止。

（8）调试。调试分模拟调试和联机调试。

1）软件设计好后一般先作模拟调试。模拟调试可以通过仿真软件来代替 PLC 硬件在计算机上调试程序。在编程软件中可以用状态图或状态图表监视程序的运行或强制某些编程元件。

2）硬件部分的模拟调试主要是对控制柜或操作台的接线进行测试。

3）联机调试时，把编制好的程序下载到现场的 PLC 中。调试时，主电路一定要断电，只对控制电路进行联机调试。通过现场的联机调试，还会发现新的问题或对某些控制功能的改进。

（9）编制技术文件。技术文件应包括：设计说明书、硬件原理图、安装接线图、电器布置图、电气元件明细表、PLC 程序以及使用说明书等。

7.1.2 可编程控制器的选择

随着 PLC 技术的发展，PLC 产品的种类也越来越多。不同型号的 PLC，其结构形式、性能、容量、指令系统、编程方式、价格等也各有不同，适用的场合也各有侧重。因此，合理选用 PLC，对于提高 PLC 控制系统的技术经济指标有着重要意义。

PLC 主机的选择主要应从 PLC 的机型、容量、I/O 模块、电源模块、特殊功能模块、通信联网能力等方面加以综合考虑。PLC 选择的基本原则是在满足控制要求及保证可靠、维护方便的前提下，力争最佳的性能价格比。

7.1.2.1 PLC 机型的选择

（1）合理的结构形式。PLC 主要有整体式和模块式两种结构形式。整体式体积相对较小，每一个 I/O 点的平均价格比模块式便宜，一般用于小型控制系统中；模块式扩展灵活方便，且维修方便，一般用于较复杂、要求较高的控制系统。

（2）相应的功能要求。对于开关量控制的应用系统，当对控制速度要求不高时，选用小型的 PLC 就可满足要求。对于以开关量为主，带少量模拟量控制的系统，如工业生产中常遇到的温度、压力、流量、液位等连续量的控制，应选用带有 A/D 与 D/A 模块，配接相应的传感器、变送器和驱动装置，并且选择运算功能较强的小型 PLC。对于控制比较复杂、控制要求高的系统，如要求实现 PID 运算、闭环控制、通信联网等，可视控制规模及复杂程度，选用中档或高档 PLC。其中高档机主要用于大规模过程控制、分布式控制系统及整个工厂的自动化等。

（3）响应速度要求。PLC 工作时，从信号输入到输出控制存在滞后现象，一般有 1 ~ 2 个扫描周期的滞后时间。对于一般的工业控制系统来说，这是允许的。但在一些实时性要求较高的场合，不允许有较大的滞后时间，滞后时间一般应控制在几十毫秒之内。为了提高 PLC 的处理速度，可选择 CPU 处理速度快的 PLC；或者优化应用软件，缩短扫描周期；或采用高速响应模块和中断输入模块，其响应时间可以不受 PLC 扫描周期的影响。

（4）应考虑是否在线编程。PLC 的编程分为离线编程和在线编程。

离线编程的 PLC 主机和编程器共用一个 CPU，在编程器上有一个“编程/运行”选择开关，在选择编程状态时，CPU 将失去对现场的控制，为编程器服务。程序编好后，如选择运行状态，CPU 则去执行程序而对现场进行控制。由于节省了一个 CPU，价格比较便宜。中、小型 PLC 多采用离线编程。

在线编程的 PLC 主机和编程器各有一个 CPU。编程器的 CPU 随时处理由键盘输入的各种编程指令，主机的 CPU 负责对现场的控制，并在一个扫描周期结束时和编程器通信，编程器把编好或修改好的程序发送给主机，在下一个扫描周期主机将按新送入的程序控制现场。大型 PLC 多采用在线编程。

是否采用在线编程，应根据被控设备工艺要求来选择。对于工艺不经常变动的设备和产品定型的设备，应选择离线编程，否则需选择在线编程的 PLC。

（5）系统可靠性的要求。对可靠性要求很高的系统，应考虑是否采用冗余系统或热备用系统。

（6）机型尽量统一。在一个控制系统中，应尽量使用同一系列的 PLC。这不仅有利于备品、备件的采购和管理，也有利于技术力量的培训和技术水平的提高，有利于外部设备通用，资源可共享，易于联网通信。

7.1.2.2 PLC 容量的选择

PLC 的容量包含 I/O 点数和用户程序存储容量两个方面。

（1）I/O 点数的选择。在满足控制要求的前提下力争使用的 I/O 点最少，但必须留有一定余量。I/O 点数是在实际需要的基础上再加上 10% ~20% 的裕量。

（2）存储容量的选择。存储容量大小不仅与 PLC 系统的功能有关，还与功能实现的方法、程序编写水平有关。一个有经验的程序员和一个初学者，在完成同一复杂功能时，其程序量可能相差 25% 之多。一般可按下式估算：存储容量 = 开关量输入点数 ×10 + 开关量输出点数 ×8 + 模拟通道数 ×100 + 定时器/计数器数量 ×2 + 通信接口个数 ×300 + 备用量（20% ~30% 的裕量）。选择存储容量的同时，注意对存储器类型的选择。

7.1.2.3 I/O 模块的选择

A 开关量输入模块的选择

开关量输入模块是用来接收现场输入设备的开关信号，将信号转换为 PLC 内部可以接收的低电平信号，并实现 PLC 内、外信号的电气隔离。选择时主要考虑以下几个方面。

（1）输入信号的类型及电压等级。开关量输入模块有直流输入、交流输入和交流/直流输入 3 种类型。选择时主要根据现场输入信号和周围环境因素等来考虑。直流输入模块的延迟时间较短，还可以直接与接近开关、光电开关等电子输入设备连接；交流输入模块可靠性好，适合于有油雾、粉尘的恶劣环境。

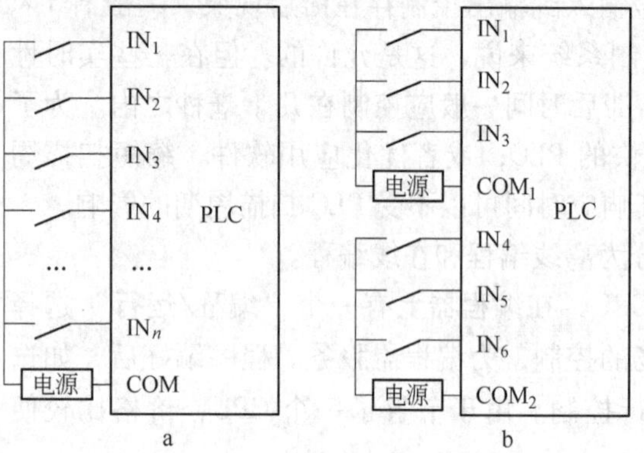

图 7-2 开关量输入模块的接线方式
a—汇点式输入；b—分组式输入

开关量输入模块的电压等级有：直流 5V、12V、24V、48V、60V 等；交流 110V、220V 等。选择时主要根据现场输入设备与输入模块之间的距离来考虑。一般 5V、12V、24V 用于传输距离较近场合，如 12V 输入模块最远不得超过 10m。距离较远的应选用输入电压等级较高的模块。

（2）输入接线方式。开关量输入模块主要有汇点式和分组式两种接线方式，如图 7-2 所示。

汇点式的开关量输入模块所有输入点共用一个公共（COM）端；而分组式则将输入点分成若干组，每一组（几个输入点）有一个公共端，各组之间是分隔的。分组式价格比汇点式价格高，一般情况下，如果输入信号不需要分隔，一般选用汇点式。

（3）注意同时接通的输入点数量。PLC 按输入点数分，常用的有 8 点、12 点、16 点、32 点、48 点等。对于选用高密度的输入模块（如 32 点、48 点等），能允许同时接通的点数取决于输入电压和环境温度。如 32 点输入模块，一般同时接通的点数不得超过总输入点数的 60%。

（4）输入门槛电平。为了提高系统的可靠性，必须考虑输入门槛电平的大小。门槛电平越高，抗干扰能力越强，传输距离也越远，具体可参阅 PLC 说明书。

B 开关量输出模块的选择

开关量输出模块是将 PLC 内部低电平信号转换成驱动外部输出设备的开关信号，并实现 PLC 内、外信号的电气隔离。选择时主要考虑以下几个方面。

（1）输出方式。开关量输出模块有继电器输出、晶闸管输出和晶体管输出 3 种方式。

继电器输出的价格便宜，可以驱动交、直流负载，适用的电压大小范围较宽、导通压降小，承受瞬时过电压和过电流的能力较强，但动作速度较慢（驱动感性负载时，触点动作频率不超过 1Hz）、寿命较短、可靠性较差，只能适用于不频繁通断的场合。

对于频繁通断的负载，应该选用晶闸管输出或晶体管输出，它们属于无触点元件，适用于开关频率高、电感性、低功率因数的负载。但晶闸管输出只能用于交流负载，而晶体管输出只能用于直流负载。

（2）输出接线方式。开关量输出模块主要有分组式和分隔式两种接线方式，如图 7-3

所示。

分组式输出是几个输出点为一组，一组有一个公共端，各组之间是分隔的，可分别用于驱动不同电源的外部输出设备。分隔式输出是每一个输出点就有一个公共端，各输出点之间相互隔离。选择时，主要根据 PLC 输出设备的电源类型和电压等级的多少而定。一般整体式 PLC 既有分组式输出，也有分隔式输出。

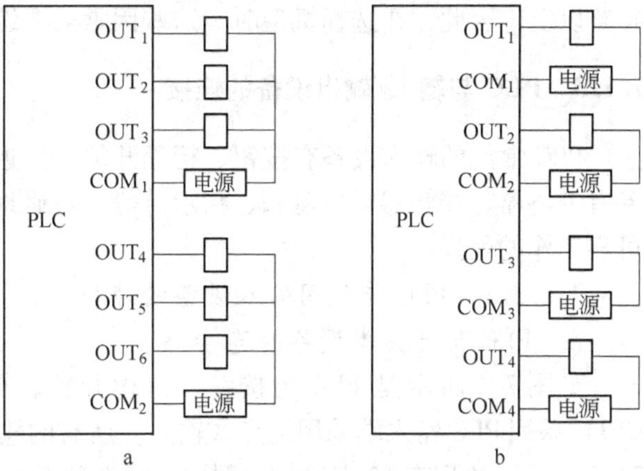

图 7-3 开关量输出模块的接线方式
a—分组式输出；b—分隔式输出

(3) 驱动能力。开关量输出模块的输出电流（驱动能力）必须大于 PLC 外部输出设备的额定电流。选择时应根据实际输出设备的电流大小来选择输出模块的输出电流。如果实际输出设备的电流较大，输出模块无法直接驱动，可增加中间放大环节。

(4) 注意同时接通的输出点数量。选择开关量输出模块时，还应考虑同时接通的输出点数量。同时接通输出设备的累计电流值必须小于公共端所允许通过的电流值；一般来讲，同时接通的点数不要超出同一公共端输出点数的 60%。

(5) 输出的最大电流与负载类型、环境温度等因素有关。开关量输出模块的技术指标与不同的负载类型密切相关，特别是输出的最大电流。此外，晶闸管的最大输出电流随环境温度升高会降低，在实际使用中也应注意。

C 模拟量 I/O 模块的选择

模拟量输入（A/D）模块是将现场由传感器检测而产生的连续的模拟量信号转换成 PLC 内部可接受的数字量；模拟量输出（D/A）模块是将 PLC 内部的数字量转换为模拟量信号输出。

典型模拟量 I/O 模块的量程为 -10V ~ +10V、0 ~ +10V、4 ~ 20mA 等，可根据实际需要选用，同时还应考虑其分辨率和转换精度等因素。

一些 PLC 制造厂家还提供特殊模拟量输入模块，可用来直接接收低电平信号（如 RTD、热电偶等信号）。

D 特殊功能模块的选择

对于某些特殊要求，可以根据控制需要来选择位置控制模块、高速计数器、PID 控制模块、通信模块等。

E 电源模块及其他外设的选择

对于模块式结构的 PLC，还需考虑 PLC 电源模块的选择。电源模块的选择主要考虑电源输出额定电流和电源输入电压。电源模块的输出额定电流必须大于 CPU 模块、I/O 模块和其他特殊模块等消耗的电流总和，同时还应考虑将来 I/O 模块的扩展等因素；电源输入电压一般根据现场的实际需要而定。

另外，在 PLC 选择方面，还会从价格和个人喜好等方面去考虑。在价格方面，不同厂家的 PLC 产品价格差异很大，有些功能类似、质量相当、I/O 点数相当的 PLC 价格相差

40%以上。因此，在选择机型时，这些因素需要综合考虑。

7.1.3　PLC与输入/输出设备的连接

PLC常见的输入设备有按钮、行程开关、接近开关、拨码器和各种传感器等，输出设备有继电器、接触器、电磁阀、指示灯等。正确地连接输入和输出电路，是保证PLC安全可靠工作的前提。

7.1.3.1　PLC与常用输入设备的连接

A　PLC与开关类设备的连接

如图7-4所示是PLC与按钮、行程开关、转换开关等开关类设备的接线示意图。CP1H系列PLC输入端采用汇点式输入，所有的输入端共用一个COM端。其中X/XA型有24点输入，Y型有12点输入。图中，除特殊要求外，所有输入设备均采用常开触点。

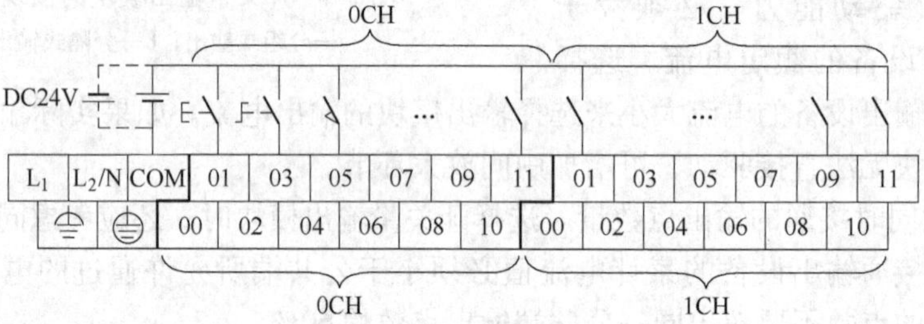

图7-4　PLC与开关类输入设备的连接

B　PLC与传感器之间的连接

传感器的种类很多，其输出方式也各不相同。PLC与传感器之间的连接如图7-5所示。

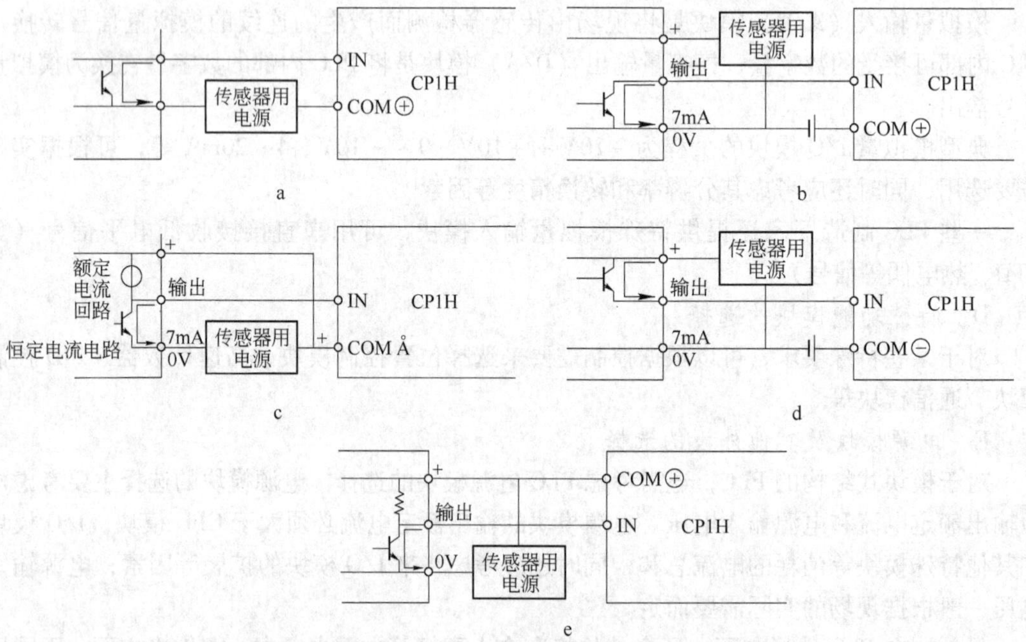

图7-5　PLC与传感器的连接

a—直流2线式；b—NPN集电极开路输出型；c—NPN电流输出型；d—PNP电流输出型；e—电压输出型

当采用接近开关、光电开关等两线式传感器时，由于传感器的漏电流较大，可能出现错误的输入信号而导致 PLC 的误动作。所以，应处理好 PLC 的 ON 电压与传感器剩余电压、ON 电流与传感器的控制输出（负载电流）、OFF 电流与传感器的漏电流的关系，另外，还需对传感器的浪涌电流进行考虑。具体操作方法可参见《CP1H 用户手册》。

7.1.3.2　PLC 与常用输出设备的连接

CP1H 系列 PLC 输出端有分组式，也有分隔式。在使用时，不同组（不同公共端）的输出点，其对应输出设备（负载）的电压类型、电压等级可以不同，但同组（共一个公共端）的输出点，其对应输出设备（负载）的电压类型、电压等级应该相同。要根据输出设备的电压类型和电压等级来决定是否分组连接。

如图 7-6 所示为 CP1H-XA/X 系列 PLC 与一般输出设备的连接图。继电器输出既可接直流负载，也可接交流负载。晶体管输出型只能接直流负载。

7.1.4　节省输入/输出点数的方法

PLC 在应用中经常会遇到这样的问题：一是所选择的 PLC 点数不够，需要扩展，而扩展需要增加成本；二是已选定的 PLC 可扩展的 I/O 点数有限，无法再增加。因此，在满足系统控制要求的前提下，合理使用 I/O 点数，尽量减少所需的 I/O 点数就非常有意义。常用的减少 I/O 点数的方法有以下几种。

7.1.4.1　减少输入点数的措施

A　分时分组输入

如果系统有多种工作方式，但同时只选择其中一种工作方式。如一般系统中设有“自动”和“手动”两种工作方式，两种方式不会同时执行。将两种方式的输入分组，从而减少实际输入点。

如图 7-7 所示，系统有“自动”和“手动”两种工作方式。将这两种工作方式分别使用的输入信号分成两组：自动输入信号 S1 ~ S8 和手动输入信号 Q1 ~ Q8；两组信号共用 PLC 输入点 0.01 ~ 0.08。用 SF 来切换“手动”和“自动”，并通过 0.00 让 PLC 识别是“自动”还是“手动”，从而执行手动程序或自动程序。

图中的二极管是为了防止出现寄生电路，产生错误输入信号而设置的。假设图中没有这些二极管，当系统处于“自动”状态，若 Q1、Q2、S1 闭合，S2 断开，这时电流从 COM 端子流出，经 S1、Q1、Q2 形成寄生回路流入 0.02 端子，使输入继电器 0.02 错误地接通。因此，必须串入二极管切断寄生回路，避免错误输入信号的产生。

B　合并输入

如果某些外部输入信号总是以某种“与或非”组合的整体形式出现在梯形图中，可以将它们对应的触点在可编程控制器外部串、并联后作为一个整体输入，只占可编程控制器的一个输入点。如果是几个常闭触点，则串联输入；如果是几个常开触点，则并联输入。这样就只占用 PLC 的一个输入点。一些保护电路和报警电路就常常采用这种输入方法。

例如某负载可以在多地进行启动和停止控制，可以将 3 个启动信号并联，3 个停止信号串联，分别送给 PLC 的两个输入点，如图 7-8 所示。

C　某些输入设备可不进 PLC

系统的某些输入信号功能简单、涉及面很窄，有时就没有必要作为 PLC 的输入，将它

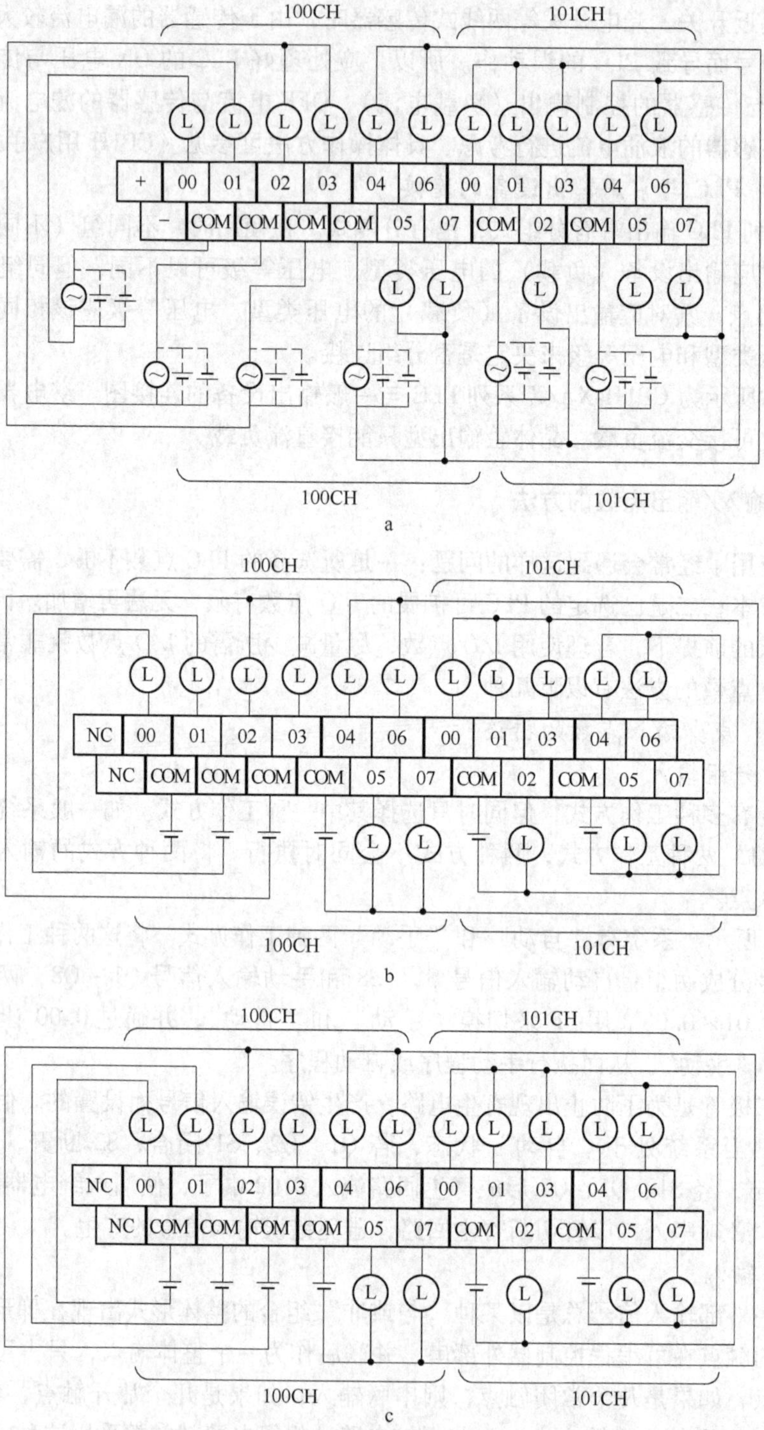

图 7-6 PLC 与一般输出设备的连接

a—继电器输出；b—晶体管输出（漏型）；c—晶体管输出（源型）

们放在外部电路中同样可以满足要求。如手动操作按钮、电动机热继电器 BB 的常闭触点提供的信号，可以设置在可编程控制器外部的硬件电路中。如果外部硬件连锁电路过于复

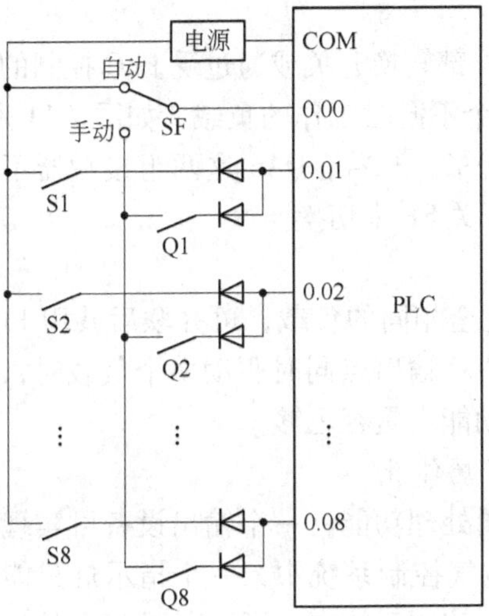

图 7-7 分时分组输入

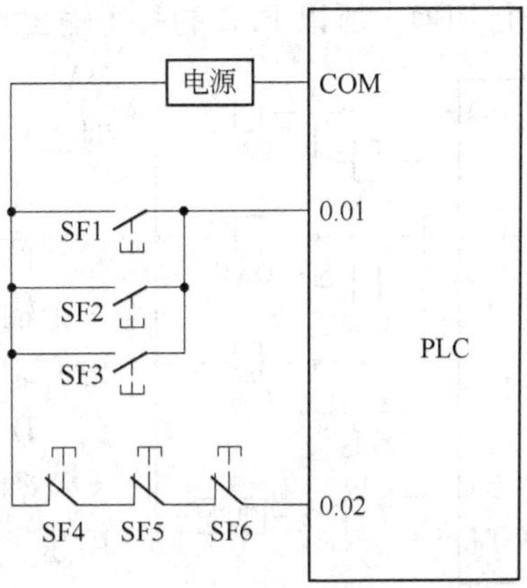

图 7-8 合并输入

杂，则应考虑仍将有关信号送入 PLC 中，用梯形图实现连锁，如图 7-9 所示。

7.1.4.2 减少输出点数的措施

A 矩阵输出

如图 7-10 所示，采用 8 个输出组成 4×4 矩阵，可接 16 个输出设备。要使某个负载接通工作，只要控制它所在的行与列对应的输出继电器接通即可。这样用 8 个输出点就可控制 16 个不同控制要求的负载。例如要使 QA1 得电工作，则使输出 100.00 和 100.04 接通即可。

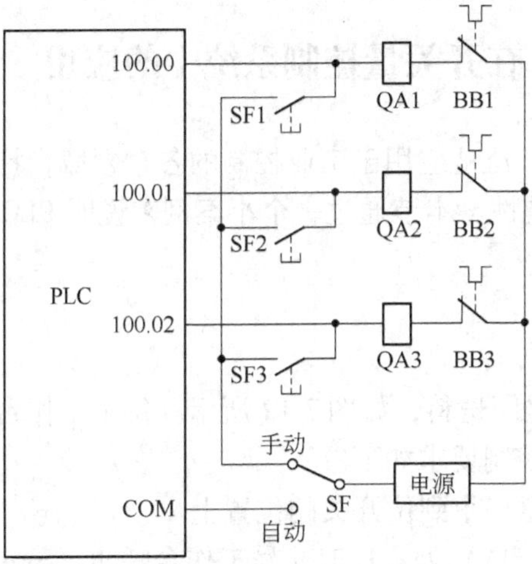

图 7-9 某些输入设备可不进 PLC

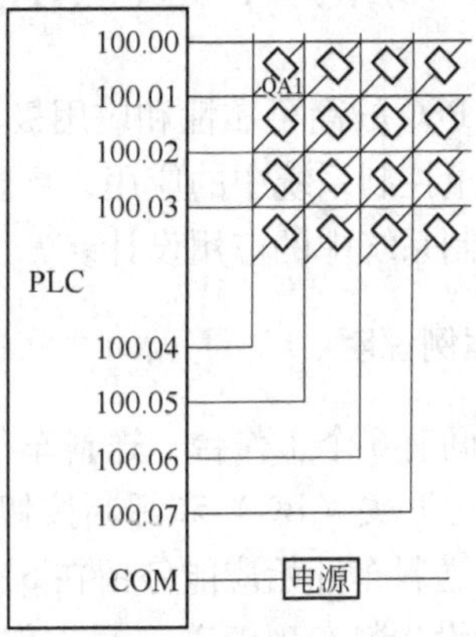

图 7-10 矩阵输出

使用时应注意：采用矩阵输出时，只有当某一行对应的输出继电器接通，与之对应的各列对应的输出继电器才可任意接通；或者只有当某一列对应的输出继电器接通，与之对应的各行对应的输出继电器才可任意接通。所以，必须要将同一时间段接通的负载安排在同一行或同一列中，否则无法控制。

B 分组输出

当两组输出设备或负载不会同时工作，可通过外部转换开关或通过受 PLC 控制的电器触点进行切换，所以 PLC 的每个输出点可以控制两个不同时工作的负载，如图 7-11 所示。QA1、QA3、QA5，QA2、QA4、QA6 这两组接触器不会同时工作，可用外部开关 SF 来切换。

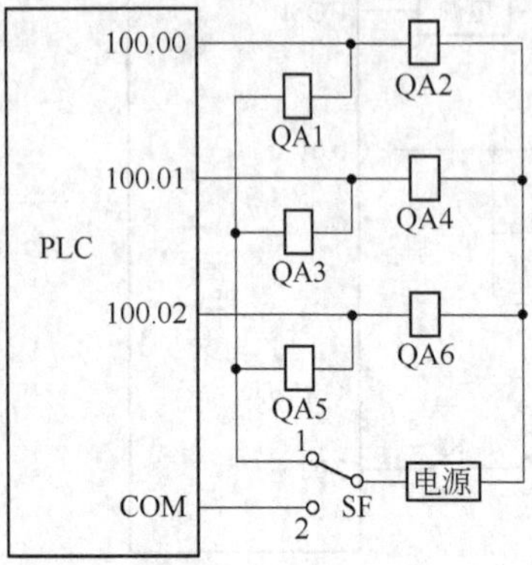

图 7-11 分组输出

C 并联输出

两个通断状态完全相同的负载，可并联后共用 PLC 的一个输出点。注意 PLC 输出点同时驱动多个负载时，应考虑 PLC 输出点的驱动能力是否足够。

D 输出设备多功能化

利用 PLC 的逻辑处理功能，一个输出设备可实现多种用途。例如在传统电气控制系统中，一个指示灯只能指示一种状态，而在 PLC 控制系统中，可以利用 PLC 的编程功能，实现一个指示灯的常亮和闪烁，这样一个指示灯就可以表示两种不同的信息，从而节省了输出点数。

E 某些输出设备可不进 PLC

系统中某些相对独立、比较简单的控制部分，可直接采用 PLC 外部硬件电路实现控制。

以上是一些常用的节省 I/O 点数的措施，仅供参考，实际应用中要根据具体情况灵活运用。同时也应注意不能过分节省 I/O 点数，而使外部附加电路变得复杂，从而影响系统的可靠性。

7.2 案例一：送料车控制——PLC 在开关量控制系统中的应用

由于 PLC 的高可靠性和应用极其方便，使其广泛地应用于工业控制的各个领域，特别是在开关量控制系统中的应用，更显示出它的优越性。本节通过一个小案例来说明 PLC 在开关量控制系统中的应用设计。

7.2.1 案例说明

某车间有 6 个工作台，送料车往返于工作台之间送料，如图 7-12 所示。每个工作台都有一个到位开关（BG）和呼叫按钮（SF），具体控制要求如下。

（1）送料车开始应能停留在 6 个工作台中任意一个到位开关的位置上。

（2）设送料车现停于 m 号工作台处（BGm 为 ON）处，这时 n 号工作台呼叫（SFn 为 ON），当 $m>n$ 时，送料车左行，直到 BGn 动作，到位停车（即送料车所停位置 BG 的编号大于呼叫按钮 SF 的编号时，送料车往左运行至呼叫位置后停止）；当 $m<n$ 时，送料车右行，直到 BGn 动作，到位停车（即送料车所停位置 BG 的编号小于呼叫按钮 SF 的编号时，送料车往右运行至呼叫位置后停止）；当 $m=n$ 时，送料车原位不动（即送料车所停位置 BG 的编号等于呼叫按钮 SF 的编号时，送料车不动）。

（3）当按下启动按钮时，送料车开始工作，按下停止按钮时，送料车马上停止工作。

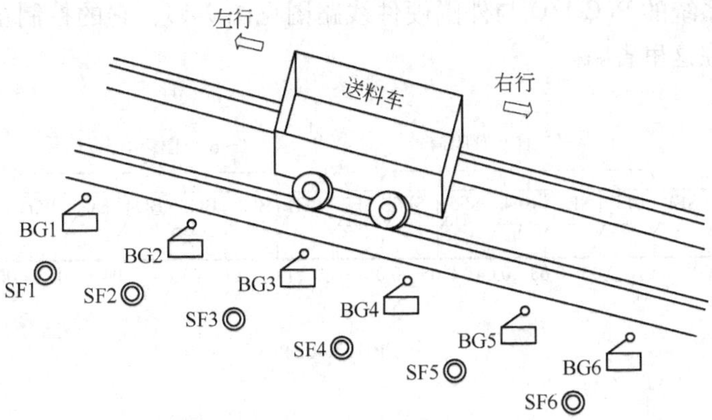

图7-12　送料小车控制示意图

7.2.2　解决方案

7.2.2.1　任务1：控制方案选择

由于本控制系统以开关量信号为主，可以选择PLC来进行控制。

7.2.2.2　任务2：确定输入/输出设备，选择PLC型号

A　输入/输出分析

根据控制要求，可以得出本控制系统共有6个位置信号（BG），6个呼叫信号（SF），1个启动信号（SF0）和1个停止信号（SF7），共14个输入信号，控制对象只有一个，即送料车，它可以左行，也可以右行，故需要2个输出信号。本系统不需要模拟量输入/输出信号。

B　用户程序容量估计

分析系统控制要求，送料车能够在这6个工作台之间往返送料，控制非常简单。用户的程序估计很短，约在200步以内。

C　PLC的选型

综合分析系统要求，考虑系统的经济性和技术指标，选用OMRON公司微型CP1H-X型PLC就可以满足控制系统要求。

7.2.2.3　任务3：I/O分配并设计PLC外围硬件线路图

送料车控制系统的I/O分配表如表7-1所示。

表7-1　输入/输出设备及PLC的I/O分配

输入设备		PLC输入元件	输出设备		PLC输出元件
外围器件符号	功　能		外围器件符号	功　能	
SF0	启动按钮	0.00	QA1	送料车右行	100.00
SF1～SF6	1～6号工作台呼叫按钮	0.01～0.06	QA2	送料车左行	100.01
SF7	停止按钮	0.07			
BG1～BG6	1～6号工作台位置开关	1.01～1.06			

送料车控制系统的 PLC I/O 与外围硬件线路图见图 7-13，它的控制主回路见图 7-14，其他硬件电路图在这里省略。

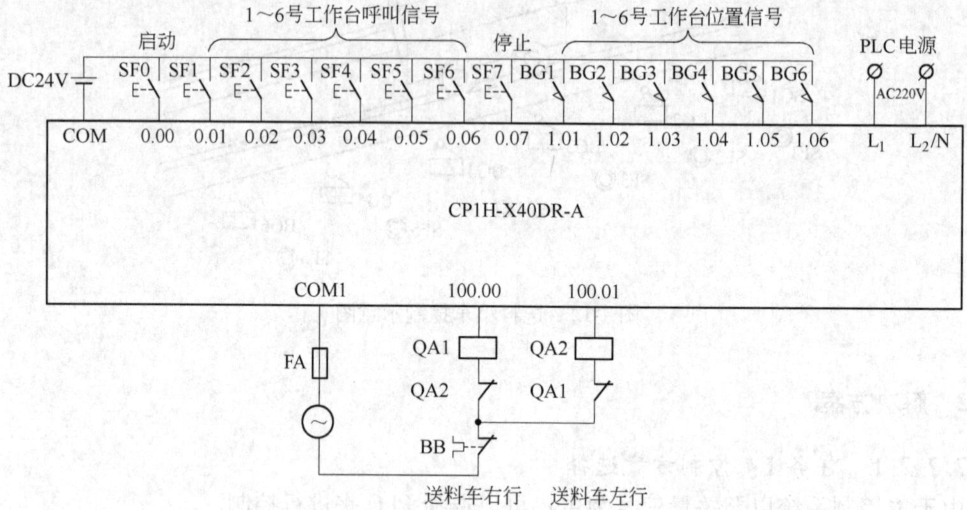

图 7-13 送料车控制系统 PLC 与外围设备连接图

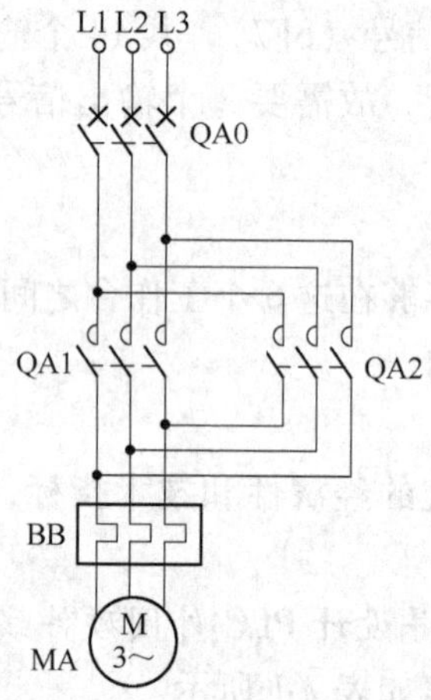

图 7-14 送料车控制系统主回路图

7.2.2.4 任务 4：PLC 程序设计

本控制系统的程序可以用基本逻辑指令来完成，也可以用相应的功能指令来完成。采用基本逻辑指令的程序设计如图 7-15 所示。

采用功能指令的设计方法请读者自行分析完成。

7.2.2.5 任务 5：调试

硬件和软件设计好后就可以进行调试了，先进行软件和硬件的模拟调试，最后再进行联机调试。

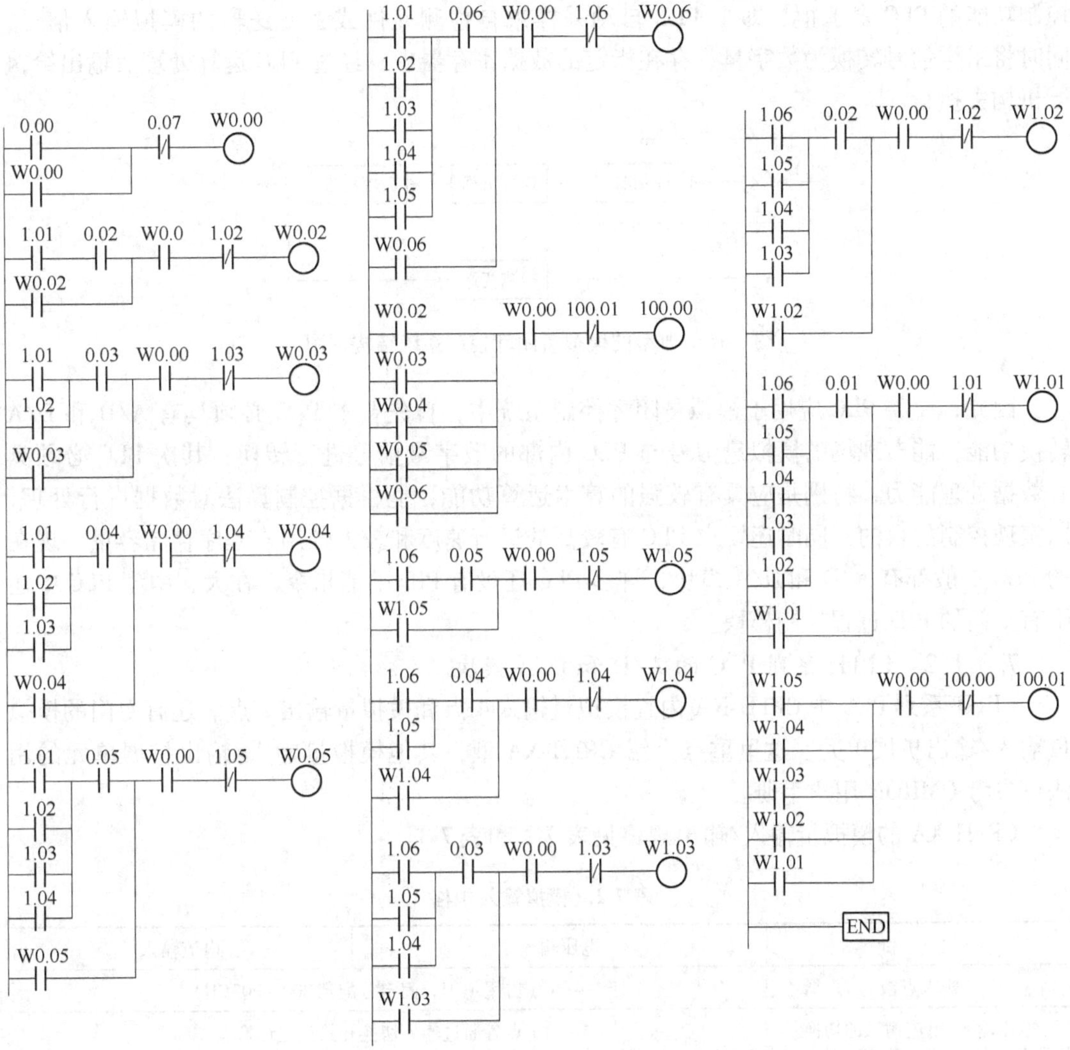

图 7-15　送料车控制系统梯形图

7.3　案例二：试验电炉控制——PLC 在模拟量闭环控制系统中的应用

PLC 虽然是在开关量控制的基础上发展起来的工业控制装置，但为了适应现代工业控制系统的需要，其功能在不断增强，当今的 PLC 已经增加了许多模拟量处理的功能，完全能胜任各种较为复杂的模拟控制。

7.3.1　预备知识

7.3.1.1　模拟量闭环控制系统的基本原理

输入信号和输出信号为模拟量的控制系统称为模拟量控制系统。过程控制系统是指被控制量为温度、压力、流量、液位、成分等这一类慢连续变化的模拟量控制系统。

典型的模拟量闭环控制系统结构框图如图 7-16 所示。图中，虚线部分可由有模拟量控制功能的 PLC 来承担。即由 PLC 自动采样来自检测元件或者变送器的模拟输入信号，同时将采样信号转换为数字量，存在指定的数据寄存器中，经过 PLC 运算处理后输出给执行机构去执行。

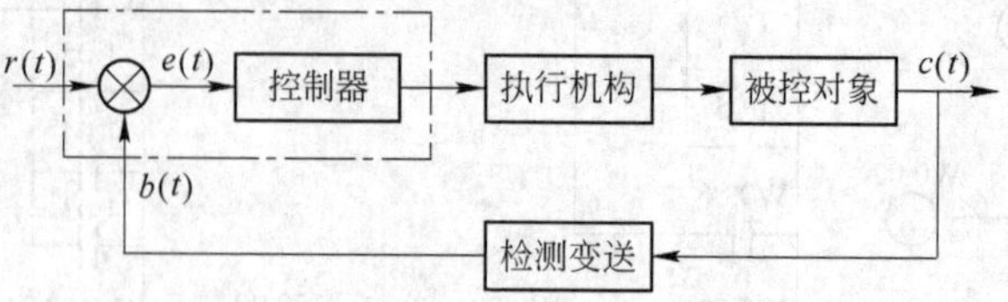

图 7-16　典型的模拟量闭环控制系统结构框图

因此，要将 PLC 应用于模拟量闭环控制系统中，首先要求 PLC 必须具有 A/D 和 D/A 转换功能，能对现场的模拟量信号与 PLC 内部的数字量信号进行转换；其次 PLC 必须具有数据处理能力，特别是应具有较强的算术运算功能，能根据控制算法对数据进行处理，以实现控制的目的；同时还要求 PLC 有较高的运行速度和较大的用户程序存储容量。现在的 PLC 一般都有 A/D 和 D/A 模块，许多 PLC 还设有 PID 功能指令，在大、中型 PLC 中还配有专门的 PID 过程控制模块。

7.3.1.2　CP1H 系列 PLC 的 A/D 和 D/A 模块

CP1H 系列 PLC 中 CP1H-XA 内置模拟量输入 4 点和模拟量输出 2 点。还有专门的模拟量输入/输出扩展单元。这里重点介绍 CP1H-XA 型，其他模拟量输入/输出扩展单元的用法可参考 OMRON 用户手册。

CP1H-XA 的模拟量输入/输出规格见表 7-2 和表 7-3。

表 7-2　模拟输入规格

项　目		电压输入	电流输入
输入点数		4 点（占用 4CH，固定分配到 200 ~ 203CH）	
电压输入/电流输入的切换		4 点各通过输入切换开关独立切换	
输入信号量程		0 ~ 5V、1 ~ 5V、0 ~ 10V、-10 ~ 10V（通过 PLC 系统设定切换）	0 ~ 20mA、4 ~ 20mA（通过 PLC 系统设定切换）
最大额定输入		±15V	±30mA
外部输入阻抗/Ω		1M 以上	约 250
分辨率		1/6000 或 1/12000（通过 PLC 系统设定切换）	
综合精度	25℃	±0.3% FS	±0.4% FS
	0 ~ 55℃	±0.6% FS	±0.8% FS
A/D 转换数据	-10 ~ +10V 时	1/6000 分辨率时：F448 ~ 0BB8 Hex 满刻度 1/12000 分辨率时：E890 ~ 1770 Hex 满刻度	
	上述以外时	1/6000 分辨率时：0000 ~ 1770 Hex 满刻度 1/12000 分辨率时：0000 ~ 2EE0 Hex 满刻度	
平均化处理		有（通过 PLC 系统设定可设定到各输入）	
断线检测功能		有（断线时的值，输出 8000 Hex）	

表 7-3 模拟输出规格

项 目		电压输出	电流输出
输出点数		2点（占用2CH，固定分配到210~211CH）	
输出信号量程		0~5V、1~5V、0~10V、-10~10V	0~20mA、4~20mA
外部输出允许负载电阻/Ω		1k以上	600以下
外部输入阻抗/Ω		0.5以下	—
分辨率		1/6000或1/12000（通过PLC系统设定切换）	
精度	25℃	±0.4%FS	
	0~55℃	±0.8%FS	
D/A转换数据	-10~+10V时	1/6000分辨率时：F448~0BB8 Hex满量程 1/12000分辨率时：E890~1770 Hex满量程	
	上述以外时	1/6000分辨率时：0000~1770 Hex满量程 1/12000分辨率时：0000~2EE0 Hex满量程	

7.3.1.3 操作步骤

要进行模拟量控制时，它的操作步骤为：

（1）输入切换开关的设定。主要通过4个拨动开关分别进行设定4个模拟输入是在电压输入下使用，还是在电流输入下使用。4个拨动开关示意图如图7-17所示。当拨动开关处于OFF状态时，为电压输入（出厂设定），处于ON状态时，为电流输入。在电压或电流输入下使用时，同时PLC系统设定中也要将输入量程分别设定为0~5V、1~5V、0~10V、-10~10V或0~20mA、4~20mA。

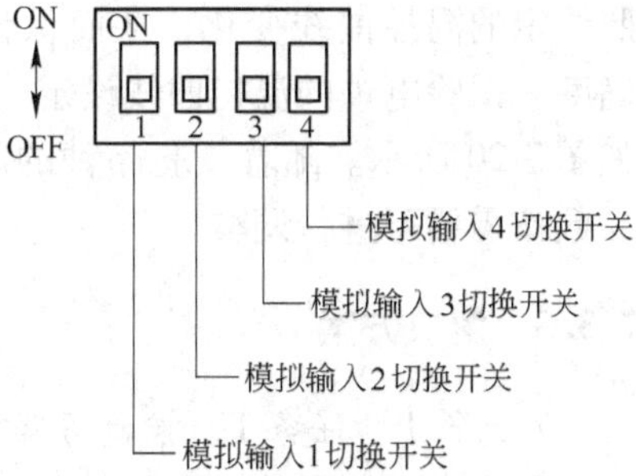

图7-17 模拟输入切换开关示意图

（2）PLC系统设定。利用CX-Programmer通过PLC系统设定来进行，可以设定是否使用输入/输出，输入/输出量程、平均化处理的有效/无效和输入/输出分辨率。

（3）连接模拟输入/输出设备。

（4）梯形图设计。

7.3.1.4 接线

模拟输入的接线如图7-18所示，模拟输出的接线如图7-19所示。输入/输出连接线采用带屏蔽的2芯双绞电缆，屏蔽线不需要连接。对于不使用的输入，需将输入端子的“+”和“-”短接。

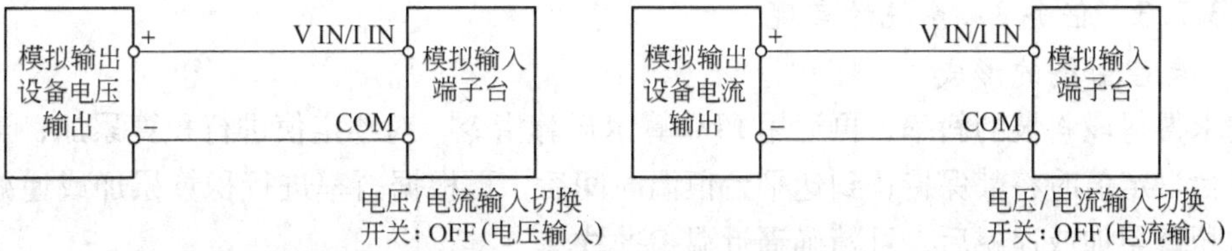

图7-18 模拟输入接线示意图

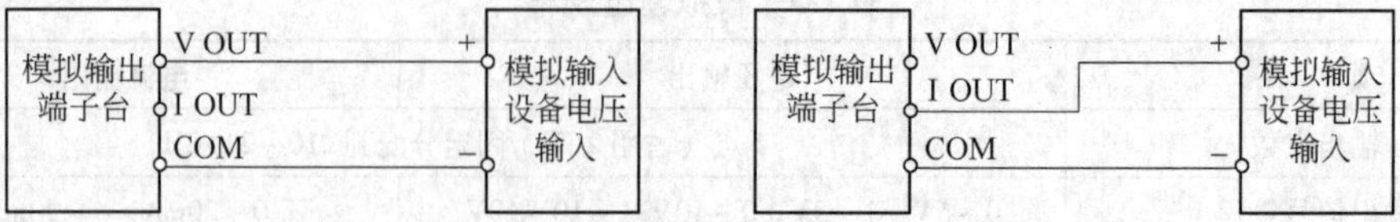

图 7-19　模拟输出接线示意图

7.3.2　案例说明

在烧结配矿试验与烧结矿的理化检验中，常用到试验电炉。传统的试验电炉控制只具备恒温控制，温度设定值由人工通过温度控制器的给定电位器设定，试验准确性很难保证。为求得理想的配矿结构及烧结工艺，必须对炉膛的温度、温度的时间变速及试验时间进行调节与控制。这样就要求对试验电炉的温度进行程序控制，使炉膛的温度严格按照给定的温控曲线变化，从而保证试验的准确度。试验电炉的温控曲线设定为多段曲线，如图 7-20 所示。随着试验品种的改变，有些参数按需要可进行调整。

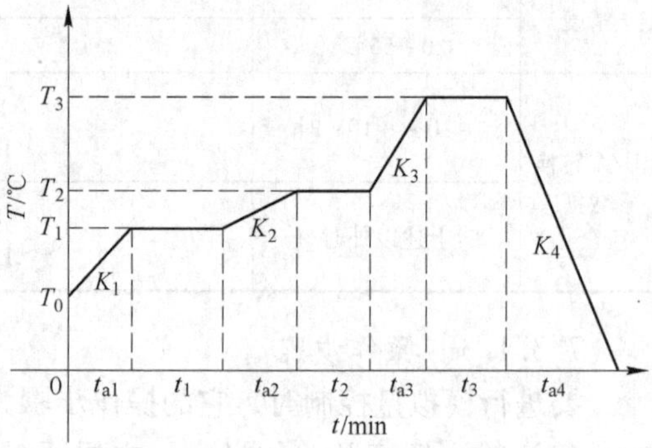

图 7-20　试验电炉温控曲线

$T_1 \sim T_3$：各平台温度设定值，设定范围 0 ~ 1000；

T_0：初始温度值（截距）；

$t_1 \sim t_3$：各平台温度恒定保持时间，设定范围0 ~ 9999；

$t_{a1} \sim t_{a4}$：各斜坡温度上升时间，设定范围0 ~ 9999；

$K_1 \sim K_4$：各斜坡温度上升斜率，可通过各平台温差 T 和各斜坡温度上升时间 t_a 求得比率，上升为正，下降为负；

7.3.3　解决方案

7.3.3.1　任务 1：控制方案选择

分析本控制系统，可以选择 PLC 来进行控制。

7.3.3.2　任务 2：确定输入/输出设备，选择 PLC 型号

A　输入/输出分析

根据控制要求，可以得出本控制系统共有 1 个启动信号和 1 个停止信号，1 路模拟信号（温度变送器送过来的信号），共 3 个输入信号，输出信号有 1 个主回路接触器 QA 和 1 路模拟信号（温度反馈）。

B　PLC 的选型

综合分析系统要求，考虑系统的经济性和技术指标，选用 OMRON 公司微型 CP1H-XA 型 PLC 就可以满足控制系统要求。

7.3.3.3　任务 3：系统的实现

A　温控曲线的形成

先求得每段斜坡的斜率，再运用 PLC 算术运算指令，对给定值进行积算累加，当达到某个平台设定值时将其保持；到达平台恒温时间后，再根据斜率进行积算累加或递减，经过几次积算累加或递减后，可精确逼近温控曲线。

若要改变给定参数，只需改变各段斜率、平台恒温设定值及其保持时间即可。

B 加热控制

温度控制系统采用 PID 控制系统。主回路用双向可控硅对加热器进行控制，双向可控硅采用过零触发方式，与主回路共同构成调控器。通过温度变送器将炉膛温度进行检测，并将变送器输出通过 A/D 转换后送给 PLC，作为温度反馈信号。

运用 PLC 的 PID 指令，将反馈信号与温度给定曲线进行 PID 运算后得到控制信号，供给触发电路，作为调控器的给定信号。

7.3.3.4 任务 4：系统构成及软元件分配

试验电炉加热系统如图 7-21 所示，其他硬件电路图在这里省略，请读者自行分析。

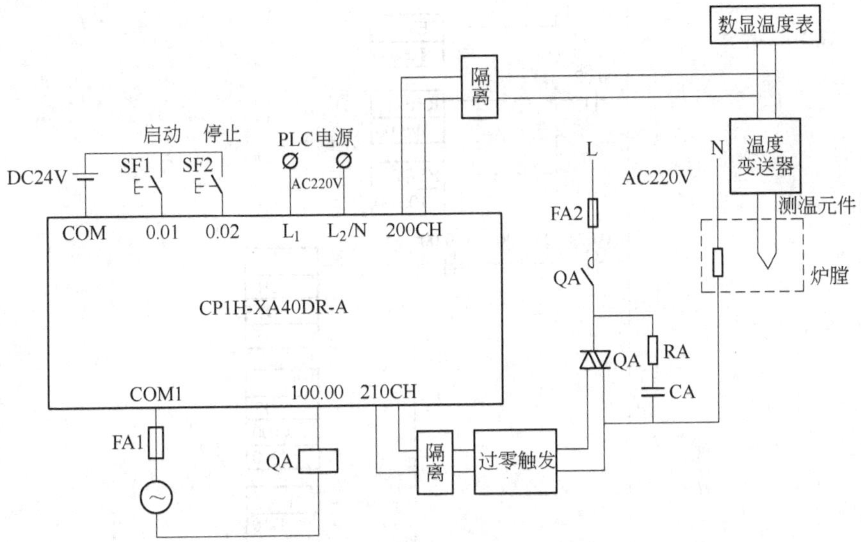

图 7-21 试验电炉加热系统图

试验电炉加热系统的软元件分配见表 7-4。

表 7-4 输入/输出设备及 PLC 的 I/O 分配

输入设备		PLC 输入元件	输出设备		PLC 输出元件
外围器件符号	功 能		外围器件符号	功 能	
SF1	启动按钮	0.01	QA	主回路接触器	100.00
SF2	停止按钮	0.02		温度反馈值	210CH
	温度变送器信号	200CH			

7.3.3.5 任务 5：程序设计

A 温控曲线的形成

曲线分成两种情况：一是斜坡部分，二是平台部分。斜坡部分的主要参数是斜坡斜率和斜坡时间，平台部分的主要参数是平台恒温设定值和保持时间。将两个平台的温差值与斜坡时间相除后，即得斜坡的斜率，有了斜率就得到了单位时间温度的上升（或下降）值。然后利用 PLC 的乘法、加法指令按一定斜率进行积算，完成温度给定值的逼近（为了避免在输入斜率时出现小数，所以先将斜率 K 乘以 100，然后在程序中再除以 100）。当积算值达到平台温度值时，斜坡曲线完成。此时将给定值保持，保持时间为平台恒温时间，保持时间一到，再进行下一个斜坡曲线的积算逼近。

运用上述方法，便可实现预定的温度给定曲线。启/停及第 1 段温控曲线形成的梯形图如图 7-22 所示。第 2、第 3 段温控曲线形成的梯形图如图 7-23 所示。第 4 段温控曲线形成的梯形图如图 7-24 所示。

程序中所使用的 PLC 元件及其功能如表 7-5 所示。

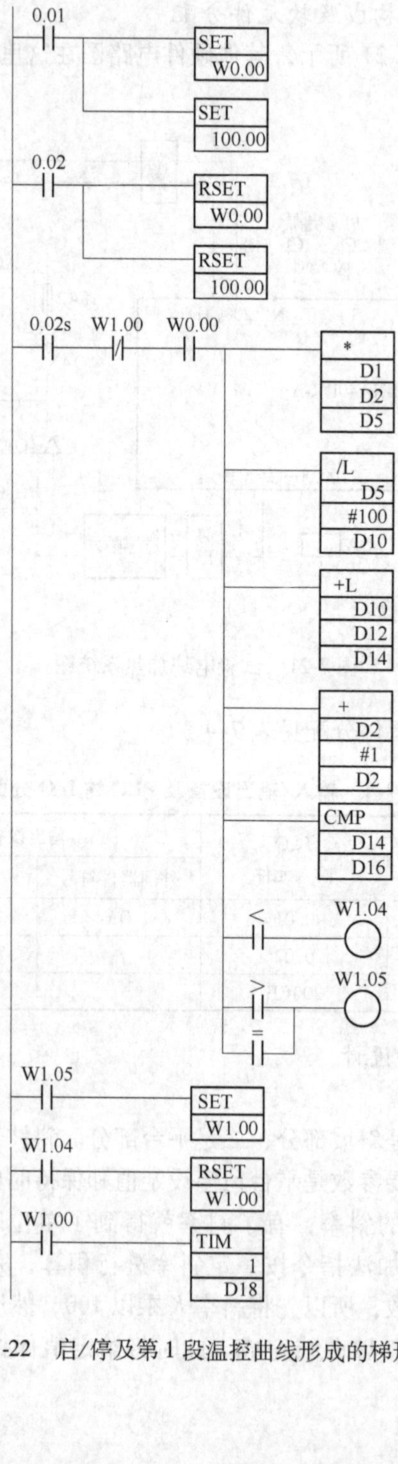

图 7-22　启/停及第 1 段温控曲线形成的梯形图

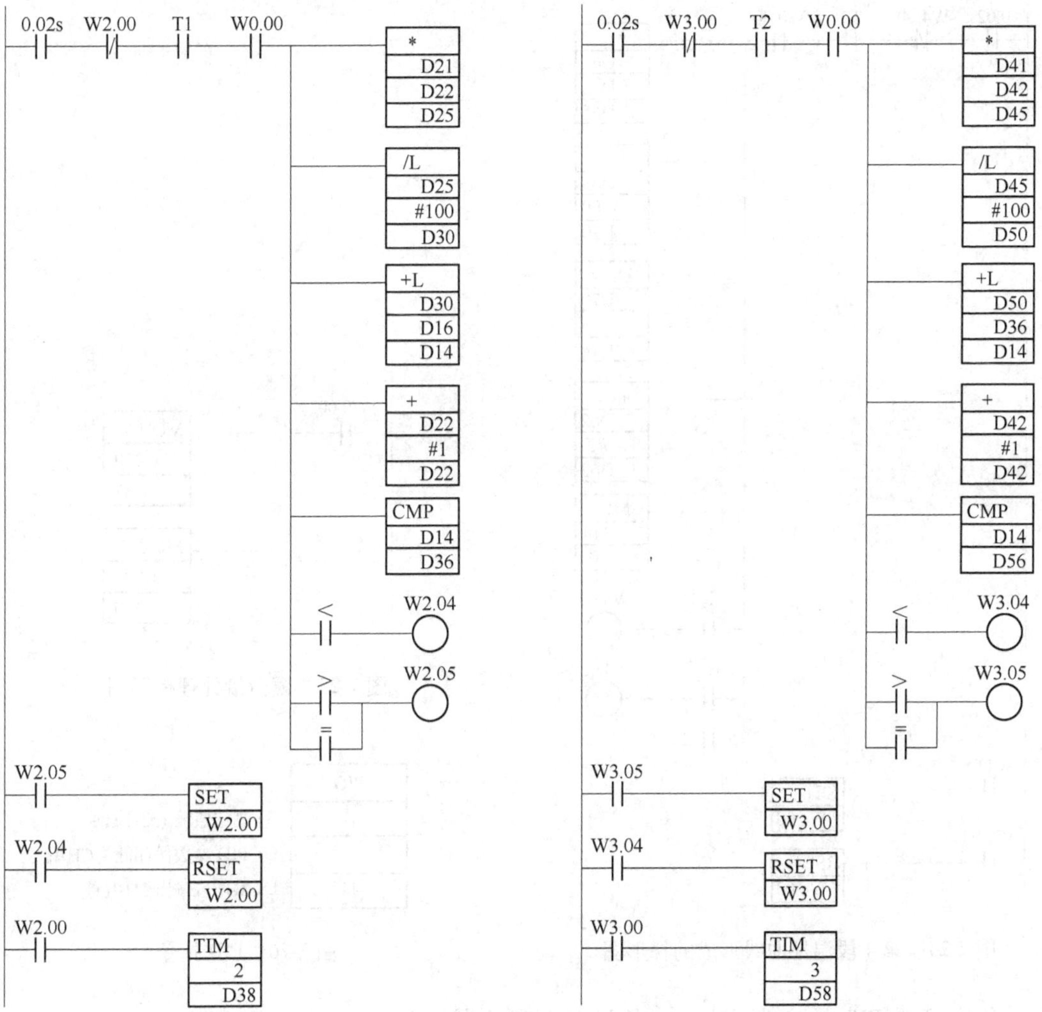

图 7-23　第 2、第 3 段温控曲线形成的梯形图

B　模拟量处理

系统中的模拟量有两个，一是炉膛实际温度测量的反馈值，二是将实际温度与设定温度进行 PID 运算后产生的控制信号。测量值为模拟量输入，送入内置模拟量输入通道 200CH，将它的拨动开关设置为 OFF 状态，设定为电压输入，将温度反馈值进行 A/D 转换，为 PID 运算提供反馈信号。控制信号为模拟电压量输出，通过内置模拟量输出通道 210CH 来实现，它将经 PID 运算后产生的温度控制信号进行 D/A 转换，作为调控器过零触发电路的给定电压。

模拟量处理的梯形图如图 7-25 所示。

C　PID 调节

OMRON 系列 PLC 提供了 PID 指令，指令格式如图 7-26 所示。该指令根据 C 所指定的参数（设定值、PID 常数等）进行将 S 作为测定值输入的 PID 运算，将 D 输出到操作量。

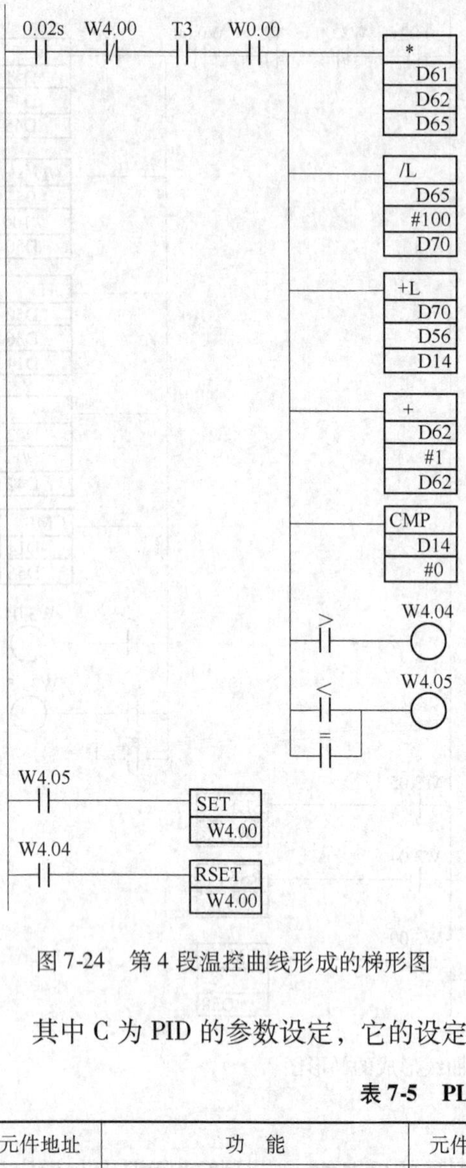

图 7-24　第 4 段温控曲线形成的梯形图

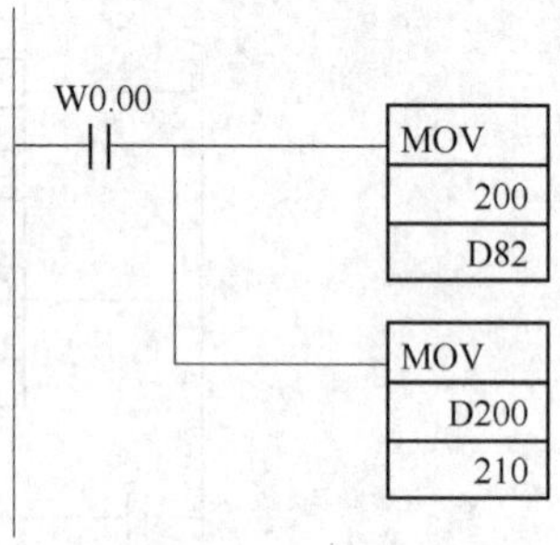

图 7-25　模拟量处理梯形图

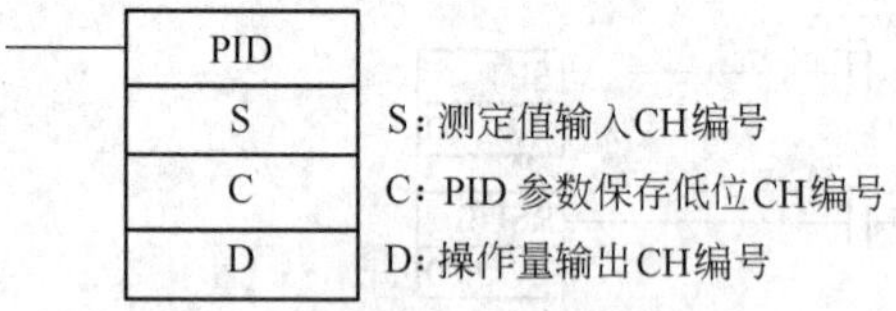

图 7-26　PID 指令

其中 C 为 PID 的参数设定，它的设定内容见表 7-6。

表 7-5　PLC 元件及其功能表

元件地址	功　能	元件地址	功　能	备　注
W0. 00	启动保持	D1	第 1 斜坡斜率 $K_1 \times 100$	$= (T_1 - T_0) / t_{a1} \times 100$
W1. 00	第 1 段达到设定值	D2	斜坡段采样	初始值为 K_0
W1. 04	第 1 段当前值小于给定值	D5	第 1 斜坡累积	
W1. 05	第 1 段当前值大于等于给定值	D10	第 1 斜坡累积/100	
W2. 00	第 2 段达到设定值	D12	初始值即截距	T_0
W2. 04	第 2 段当前值小于给定值	D14	温控曲线当前值	
W2. 05	第 2 段当前值大于等于给定值	D16	第 1 平台温度设定值	
W3. 00	第 3 段达到设定值	D18	第 1 平台恒温时间	
W3. 04	第 3 段当前值小于给定值	D21	第 2 斜坡斜率 $K_2 \times 100$	$= (T_2 - T_1) / t_{a2} \times 100$
W3. 05	第 3 段当前值大于等于给定值	D22	斜坡段采样	初始值为 K_0
W4. 00	第 4 段达到设定值	D25	第 2 斜坡累积	

续表7-5

元件地址	功 能	元件地址	功 能	备 注
W4.04	第4段当前值大于零	D30	第2斜坡累积/100	
W4.05	第4段当前值小于等于零	D36	第2平台温度设定值	
		D38	第2平台恒温时间	
		D41	第3斜坡斜率 $K_3 \times 100$	$=(T_3-T_2)/t_{a3}\times 100$
		D42	斜坡段采样	初始值为 K_0
		D45	第3斜坡累积	
		D50	第3斜坡累积/100	
		D56	第3平台温度设定值	
		D58	第3平台恒温时间	
		D61	第4斜坡斜率 $K_4 \times 100$	$=(T_4-T_3)/t_{a4}\times 100$
		D62	斜坡段采样	初始值为 K_0
		D65	第4斜坡累积	
		D70	第4斜坡累积/100	
		D82	温度反馈值	
		D200	经PID调节后的控制量	
		D83~D121	PID参数设定	

表7-6 PID参数设定内容

控制数据	项 目	内 容
C	设定值	控制对象的目标值
C+1	比例带	比例控制范围/控制范围所表示的P控制用参数
C+2	积分常数	表示积分动作的效果大小的常数，将该值变大后，积分效果变弱
C+3	微分常数	表示微分动作的效果大小的常数，将该值变大后，微分效果变弱
C+4	采样周期	进行PID运算的周期
C+5的位4~15	PID参数	输入滤波器系数，通常为0.65。值越接近于0，则滤波器效果越弱
C+5的位3	操作量输出指定	指定测定值=设定值时的操作量
C+5的位1	PID常数刷新时间指定	指定何时将P（比例带）、I（积分常数）、D（微分常数）的各参数反映在PID运算中
C+5的位0	操作量正反动作切换指定	决定比例动作方向的参数
C+6的位12	操作量限位控制指定	是否对操作量进行限位控制的指定
C+6的位8~11	输入量程	输入数据的位数
C+6的位4~7	积分、微分常数单位指定	积分、微分常数的时间单位指定
C+6的位0~3	输出范围	输出数据的位数
C+7	操作量限位下限值	对操作量进行限位控制时的限位下限值

续表 7-6

控制数据	项　目	内　容
C+8	操作量限位上限值	对操作量进行限位控制时的限位上限值
C+9 的位 15	AT 指令/执行中	同时兼具 PID 常数的 AT（自整定）执行指令和 AT 执行中标志使用。AT 执行时设置为 1，AT 结束后，自动返回 0
C+9 的位 0～11	AT 计算增益	对通过 AT 进行的 PID 调整的计算结果的自动存储值的补给度通过用户定义进行调整时加以设定。通常在默认值下使用，重视稳定性时变大，重视速应性时变小
C+10	限位周期滞后	在 SV 中，设定发生限位周期时的滞后，默认值中，逆动作的情况下，在 SV－0.2% 的滞后中将 MV 置于 ON，由于 PV 不稳定，在无法发生正常的限位周期时，增大该值。但是，如果过大，AT 精度将变低

根据 PID 指令格式，将温度反馈值 D82 和当前值 D14 送给 PID 指令进行 PID 运算，并将产生的调节值送给 D200，通过模拟量输出端口 210CH 送给调节器，梯形图如图 7-27 所示。

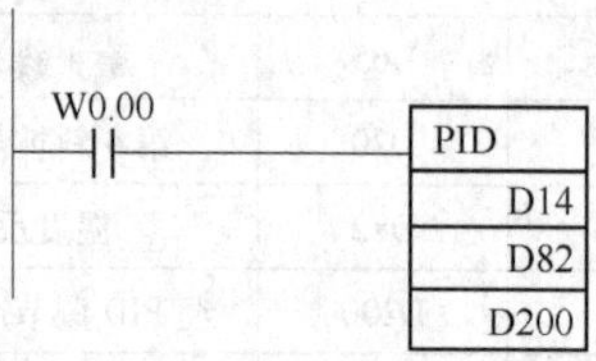

图 7-27　数据 PID 调节梯形图

7.4　本章小结

本章通过两个案例分析了 PLC 控制系统的设计方法与应用。

7.1节对 PLC 控制系统设计步骤、PLC 的选择、减少输入/输出点数和 PLC 如何与输入/输出设备之间连接进行了系统介绍。7.2 节和 7.3 节通过两个案例来说明 PLC 控制系统的设计方法以及它在开关量控制系统和模拟量控制系统中的应用。

习　题

7-1　进行 PLC 选型时，主要应考虑哪几个方面？

7-2　PLC 的开关量输入单元一般有哪几种输入方式，它们分别适用于什么场合？

7-3　PLC 的开关量输出单元一般有哪几种输出方式，各有什么特点？

7-4　设计一个自动传送系统，要求如下：自动传送系统由机械手和送料车两部分构成，如图 7-28 所示。机械手的工作是将工件从 A 点移送到停留在 B 点的送料车上。机械手的起点在左上方，动作过程按下降→夹紧→上升→右移→下降→松开→上升→左移的顺序依次进行。机械手的上升/下降、左移/右移以及机械手对工件的夹紧/松开，都是由两位电磁阀驱动液压缸完成的。送料车的起点在 B 处，由电动机驱动，其工作是将放在小车上的工件从 B 点送到 C 点，经卸料所需的设定时间 10s 后，小车自动返回。为了提高工作效率，要求两部分独立工作，同时在接料时要配合准确，两部分的启动、停止要相互联锁，确保设备运行安全可靠。

7-5　如图 7-29 所示为金属球体分拣装置示意图。系统设有手动、单周期、单步、连续和回原点 5 种工作方式，机械手在最上面、最左边且机械臂下端的电磁铁断电时，称为系统处于原点状态。手动时应

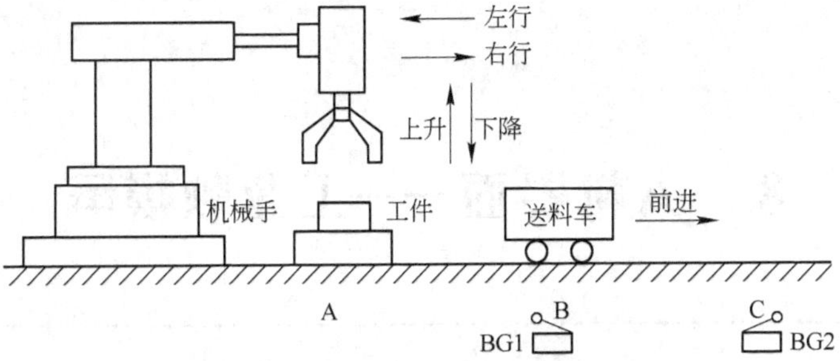

图 7-28　自动传送系统工作示意图

设有左行、右行、上升、下降、吸合、释放 6 个操作按钮；回原点工作方式时应设有回原点启动按钮；单周期、单步、连续工作方式时应设有启动和停止按钮。系统还应设有启动和急停按钮。其工作顺序如下：

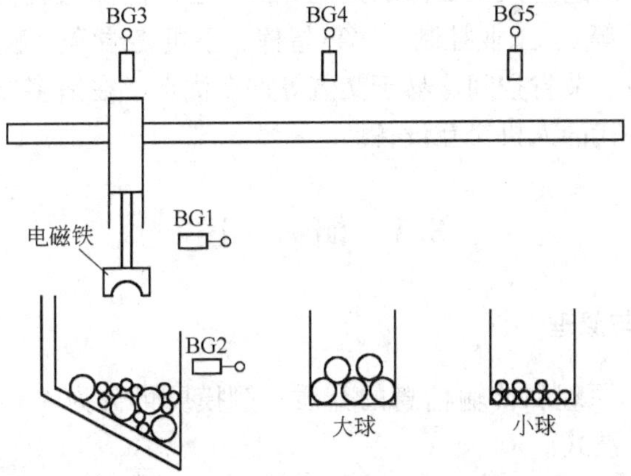

图 7-29　金属球体分拣装置示意图

(1) 机械臂处于原点状态时，上限位开关 BG1 和左限位开关 BG3 被压触而闭合，按下启动按钮 SF，机械臂向下运动；
(2) 碰压下限位开关 BG2 时，电磁铁导电，以便吸引金属球体，1s 后机械臂向上移动；
(3) 如果电磁铁吸住的是大球，则受球体重力作用的极限开关 BG6（图中未画出）处于断开状态，若吸住的是小球，则极限开关 BG6 处于闭合状态；
(4) 机械臂带动金属球上升碰压上限位开关 BG1 后，转为向右移动；
(5) 如果电磁铁吸引的是大球，则向右移动至中限位开关 BG4 处时，电磁铁断电；否则移动至右限位开关 BG5 处时，电磁铁断电；
(6) 电磁铁断电 1s 后，机械臂向左运动返回至初始位置，结束 1 次循环。

试根据以上要求，为该金属球体分拣装置设计一套 PLC 控制系统。

8　人机界面——工业触摸屏

本章要点

- 触摸屏的分类
- 工业触摸屏的使用方法

触摸屏是以触摸方式进行人机交互的人机界面，已广泛深入我们的生活，诸如公共信息的查询（银行、市政等）、工业控制、军事指挥、手机终端等。触摸屏具有简单、方便、直观、耐用、响应及时、节省空间、易于交流等许多优点，在诸多领域中，触摸屏已成为不可或缺甚至是不可替代的人机交互设备。

8.1　概　　述

8.1.1　触摸屏的分类与原理

按照触摸屏的工作原理和传输信息的介质，触摸屏可分为4种类型：电阻式、电容式、红外线式和表面声波式。

8.1.1.1　电阻式触摸屏

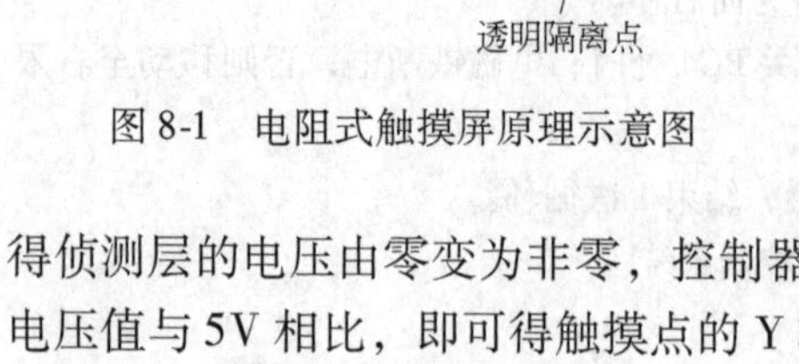

图8-1　电阻式触摸屏原理示意图

电阻触摸屏的屏体部分是一块与显示器表面非常配合的多层复合薄膜，如图8-1所示。由一层玻璃或有机玻璃作为基层，表面涂有一层透明的导电层，上面再盖有一层外表面硬化处理、光滑防刮的塑料层，它的内表面也涂有一层导电层，在两层导电层之间有许多细小（小于千分之一英寸）的透明隔离点把它们隔开绝缘。当手指接触屏幕，两层导电层出现一个接触点，因其中一面导电层接通Y轴方向的5V均匀电压场，使得侦测层的电压由零变为非零，控制器侦测到这个接通后，进行A/D转换，并将得到的电压值与5V相比，即可得触摸点的Y轴坐标，同理得出X轴的坐标，这就是电阻技术触摸屏的工作原理。电阻触摸屏根据引出线数多少，分为四线、五线等多线电阻触摸屏。

电阻式触摸屏的导电层涂层比较薄且容易脆断，涂得太厚又会降低透光且形成内反射降低清晰度，导电层外虽多加了一层薄塑料保护层，但依然容易被锐利物件所破坏；且由于经常被触动，表层导电层使用一定时间后会出现细小裂纹，甚至变形，如其中一点的外层导电层受破坏而断裂，便失去作为导电体的作用，触摸屏的寿命并不长久。但电阻式触摸屏不受尘埃、水、污物影响，因此在工业现场得到了广泛应用。

8.1.1.2 电容式触摸屏

电容式触摸屏在触摸屏四边均镀上狭长的电极，在导电体内形成一个低电压交流电场。用户触摸屏幕时，由于人体电场，手指与导体层间会形成一个耦合电容，四边电极发出的电流会流向触点，而电流强弱与手指到电极的距离成正比，位于触摸屏幕后的控制器便会计算电流的比例及强弱，准确算出触摸点的位置。

电容式触摸屏的构造主要是在玻璃屏幕上镀一层透明的薄膜体层，再在导体层外加上一块保护玻璃，双玻璃设计不但能保护导体及感应器，更能有效地防止外在环境因素对触摸屏造成影响，就算屏幕沾有污秽、尘埃或油渍，电容式触摸屏依然能准确算出触摸位置。由于电容随温度、湿度或接地情况的不同而变化，故其稳定性较差，往往会产生漂移现象。

8.1.1.3 红外线式触摸屏

红外线式触摸屏是在显示屏上加上光电距离框，光电距离框的四边排列了红外线发射管及接收管，在屏幕表面形成一个红外线网。用户以手指触摸屏幕某一点，便会挡住经过该位置的横竖两条红外线，计算机便可即时算出触摸点位置。其原理示意图如图 8-2 所示。

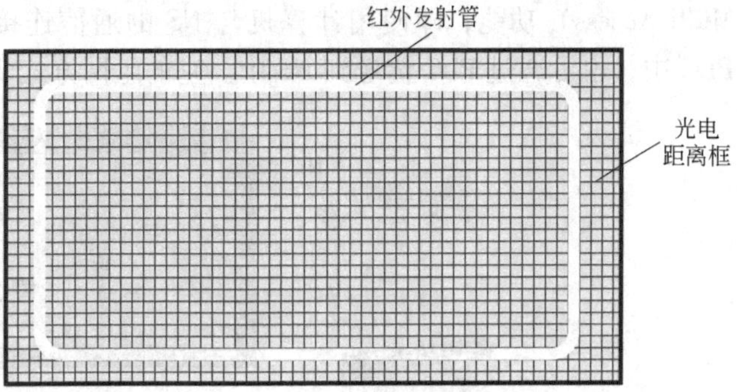

图 8-2 红外线式触摸屏原理示意图

红外线式触摸屏不受电流、电压和静电干扰，适宜某些恶劣的环境条件。其主要优点是价格低廉、安装方便、不需要卡或其他任何控制器，可以用在各档次的计算机上。此外，由于没有电容充放电过程，响应速度较快，但由于它只是在普通屏幕增加了框架，在使用过程中框架四周的红外线发射管及接收管很容易损坏，且分辨率较低。

8.1.1.4 表面声波式触摸屏

表面声波是一种沿介质表面传播的机械波。该种型号的触摸屏由触摸屏、声波发生器、反射器和声波接收器组成，其中声波发生器能发送一种高频声波跨越屏幕表面，当手指触及屏幕时，触点上的声波即被阻止，由此确定坐标位置。

表面声波触摸屏的触摸屏部分可以是一块平面、球面或是柱面的玻璃平板，安装在CRT、LED、LCD 或是等离子显示器屏幕的前面。这块玻璃平板只是一块纯粹的强化玻璃，没有任何贴膜和覆盖层。玻璃屏的左上角和右下角各固定了竖直和水平方向的超声波发射换能器，右上角则固定了两个相应的超声波接收换能器。玻璃屏的四个周边则刻有 45°由疏到密间隔非常精密的反射条纹。其原理示意图如图 8-3 所示。

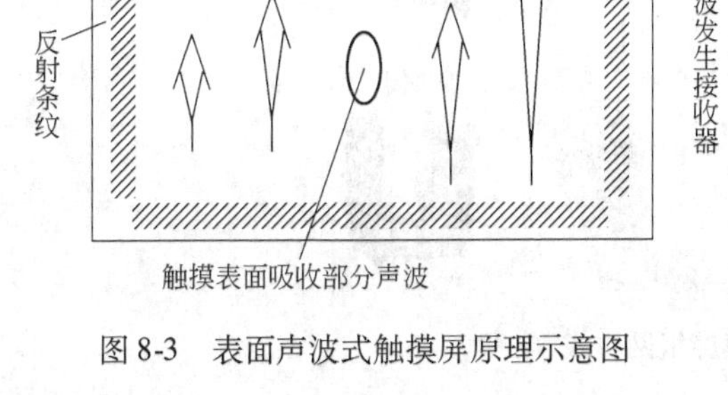

图 8-3 表面声波式触摸屏原理示意图

表面声波触摸屏不受温度、湿度等环境

因素影响，分辨率极高，有极好的防刮性，寿命长（5000 万次无故障）；透光率高（92%），能保持清晰透亮的图像质量；没有漂移，只需安装时一次校正；有第3轴（即压力轴）响应，最适合公共场所使用。

8.1.2 OMRON NS 系列触摸屏

NS（Navigator for System）触摸屏是 OMRON 公司最高端产品，有 NS12、NS10、NS8 和 NS5 四个系列产品。

NS 系列触摸屏可以通过触摸屏幕上显示的输入按钮实现数字/字符串输入，还可实现图片、各种字符、图形、内部数据和各种消息的显示。

NS 系列触摸屏具备 USB、RS－232C/RS422/485、Ethernet、ControllerLink 等编程通信接口，同时支持从一个通信口同时传送画面数据和 PLC 程序，称为 SPMA（Single Port Multi Access）功能，即使用计算机与 NS 的通信连接，可将梯形图程序通过 NS 传送到 PLC 中，也可通过 PLC 传送到 NS 中。它的组网方式非常自由灵活，见图 8-4 和图 8-5。

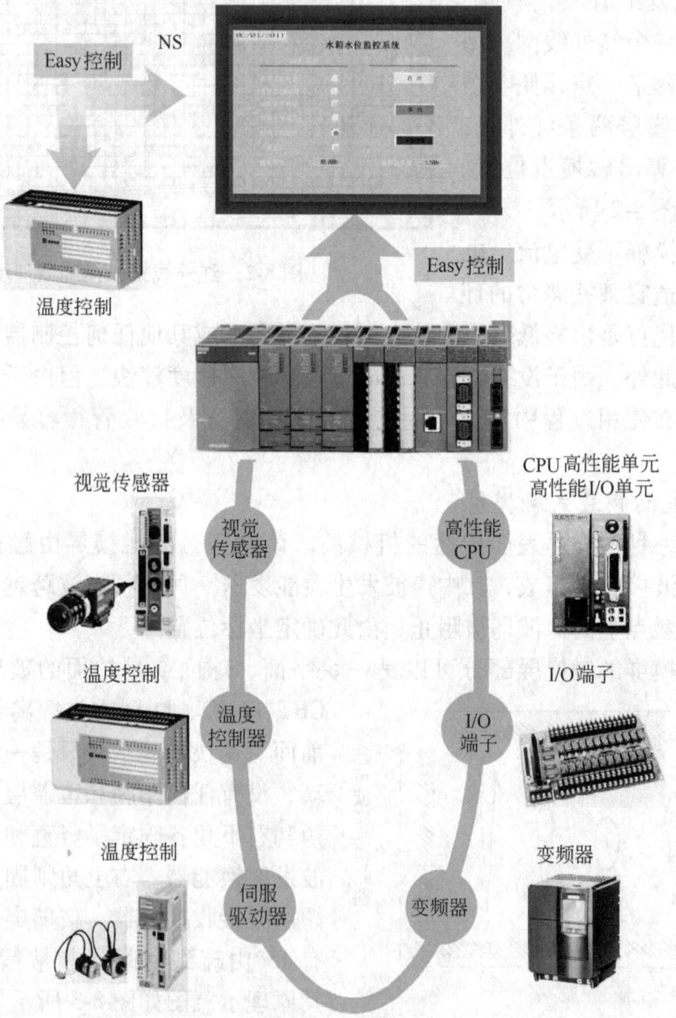

图 8-4 NS 系列触摸屏组网方式（一）

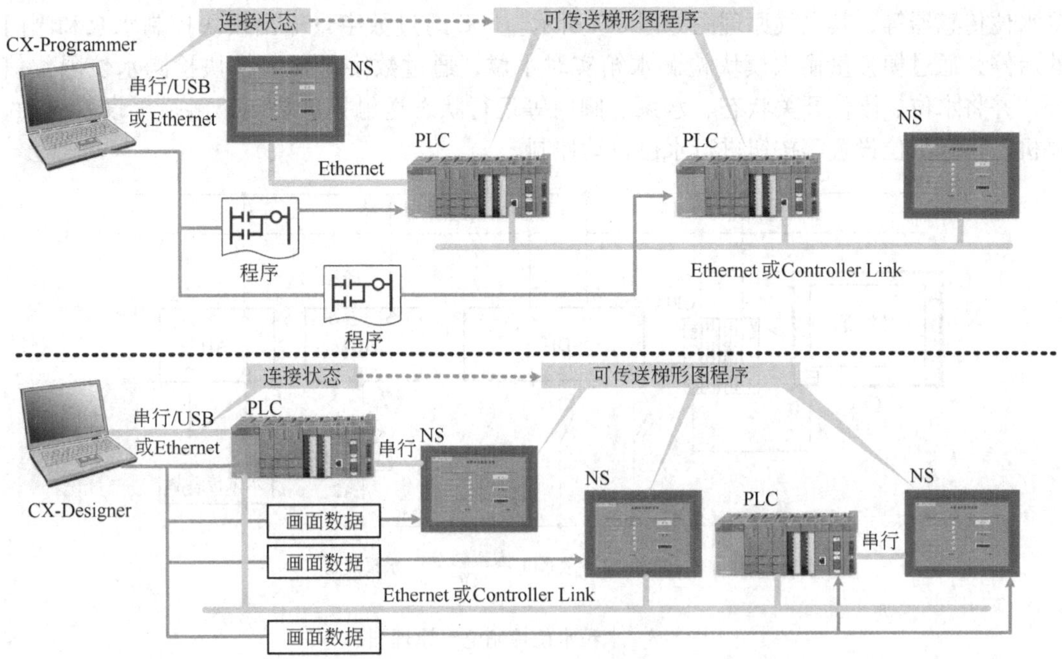

图 8-5 NS 系列触摸屏组网方式（二）

8.1.3 触摸屏终端

触摸屏终端是指采用触摸屏作为人机交互元件的一种电子设备，它一般包括两个部分：触摸检测装置和触摸屏控制器。触摸检测装置安装在显示器屏幕前面，用于检测用户触摸位置，接收后送触摸屏控制器；触摸屏控制器的主要作用是从触摸点检测装置上接收触摸信息，并将它转换成触点坐标，再发送给终端的控制器，它同时能接收来自终端控制器的指令进行显示和处理。本章主要介绍工业触摸屏终端（下简称触摸屏）的应用。

8.2 案例：水箱水位自动控制——工业触摸屏的应用

工业触摸屏是通过触摸式工业显示器把人和机器连为一体的智能化界面。它是替代传统控制按钮和指示灯的智能化操作显示终端，可以用来设置参数、显示数据、监控设备状态、以曲线/动画等形式描绘自动化控制过程。它优化了工艺流程，减少了电气设备数量，大大减少了设备故障率，保障了设备的稳定生产，并可简化 PLC 的控制程序，提供友好的人机界面。

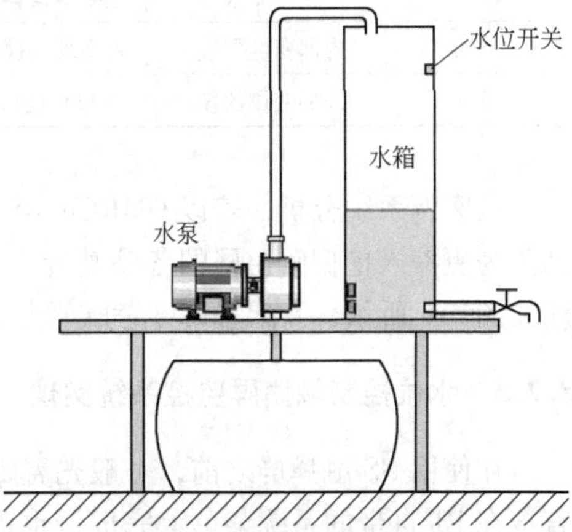

图 8-6 水箱水位系统示意图

8.2.1 水箱水位自动控制案例说明

某水箱水位自动控制如图 8-6 所示。此系统硬件组成包含触摸屏、PLC、低压配电器件、水泵水位传感器等，其电气原理图如图 8-7 所示。PLC 通过数字量输出模块控制水泵和阀门的启停，通过模拟量输入模块检测水箱实时水位，通过数字量输入模块检测水位限位信号，并将水位、限位开关状态、水泵、阀门等运行状态送触摸屏显示，触摸屏设置启动、停机、目标水位设置等按钮进行水位自动控制。

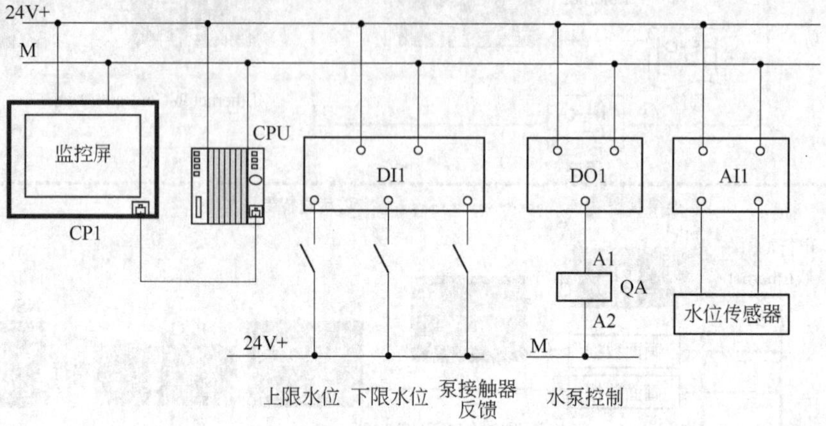

图 8-7　水箱水位控制电气原理图

8.2.2　触摸屏选型

在工控领域，有诸多厂家触摸屏可选，选型时必须对触摸屏进行需求分析，需求分析项目可参考表 8-1。为配合通讯要求，本案例以 OMRON 触摸屏终端（Programmable Terminal，简称 PT）为例。

表 8-1　触摸屏需求分析项目表

序　号	项　目	需　求	备　注
1	成本控制	根据客户需求和预算	
2	机械尺寸	根据机柜安装	
3	电气接口	确定供电电源要求、通讯接口	
4	色彩要求	主要根据客户要求	
5	内部变量数量	要实现触摸屏监控画面所需变量数量	
6	外部变量数量	与 PLC 通讯变量	

从案例系统分析，若以 OMRON NS 系列触摸屏为例，可以选择最低端的 NS5 系列产品。为更深入挖掘触摸屏的各项功能，本案例选用欧姆龙的 NS12-TS01-V1 触摸屏，其外观如图 8-8 所示，其配置可参考欧姆龙 NS 触摸屏选型手册。

8.2.3　水位控制触摸屏监控系统实现

在使用 NS 触摸屏之前，一般先需要对触摸屏进行硬件上的一些设置，这些设置可以直接在 PT 自带的系统菜单上完成，也可以通过 CX-Designer（欧姆龙触摸屏的编程软件）进行设定后下载给 PT。这里仅介绍通过 CX-Designer 编程软件如何实现该画面。

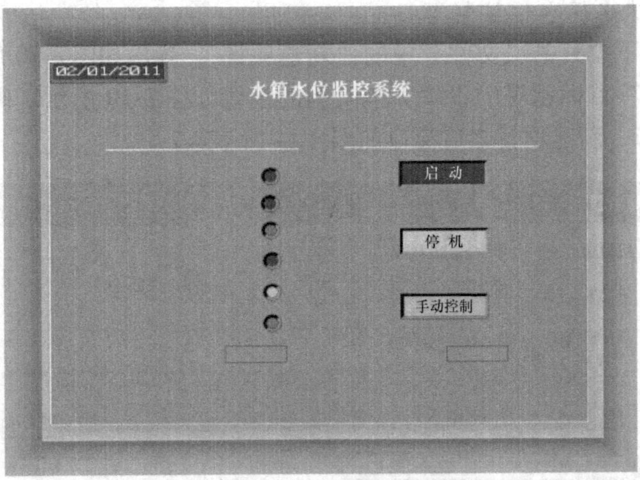

图 8-8 NS12 触摸屏外观图

8.2.3.1 CX-Designer 安装

CX-Designer 作为 CX-One 平台中的组件，随同 CX-One 一起安装，选择合适的版本（本书以 CX-One 3.0 版本为例），在 Windows XP 操作系统中安装 CX-One，选择 CX-Designer 组件，安装好之后，用户可以通过“开始”菜单，选择“程序”中的 OMRON 程序组启动 CX-Designer，CX-Designer 启动后的界面如图 8-9 所示。

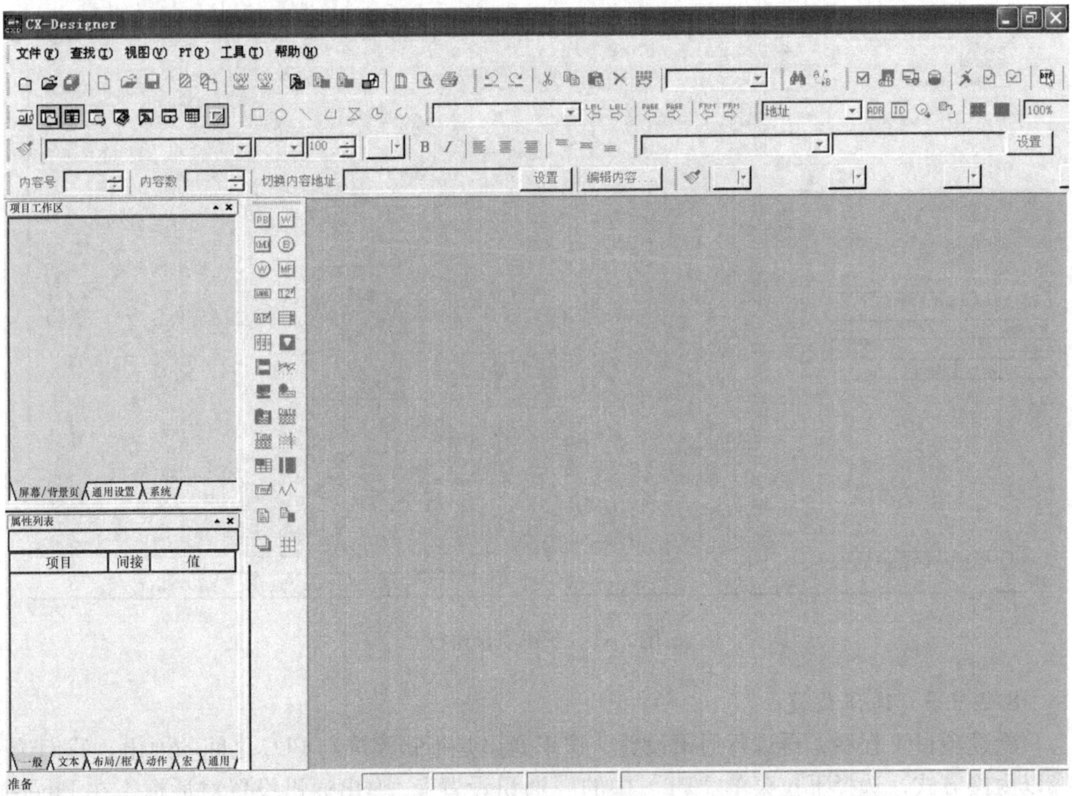

图 8-9 CX-Designer 主画面

8.2.3.2 新建水箱水位控制工程

在主画面选择下拉菜单“文件”中的“新建项目”，弹出如图8-10所示窗口，进行触摸屏机型、版本、项目标题等的设置。本案例的设置如图8-10所示。确定后我们将新屏幕标题设为pannel1，新建项目之后窗口如图8-11所示。

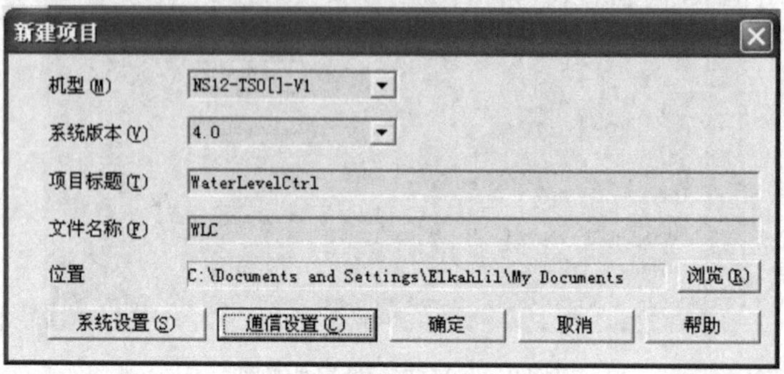

图8-10 新建项目设置

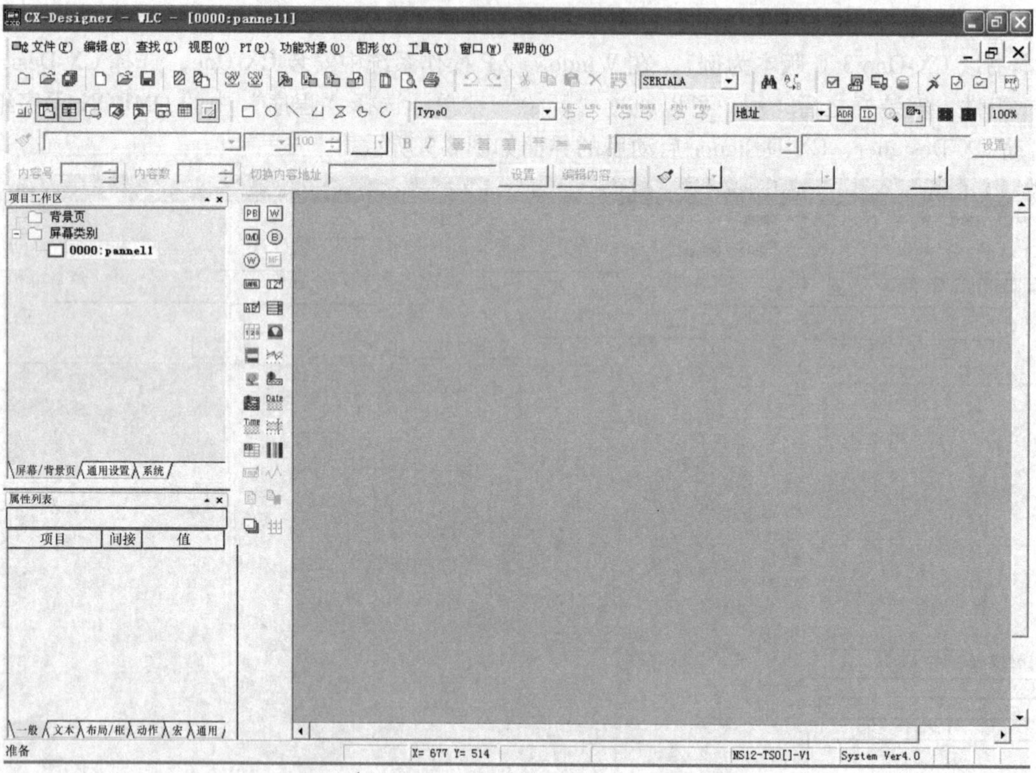

图8-11 新建项目窗口

8.2.3.3 通讯设置

新建项目工程后，再进行通讯设置，这里通讯是指触摸屏与PLC之间的通讯，我们选择以太网方式，选择下拉菜单“PT”中的“通讯设置”，弹出通讯设置对话框，在Ethernet选项中设置“网络地址”、“IP地址”等，如图8-12所示。

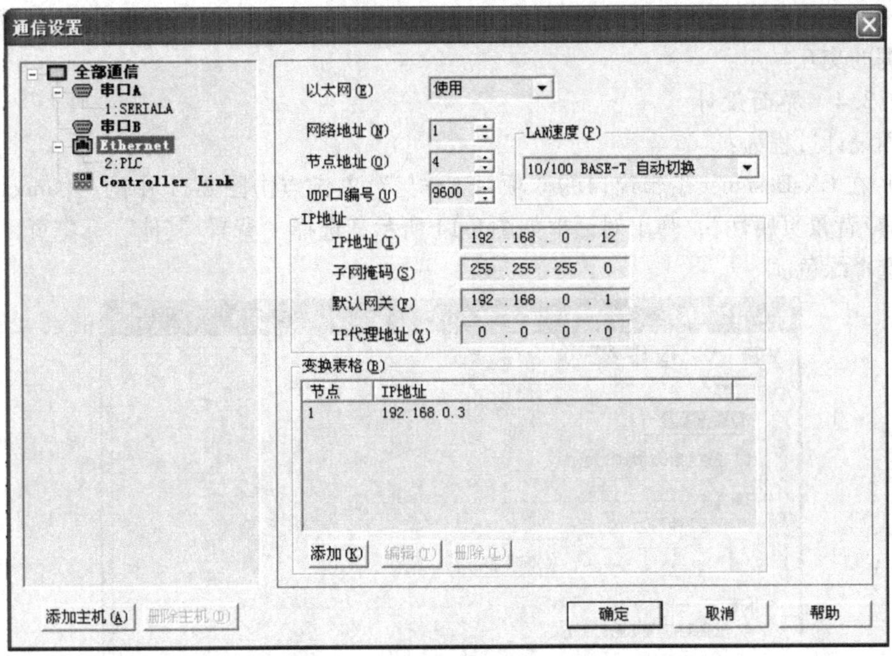

图 8-12　通信设置/Ethernet 设置

在设置窗口中，点击左下角“添加主机”，设置“主机名称”、“主机类型”、“网络地址”、和“节点地址”，如图 8-13 所示。

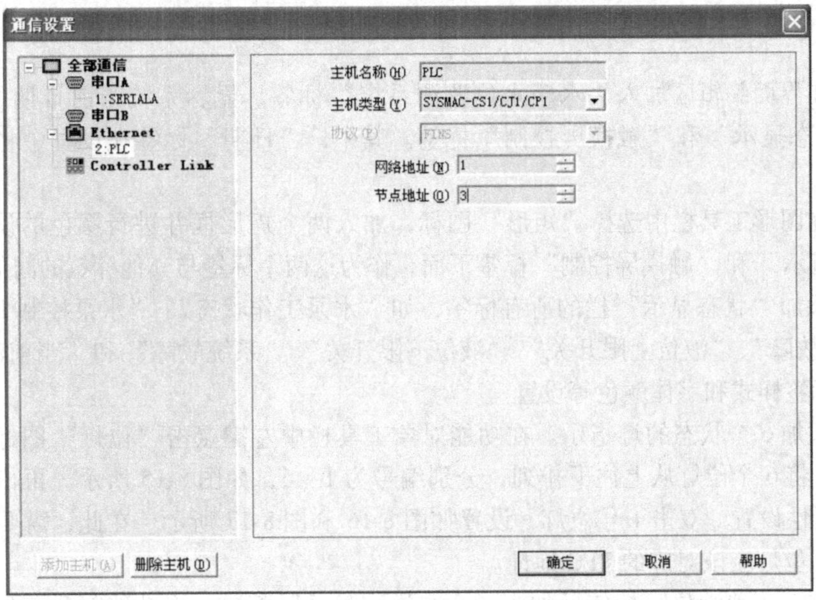

图 8-13　添加主机

其中图 8-13 的网络地址要填入 NS 系列 PLC 所处那一层网络的网络号，如“1”，节点地址与 IP 地址的最后一位一致，在本例中由于 IP 地址我们设定为 192.168.0.3，因此我们设定节点地址为“3”。UDP 端口号默认为“9600”。这样，我们就完成了 NS 系列 PT 通过 Ethernet 与 PLC 主机进行通信的设置，用户便可以通过主机名称访问主机的内存地址，实现数据的交互。

8.2.3.4 界面设计

界面设计过程为：

（1）在 CX-Designer 编辑窗口的“项目工作区”右键点击图 8-11 中的“pannel1”，选择“屏幕/背景页属性”，弹出对话框如图 8-14 所示，选择“背景/其他”标签页，在背景颜色中选择绿色。

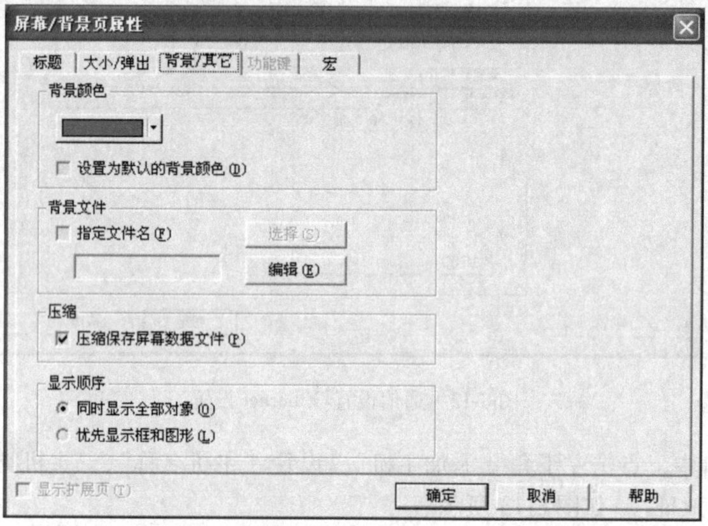

图 8-14 背景设置

（2）在界面编辑区加入“水箱水位监测系统”标签、显示系统当前日期的“日期”标签、“状态显示”和“触摸屏控制”标签。其中，“日期”标签在设置中将其设为三维框。

（3）在图形工具栏中选择“矩形”图标，加入两个矩形框并进行颜色的设置后，放在“状态显示”和“触摸屏控制”标签下面，作为这两个标签与其他标签的间隔。

（4）添加“状态显示”栏的所有标签，如“水泵工作状态”、“水泵控制 DO 输出”、“水泵工作故障”、“液位上限开关”、“液位下限开关”、“系统故障”和“当前液位”等。依次进行标签样式和字体颜色等设置。

（5）添加 6 个状态的灯指示。在功能对象工具栏中左键点击“位灯”图标，加入界面编辑区。将 6 个位灯从上往下排列，分别编号为 1～6，如图 8-15 所示。再依次对每个位灯进行属性设置，双击 1 号位灯，设置如图 8-16 和图 8-17 所示。在此，需要知道“泵工作状态”位灯应该对应的 PLC 地址。

（6）在“当前液位”标签后加入一个“数字显示”标签。在功能对象工具栏中点击“数字显示和输入”标签，加入界面编辑区。然后双击该标签，对其属性进行设置，将其一般属性中显示类型设置为 10 进制，存储格式设置为 DINT（有符号，2 字），将“PLC 地址”设置为与 PLC 实时水位变量地址一致，键盘设置为“其他输入方法”。

（7）再对“触摸屏控制”栏进行画面编辑设计。在功能对象工具栏中左键单击“ON/

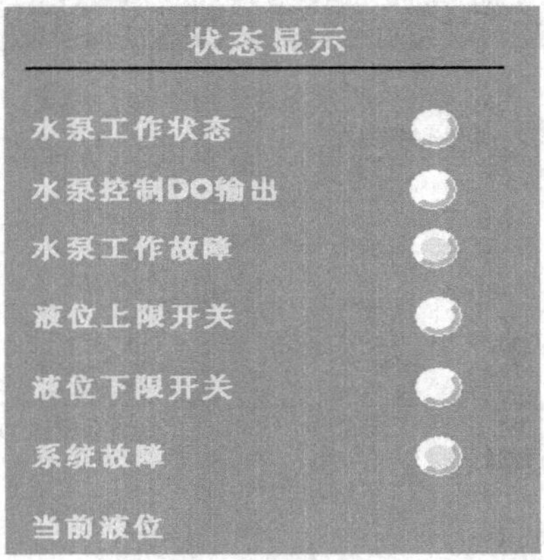

图 8-15　位灯排列

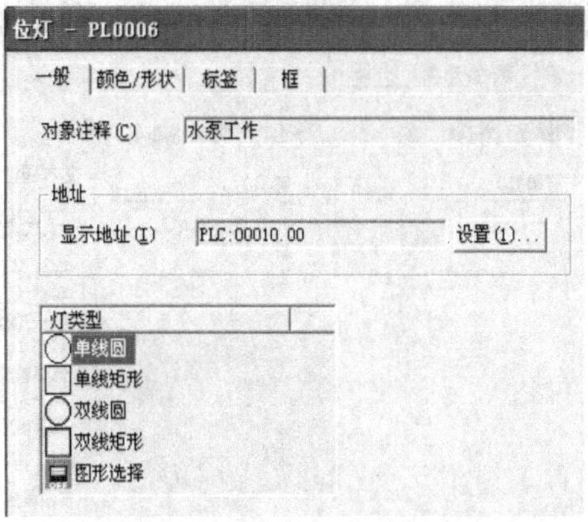

图 8-16　状态灯一般设置

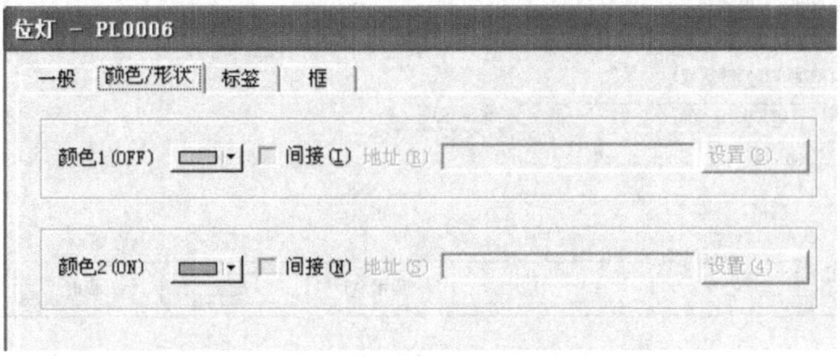

图 8-17　状态灯颜色/形状设置

OFF”按钮，加入界面编辑区。将其定义为“启动”按钮，用于控制水泵的启动，双击该按钮进行设置，在一般设置中将其动作类型设置为“置位”，按钮类型选择“矩形 Simple (Type1)”，然后对其 OFF 和 ON 的颜色和形状进行设置，再进行标签设置，如图 8-18 所示。

（8）按照“启动”按钮同样的方法加入“停止”按钮和实现手动和自动控制之间转换的“手动/自动”按钮。

（9）用鼠标在“状态显示”栏中选中“当前液位”，然后复制，将“当前液位”改为“目标液位设置”。然后再更改复制后的“数字输入显示”框，将其一般设置选择为显示类型“10 进制”，存储格式改为“REAL（实数）”，将“PLC 地址”设置为与 PLC 目标水位变量地址一致，键盘设置中输入方法选择“系统键盘”。设置完后将这两个组件拖放至合适位置，最终形成该触摸屏监控系统的主画面，如图 8-19 所示。

8.2.3.5　模拟仿真

触摸屏监控画面设计完后，可以利用 PC 机来仿真触摸屏，即通过 PC 机离线方式模拟触摸屏的控制过程。其过程如下。

（1）在工具条中点击测试按钮，如图 8-20 所示。

（2）进行“测试按钮”对话框设置。其中有 4 个设置选项，分别是“开始离线测试”、“与 CX-Simulator 连接”、“与 PLC 连接”和“选项”设置。“开始离线测试”仿真

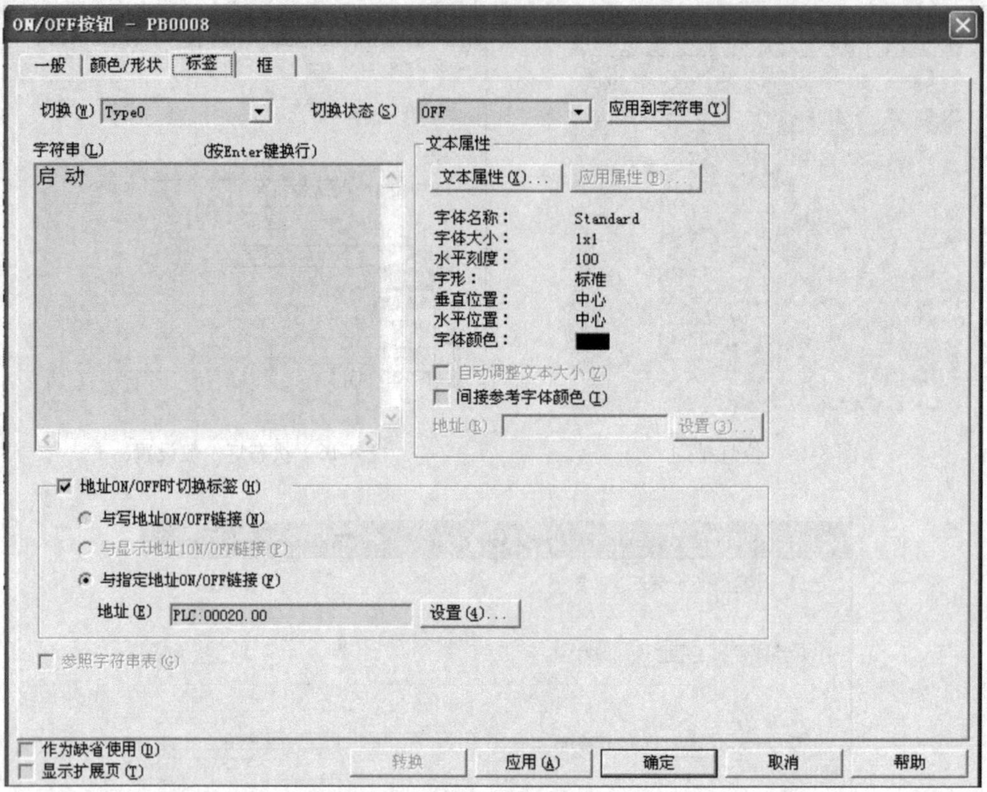

图 8-18　启动按钮标签设置

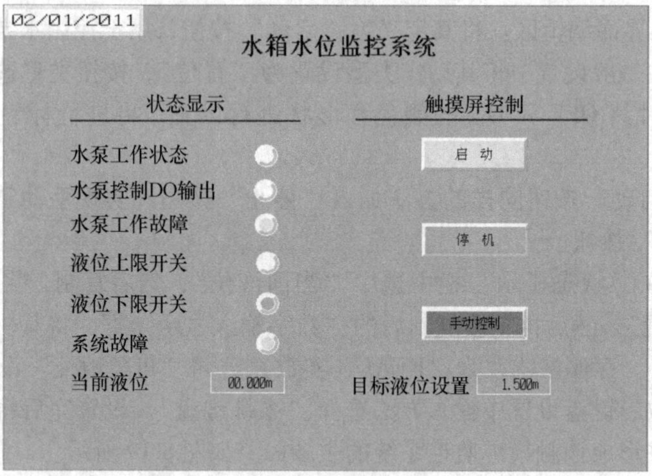

图 8-19　水箱水位控制系统主监控界面

模式能在 PC 机上方便地仿真出触摸屏的效果；“与 CX-Simulator 连接”仿真模式则需要启动 CX-Programmer，打开 PLC 程序，在 PC 机上实现 PLC 与触摸屏之间的联合仿真；“与 PLC 连接”仿真模式则是将电脑与 PLC 用网线连接，然后开始仿真，则可以用 PC 模拟触摸屏参与现场的监测与控制；“选项”按钮可以采取默认。

在设计时我们经常采用“开始离线测试”观察界面设计效果，用“与 CX-Simulator 连接”仿真模式仿真整个系统工作过程，用“与 PLC 连接”模式最终连接至 PLC 进行在线仿真。

8.2.3.6 触摸屏程序装载方法

在编辑完画面程序，并且进行有选择的仿真后，需要将整个 NS 项目包括组态画面和设置下载到 NS 系列 PT 进行运行。可以通过 NS 本体自带的多种通信端口进行联机下载，本案例选择 Ethernet 通讯方式，在 PC 与 PT 之间用网线连接。

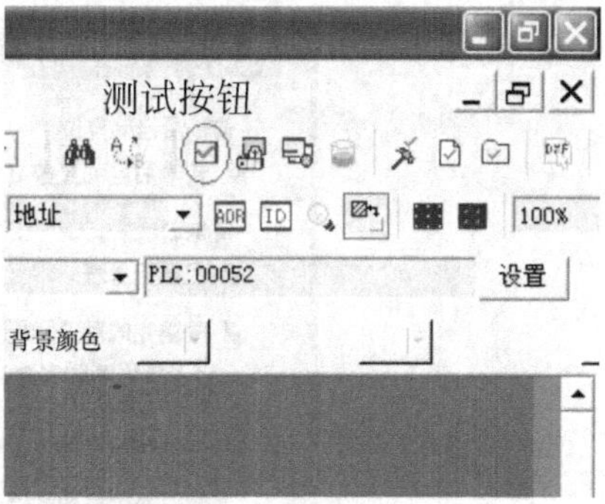

图 8-20 测试按钮

首先在 NS PT 系统菜单中设置 Ethernet 通信的 IP 地址，触摸屏上电后先用手同时按住触摸屏 4 角（至少 2 个角），则弹出图 8-21 所示对话框，点击虚线框中的 Enable 设置 IP 地址为 192.168.0.3，节点设为 2，点击“Write”按钮设置成功。

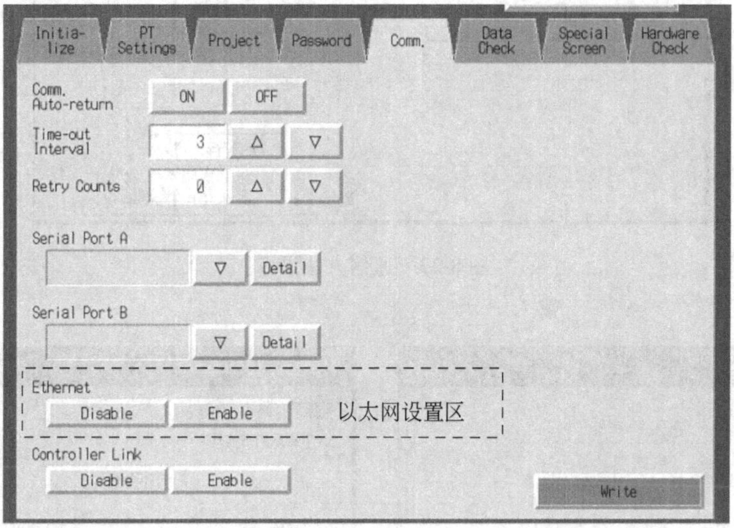

图 8-21 IP 设置

点击菜单【PT】→【传输】→【传输设置】，则弹出“通信方法设置”窗口，如图 8-22 所示，虚线框中选择 Ethernet，点击“设置”，则弹出 IP 设置窗口，进行网络和驱动设置。具体设置如图 8-23 和图 8-24 所示。

以上设置完成后，则点击菜单【PT】→【传输】→【传输［PC→PT］】，则可进入传输画面，下载程序至 PT。

8.2.3.7 监控界面使用方法

先将已装载程序的 PLC 与触摸屏用网线相连，系统上电正常后，则 PLC 和触摸屏开始通讯。触摸屏会显示图 8-19 所示屏幕中的所有内容，包括工作状态和水位信息。

程序开始运行之后，系统处于手动控制且停机状态，此时只能手动启动和停机。当点击“启动”按钮，则泵启动抽水，直至水位上限开关动作才停。在此抽水过程中，若按下“停止”按钮，则水泵可随时停止工作。当需要自动控制时，点击“手动控制”按钮，则

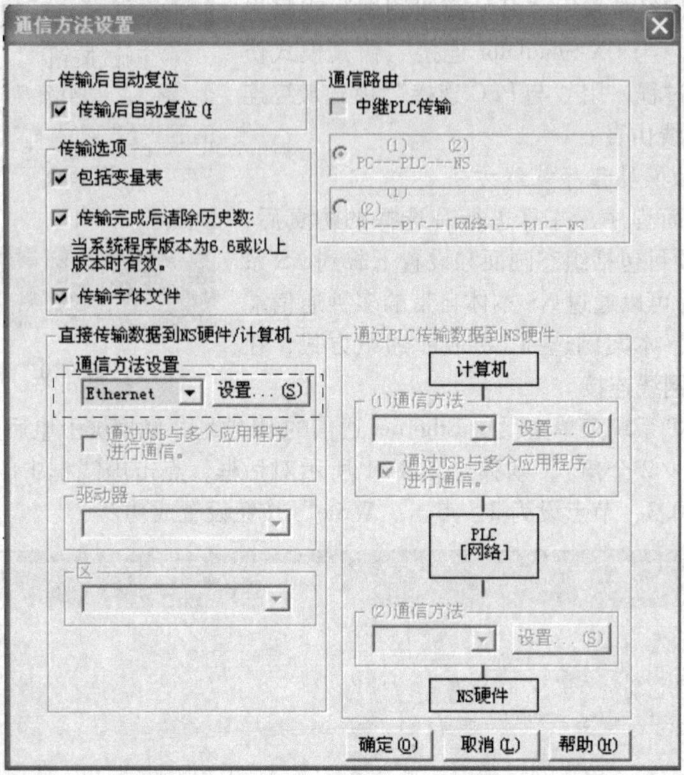

图 8-22 通信方法设置

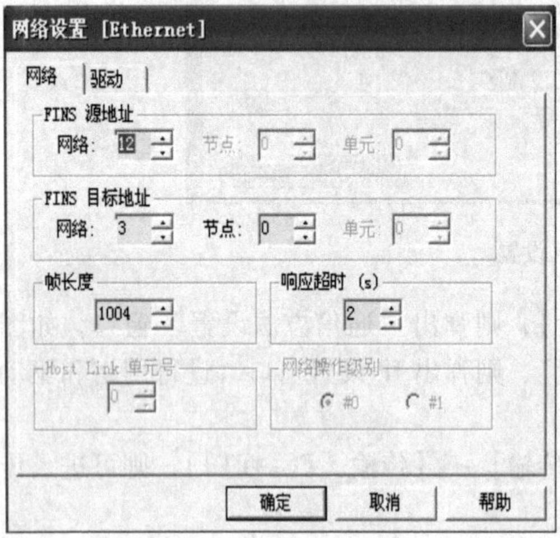

图 8-23 网络设置 1

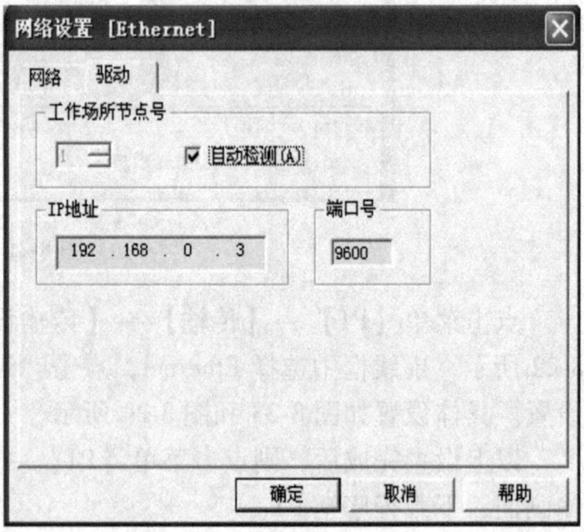

图 8-24 网络设置 2

其变为“自动控制”模式，点击“目标水位设置”，弹出目标水位设置键盘，对目标水位进行设置（比如 1.5m）。输入目标值后直接点击“启动”按钮，则水泵开始工作，向上水箱抽水，到达目标水位后 PLC 会让水泵停止工作。在抽水过程中，任何时候点击“停止”按钮，则水泵停止工作，如图 8-25 所示。

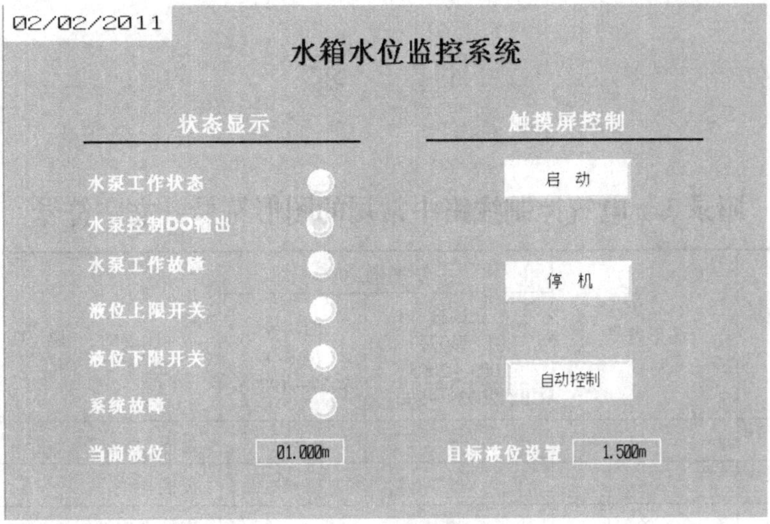

图 8-25　水泵自动控制

8.3　本章小结

触摸屏由于具有简单、方便、直观、易于交流等许多优点，已被广泛地应用于诸多领域，成为不可或缺甚至是不可替代的人机交互设备。本章对触摸屏的分类和工作原理进行了介绍，并以水箱水位自动控制系统和欧姆龙 NS 系列触摸屏终端为例，讲述了如何利用欧姆龙触摸屏的编程软件（CX-Designer）来实现工业触摸屏监控系统的软件设计方法。通过本章的介绍，使大家对触摸屏的工业应用有一个初步的了解。

习　题

8-1　触摸屏有哪些种类，各有什么特点？

8-2　试简单描述触摸屏选型原则。

8-3　试编写一个温度控制系统的触摸屏监控程序，并在触摸屏上应用。

附　录

附录1　电气控制线路中常用的图形符号、文字符号

名　称	图形符号	文字符号		说　明
		新国标（GB/T5094—2003～2005 GB/T20939—2007）	旧国标（GB/T 7159—1987）	
正　极	+	—	—	正极
负　极	-	—	—	负极
中性（中性线）	N	—	—	中性（中性线）
直流系统电源线	L+ L-	—	—	直流系统正电源线 直流系统负电源线
交流电源三相	L1 L2 L3	—	—	交流系统电源第1相 交流系统电源第2相 交流系统电源第3相
交流设备三相	*U* *V* *W*	—	—	交流系统设备端第1相 交流系统设备端第2相 交流系统设备端第3相
接　地		XE	PE	接地一般符号 地一般符号
				保护接地
				保护接地导体
				保护接地端子
电　阻		RA	R	电阻器一般符号
	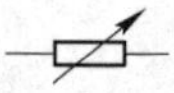			可调电阻器
电　感			L	电感器、线圈、绕组、扼流圈
电　容		CA	C	电容器一般符号
二极管		RA	V	半导体二极管一般符号
光电二极管				光电二极管
发光二极管	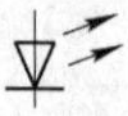	PG	VL	发光二极管一般符号
光耦合器	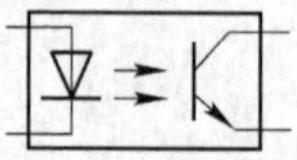	KF	V	光耦合器 光隔离器

续附录1

名称	图形符号	文字符号：新国标（GB/T5094—2003～2005 GB/T20939—2007）	文字符号：旧国标（GB/T 7159—1987）	说明
电动机		MA 电动机 GA 发电机	M G	电机的一般符号： 符号内的星号“＊”用下述字母之一代替：C—旋转变流机；G—发电动机；GS—同步发电机；M—电动机；MG—能作为发电机或电动机使用的电动机；MS—同步电动机
		MA	MC	三相鼠笼式感应电动机
			MW	三相绕线式转子感应电动机
			TG	步进电动机一般符号
双绕组变压器	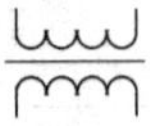	TA	T	双绕组变压器画出铁芯
				双绕组变压器
自耦变压器			TA	自耦变压器一般符号（形式1和形式2）
	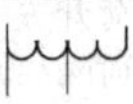			
电抗器		RA	L	一般符号扼流圈 电抗器
触　点		KF	KA KM KT KI KV等	动合（常开）触点一般符号； 开关一般符号
				动断（常闭）触点

续附录 1

名称	图形符号	文字符号		说明
		新国标（GB/T5094—2003～2005 GB/T20939—2007）	旧国标（GB/T 7159—1987）	
单极开关		SF	S	手动操作开关一般符号
	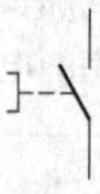		SA	具有动合触点自动复位的拉拔开关
	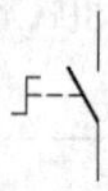			具有动合触点但无自动复位的旋转开关
				钥匙动合开关
	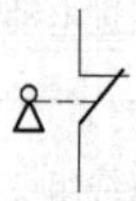			钥匙动断开关
隔离开关	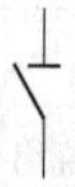	QB	QS	单极隔离开关
	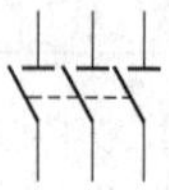			三极隔离开关
负荷开关				负荷开关 负荷隔离开关
				具有由内装的量度继电器或脱扣器触发的自动释放功能的负荷开关
断路器		QA	QF	断路器
按 钮	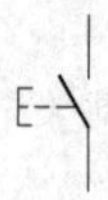	SF	SB	具有动合触点且自动复位的按钮

续附录1

名　称	图形符号	文字符号 新国标（GB/T5094—2003～2005 GB/T20939—2007）	文字符号 旧国标（GB/T 7159—1987）	说　明
按　钮	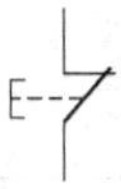	SF	SB	具有动断触点且自动复位的按钮
	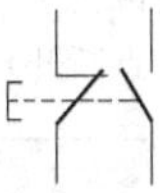			具有复合触点且自动复位的按钮
线　圈	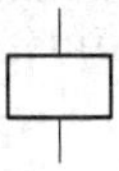	MB	YA	电磁铁线圈
	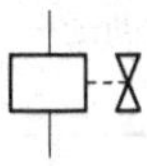		YV	电磁阀
	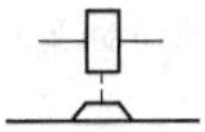		YB	电磁制动器（处于未开动状态）
	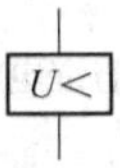	KF	KV	欠压继电器线圈，把符号“<”改为“>”表示过压继电器线圈
	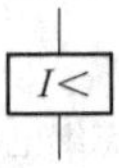		KI	欠流继电器线圈，把符号“<”改为“>”表示过流继电器线圈
接近开关	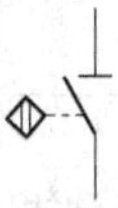	BG	SQ	接近开关
液位开关			SL	液位开关
光电开关	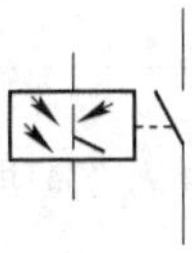	KF	SP	光电开关
位置开关		BG	SQ	位置开关动合（常开）触点
				位置开关动断（常闭）触点
	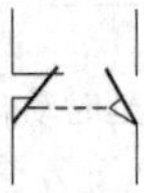			位置开关复合触点

续附录1

名 称	图形符号	文字符号 新国标（GB/T5094—2003～2005 GB/T20939—2007）	文字符号 旧国标（GB/T 7159—1987）	说 明
	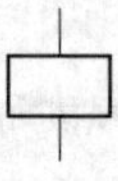			线圈
	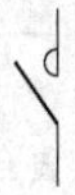			接触器的主动合触点（在非动作位置触点断开）
接触器		QA	KM	接触器的主动合触点（在非动作位置触点闭合）
				辅助动合（常开）触点
				辅助动断（常闭）触点
	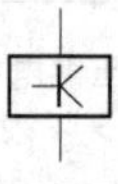			固态继电器驱动器件
固态继电器	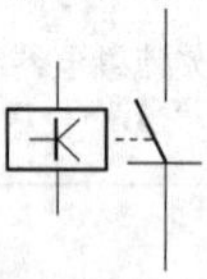		SSR	固态继电器触点
	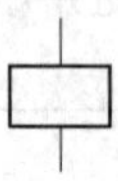			电磁继电器线圈一般符号
中间继电器		KF	K	动合（常开）触点
				动断（常闭）触点
	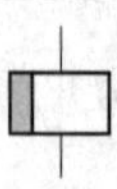			延时释放继电器的线圈
时间继电器	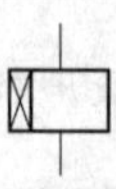		KT	延时吸合继电器的线圈
				非延时动合（常开）触点

续附录1

名　称	图形符号	文字符号		说　明
		新国标（GB/T5094—2003～2005 GB/T20939—2007）	旧国标（GB/T 7159—1987）	
时间继电器		KF	KT	非延时动断（常闭）触点
				当操作器件被吸合时延时闭合的动合（常开）触点
				当操作器件被释放时延时断开的动合（常开）触点
				当操作器件被吸合时延时断开的动断（常闭）触点
	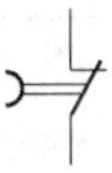			当操作器件被释放时延时闭合的动断（常闭）触点
速度继电器		BS	KS	线圈
	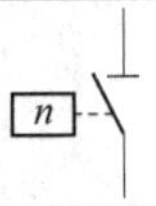			动合（常开）触点
	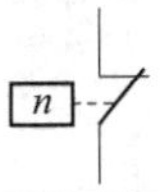			动断（常闭）触点
热继电器	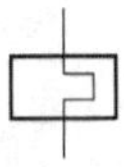	BB	FR	热继电器驱动器件
				热继电器常闭触点
熔断器		FA	FU	熔断器的一般符号
灯信号		EA 照明灯	EL	灯一般符号，信号灯一般符号
		PG 指示灯	HL	
电　铃		PB	HA	电铃
蜂鸣器			HZ	蜂鸣器

附录2　CPM1A 系列I/O 扩展单元基本情况

名　称	型　号	规　格	
		输　出	输　入
输入/输出40点型	CPM1A-40EDR	继电器输出16点	DC24V 24点
	CPM1A-40EDT	晶体管输出，漏型16点	
	CPM1A-40EDT1	晶体管输出，源型16点	
输入/输出20点型	CPM1A-20EDR1	继电器输出16点	DC24V 12点
	CPM1A-20EDT	晶体管输出，漏型16点	
	CPM1A-20EDT1	晶体管输出，源型16点	
输出16点型	CPM1A-16ER	继电器输出16点	无
输入8点型	CPM1A-8ED	无	DC24V 8点
输出8点型	CPM1A-8ER	继电器输出8点	无
	CPM1A-8ET	晶体管输出，漏型8点	
	CPM1A-8ET1	晶体管输出，源型8点	

参考文献

[1] 廖常初. PLC 编程及应用. 3 版. 北京：机械工业出版社，2008.
[2] 郭汀. 电气图形符号文字符号便查手册. 北京：化学工业出版社，2009.
[3] 王永华. 现代电气控制及 PLC 应用技术. 2 版. 北京：航空航天大学出版社，2008.
[4] 方承远，张振国. 工厂电气控制技术. 3 版. 北京：机械工业出版社，2006.
[5] 熊幸明. 工厂电气控制技术. 北京：清华大学出版社，2005.
[6] 李建兴. 可编程控制器应用技术. 北京：机械工业出版社，2004.
[7] 许缪，王淑英. 电器控制与 PLC 控制技术. 北京：机械工业出版社，2005.
[8] 李仁. 电气控制技术. 3 版. 北京：机械工业出版社，2008.
[9] 何波. 电气控制及 PLC 应用. 北京：中国电力出版社，2008.
[10] 杨莹，邵瑛，林滔，等. 可编程控制器案例教程. 北京：机械工业出版社，2008.
[11] 郑宝林. 图解 OMRON PLC 入门. 北京：机械工业出版社，2007.
[12] 王辉，张亚妮，徐江伟. 欧姆龙系列 PLC 原理及应用. 北京：人民邮电出版社，2009.
[13] 许建国. 电机与拖动基础. 北京：高等教育出版社，2004.

冶金工业出版社部分图书推荐